普通高等教育电气类专业系列教材

电力电子技术课程学习及实验指导

主　编　陈　荣

副主编　顾春雷　王银杰　陈　冲

中国水利水电出版社
www.waterpub.com.cn

·北京·

内 容 提 要

本书共分为两部分，第一部分为电力电子技术课程学习指导，内容包括电力电子技术的基本概念和电力电子器件的应用基础，相控整流及有源逆变电路、无源逆变电路、直流/直流变换电路、交流/交流变换电路这 4 种电力变换电路的工作原理、波形分析、工作特性、参量计算，PWM 控制技术、软开关技术的原理及分析方法。第二部分设置了 8 个实验项目，通过建模仿真、硬件实验，进一步加深读者对变换电路工作原理、波形分析、参量分析方法的掌握。

本书适合作为电气工程及其自动化专业、自动化专业及电气信息类其他相关专业的本科“电力电子技术”课程的教学参考用书、考研复习用书，也适用于对本论题有兴趣的工程技术人员学习参考。

图书在版编目（CIP）数据

电力电子技术课程学习及实验指导 / 陈荣主编. -- 北京 : 中国水利水电出版社, 2022.6
普通高等教育电气类专业系列教材
ISBN 978-7-5226-0631-6

Ⅰ. ①电… Ⅱ. ①陈… Ⅲ. ①电力电子技术－高等学校－教学参考资料 Ⅳ. ①TM76

中国版本图书馆CIP数据核字(2022)第066677号

策划编辑：石永峰　责任编辑：张玉玲　加工编辑：杜雨佳　封面设计：梁　燕

书　名	普通高等教育电气类专业系列教材 电力电子技术课程学习及实验指导 DIANLI DIANZI JISHU KECHENG XUEXI JI SHIYAN ZHIDAO
作　者	主　编　陈　荣 副主编　顾春雷　王银杰　陈　冲
出版发行	中国水利水电出版社 （北京市海淀区玉渊潭南路 1 号 D 座　100038） 网址：www.waterpub.com.cn E-mail：mchannel@263.net（万水） sales@mwr.gov.cn 电话：（010）68545888（营销中心）、82562819（万水）
经　售	北京科水图书销售有限公司 电话：（010）68545874、63202643 全国各地新华书店和相关出版物销售网点
排　版	北京万水电子信息有限公司
印　刷	三河市德贤弘印务有限公司
规　格	184mm×260mm　16 开本　16.75 印张　418 千字
版　次	2022 年 6 月第 1 版　2022 年 6 月第 1 次印刷
印　数	0001—1500 册
定　价	49.00 元

前　言

本书借助于电路基础、电子技术、电机学和控制理论的基本理论，详细、系统地分析电力电子变换电路的工作原理、波形分析及参量计算，再附以解题示例，通过实际操练具体的解题方法、手段，让读者深入理解课程的相关知识点。本书从基本实验项目入手，通过对实际操作的讲解，让读者进一步熟悉电力电子变换电路的工作原理。

本书分为两部分。第一部分为课程学习指导，其中第一章阐述电力电子技术基本概念，电力电子器件特点及工作原理，应用基础相关的基本概念、基本原理；第二章至第五章重点阐述相控整流与有源逆变电路、无源逆变电路、直流/直流变换电路、交流/交流变换电路相关的工作原理、波形分析、参量计算，针对电力变换电路的多状态级连变换过程，着重展示各状态电力电子器件的通断工况、电路电压与电流变化情况、电路参数的计算与电路的工作特点等；第六章阐述 PWM 控制技术工作原理、变换电路控制过程分析；第七章介绍软开关技术工作原理，结合典型软开关电路分析电路的工作过程。各章节以课程相关的知识点展开，以问答的形式呈现，并附以解题示例，直观展示“电力电子技术”课程的内容，以便读者深入理解课程的知识点，熟悉电力电子变换电路的分析方法。第二部分为实验指导，以 DJDK-1 型电力电子技术及电机控制实验教学装置为平台，配置了电力电子技术的基本实验项目，通过实验电路的原理介绍、建模仿真、硬件实验、报告撰写的实际操练过程，让读者熟悉电力电子变换电路的工作原理，掌握电力电子电路实验与测试方法，熟悉实验结果的分析处理。

在本书的编写过程中，编者参阅了本书所附的参考文献，还得到了盐城工学院电气学院陈中老师的帮助，在此表示衷心感谢。

书中内容难免存在疏漏之处，还望广大读者来函批评指正。作者邮箱：rc_abc@163.com。

编　者

2022 年 1 月

目　　录

第一部分　课程学习指导

第二部分　实验指导

第一部分　课程学习指导

第一章　电力电子器件及其驱动、保护、串并联

1．电力电子技术的变换形式有哪几种？

电力电子技术变换形式共有四种，分别为交流（AC）/直流（DC）、交流（AC）/交流（AC）、直流（DC）/直流（DC）、直流（DC）/交流（AC）。

2．与数模电课程中的电子器件相比，电力电子器件有什么特点？

（1）电力电子器件能处理的电功率范围较大，从毫瓦（mW）到兆瓦（MW）甚至吉瓦（GW），器件承受的电压高，通过的电流大。

（2）电力电子器件处于开关工作状态。器件导通时的导通阻抗很小，接近于短路，器件通过的电流由外电路决定。器件关断时的断态阻抗大，器件通过的电流几乎为零，接近于开路，器件两端的电压由外电路决定。与处于线性工作状态的电子器件相比，电力电子器件处于开关工作状态可以显著减小器件本身的损耗。

（3）实际应用中，电力电子器件需要配以控制电路、驱动电路、保护电路及必要的散热措施方能构成完整的电力电子系统。控制电路由信息电子电路构成，控制电路所产生的控制信号通过驱动电路放大，送到电力电子器件的控制极（门极、栅极、基极），使电力电子器件开通或关断。电力电子器件也属于半导体元件，承受过电压、过电流的能力弱，需要附设保护电路，以避免损坏。

（4）电力电子器件工作过程中产生的功率损耗较大。器件开通时流过较大电流，有通态压降，将产生通态损耗；器件关断时承受较大的电压，流过微小的漏电流，将产生断态损耗；器件由断态（关断过程）转为通态（开通过程）或者由通态转为断态将产生开通损耗和关断损耗，统称为开关损耗。所有这些损耗，将使电力电子器件发热，影响器件的工作特性，需要采取必要的散热措施。

3．电力电子器件是如何分类的？

（1）**根据电力电子器件被控制信号控制的程度，可将电力电子器件分成三类。**

1）**不控器件。**电力电子器件不需要外加控制信号实施开通、关断，器件承受正向电压开通，承受反向电压关断。不控器件有二极管及其派生器件，如快恢复二极管、肖特基二极管。

2）**半控型器件。**控制信号可以控制电力电子器件开通，但不可以控制其关断。半控型器件以晶闸管（SCR）为代表，包括派生器件：光控晶闸管、双向晶闸管、逆导晶闸管等。

3）**全控型器件。**控制信号既可以控制电力电子器件开通，也可以控制其关断，又称自关断器件。全控型器件有电力晶体管（GTR）、绝缘栅电力场效应晶体管（MOSFET）、绝缘栅双极晶体管（IGBT）、门极可关断晶闸管（GTO）等。

（2）**根据器件中参与导电载流子的情况，可将电力电子器件分成三类。**

1）**单极性器件。**只有一种载流子参与导电的器件称为单极性器件，如电力场效应晶体管。

2）**双极性器件。**由电子和空穴同时参与导电的器件称为双极性器件，如电力晶体管（GTR）、晶闸管（SCR）、门极可关断晶闸管（GTO）等。

3）**复合型器件。**由单极性器件和双极性器件组合而成的电力电子器件称为复合型器件，如绝缘栅双极晶体管（IGBT）等。

（3）**根据驱动信号的性质，可将电力电子器件分成两类。**

1）**电压驱动型器件。**通过控制端（栅极）与公共端之间施加的电压信号使器件开通或关断的器件称为电压驱动型器件。由于它是用场控原理进行控制的，也称为场控型电力电子器件，如绝缘栅电力场效应晶体管（MOSFET）、绝缘栅双极晶体管（IGBT）等。

2）**电流驱动型器件。**通过控制端（门极、基极）与公共端之间施加的电流信号使电力电子器件开通或关断的器件称为电流驱动型器件，如电力晶体管（GTR）、晶闸管（SCR）、门极可关断晶闸管（GTO）等。

4. 电力电子系统由哪几部分组成？

电力电子系统一般由控制电路、驱动电路、检测与反馈电路和以电力电子器件为核心的电力电子变换电路（又称主电路）组成。若将驱动电路、检测与反馈电路归入控制电路，电力电子系统可以表述为由控制电路及主电路两部分构成。

5. 如何定义电力二极管正向平均电流？选择使用时如何确定其额定电流？

正向平均电流指在规定的管壳温度和规定的冷却条件下，电力二极管长期运行允许通过的最大工频正弦半波电流的平均值，也称为电力二极管的额定电流。

二极管正向平均电流是按照电流的发热效应定义的，在使用时应按照有效值相等的原则选择二极管定额电流，并留有一定的余量。

根据定义，若二极管正向平均电流是 $I_{D(AV)}$，即它正常工作时允许通过的最大工频正弦半波电流平均值是 $I_{D(AV)}$，该电流有效值是 $1.57I_{D(AV)}$。反之，倘若电力二极管流过某种波形电流的有效值为 I_D，则选择电力二极管时，其额定电流（正向平均电流）至少为 $I_D/1.57$，实际工程中需要考虑留有适当裕量。

6. 如何定义电力二极管正向通态压降？

正向通态压降指电力二极管在指定温度下，流过指定稳态正向电流时对应的正向压降。

7. 如何定义电力二极管反向重复峰值电压？选择使用时如何确定其额定电压？

反向重复峰值电压指电力二极管所能重复施加的反向最高峰值电压，一般定义为电力二极管雪崩击穿电压的2/3。选择电力二极管时，按照实际电路中电力二极管承受的反向电压最大值（峰值）的2～3倍确定所选电力二极管反向重复峰值电压。

8. 电力二极管有哪些类型？

电力二极管有普通二极管、快恢复二极管、肖特基二极管三种，在电路起整流、续流、钳位等不同作用，使用时应根据场合及要求进行选择。

9. 晶闸管的导通、关断条件有哪些？

晶闸管导通条件：晶闸管承受正向阳极电压，并在晶闸管门极施加合适的触发信号可使晶闸管导通（触发导通）。

晶闸管关断条件：在外界电路作用下，晶闸管阳极电流下降到维持电流以下时，晶闸管会迅速恢复阻断状态，晶闸管关断。

10. 哪些情形可能使晶闸管被触发导通？

（1）阳极电压升高到很高的数值，可造成晶闸管雪崩击穿导通。

（2）阳极电压上升率 du/dt 过高，晶闸管 PN 结电容的位移电流造成晶闸管被触发导通。

（3）PN 结温度过高。

（4）光线直接照射硅片产生光电流而触发导通。此原理构成的晶闸管称为光控晶闸管。

11. 晶闸管的开通时间、关断时间是如何定义的？

在晶闸管承受正向电压，并施加合适触发信号的情况下，晶闸管阳极电流上升，阳极与阴极之间的电压下降。定义从门极接收到触发信号开始，到晶闸管阳极电流上升到稳态电流的10%为止，这段时间称为延迟时间 t_d。阳极电流从 10%上升到稳态电流 90%所需的时间称为上升时间 t_r，**晶闸管开通时间** t_{on} 定义为延迟时间与上升时间之和，即 $t_{on}=t_d+t_r$。

通态的晶闸管施加反向电压使其关断时，晶闸管两端电压、电流将呈现暂态过程。晶闸管施加反向电压，阳极电流逐步降到零。从晶闸管阳极电流为零，到晶闸管反向恢复电流衰减到接近于零的时间，定义为反向恢复时间，晶闸管恢复对反向电压的阻断能力。

由于导通时的电荷存储效应，晶闸管内部大量未被复合的载流子会形成反向恢复电流。反向恢复电流经过最大值后迅速衰减到接近于零，持续时间为 t_2～t_3，晶闸管恢复对反向电压的阻断能力，反向恢复时间定义为 $t_{rr}=t_3-t_2$。晶闸管开通、关断波形如图 1-1-1 所示。

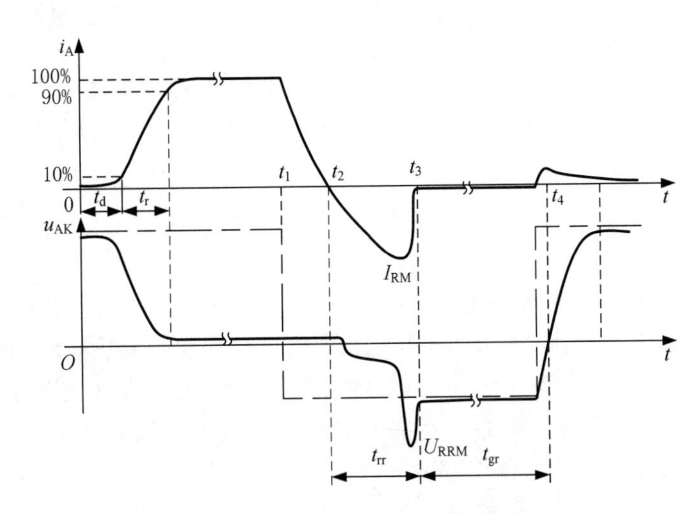

图 1-1-1　晶闸管开通、关断波形

由于存在外电感，晶闸管阳极反向电流衰减时会在晶闸管上形成尖峰电压 U_{RRM}，为防止该尖峰电压使晶闸管击穿需要采取浪涌吸收措施。反向恢复过程结束之后，由于载流子复合过程较慢，晶闸管恢复正向电压阻断能力还需要时间，这段时间称为正向阻断恢复时间 $t_{gr}=t_4-t_3$。在正向恢复时间内，如果重新对晶闸管施加正向电压，晶闸管会重新正向导通，而不受门极电流触发控制。实际使用过程中，应该对关断的晶闸管施加足够长时间的反向电压，使晶闸管充分恢复对正向电压的阻断能力，电路才能可靠工作。

晶闸管的关断时间定义为 t_{rr} 与 t_{gr} 之和，即 $t_{off}=t_{rr}+t_{gr}$。

12. 如何定义晶闸管额定电压?

晶闸管额定电压是指正向重复峰值电压、反向重复峰值电压中的最小者，以百为单位进行取整。即$U_e = [\min(U_{RRM}, U_{DRM})]$。

13. 如何定义晶闸管通态电压?

通态电压 U_{TM} 是晶闸管通以某一规定倍数的额定通态平均电流时的瞬时峰值电压。

14. 晶闸管通态平均电流的定义是什么? 如何确定所选用晶闸管的通态平均电流?

在环境温度为 40℃和规定冷却状态下，晶闸管结温稳定且不超过额定结温时所允许流过的最大工频正弦半波电流的平均值，称为通态平均电流。这是标称晶闸管额定电流的参数。

如果晶闸管额定通态平均电流为$I_{T(AV)}$，它允许通过的电流有效值为 1.57$I_{T(AV)}$。若变流电路中某晶闸管的电流有效值为I_T，根据有效值相等的原则:

$$I_T \leqslant 1.57 I_{T(AV)}, \quad I_{T(AV)} \geqslant \frac{I_T}{1.57}$$

取 1.5～2.0 的系数，变成等式:

$$I_{T(AV)} = (1.5 \sim 2.0)\frac{I_T}{1.57}$$

15. 何谓晶闸管的维持电流?

维持电流 I_H 表示晶闸管已经稳定导通，逐步减少阳极电流时，能够维持晶闸管导通状态所需的最小电流。

16. 何谓晶闸管的擎住电流?

擎住电流 I_L 表示晶闸管刚刚由阻断状态转入导通状态并去除门极信号后，仍能维持晶闸管导通状态所需的最小阳极电流。一般情况下$I_L > I_H$。

17. 所谓晶闸管断态电压临界上升率（du/dt）? 该电压变化率过大有什么危害?

断态电压临界上升率定义为在规定结温和门极开路的情况下，不导致晶闸管从断态转入通态的外加电压最大上升率。

如果晶闸管在断态时两端所施加的电压上升率为正，处于阻断状态下的 PN 结会有充电电流（$C\mathrm{d}u/\mathrm{d}t$）流过，该电流为 PN 结的位移电流，流过晶闸管的 J_3 极会起到触发电流的作用。若该电压变化率过大，充电电流足够大，就会使晶闸管误导通，实际使用时需要加以限制。

18. 何谓晶闸管的通态电流临界上升率（di/dt）? 该阳极电流上升率过大有什么危害?

通态电流临界上升率定义为在规定条件下，晶闸管门极触发导通时，器件能够承受而不至于损坏的最大通态平均电流上升率。

晶闸管刚开通，若阳极电流上升过快，很大的电流将集中在门极附近的小区域内，容易造成晶闸管的过热而永久损坏。

19. 晶闸管的派生器件有哪些?

晶闸管的派生器件有快速晶闸管、逆导晶闸管、双向晶闸管、光控晶闸管，它们采用不同工艺研制，其内部结构仍为 PNPN 结构，同属于晶闸管家族成员。实际上，门极可关断晶闸管也属于晶闸管的派生器件，其内部结构与普通晶闸管相同，只是因为其饱和导通深度与晶闸管有差异，可以通过门极信号控制器件的导通、关断，所以可将门极可关断晶闸管归属于全控性器件。

20. 如何定义门极可关断晶闸管（GTO）的开通时间、关断时间？

GTO 的开通时间 t_{on} 定义为延迟时间 t_d 和上升时间 t_r 之和，即 $t_{on}=t_d+t_r$。

GTO 的关断时间定义为存储时间 t_s、下降时间 t_f、尾部时间 t_t 之和，即 $t_{off}=t_s+t_f+t_t$。

GTO 开通、关断波形如图 1-1-2 所示。

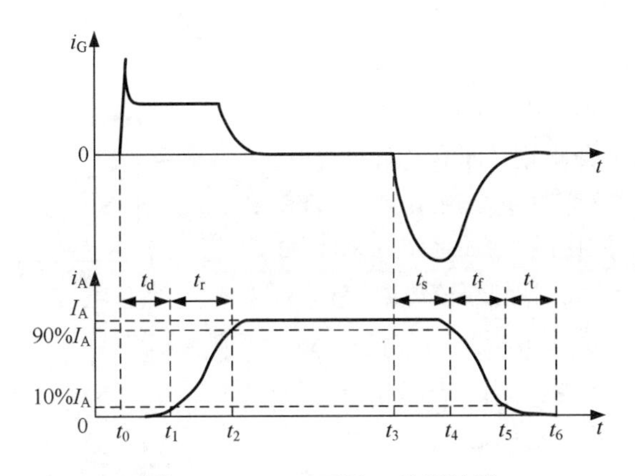

图 1-1-2　GTO 开通、关断波形

21. 如何定义 GTO 额定电流的参数？

GTO 的阳极电流受制于器件的发热及临界饱和条件所决定的最大阳极电流，阳极电流过大，器件处于深度饱和会导致门极关断失败。由门极可靠关断决定的最大阳极电流称为 GTO 的最大可关断阳极电流 I_{ATO}，该参数决定 GTO 额定电流容量。

22. 如何定义 GTO 的电流关断增益？

GTO 的电流关断增益 β_{off} 定义为 GTO 被关断的最大阳极电流 I_{ATO} 与门极关断峰值电流 I_{GM} 的比值。

$$\beta_{off}=\frac{I_{ATO}}{I_{GM}}$$

23. 大功率晶体管 GTR 与电子技术课程中介绍的晶体管有何异同？

GTR 与小功率双极性晶体管的结构相同，也是由两个 PN 结（三层半导体材料）构成的，有 PNP、NPN 两种结构，在大功率应用场合，主要采用 NPN 型结构。

GTR 的主要特性是耐压高、电流大、开关特性好，与小功率晶体管相比，电流放大系数、线性度、频率响应及噪声、温度漂移等特性参数不同。GTR 通常采用由两个晶体管按达林顿接法构成的单元结构，并采用集成电路工艺将多个这种单元并联。GTR 应用中采用共发射极接法，其电流放大系数 β 决定了 GTR 基极电流对集电极电流的控制能力。

由于 GTR 工作电流和功耗大，必须在结构与工艺上采取适当措施，以满足大功率应用要求。与小功率晶体管相比，GTR 多一个 N^- 低掺杂浓度漂移区，可以提高器件的耐压能力。基极和发射极在一个平面上做成叉指型以减弱电流集中和提高器件电流处理能力，GTR 导通时，从 P 区向 N^- 漂移区注入大量少子形成的电导调制效应，可减小通态压降和损耗。

24. 如何定义 GTR 的开通、关断时间？

GTR 的开通需要经过延迟时间 t_d 和上升时间 t_r，两者之和为开通时间，即 $t_{on}=t_d+t_r$。

GTR 的关断需要经过储存时间 t_s 和下降时间 t_f，两者之和为关断时间，即 $t_{off}=t_s+t_f$。

GTR 的开通、关断波形如图 1-1-3 所示。

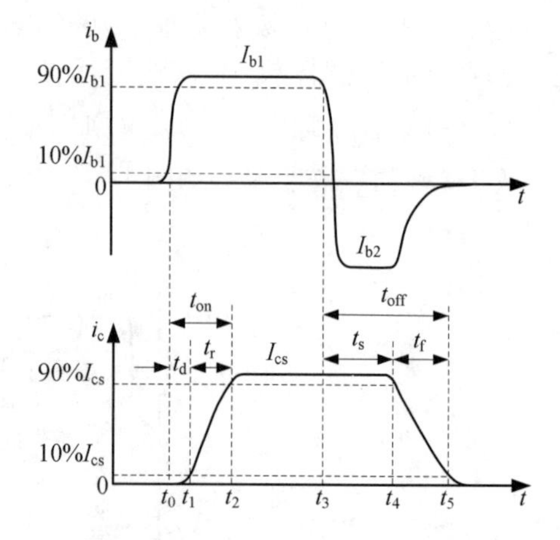

图 1-1-3 GTR 的开通、关断波形

25. 何谓 GTR 的二次击穿现象？如何定义 GTR 的安全工作区（Safe Operating Area，SOA）？

当 GTR 集电极电压 U_{CE} 逐渐增加到某一数值时，集电极电流 I_C 会急剧增加，出现雪崩击穿现象，称为一次击穿现象。

一次击穿的特点是 I_C 急剧增加，但集电极电压基本保持不变，一般不会出现 GTR 特性变坏的情况。但实际应用过程中，若发生一次击穿时 GTR 的集电极电流不能被有效限制，I_C 增加到某个临界值时会突然急剧上升，同时伴随着集电极电压 U_{CE} 的陡然下降，GTR 外特性呈现负阻特性，这种现象称为 GTR 的二次击穿现象。二次击穿将导致器件的永久损坏，对 GTR 的危害极大，需要尽量避免。

将不同基极电流情况下的二次击穿临界点连接起来，便构成了二次击穿临界线，体现了 GTR 的二次击穿功率。由 GTR 的最大集电极电压 U_{CEM}、最大集电极电流 I_{CM}、集电极最大耗散功率 P_{CM}、二次临界功率线 P_{SB} 所包围的区域确定了 GTR 的安全工作区，如图 1-1-4 所示。

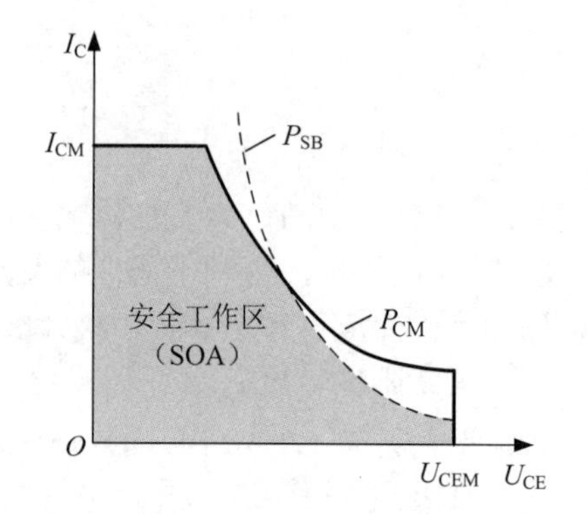

图 1-1-4 GTR 的安全工作区

26. 电力场效应晶体管（Power MOSFET）与大功率晶体管（GTR）有何不同？

电力场效应晶体管是由多数载流子参与导电的电子器件，没有少数载流子存储现象，为单极性电压控制器件。通过栅极电压控制漏极电流，其显著优势是驱动电路简单，驱动电流小，开关速度快，工作频率可达 1MHz，是所有全控型器件中工作频率最高的电力电子器件。同时 Power MOSFET 不存在二次击穿现象，安全工作区较大，但其沟道电阻较大，电流容量较小，耐压较低、通态压降较大，导通损耗较大，这些因素限制了 Power MOSFET 的使用领域，多用于功率不超过 10kW 的电力电子变流装置。

27. 电力场效应晶体管的结构和类型有哪些？

Power MOSFET 的种类和结构较多，按照导电沟道可分为 P 沟道和 N 沟道。栅极电压为零，漏源之间存在导电沟道的器件称为耗尽型。栅极电压大于零或者小于零后漏源之间才存在导电沟道的器件称为增强型。在电力电子技术应用领域，使用的主要是 N 沟道增强型场效应晶体管。与电子技术课程中介绍的 MOSFET 导通情况一样，Power MOSFET 导通时只有一种载流子（多子）参与导电，属于单极型晶体管。

Power MOSFET 的结构与早期的 MOSFET 不同。早期的 MOSFET 采用平面结构（PMOS），导电沟道平行于芯片表面，是横向导电器件。现在的 Power MOSFET 大多采用垂直导电结构，称为 VMOSFET（Vertical MOSFET）。垂直导电结构的 Power MOSFET 不仅保持原来平面结构的优点，而且具有导电沟道短、高电阻漏极漂移区和垂直导电的特点，大幅度提升了器件的耐压能力、载流能力和开关速度。

与信息电子电路中的 MOSFET 不同，Power MOSFET 多了一个 N^-漂移区（低掺杂 N 区），低掺杂 N 区的存在可以使器件承受高电压，该 N^-漂移区越厚，器件可以承受的电压越大，但由此带来的结果是器件的通态沟道电阻增加、损耗增加。

28. 如何定义电力场效应晶体管的开通、关断时间？

开通延迟时间 $t_{d(on)}$ 定义为输入矩形脉冲电压上升沿开始到栅源之间的电压上升到开启电压 U_T 为止的时间。上升时间 t_r 定义为漏极电流 i_D 从零上升到稳态值的时间。Power MOSFET 的开通时间定义为开通延迟时间 $t_{d(on)}$ 与上升时间 t_r 之和，即 $t_{on}=t_{d(on)}+t_r$。

关断延迟时间 $t_{d(off)}$ 定义为从输入的矩形脉冲电压下降为零开始到漏极电流 i_D 开始下降为止的时间。下降时间 t_f 定义为漏极电流 i_D 从稳态值下降为零的时间。

Power MOSFET 的关断时间定义为关断延迟时间 $t_{d(off)}$ 与下降时间 t_f 之和，即 $t_{off}=t_{d(off)}+t_f$。

Power MOSFET 的开关特性如图 1-1-5 所示。

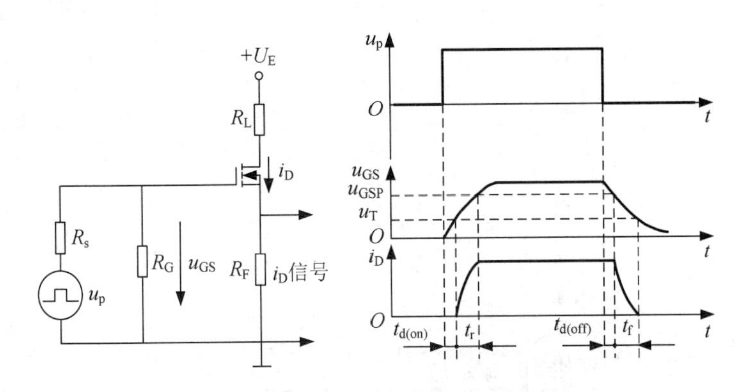

图 1-1-5　Power MOSFET 的开关特性

29. 绝缘栅双极晶体管（IGBT）是怎么构成的？具有什么特性？

IGBT 也是三端器件，分别为栅极 G、集电极 C、发射极 E。从结构上看，IGBT 相当于一个由 N 沟道 MOSFET 驱动的厚基区 GTR（PNP 型），器件以 GTR 为主导元件，是由一个 N 沟道 MOSFET 为驱动元件的达林顿结构。IGBT 的驱动原理与 Power MOSFET 相同，也是一种场控型器件，其开通、关断由栅极与发射极电压 U_{GE} 决定，当 U_{GE} 大于开启电压 U_T 时，MOSFET 内形成导电沟道，为晶体管提供基极电流通路而使 IGBT 导通。当栅极、发射极之间施加反向电压或不加信号时，MOSFET 内导电沟道消失，晶体管基极电流通路被切断，IGBT 关断。PNP 晶体管与 N 沟道 MOSFET 组合而成的 IGBT 称为 N 沟道 IGBT。NPN 型晶体管与 P 沟道 MOSFET 组合可以制成 P 沟道 IGBT。在实际应用中，N 沟道 IGBT 应用居多。

与 Power MOSFET 的转移特性类似，开启电压 U_T 是 IGBT 能够实现电导调制而导通的最低栅极电压。当 $U_{GE}<U_T$ 时，IGBT 处于截止状态；当 $U_{GE}>U_T$ 时，IGBT 开通，导通之后的大部分集电极电流范围内，I_C 和 U_{GE} 呈线性关系。IGBT 的开启电压 U_T 与工作温度有关系，温度升高时 U_T 数值略有下降，25℃时，开启电压 $U_T=2\sim6V$，驱动 IGBT 时，栅射电压一般取 15V 左右。在电力电子变换电路中，IGBT 工作在开关状态，其状态将在正向阻断区和饱和区之间来回转换。

30. 如何定义绝缘栅双极晶体管 IGBT 的开通、关断时间？

IGBT 开通时，从驱动电压U_{GE}上升的前沿 10%时刻开始，到集电极电流I_C上升到其幅值I_{CM}的 10%为止的时间间隔为开通延迟时间$t_{d(on)}$。

集电极电流I_C从 10%I_{CM}上升到 90%I_{CM}的时间间隔为上升时间t_r。

集电极、发射极电压的下降时间分为 IGBT 中电力场效应晶体管单独工作时电压下降时间t_{fv1}、电力场效应晶体管和 PNP 晶体管同时导通工作时的电压下降时间t_{fv2}，只有在电压下降时间t_{fv2}结束之后，IGBT 才完全进入饱和导通工作状态。

IGBT 的开通时间表示为$t_{on}=t_{d(on)}+t_r+t_{fv1}+t_{fv2}$。

IGBT 的关断过程中，从驱动电压U_{GE}下降的后沿 90%开始，到集电极电流下降到其幅值的 90%为止的时间间隔为关断延迟时间$t_{d(off)}$。

集电极电流从 90%I_{CM}下降到 10%I_{CM}为止的时间间隔为下降时间t_f。

电流下降时间可分为两段t_{fi1}、t_{fi2}，t_{fi1}对应 IGBT 内部电力场效应晶体管的关断过程。t_{fi2}对应 IGBT 内部 PNP 晶体管的关断过程。

IGBT 的关断时间可定义为$t_{off}=t_{d(off)}+t_f$

IGBT 的开关特性如图 1-1-6 所示。

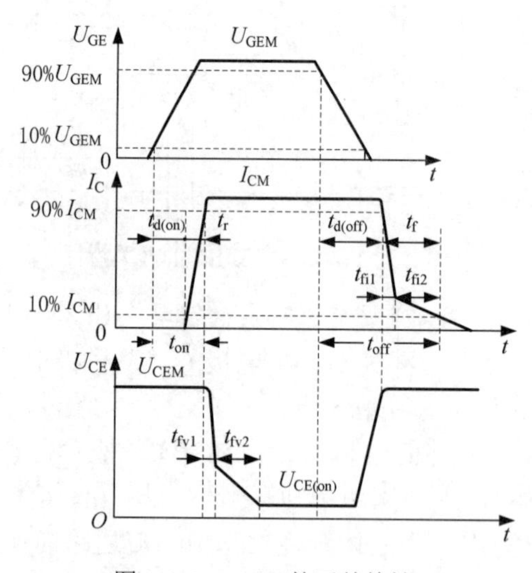

图 1-1-6 IGBT 的开关特性

31. 与大功率晶体管 GTR、电力场效应晶体管 Power MOSFET 相比，IGBT 有什么特点？

IGBT 与 GTR、Power MOSFET 相比的特点如下：

（1）开关速度高，开关损耗小。

（2）相同电压、电流定额的情况下，IGBT 的安全工作区比 GTR 大，具有耐脉冲电流冲击的能力。

（3）高压 IGBT 的通态压降比 Power MOSFET 低，有利于工作在大电流区域。

（4）IGBT 的输入阻抗高，与 Power MOSFET 相当。

（5）与 GTR 和 Power MOSFET 相比，IGBT 的耐压和通流能力还可以提升，同时保持开关频率高的特点。

32. 什么是 IGBT 的擎住效应和安全工作区？

从结构上看，IGBT 内部寄生 N^-PN^+晶体管和作为主开关器件的 P^+N^-P 晶体管组成寄生晶闸管，N^-PN^+晶体管的基极与发射极之间存在体区短路电阻，P 形体区内的横向空穴电流会在该电阻上产生压降，相当于给寄生晶闸管的 J_3 结施加一个正向偏压。额定电流范围内，这个偏压很小，不足以使 J_3 开通。若 J_3 结被驱动开通，栅极就失去对集电极电流的控制作用，集电极电流增加，器件功耗过大以至损坏，这种现象称为擎住效应或自锁效应。产生该效应的原因有集电极电流过大、$\mathrm{d}U_{CE}/\mathrm{d}t$ 过大、温度升高等。

最大集电极电流、最大集射电压和最大集电极功耗所确定的 IGBT 导通状态极限参数范围称为正向偏置安全工作区，它和 IGBT 的导通时间密切相关，导通时间越长，IGBT 发热越严重，器件的正向偏置安全工作区越小。

最大集电极电流、最大集射电压和最大允许电压上升率 $\mathrm{d}U_{CE}/\mathrm{d}t$ 确定的 IGBT 阻断状态极限参数范围称为反向偏置安全工作区，$\mathrm{d}U_{CE}/\mathrm{d}t$ 越高，器件反向偏置安全工作区越小。

33. 电力电子装置的主电路及控制电路之间为什么需要隔离？如何隔离？

电力电子装置中驱动电路是电力电子电路正常工作的关键环节，它将控制电路形成的控制信号送至电力电子器件的控制端，实现电力电子器件的开关操作。除小功率电力变换电路可以采取直接驱动外，因主电路电压高、电流大，控制电路电压等级较低（一般在±30V 以内），控制电路能够承受的电压、电流均较小，控制电路与主电路之间需要采取电气隔离措施，以防止主电路的高电压对驱动、控制电路的影响，保障电力电子系统的运行安全。

电气隔离的措施有两种：一是脉冲变压器隔离，即磁隔离；二是光电耦合器实现的光隔离。

34. 晶闸管的驱动电路为什么叫触发电路？

晶闸管的门极信号只需使晶闸管导通即可，导通之后门极信号便失去作用，晶闸管的门极常采用窄脉冲信号驱动，驱动电路常被称为触发电路。

35. 对晶闸管的触发电路有什么要求？

晶闸管触发电路的功能是产生符合要求的门极触发信号，保证晶闸管在需要的时候由阻断转为导通。其基本要求如下：

（1）触发脉冲的宽度应该保证晶闸管可靠导通，触发脉冲必须要有一定的宽度。

（2）触发脉冲应该有足够的幅度。

（3）触发信号应该有足够大的功率。

（4）触发脉冲的同步及移相范围。晶闸管触发脉冲必须和主电路电源电压之间保持固定的相位关系，即实现与主电路的同步。同时，为保证电路在一定的范围内平稳调整输出电压，必须保证触发脉冲有足够的移相范围。

（5）触发电路应该有良好的抗干扰性能、温度稳定性，且其应该与主电路电气隔离。

36. 锯齿波同步触发电路包含哪些环节？

锯齿波同步触发电路具有脉冲形成与放大环节、同步环节、锯齿波形成与脉冲移相环节，此外还有强触发环节、双脉冲形成环节、脉冲封锁环节。

37. 在图 1-1-7 的锯齿波同步触发电路中，触发脉冲的宽度取决于什么参数？锯齿波宽度取决于什么参数？

锯齿波同步触发电路中，从 V_4 由截止转为导通的时刻开始到 V_5 由截止再次转为饱和导通时刻为止的时间间隔决定输出脉冲的宽度，即输出脉冲的宽度决定于时间常数 $\tau = R_{11}C_3$。

锯齿波的宽度由充电时间常数 R_1C_1 决定。

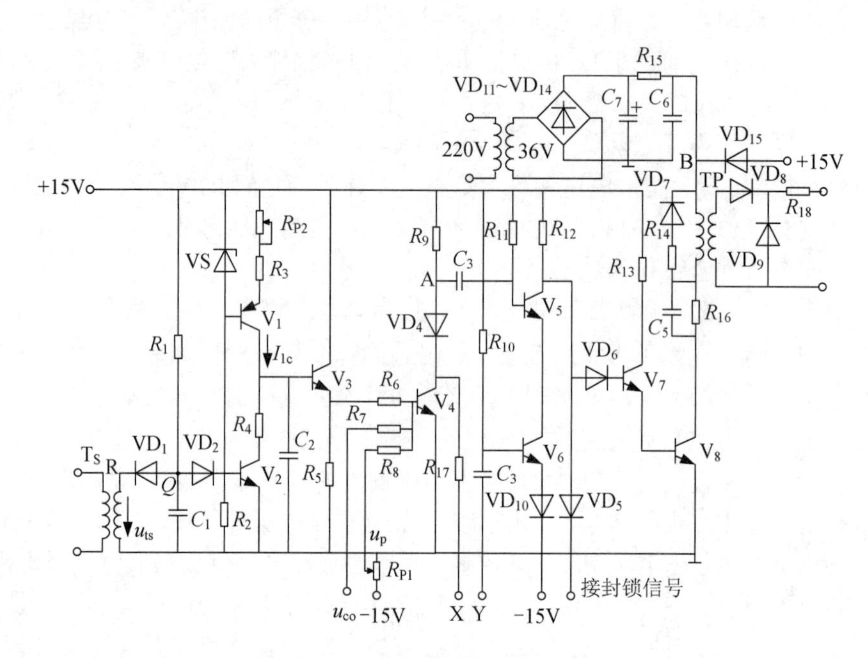

图 1-1-7 锯齿波同步触发电路

38. 锯齿波同步触发电路中，为什么要设置平衡电压 u_p？

基于整流逆变电路的需要，当控制电压 u_{co} 为零时，希望触发脉冲处于电源电压正半周 120°位置（整流、逆变时触发角为 90°），此时输出直流电压平均值等于零，$U_d = 0$。在该触发电路中，通过调整偏移电压 u_p，使 V_4 在控制电压 u_{co} 为零时从截止转为导通的时间点置于电源电压正半周 120°位置，此时，触发角为 90°。调整完成后，控制电压 u_{co} 从零值上升，锯齿波向上移动，其前沿与+0.7V 的交点向前移动，即 V_4 从截止转为导通的时间点随着控制电压 u_{co} 从零向正电压方向增大，触发角由 90°向 0°方向移动。控制电压从零向负电压方向变化，触发角从 90°向 180°方向移动。即设置偏移电压 u_p 的目的是使控制电压 u_{co} 为零时，晶闸管变流电路的触发角为 90°。

39. 何谓触发电路的定相？

晶闸管的触发电路除了要保证其工作频率与主电路交流输入电压频率相同外，还要保证每个晶闸管触发脉冲与施加于晶闸管阳极的电压之间保持固定、正确的相位关系，这就是触发电路的定相。

40. 晶闸管锯齿波同步触发电路的同步变压器二次侧为什么都采用星形连接？

晶闸管锯齿波同步触发电路的同步变压器为触发电路提供同步信号，决定了锯齿波同步触发电路的工作频率与主电路晶闸管阳极电压的频率一致。由于变流主电路各相晶闸管的触发电路都从该同步变压器获得同步信号，各相晶闸管的触发电路共地，就需要各相同步信号有公共参考点。同步变压器二次侧采用星形连接，其星形连接的中点便构成各相同步信号的公共参考点。

41. 图 1-1-8 的直接耦合式 GTO 门极驱动电路的工作原理是什么？

直接耦合式 GTO 门极驱动电路中，高频电源为驱动电路供电，变压器二次侧 VD_1 和 C_1 构成半波整流并提供+5V 电压，VD_2、VD_3、C_2、C_3 构成倍压整流并提供+15V 电压，VD_4、C_4 构成半波整流并提供–15V 电压。场效应晶体管 V_1 导通时，输出正的强脉冲，V_2 导通输出正脉冲的平顶部分。V_1、V_2 关断后 V_3 开通，输出负脉冲，V_3 关断后电容 C_4 上电压经 R_3 和 R_4 分压给 GTO 门极提供负的偏压。

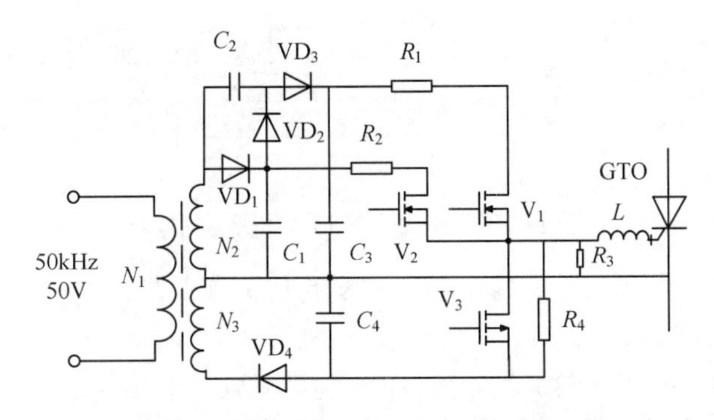

图 1-1-8　直接耦合式 GTO 门极驱动电路

42. 图 1-1-9 中的大功率晶体管 GTR 驱动电路的工作原理是什么？

图 1-1-9 中的 GTR 驱动电路包含了电气隔离和电气放大两部分。光电耦合器 GD 实现主电路与控制电路之间的电气隔离，传递从 A 点输入的驱动信息。晶体管 V_2、V_3、V_4、V_5、V_6 完成驱动信号的放大，并送至大功率晶体管 V 的基极。二极管 VD_2 和电位补偿二极管 VD_3 构成贝克钳位电路，实现大功率晶体管 V 的抗饱和驱动。有贝克钳位电路存在，当 V 过饱和使得集电极电位低于基极电位时，VD_2 会自动导通，将多余的驱动电流流入集电极，维持 $U_{bc} \approx 0$，大功率晶体管 V 处于临界饱和状态。C_2 为加速电容，刚开通时，R_5 被 C_2 短路，大功率晶体管 V 可以获得驱动电流的过冲，增加驱动电流前沿陡度，加快功率晶体管 V 的开通过程。

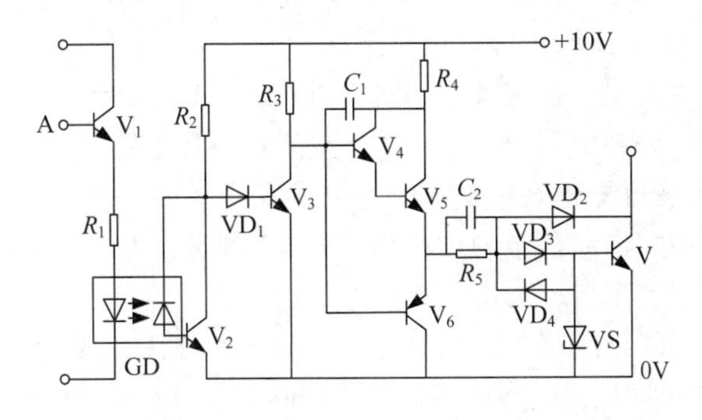

图 1-1-9　GTR 驱动电路

V_3 关断，V_4、V_5 导通，给大功率晶体管施以驱动电流，V 导通；V_4、V_5 关断，V_6 导通，C_2 上存储的电荷通过 VS、VD_4、V_6 放电，给大功率晶体管 V 的基极、发射极反向偏置，V 关断。

43. 图 1-1-10 中的电力场效应晶体管的驱动电路工作原理是什么？

电力场效应晶体管驱动电路中，光电耦合器 GD 实现主电路与控制电路之间的电气隔离，同时传递输入控制信号。无输入信号（驱动信号为零）时，放大器 A 输出负电平，V_3 导通输出负驱动电压，电力场效应晶体管关断。有输入信号时，放大器 A 输出正电平，V_2 导通输出正驱动电压，电力场效应晶体管导通。

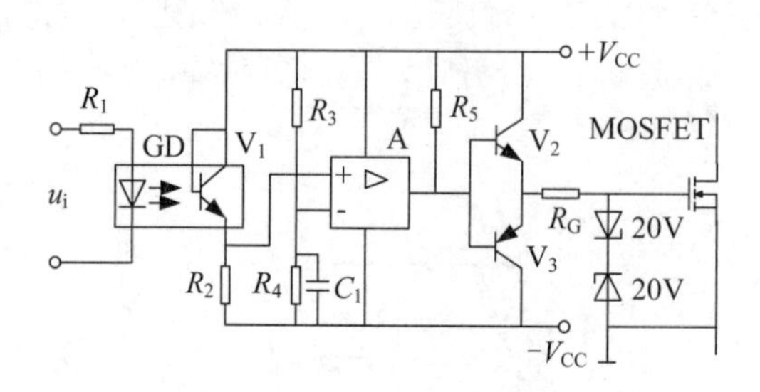

图 1-1-10 电力场效应晶体管驱动电路

44. 各种全控型电力电子器件的驱动电路各有什么特点？

IGBT 驱动电路的特点：IGBT 是电压驱动型器件（类似于电力场效应晶体管），要求驱动电路输出电阻小，驱动脉冲前沿陡峭。IGBT 的驱动多采用专用的混合集成驱动器。

GTR 驱动电路的特点：驱动电路提供的驱动电流有足够陡的前沿，并有一定的过冲，这样可加速开通过程，减小开通损耗；关断时，驱动电路能提供幅值足够大的反向基极驱动电流，并加反偏截止电压，以加速关断速度。

GTO 驱动电路的特点：GTO 导通时，驱动电路提供的驱动电流前沿应有足够的幅值和陡度，且一般需要在整个导通期间施加正门极电流；GTO 关断时需施加负门极电流，幅值和陡度要求更高，其驱动电路通常包括开通驱动电路、关断驱动电路和门极反偏电路三部分。

电力场效应晶体管驱动电路的特点：驱动电路输出电阻小，驱动功率小且电路简单。

45. 电力电子装置运行过程中，为什么会出现过电压？

电力电子装置运行过程中，会因为装置外部的电路操作、外部的雷击传输、内部器件的开关等原因，在电力电子器件的两端产生过电压，危及器件的安全。总体上讲，可以将产生过电压的原因归纳为外因过电压和内因过电压。

（1）外因过电压主要来自系统操作和雷击过程。

1）操作过电压：由外部电路分、合闸等开关操作导致电路的暂态过程而引起的过电压，这些过电压会通过电力变压器耦合传输至电力电子装置。

2）雷击过电压：由雷击通过电力传输线传输过来的过电压。

（2）内因过电压主要来自电力电子装置内部器件的开关过程。

1）换相过电压。晶闸管或与全控型电力电子器件反并联的二极管在换相结束后不能立即恢复阻断，会有较大的反向电流流过，当恢复了阻断能力时，该反向电流急剧减小，会因线路电感在器件两端产生过电压。

2）关断过电压。全控型电力电子器件关断时，其正向电流迅速降低，会因线路电感的感应电压加至器件的两端，产生过电压。

46. 电力电子装置采用快速熔断器（简称“快熔”）进行过电流保护时应考虑哪些因素？

快熔在电力电子装置中进行过电流保护时应考虑：

（1）电压等级应该根据熔体熔断后快熔实际承受的电压确定。

（2）电流容量应该按其在主电路中的接入方式和主电路连接形式确定。

（3）快速熔断器的 I^2t 值应该小于被保护器件允许的 I^2t 值。

（4）为保证熔体正常过载情况下不熔化，应该考虑其时间-电流特性。

快速熔断器对器件的保护方式可分为全保护和短路保护两种。全保护就是过载、短路均由快速熔断器完成保护，适用于小功率电力电子装置或者器件设置裕量比较大的场合。短路保护就是在电路发生短路时，在电路电流较大的区域实施保护。对一些重要的且易发生短路的电力电子设备，或很难采用快速熔断器实施过电流保护的场合，常采用电子电路实施过电流保护，或者直接在电力电子器件（主要是全控型器件）的驱动电路中设置过电流保护，这种保护措施响应速度最快。

47. 电力电子器件的缓冲电路有哪些？RCD 缓冲电路中各元件的作用是什么？

缓冲电路又称吸收电路，其作用是抑制器件的内因过电压、$\mathrm{d}u/\mathrm{d}t$、过电流和 $\mathrm{d}i/\mathrm{d}t$，减小器件的开关损耗。缓冲电路分为关断缓冲电路和开通缓冲电路。

关断缓冲电路用于吸收器件的关断过电压和换相过电压，抑制 $\mathrm{d}u/\mathrm{d}t$，减小关断损耗。

开通缓冲电路用于抑制器件开通时的电流过冲和 $\mathrm{d}i/\mathrm{d}t$，减小器件的开通损耗。

如果将开通缓冲电路和关断缓冲电路结合在一起，又称为复合缓冲电路。

若按照储能元件能量的处理方式可以将缓冲电路分为能耗式缓冲电路和馈能式缓冲电路，缓冲电路中储能元件的能量消耗在吸收电阻上的称为能耗式缓冲电路，缓冲电路中储能元件的能量回馈至电源或负载的称为馈能式缓冲电路，也称为无损吸收电路。

RCD 缓冲电路中，各元件所起作用：电力电子器件开通时，C 经过 R 放电，R 起限制放电电流的作用；电力电子器件关断时，负载电流经二极管 D 从 C 分流，使电力电子器件两端的电压变化率 $\mathrm{d}u/\mathrm{d}t$ 减小，抑制器件的过冲电压。

48. 晶闸管串联均压的必要性是什么？

当单个晶闸管的额定电压无法满足实际需要时，可以采取同型号器件的串联方式以分担电压。晶闸管串联使用时，希望每个晶闸管平均承担端口电压，但因器件参数的分散性，串联的晶闸管所承担的电压会存在差异，如图 1-1-11 所示。图中两个晶闸管串联，流过的漏电流相同，按照其特性可以看出，两个器件分别承担的电压为 U_{T1}、U_{T2}，若正向电压持续上升，承担电压高的器件将首先到达转折电压而导通，另一个晶闸管承担全部电压也导通，串联的器件失去控制作用。若承担反向电压，其中承担电压高的器件将先行击穿，紧接着另一个也击穿。因此在晶闸管的串联使用过程中，需要采取均压措施。这种因为静态特性差异而造成的不均压问题称为静态不均压问题。

需要说明的是，电阻均压时，要求晶闸管正反向阻断时的等效电阻均要比并联电阻大得多，或者说晶闸管正反向阻断时的漏电流要比并联电阻中流过的电流要小得多，这样才可以保证晶闸管上承担的电压取决于均压电阻的分压。

电路运行过程中，因为器件动态参数和特性差异而引起的不均压问题称为动态不均压问题。解决动态不均压问题，可以通过选择动态参数和特性尽量一致的器件和器件两端并联 RC

支路，晶闸管开通时采用强触发脉冲可以显著减小串联器件在开通时间上的差异，有利于器件的动态均压。

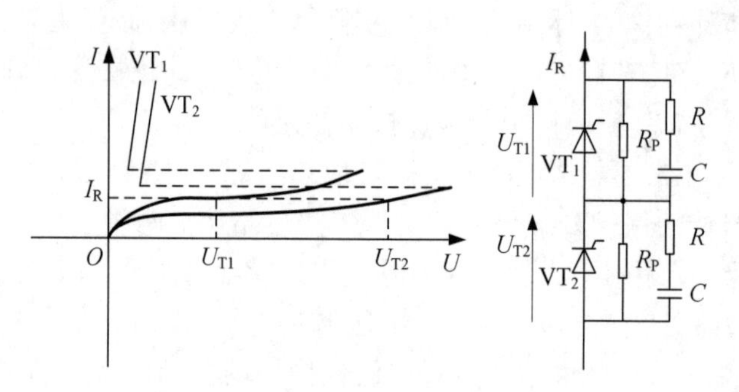

图 1-1-11 晶闸管的串联及其均压措施

49. 晶闸管并联均流的必要性是什么？

当单个晶闸管的额定电流无法满足大功率晶闸管装置承担大电流需要时，可以采取同型号器件的并联方式。与器件串联时处理一样，也要考虑静态和动态特性参数差异所存在的电流分配不均衡问题，如图 1-1-12 所示，其中图 1-1-12（a）为并联晶闸管的伏安特性图，图 1-1-12（b）为晶闸管并联电路图，图 1-1-12（c）为并联晶闸管均流电路图。并联的晶闸管两端电压相等，若不采取均流措施，会导致有的器件电流不足、有的器件电流过载，制约整个装置的输出能力，重载时会造成器件和装置的损坏。

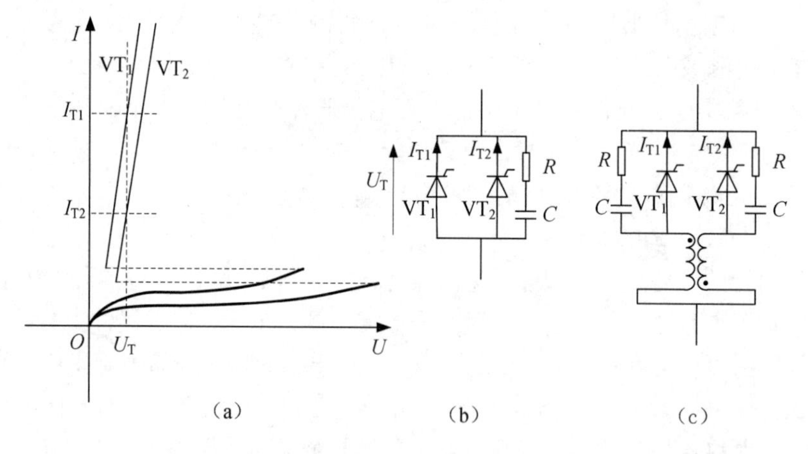

图 1-1-12 晶闸管的并联及其均流措施

类似于均压方法，解决均流的方法也是选取特性参数尽量一致的器件，用强触发脉冲使并联器件同时开通，从而使并联器件实现均流。还可以采用均流电抗器实施均流。实际电路中，若既要串联又要并联，通常采用先串后并的方式连接。

50. Power MOSFET 可以直接并联吗？

在 Power MOSFET 工作过程中，其沟道电阻呈正的温度系数特性，并联使用时可以实现自动均流，使得 Power MOSFET 并联使用很方便。Power MOSFET 并联使用时，尽量选择参数特性相近的器件，散热条件也相同，电路布线尽量对称，有时可在其源极串联小电感以实现动态均流。值得注意的是，Power MOSFET 并联后，其栅源之间的结电容是叠加的，对驱动电路的驱动能力要求将提高。

51. 试比较 GTR、GTO、Power MOSFET、IGBT 之间的差异及优缺点

各器件的优缺点及应用场景见表 1-1-1。

表 1-1-1　电力电子器件特点及应用场景

器件	优点	缺点	应用领域
GTR	耐压高，电流大，开关特性好，通流能力强，饱和压降低	开关速度低，电流驱动，需要驱动功率大，驱动电路复杂，存在二次击穿问题	UPS、空调等中小功率、中频场合
GTO	电压、电流容量很大，适用于大功率场合，具有电导调制效应，其通流能力很强	电流关断增益很小，关断时门极负脉冲电流大，开关速度低，驱动功率很大，驱动电路复杂，开关频率低	高压直流输电、高压静止无功补偿、高压电机驱动、电力机车地铁等高压大功率场合
Power MOSFET	开关速度快，开关损耗小，工作频率高，门极输入阻抗高，热稳定性好，需要的驱动功率小，驱动电路简单，没有二次击穿问题	电流容量小，耐压低，通态损耗较大，一般适合高频小功率场合	开关电源、日用电气、民用军用高频电子产品
IGBT	开关速度高，开关损耗小，通态压降低，电压、电流容量较高。门极输入阻抗高，驱动功率小，驱动电路简单	开关速度不及 Power MOSFET，电压、电流容量不及 GTO	电机调速，逆变器、变频器等中等功率、中等频率的场合，已取代 GTR。为目前应用最为广泛的电力电子器件

52. 电压电流波形相关参量之间的关系

图 1-1-13 中的任意周期性函数 $f(\omega t)$ 的相关参量可以表示如下：

平均值：$F_{AV}=\frac{1}{T}\int_0^T f(\omega t)\mathrm{d}\omega t$。

有效值：$F=\sqrt{\frac{1}{T}f^2(\omega t)\mathrm{d}\omega t}$。

波形系数：$k_f=\frac{F}{F_{AV}}$。

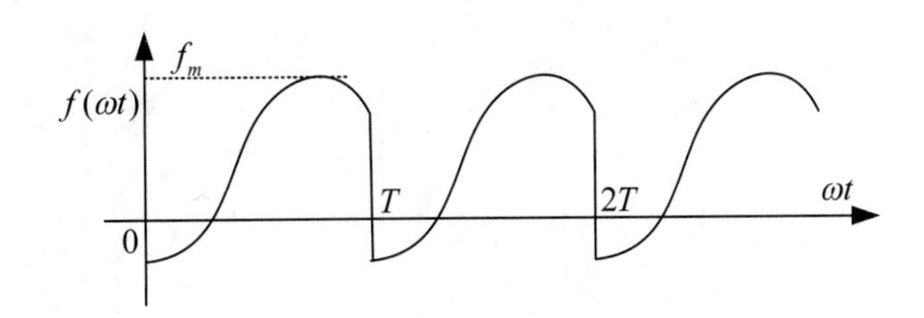

图 1-1-13　周期性函数

正弦半波波形的波形系数为 1.57，也就是说，在晶闸管（电力二极管）电流定额定义下，

其额定电流$I_{\mathrm{T(AV)}}$（额定通态平均电流）给定时，晶闸管（电力二极管）所能通过电流的有效值为$1.57I_{\mathrm{T(AV)}}$。

若要选择晶闸管（电力二极管），器件在具体电路中流过电流的有效值必须不超过晶闸管所能通过电流的有效值，即：

$$I_T \leqslant 1.57 I_{\mathrm{T(AV)}}$$

$$I_{\mathrm{T(AV)}} \geqslant \frac{I_T}{1.57}$$

取 1.5～2.0 的系数，实际选用晶闸管额定电流（额定通态平均电流）参数：

$$I_{\mathrm{T(AV)}} = (1.5\sim2.0)\frac{I_T}{1.57}$$

晶闸管额定电压定义为$U_{\mathrm{e}} = [\min(U_{\mathrm{RRM}}, U_{\mathrm{DRM}})]$。

若晶闸管在具体电路中所承担的最高正反向电压为U_{TM}，则选择晶闸管时，其额定电压确定为$U_{\mathrm{e}} = (2\sim3)U_{\mathrm{TM}}$。

第二章　相控整流与有源逆变电路

1．相控整流电路的结构与分类有哪些？

相控整流电路的结构形式较多，也有多种分类方式，具体如下：

（1）按照其使用的器件可分为不控整流电路、半控整流电路、全控整流电路。

（2）按照交流输入电源的相数可分为单相整流电路、三相整流电路、多相整流电路。

（3）按照电路结构可分为桥式电路和零式电路。

（4）按照接线方式分为半波整流电路和全波整流电路。

（5）按照变压器二次侧电流方向可分为单拍整流电路和双拍整流电路等。

2．单相整流电路的电路形式有哪些？

单相可控整流电路按照电路接线方式的不同，分为单相半波可控整流、单相全波可控整流、单相桥式全控整流、单相桥式半控整流电路。

注意：整流电路带电阻、电阻电感、反电势等负载时，电路工作情况存在比较大的差异。

3．何谓晶闸管的触发角、导通角？

从晶闸管承受正向电压开始，到晶闸管被触发导通时刻为止的电角度称为触发延迟角，也称为触发角或控制角，用α表示。

晶闸管在一个电源周期中处于导通状态的电角度称为导通角，用θ表示。

对单相半波整流电路电阻性负载，$\alpha+\theta=\pi$。

对单相半波整流电路阻感性负载，$\alpha+\theta>\pi$。单相半波整流电路阻感性负载带续流二极管时，$\alpha+\theta=\pi$。

4．何谓整流、逆变电路的相控方式？

通过调整触发脉冲的相位，即调整触发角α便可以控制输出直流电压的大小，这种控制方式称为相位控制方式，简称相控方式。

5. 如何进行单相半波整流电路带不同负载时的波形分析及参量计算？

（1）单相半波整流电路带电阻性负载时的电路及波形如图 1-2-1 所示，其参量计算如下：

输出直流电压平均值：$U_d=0.45U_2\dfrac{1+\cos\alpha}{2}$。

输出直流电压有效值：$U=U_2\sqrt{\dfrac{\pi-\alpha}{2\pi}+\dfrac{\sin 2\alpha}{4\pi}}$。

输出直流电流平均值：$I_d=0.45\dfrac{U_2}{R}\dfrac{1+\cos\alpha}{2}$。

输出直流电流有效值、晶闸管电流有效值、变压器二次侧电流有效值均相等，为

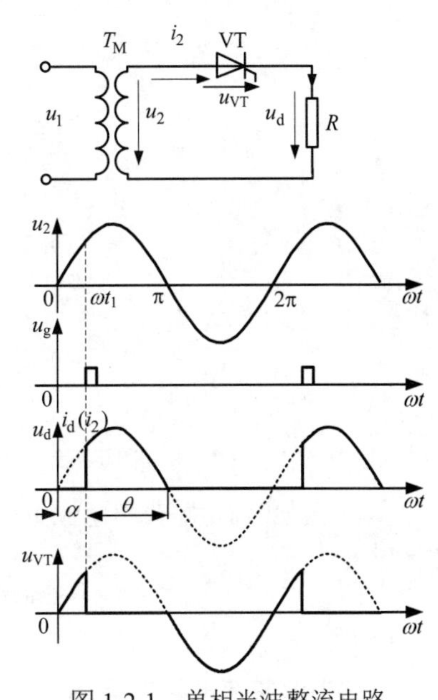

图 1-2-1　单相半波整流电路及波形（电阻性负载）

$$I_2 = I_{VT} = I = \frac{U_2}{R}\sqrt{\frac{\pi-\alpha}{2\pi}+\frac{\sin 2\alpha}{4\pi}}$$

电路输入端功率因数：

$$\lambda = \frac{P}{S} = \frac{UI}{U_2 I} = \sqrt{\frac{\pi-\alpha}{2\pi}+\frac{\sin 2\alpha}{4\pi}}$$

晶闸管可能承受的最大正反向电压均为电源电压峰值 $\sqrt{2}U_2$。晶闸管触发角的移相范围为0～180°。晶闸管触发角与导通角之间存在：$\alpha+\theta=\pi$。

（2）单相半波整流电路带阻感性负载时的波形分析及参量计算。

电路及波形如图 1-2-2 所示，输出直流电压平均值：

$$U_{\mathrm{d}} = \frac{1}{2\pi}\int_{\alpha}^{\alpha+\theta}\sqrt{2}U_2\sin\omega t\mathrm{d}(\omega t) = U_{\mathrm{dR}}$$

因未获得晶闸管导通角，整流电路输出直流电压无法获得最终结果，且随着电感值的增加，晶闸管导通角 θ 逐步增加，以至于电感足够大时，整流电路输出电压正负部分波形面积基本相等，输出直流电压趋于 0。

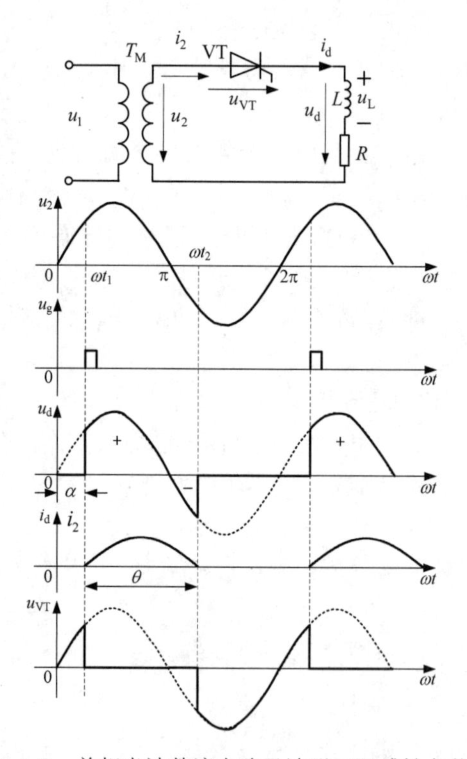

图 1-2-2　单相半波整流电路及波形（阻感性负载）

单相半波整流电路带阻感性负载时，触发角 α、功率因数角 φ、晶闸管导通角 θ 之间的关系：

$$\sin(\alpha-\varphi)e^{-\frac{\theta}{\tan\varphi}} = \sin(\alpha+\theta-\varphi)$$

触发角和晶闸管导通角之和大于 180°：$\alpha+\theta>\pi$。

单相半波整流电路带阻感性负载时输出端反并联一只续流二极管，如图 1-2-3 所示。当电感足够大时，可以将输出直流电流视为稳态直流。

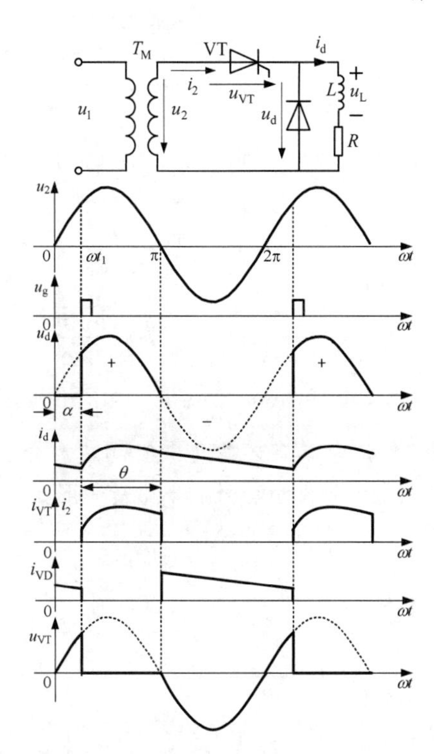

图 1-2-3　单相半波整流电路带阻感性负载有续流二极管时的电路及波形

输出直流电压平均值：$U_d = 0.45U_2 \dfrac{1+\cos\alpha}{2}$。

负载电流平均值：$I_d = \dfrac{U_d}{R} = 0.45\dfrac{U_2}{R}\dfrac{1+\cos\alpha}{2}$。

晶闸管及二极管电流平均值：

$$I_{dVT} = \frac{1}{2\pi}\int_{\alpha}^{\pi} I_d \mathrm{d}(\omega t) = \frac{\pi-\alpha}{2\pi} I_d$$

$$I_{dVD} = \frac{1}{2\pi}\int_{0}^{\pi+\alpha} I_d \mathrm{d}(\omega t) = \frac{\pi+\alpha}{2\pi} I_d$$

晶闸管及二极管电流有效值：

$$I_{VT} = \sqrt{\frac{1}{2\pi}\int_{\alpha}^{\pi} I_d^2 \mathrm{d}(\omega t)} = \sqrt{\frac{\pi-\alpha}{2\pi}} I_d$$

$$I_{VD} = \sqrt{\frac{1}{2\pi}\int_{0}^{\pi+\alpha} I_d^2 \mathrm{d}(\omega t)} = \sqrt{\frac{\pi+\alpha}{2\pi}} I_d$$

触发角移相范围与电阻性负载一样，也为0～180°，续流二极管承受的最高反向电压与晶闸管一样，也为电源电压峰值$\sqrt{2}U_2$。

6. 单相桥式可控整流电路有哪些结构？

单相桥式可控整流电路有两种结构，分别为单相桥式全控整流电路和单相桥式半控整流电路，两种整流电路的整体结构相同，区别在于桥路上设置晶闸管或二极管元件的差异。单相桥式半控整流电路有三种接线形式，分别为二极管置于同侧（共阴、共阳）的单相桥式半控整流电路和二极管置于同一桥臂的单相桥式半控整流电路。图 1-2-4 从左到右分别为单相桥式全控整流电路、两只晶闸管共阴连接的单相桥式半控整流电路、两只晶闸管共阳连接的单相桥式半控整流电路、两只晶闸管同桥臂连接的单相桥式半控整流电路。

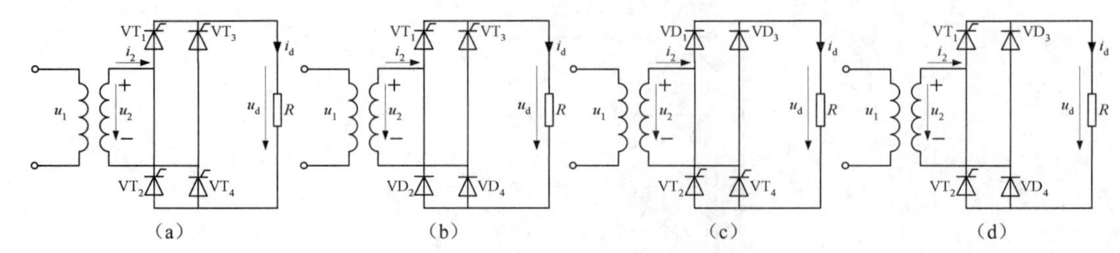

图 1-2-4 单相桥式整流电路的结构形式

7. 如何进行单相桥式全控整流电路带不同负载时的波形分析及参量计算?

（1）单相桥式全控整流电路带电阻性负载时的电路及波形如图 1-2-5 所示，其参量计算如下：

输出直流电压平均值：$U_{\mathrm{d}}=0.45U_2(1+\cos\alpha)$。

输出直流电压有效值：$U=U_2\sqrt{\dfrac{\pi-\alpha}{\pi}+\dfrac{\sin 2\alpha}{2\pi}}$。

输出直流电流平均值：$I_{\mathrm{d}}=\dfrac{U_{\mathrm{d}}}{R}=0.9\dfrac{U_2}{R}\dfrac{1+\cos\alpha}{2}$。

单相桥式全控整流电路带电阻性负载时触发角的移相范围为 0～180°。晶闸管承受的最大正向电压为$\dfrac{\sqrt{2}}{2}U_2$，最大反向电压为$\sqrt{2}U_2$。

VT_1、VT_4和 VT_2、VT_3轮流导通，晶闸管流过电流平均值：$I_{\mathrm{dVT}}=0.45\dfrac{U_2}{R}\dfrac{1+\cos\alpha}{2}$。

晶闸管流过电流有效值：$I_{\mathrm{VT}}=\dfrac{U_2}{\sqrt{2}R}\sqrt{\dfrac{1}{2\pi}\sin 2\alpha+\dfrac{\pi-\alpha}{\pi}}$

变压器二次侧电流有效值与输出电流有效值相等，为

$$I=I_2=\sqrt{\frac{1}{\pi}\int_{\alpha}^{\pi}\left(\frac{\sqrt{2}U_2}{R}\sin\omega t\right)^2\mathrm{d}(\omega t)}=\frac{U_2}{R}\sqrt{\frac{1}{2\pi}\sin 2\alpha+\frac{\pi-\alpha}{\pi}}$$

晶闸管流过的电流有效值是负载电流有效值的$1/\sqrt{2}$。

（2）单相桥式全控整流电路带阻感性负载时的电路及波形如图 1-2-6 所示，其参量计算如下：

输出直流电压平均值：$U_{\mathrm{d}}=\dfrac{2}{2\pi}\int_{\alpha}^{\pi+\alpha}\sqrt{2}U_2\sin\omega t\mathrm{d}(\omega t)=0.9U_2\cos\alpha$。

输出直流电流平均值：$I_{\mathrm{d}}=\dfrac{U_{\mathrm{d}}}{R}=0.9\dfrac{U_2}{R}\cos\alpha$。

单相桥式全控整流电路带阻感性负载时触发角的移相范围为 0～90°。

晶闸管承受的最大正、反向电压为$\sqrt{2}U_2$。

晶闸管 VT_1、VT_4和 VT_2、VT_3轮流导通，各承担一半负载电流。晶闸管的导通角θ与触发角α无关，都是 180°，晶闸管电流平均值：$I_{\mathrm{dVT}}=\dfrac{1}{2}I_{\mathrm{d}}=0.45\dfrac{U_2}{R}\cos\alpha$。

晶闸管电流有效值：$I_{\mathrm{VT}}=\sqrt{\dfrac{1}{2\pi}\int_{\alpha}^{\pi+\alpha}I_{\mathrm{d}}^{2}d(\omega t)}=\sqrt{\dfrac{1}{2}}I_{\mathrm{d}}$。

变压器二次侧电流波形为正负各 180°的矩形波，相位由α决定，其有效值：$I_2=I_{\mathrm{d}}$。

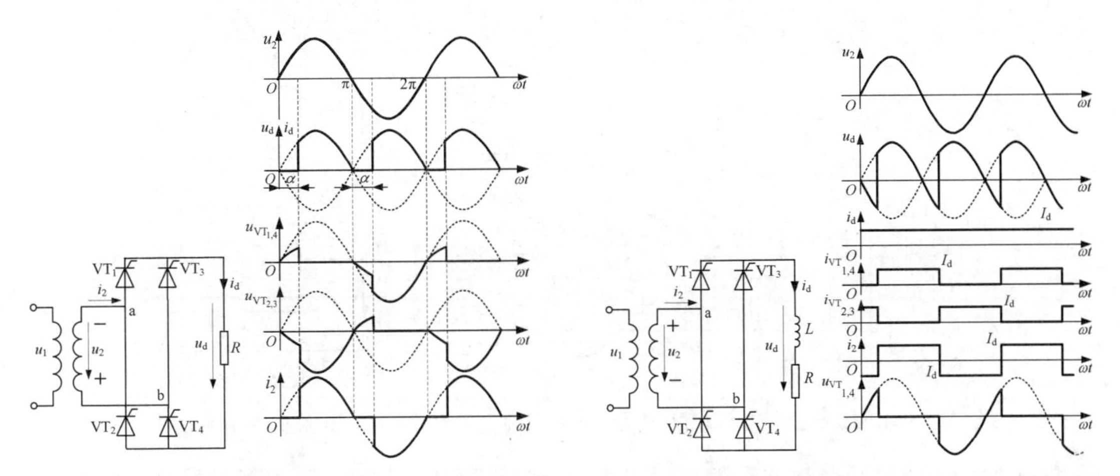

图 1-2-5 单相桥式全控整流电路及波形（电阻性负载） 图 1-2-6 单相桥式全控整流电路及波形（阻感性负载）

（3）单相桥式全控整流电路带反电势负载时的电路及波形如图 1-2-7 所示。单相桥式全控整流电路带反电势负载，只有变压器副边电压瞬时值大于反电动势，即$|u_2|>E$时，晶闸管才承受正向电压，可以导通。晶闸管导通之后，到$|u_2|=E$时，导电回路净电势为零，电流为零，晶闸管关断。与电阻性负载相比，晶闸管从π处向前提前了δ角关断，δ角称为停止导通角，其数值为$\delta=\arcsin(E/\sqrt{2}U_2)$。

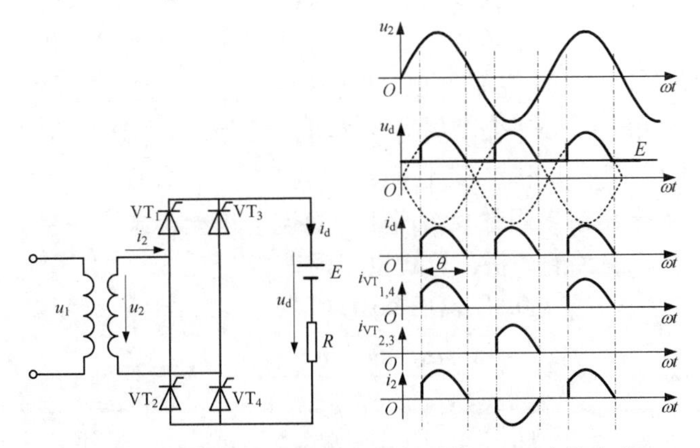

图 1-2-7 单相桥式全控整流电路及波形（反电势负载）

单相桥式全控整流电路带反电势负载时输出电流为周期性脉冲电流，负载电流断续。

实际应用中，带反电势负载时，回路串入平波电抗器，可以减小电流脉动，延长晶闸管的导通时间。若所串入的电感足够大，负载电流便可以保持连续，此时电路分析时，可以按照阻感性负载情况进行分析，其输出直流电压U_d的计算也相同，差别仅在于计算输出电流时要考虑反电势的影响。其参数计算如下：

输出直流电压平均值：$U_{\mathrm{d}}=0.9U_2\cos\alpha$。

输出直流电流平均值：$I_{\mathrm{d}}=(U_{\mathrm{d}}-E)/R$。

晶闸管电流平均值、有效值：$I_{dVT}=I_d/2$、$I_{VT}=I_d/\sqrt{2}$。

单相桥式全控整流电路带反电势阻感性负载电流断续、连续时的电路及波形如图 1-2-8 所示。

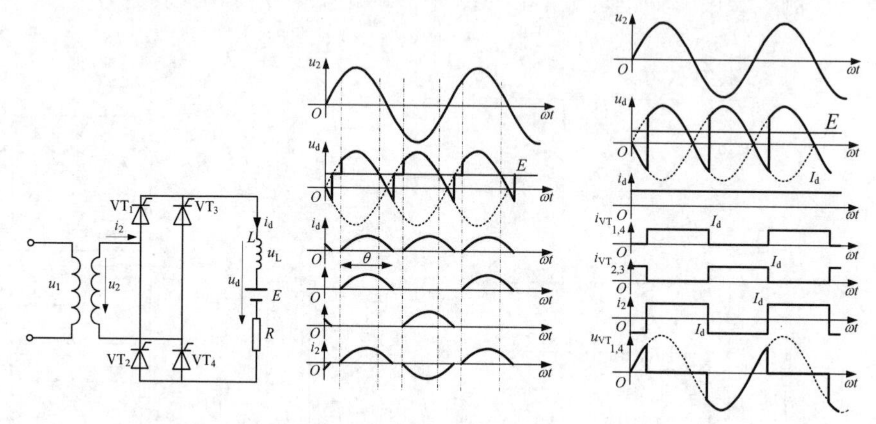

图 1-2-8　单相桥式全控整流电路带反电势阻感性负载电流断续、连续时的电路及波形

大电感情况下，单相桥式全控整流电路反电势阻感性负载时，晶闸管触发角移相范围为 0～90°。晶闸管承受的最大正、反向电压为$\sqrt{2}U_2$。变压器二次侧电流波形为正负各 180° 的矩形波，相位由α决定，其有效值：$I_2=I_d$。

保证整流电路输出电流连续所配置的平波电抗器电感量至少达到：

$$L_{min}=\frac{2\sqrt{2}U_2}{\pi\omega I_{dmin}}=2.87\times10^{-3}\frac{U_2}{I_{dmin}}\quad（单位：H）$$

8. 如何进行单相桥式半控整流电路带不同负载时的波形分析及参量计算？

单相桥式半控整流电路有三种连接方式，分别是晶闸管共阴、二极管共阳连接方式，晶闸管共阳、二极管共阴连接方式，晶闸管和二极管均在同一桥臂的连接方式，如图 1-2-4 所示。前两种方法相似，原理相同，**接下来以晶闸管共阴、二极管共阳连接方式为例进行分析**。

（1）单相桥式半控整流电路带电阻性负载的电路及波形如图 1-2-9 所示。

单相桥式半控整流电路带电阻性负载时工作情况与单相桥式全控整流电路带电阻性负载时相同，电路波形相似，相关的分析计算式也相同。

输出直流电压平均值：$U_d=0.45U_2(1+\cos\alpha)$。

输出直流电压有效值：$U=U_2\sqrt{\frac{\pi-\alpha}{\pi}+\frac{\sin2\alpha}{2\pi}}$。

输出直流电流平均值：$I_d=\frac{U_d}{R}=0.9\frac{U_2}{R}\frac{1+\cos\alpha}{2}$。

单相桥式半控整流电路带电阻性负载时触发角的移相范围为 0～180°。晶闸管承受的最大正反向电压为$\sqrt{2}U_2$。

晶闸管、整流二极管过电流平均值：$I_{dVT}=0.45\frac{U_2}{R}\frac{1+\cos\alpha}{2}$。

晶闸管、整流二极管流过电流有效值：$I_{VT}=\frac{U_2}{\sqrt{2}R}\sqrt{\frac{1}{2\pi}\sin2\alpha+\frac{\pi-\alpha}{\pi}}$。

变压器二次侧电流有效值与输出电流有效值相等，为

$$I = I_2 = \sqrt{\frac{1}{\pi}\int_{\alpha}^{\pi}\left(\frac{\sqrt{2}U_2}{R}\sin\omega t\right)^2 \mathrm{d}(\omega t)} = \frac{U_2}{R}\sqrt{\frac{1}{2\pi}\sin 2\alpha + \frac{\pi-\alpha}{\pi}}$$

晶闸管、整流二极管电流有效值是负载电流有效值的$1/\sqrt{2}$。

（2）单相桥式半控整流电路带阻感性负载时的电路及波形如图 1-2-10 所示，其参量计算如下：

输出直流电压平均值：$U_{\mathrm{d}} = 0.45U_2(1+\cos\alpha)$。

输出直流电流平均值：$I_{\mathrm{d}} = U_{\mathrm{d}} / R$。

晶闸管、整流二极管通过电流的平均值：$I_{\mathrm{dVT}} = I_{\mathrm{d}} / 2$。

晶闸管、整流二极管通过电流的有效值：$I_{\mathrm{VT}} = I_{\mathrm{d}} / \sqrt{2}$。

变压器二次侧电流有效值：$I_2 = \sqrt{\frac{1}{\pi}\int_{\alpha}^{\pi} I_{\mathrm{d}}^2 \mathrm{d}(\omega t)} = \sqrt{\frac{\pi-\alpha}{\pi}} I_{\mathrm{d}}$。

晶闸管承受最大正反向电压为$\sqrt{2}U_2$，二极管承受最大反向电压为$\sqrt{2}U_2$。

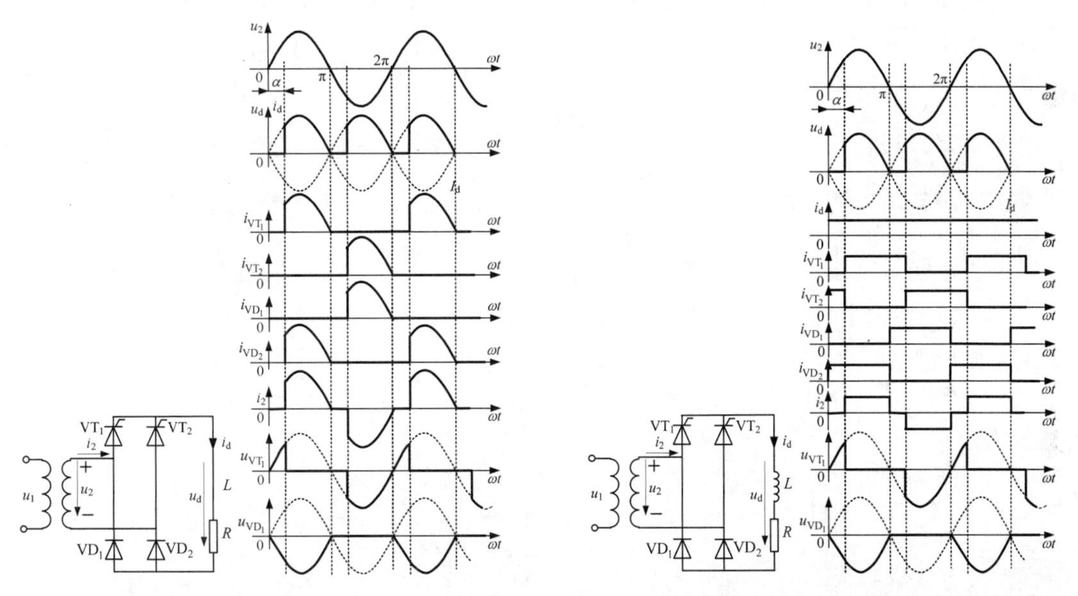

图 1-2-9　单相桥式半控整流电路及波形（电阻性负载）　图 1-2-10　单相桥式半控整流电路及波形（阻感性负载）

（3）单相桥式半控整流电路的失控现象及其防范。单相桥式半控整流电路在工作过程中，若触发脉冲突然消失，或者在正常工作过程触发电路出现故障，无法给后续电路发送触发脉冲，只要负载电感足够大，将出现一个晶闸管持续导通，两个二极管轮流导通的失控现象。为防止单相桥式半控整流电路带电感性负载出现失控现象，在整流电路输出端反并联续流二极管便可以解决这个问题。单相桥式半控整流电路失控现象电路及波形如图 1-2-11 所示，其防范电路及波形如图 1-2-12 所示。

带有续流二极管的单相桥式半控整流电路各参量计算如下：

输出直流电压平均值：$U_{\mathrm{d}} = 0.45U_2(1+\cos\alpha)$。

输出直流电流平均值：$I_{\mathrm{d}} = U_{\mathrm{d}} / R$。

晶闸管流过电流平均值、有效值：$I_{\mathrm{dVT}} = \frac{\pi-\alpha}{2\pi} I_{\mathrm{d}}$、$I_{\mathrm{VT}} = \sqrt{\frac{\pi-\alpha}{2\pi}} I_{\mathrm{d}}$。

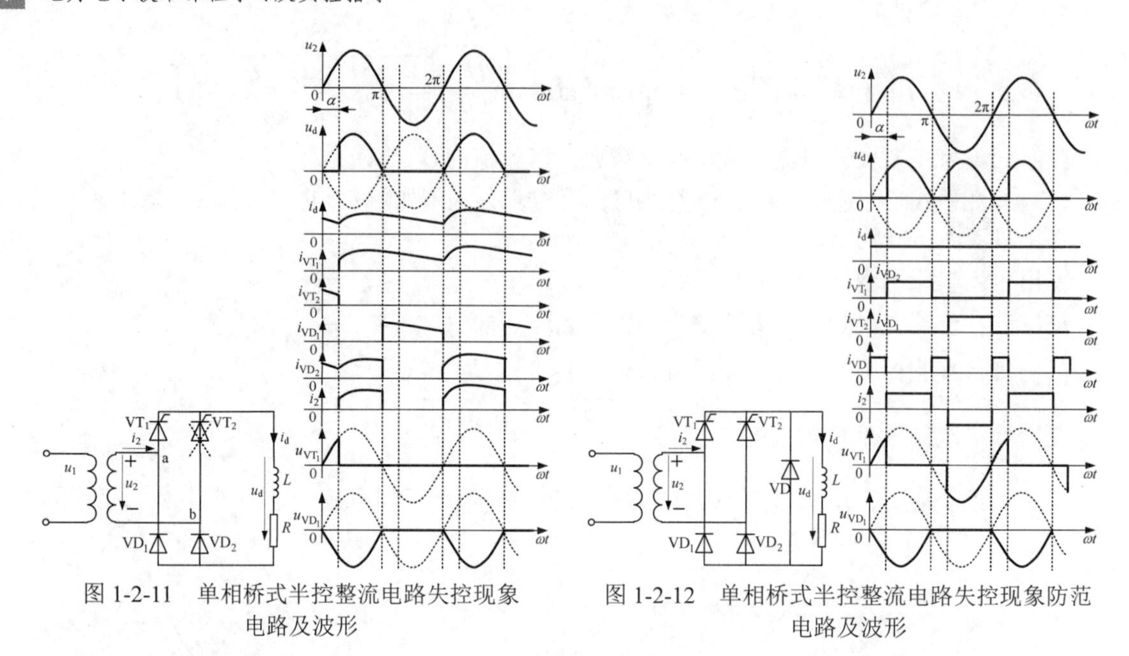

图 1-2-11 单相桥式半控整流电路失控现象电路及波形

图 1-2-12 单相桥式半控整流电路失控现象防范电路及波形

整流桥路二极管的电流平均值、有效值与晶闸管电流平均值、有效值相同。

续流二极管流过的电流平均值、有效值：$I_{\mathrm{dVD}}=\dfrac{2\alpha}{2\pi}I_{\mathrm{d}}$、$I_{\mathrm{VD}}=\sqrt{\dfrac{2\alpha}{2\pi}}I_{\mathrm{d}}$。

晶闸管承担最高正反向电压$\sqrt{2}U_2$，整流二极管、续流二极管承担最高反向电压$\sqrt{2}U_2$。

（4）单相桥式半控整流电路的另一种连接方式（两个二极管置于一个桥臂，两侧均可），其电路及波形如图 1-2-13 所示。

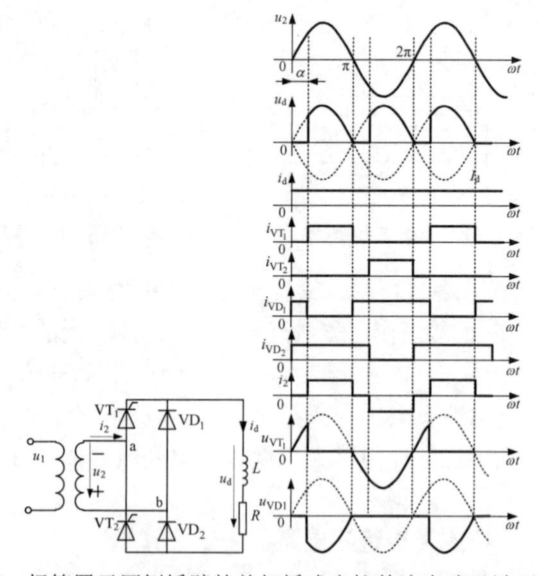

图 1-2-13 整流二极管置于同侧桥臂的单相桥式半控整流电路及波形（阻感性负载）

由于两个二极管既承担整流，又承担续流任务，因此，该单相桥式半控整流电路带阻感性负载时不会出现失控现象。该桥式半控整流电路带电阻性负载时与单相桥式全控整流电路电阻性负载时工作情况相同，此处只给出该电路阻感性负载时的参数计算。

带阻感性负载时，输出直流电压平均值：$U_d = 0.45U_2(1+\cos\alpha)$。

输出直流电流平均值：$I_d = U_d / R$。

晶闸管流过电流平均值、有效值：$I_{dVT} = \frac{\pi-\alpha}{2\pi}I_d$、$I_{VT} = \sqrt{\frac{\pi-\alpha}{2\pi}}I_d$。

整流二极管流过电流平均值、有效值：$I_{dVD} = \frac{\pi+\alpha}{2\pi}I_d$、$I_{VD} = \sqrt{\frac{\pi+\alpha}{2\pi}}I$。

晶闸管承受最高正反向电压、桥路二极管承受最高反向电压为$\sqrt{2}U_2$。

9. 如何进行单相全波可控整流电路波形分析及参量计算？

单相全波可控整流电路及波形如图 1-2-14 所示，它与单相桥式全控整流电路输出与输入波形基本一致，但两者有 3 点区别。

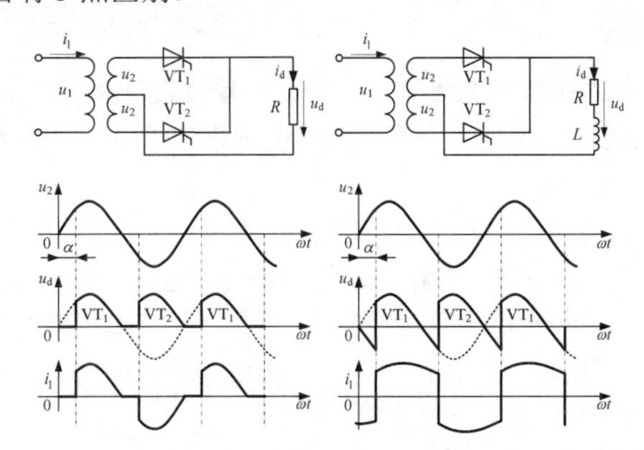

图 1-2-14　单相全波整流电路及波形（电阻、电阻电感负载）

（1）单相全波可控整流电路相当于两个单相半波整流电路组合，它需要变压器副边中心抽头，变压器结构、制作工艺较复杂，绕组及铁芯用材较多，利用率较低。

（2）单相全波可控整流电路只需要 2 个晶闸管，是单相桥式全控整流电路的一半，门极驱动电路也少 2 个；整流电路输入交流电压相同时，晶闸管承受最高正反向电压为$2\sqrt{2}U_2$，是单相桥式全控整流电路的 2 倍。

（3）单相全波可控整流导电回路只有 1 个晶闸管，比单相桥式全控整流电路少 1 个，其电路损耗也少一半，用此电路适用于低电压输出场合。

单相全波整流电路、单相桥式全控整流电路、单相桥式半控整流电路的输出电压波形每周期脉动两次，且波形形状一样，它们均可称为双脉波整流电路。

10. 三相整流电路的结构形式有哪些？

三相整流电路有三相半波可控整流、三相桥式全控整流、三相桥式半控整流、带平衡电抗器的双反星形可控整流等电路，其中最基本的是三相半波可控整流电路，其他电路可以看成是三相半波可控整流电路的串联或并联组合。

三相半波可控整流有两种结构形式，分别是三相半波共阴接法、三相半波共阳接法。

11. 变压器△/Y 电路中，三相交流电的线电压与相电压之间有何关系？

图 1-2-15 为变压器的一种连接方式，其中左图为三相半波共阴电路，右图为三相半波共阳电路。对变压器的二次侧，其相量图如图 1-2-16 所示。按照相量图，可以分析相电压与线电压之间的相位关系。

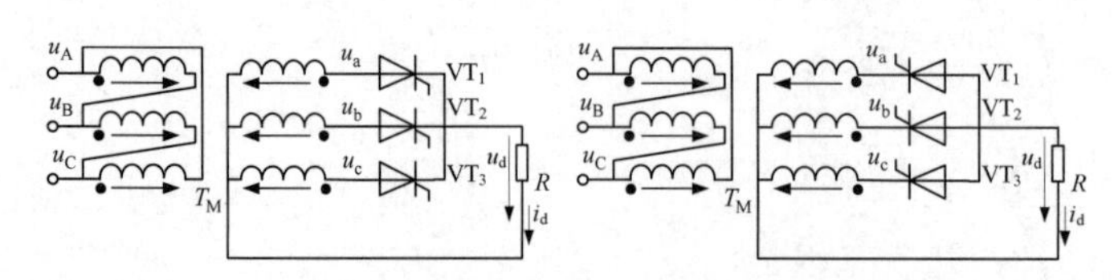

图 1-2-15 三相半波共阴、三相半波共阳整流电路

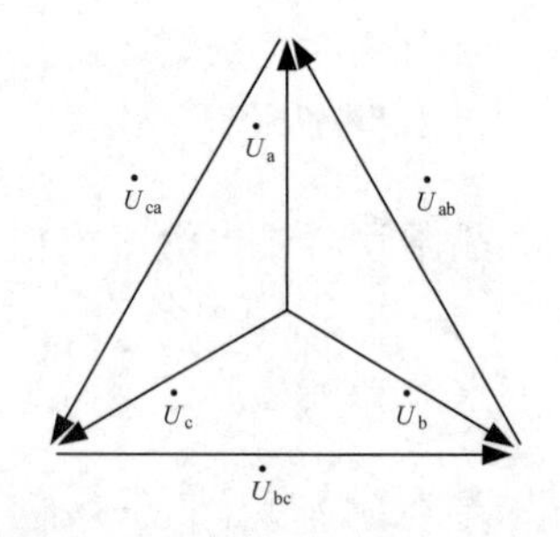

图 1-2-16 变压器电压向量图

由向量图可见，$\dot{U}_{ab}$ 超前于 $\dot{U}_{a}$ 30°，$\dot{U}_{ca}$ 滞后于 $\dot{U}_{a}$ 30°，这些相位关系在后续画波形图时将发挥作用。

对于变压器一次侧有 $\dot{U}_{ab} = \dot{U}_{a}$ 。

12. 如何进行三相半波可控整流电路带不同负载时的波形分析及参量计算？

（1）三相半波（共阴）可控整流电路带电阻性负载时的电路及波形如图 1-2-17 所示，其波形分析及参量计算如下所述。

三相半波共阴整流电路的整流元件换成二极管时，每次都是在两相相电压正向交点处开始换相，该点即为三相半波共阴整流电路的自然换向点，定义为触发角 $\alpha = 0°$ 。可见，三相整流电路触发角为 0°的点与单相整流电路触发角为 0°的点不是同一点，彼此相差 30°。

c 相到 a 相的自然换相点与 a 相到 b 相的自然换相点及 b 相到 c 相的自然换相点依次相差 120°，分别如图 1-2-17 中 ωt_1、ωt_2、ωt_3 所示。

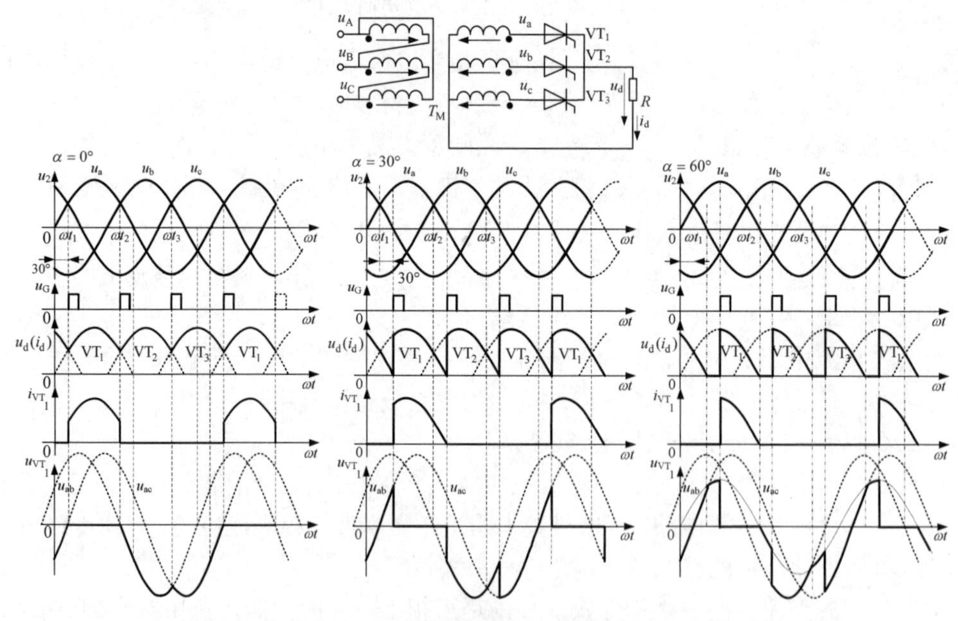

图 1-2-17 三相半波共阴整流电路及波形（电阻性负载）

$\alpha \leqslant 30°$ 时，三相半波整流电路一周期内有三个工作状态，分别是 a 相、b 相、c 相各导通 120°，输出电压分别是导通相的相电压。

$\alpha > 30°$ 时，三相半波整流电路一周期内有六个工作状态，分别是 a 相、b 相、c 相各导通

$150°-\alpha$ 和停止 $\alpha-30°$，每相导通之后级联一个停止导通时间。各相导通时输出电压分别是导通相相电压，不导通时输出电压为零。

三相半波共阴可控整流电路带电阻性负载 α 角的移相范围为 0～150°。

$\alpha \leqslant 30°$ 时，负载电流连续，输出直流电压平均值：$U_d = 1.17U_2\cos\alpha$。

$\alpha > 30°$ 时，负载电流断续，输出直流电压平均值：$U_d = \frac{1.17}{\sqrt{3}}U_2\left[1+\cos\left(\alpha+\frac{\pi}{6}\right)\right]$。

负载电流平均值：$I_d = U_d / R$。

晶闸管流过的电流平均值：$I_{dVT} = I_d / 3$。

$\alpha \leqslant 30°$ 时，晶闸管电流有效值：$I_{VT} = \frac{U_2}{R}\sqrt{\frac{1}{2\pi}\left(\frac{2\pi}{3}+\frac{\sqrt{3}}{2}\cos 2\alpha\right)}$。

$\alpha > 30°$ 时，晶闸管电流有效值：$I_{VT} = \frac{U_2}{R}\sqrt{\frac{1}{2\pi}\left(\frac{5\pi}{6}-\alpha+\frac{\sqrt{3}}{4}\cos 2\alpha+\frac{1}{4}\sin 2\alpha\right)}$。

变压器二次侧电流有效值：$I_2 = I_{VT}$。

晶闸管承受的最大正向电压为变压器二次侧相电压峰值 $\sqrt{2}U_2$，承受的最大反向电压为变压器二次侧线电压峰值 $\sqrt{6}U_2$。

（2）三相半波共阴可控整流电路带阻感性负载时的电路及波形如图 1-2-18 所示，其波形分析及参量计算如下所述。

三相半波共阴可控整流电路带阻感性负载，只要电感足够大（$\omega L \geqslant 5R$），在一个电源周期内每相晶闸管各导通 120°，输出直流电压由导通相电源电压决定，$\alpha \leqslant 30°$ 时整流电路输出直流电压与电阻性负载时相同。$\alpha > 30°$ 时整流电路输出直流电压有负值部分，整流电压平均值比电阻性负载时小。因电感足够大，整流电路输出直流电流可视为稳态直流。

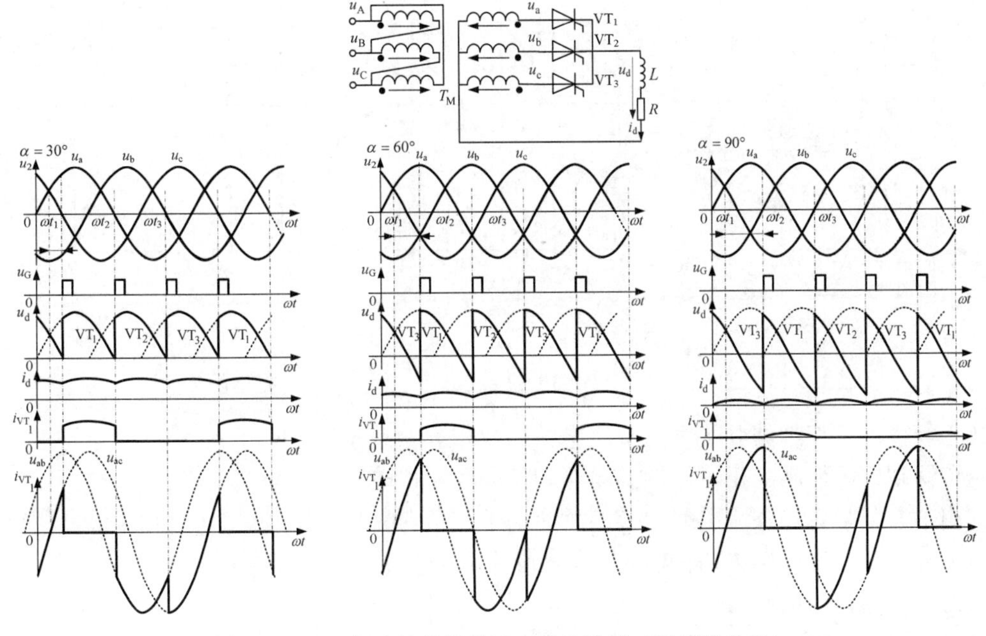

图 1-2-18 三相半波共阴整流电路及波形（阻感性负载）

随着α的增加（$\alpha > 30°$），输出直流电压中正面积部分逐步减小，负面积部分逐步增加，当$\alpha = 90°$时，输出直流电压中正、负部分面积相等，其平均值为零。因此，三相半波可控整流电路带阻感性负载时α的移相范围为0～90°。

随着α的增加，晶闸管两端电压中负值的部分逐步减小，正值的部分逐步增加。当$\alpha = 90°$时，正值部分的面积与负值部分的面积相等。

三相半波共阴可控整流电路阻感性负载时输出直流电压平均值：$U_d = 1.17U_2\cos\alpha$。

输出直流电流平均值：$I_d = U_d / R$。

晶闸管流过电流平均值、有效值：$I_{dVT} = I_d / 3$、$I_{VT} = I_d / \sqrt{3}$。

变压器二次侧电流有效值：$I_2 = I_{VT}$。

晶闸管承受的最高正反向电压为$\sqrt{6}U_2$。

（3）三相半波可控整流电路的另一种接法——共阳接法。三相半波共阴可控整流电路中，将三相晶闸管反向，构成三相半波共阳可控整流电路。此电路的换向规律及输出电压、电流与三相半波共阴可控整流电路不同。其电路及波形如图1-2-19所示，其中图1-2-19（a）和图1-2-19（b）为带电阻性负载，触发角α为30°和60°时的电路及波形，图1-2-19（c）为带阻感性负载，触发角α为60°的电路及波形。

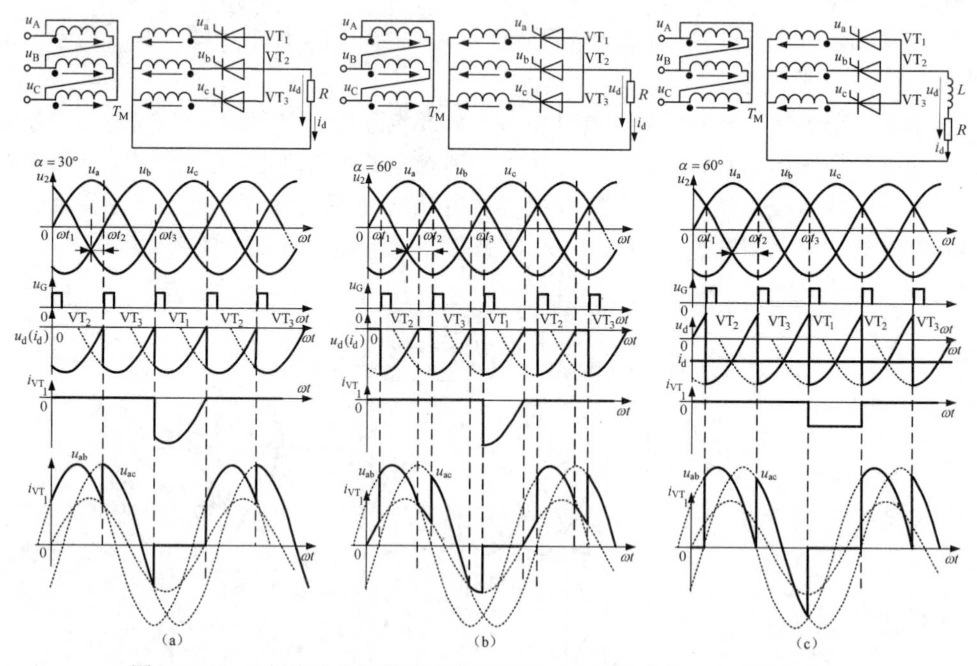

图1-2-19　三相半波共阳整流电路及波形（电阻性负载、阻感性负载）

换相规律：三相半波共阴可控整流电路的换相顺序是a相→b相→c相，且总是从电压值低的相转移到电压值高的相。自然换向点为相邻两相相电压的正向交点。

三相半波共阳可控整流电路的换相顺序也是a相→b相→c相，但与三相半波共阴可控整流电路不同的是，三相半波共阳可控整流电路总是从电压值高的相转移到电压值低的相。自然换向点为相邻两相相电压的负向交点。

输出电压电流极性：以三相电源中点为参考，三相半波共阴可控整流电路的输出电压为正，三相半波共阳可控整流电路的输出电压为负。

电路安装结构：因为晶闸管阳极为螺栓端，三相半波共阳可控整流电路相对于三相半波共阴可控整流电路其电路安装体积可以更小，其电路中三个晶闸管可以安装在同一个散热器上，从而缩小电路的安装空间。

两种电路共有特性：变压器存在直流磁化；输出直流电压波形在一个周期中脉动三次，称为三脉波整流电路。

13. 三相桥式可控整流电路的接线形式有哪些？

三相桥式可控整流电路有三相桥式全控整流电路［图 1-2-20（a）］和三相桥式半控整流电路［图 1-2-20（b）］两种，其中三相桥式半控整流电路可以将三个二极管置于共阳极处，也可以置于共阴极处。结构上可以看成两组三相半波整流电路的串联。

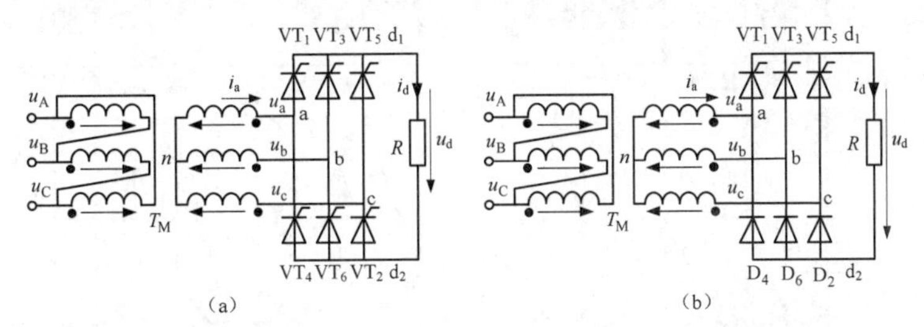

图 1-2-20　三相桥式全控整流电路和三相桥式半控整流电路

14. 如何进行三相桥式全控整流电路带不同负载时的波形分析及参量计算？

（1）三相桥式全控整流电路带电阻性负载时的波形分析与参量计算。三相桥式全控整流电路输出电压可以看成两组三相半波整流电路输出直流电压的差值，即共阴极组三相半波整流电路输出直流电压与共阳极组三相半波整流电路输出直流电压的差值。以电源中性点为参考，共阴极组三相半波整流电路输出直流电压为正，共阳极组三相半波整流电路输出直流电压为负，因此，输出直流电压为两个三相半波整流电路输出直流电压之差（绝对值之和）。三相桥式全控整流电路带电阻性负载时的波形如图 1-2-21 所示。

$\alpha \leqslant 60°$ 时整流电路输出直流电压波形连续，$\alpha > 60°$ 时波形断续。

三相桥式全控整流电路带电阻性负载时，其触发角 α 的移相范围为 0～120°。晶闸管承受的最高正反向电压为 $\sqrt{6}U_2$。

三相桥式全控整流电路带电阻性负载时工作特点如下：

1）任何时刻，共阴、共阳极组各有一只晶闸管导通，构成回路，且不可以是连接同一相电源的晶闸管。输出电压为导通相的电压差值，即线电压。

2）晶闸管导通顺序为 $VT_1 \to VT_2 \to VT_3 \to VT_4 \to VT_5 \to VT_6$，其触发脉冲相位依次相差 60°；共阴极组晶闸管 VT_1、VT_3、VT_5 的触发脉冲依次相差 120°，共阳极组晶闸管 VT_4、VT_6、VT_2 的触发脉冲依次相差 120°；同一相上下两个晶闸管触发脉冲相差 180°。

3）为保证电路启动或电流断续后电路能正常工作，必须保证不同组别应导通晶闸管均有触发脉冲，为此采取宽度大于 60°的宽脉冲触发或双窄脉冲触发。

4）整流电路输出电压一个周期内脉动 6 次，每次脉动波形相同，故电路称为六脉波整流电路。

5）晶闸管两端电压波形与三相半波整流电路相同，且随着触发角的增加，晶闸管两端的电压波形正值部分逐步增加，负值部分逐步减少。

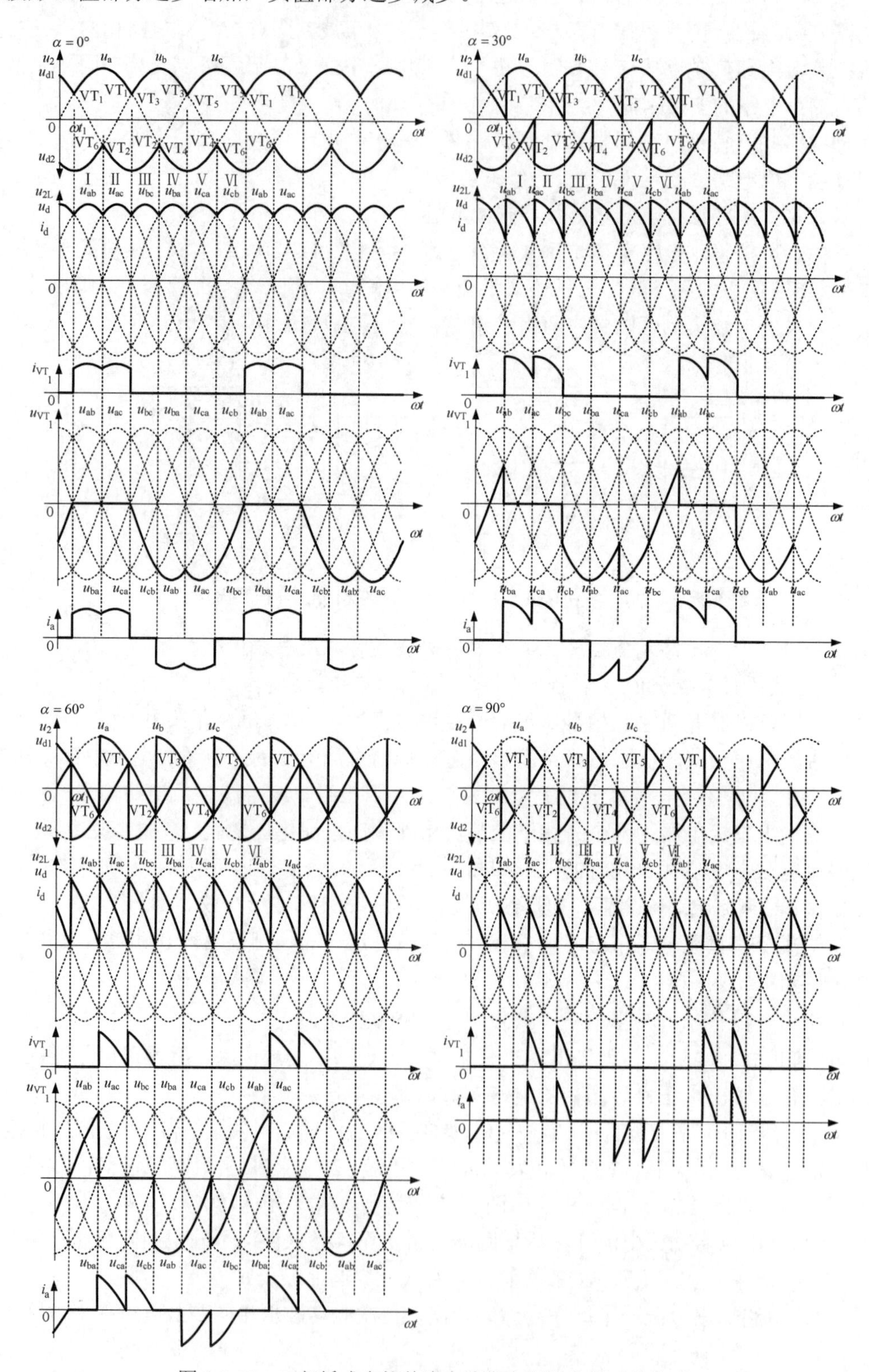

图 1-2-21　三相桥式全控整流电路带电阻性负载时的波形

6）与三相半波整流电路相比，变压器副边流过正负对称的交流电，没有直流磁化。

$\alpha \leqslant 60°$ 时，输出直流电压平均值：$U_{\rm d} = 2.34U_2 \cos\alpha$ 。

$\alpha > 60°$ 时，输出直流电压平均值：$U_{\rm d} = 2.34U_2[1+\cos(\alpha+\pi/3)]$ 。

输出直流电流平均值：$I_{\rm d} = U_{\rm d}/R$ 。

晶闸管电流平均值：$I_{\rm dVT} = I_{\rm d}/3$ 。

晶闸管所流过电流有效值要根据波形计算其数值（方均根值），此处省略。

变压器二次侧绕组电流有效值：$I_2 = \sqrt{2}I_{\rm VT}$ 。

（2）三相桥式全控整流电路带阻感性负载时的波形如图 1-2-22 所示，其波形分析与参量计算如下所述。

三相桥式全控整流电路带阻感性负载时的触发角移相范围为 0～90°。

三相桥式全控整流电路输出直流电压平均值：$U_{\rm d} = 2.34U_2 \cos\alpha$ 。

输出直流电流平均值：$I_{\rm d} = U_{\rm d}/R$ 。

晶闸管电流平均值、有效值：$I_{\rm dVT} = I_{\rm d}/3$ 、$I_{\rm VT} = I_{\rm d}/\sqrt{3}$ 。

变压器二次侧电流有效值：$I_2 = \sqrt{\dfrac{1}{2\pi}\int_0^{2\pi} i_2^2 {\rm d}(\omega t)} = \sqrt{\dfrac{2}{3}} I_{\rm d}$ 。

（3）三相桥式全控整流电路带反电势负载时的波形分析及参量计算。三相桥式全控整流电路带反电势负载时，若回路电感足够大，整流电路分析类同于阻感性负载，电路输出电压、电流波形相同，负载电流平均值为$I_{\rm d} = (U_{\rm d} - E)/R$ 。

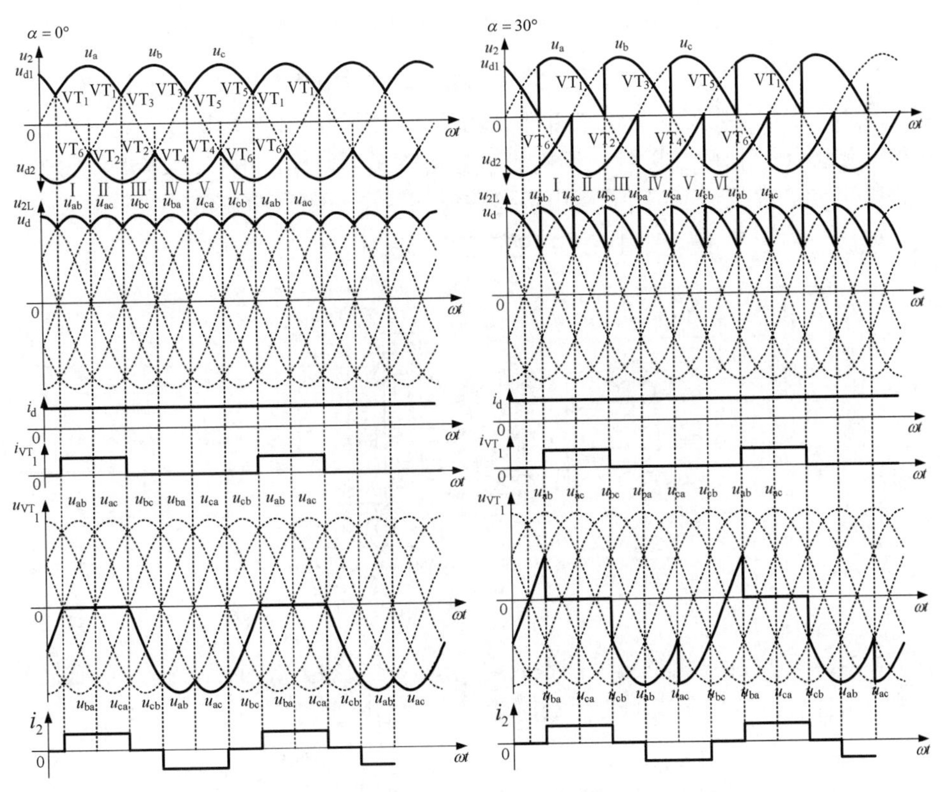

图 1-2-22　三相桥式全控整流电路带阻感性负载时的波形

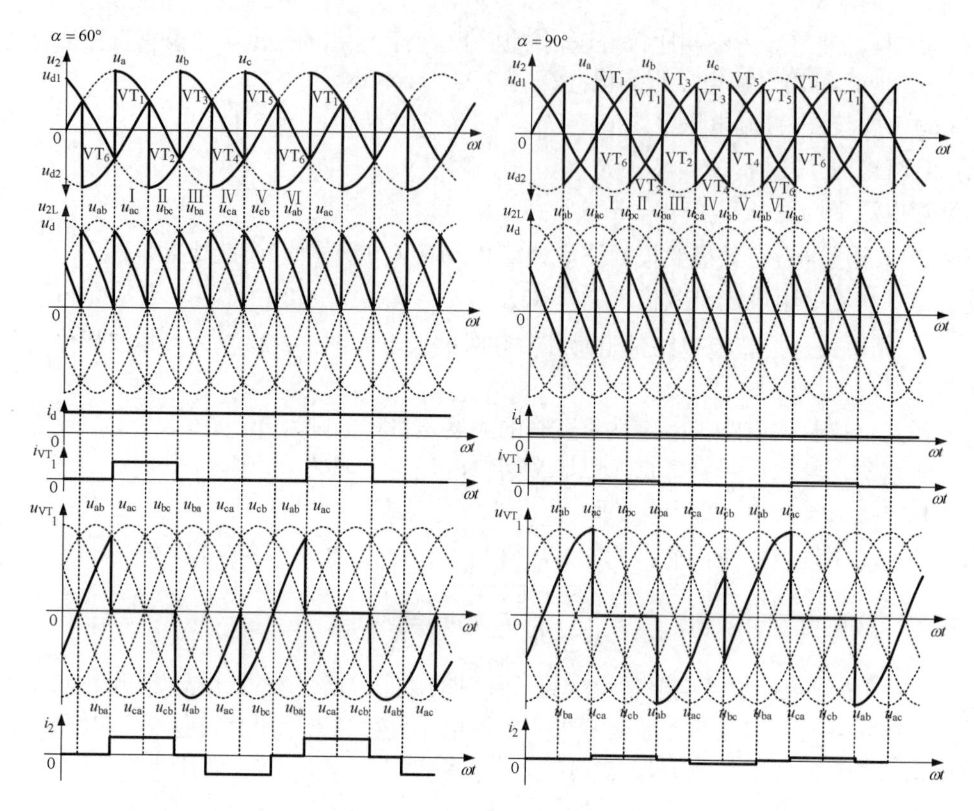

图 1-2-22 三相桥式全控整流电路带阻感性负载时的波形（续图）

15. 如何进行三相桥式半控整流电路带不同负载时的波形分析及参量计算?

（1）三相桥式半控整流电路带电阻性负载时的波形分析及参量计算。将三相桥式全控整流电路中的一侧晶闸管换成二极管，便构成了三相桥式半控整流电路，如图 1-2-23 所示（也可以用二极管换共阴极组）。相比于三相桥式全控，三相桥式半控只需要三组触发电路，电路简单，成本低廉，应用于不需要进行有源逆变的整流供电场合，应用广泛。

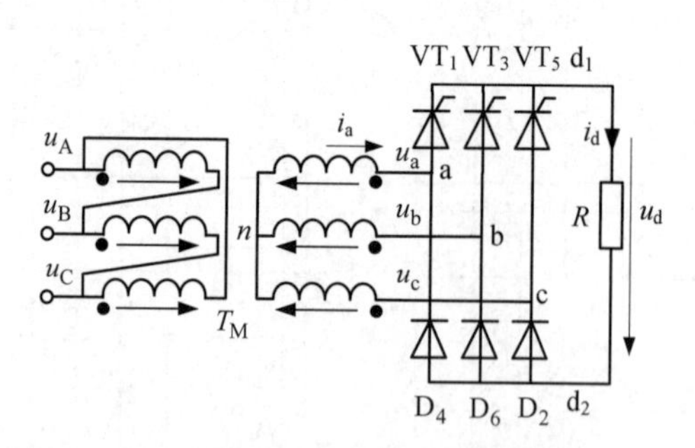

图 1-2-23 三相桥式半控整流电路带电阻性负载

观察图 1-2-24 可见，三相桥式半控整流电路电阻性负载其α 移相范围为 0～180°。

三相桥式半控整流电路带电阻性负载时输出直流电压平均值如下：

$0 \leqslant \alpha \leqslant 60°$ 时，$U_d = 1.17U_2\left[1+\cos\left(\alpha+\dfrac{\pi}{3}\right)-\cos\left(\alpha+\dfrac{2\pi}{3}\right)\right]$。

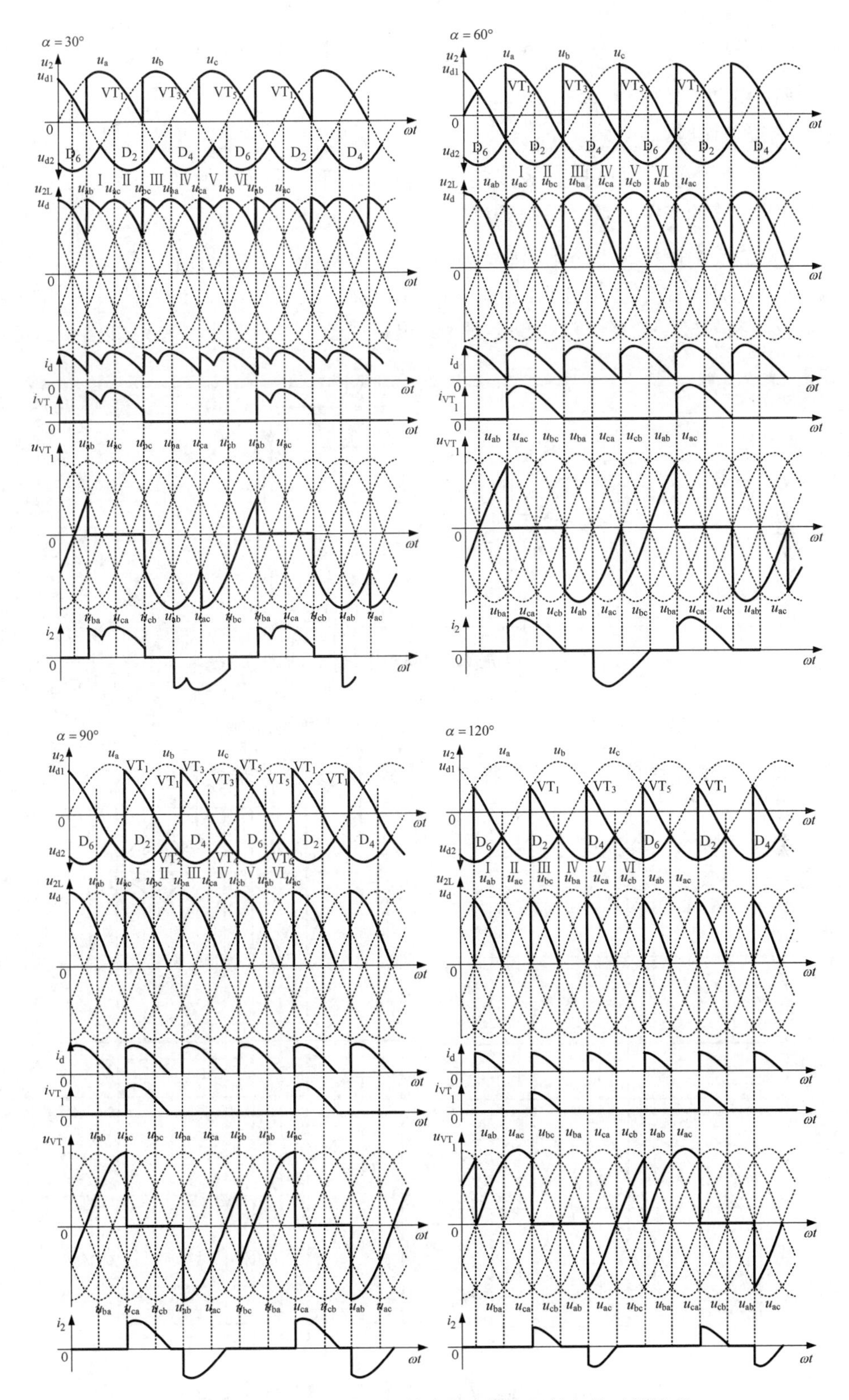

图 1-2-24　三相桥式半控整流电路带电阻性负载时的波形

$60° < \alpha \leqslant 180°$ 时，$U_{\rm d} = \dfrac{3}{2\pi}\int_{\alpha}^{\pi}\sqrt{6}U_2\sin\omega t{\rm d}(\omega t) = 1.17U_2(1+\cos\alpha)$。

输出负载电流平均值：$I_{\rm d} = U_{\rm d}/R$。

晶闸管电流平均值：$I_{\rm dVT} = I_{\rm d}/3$。

晶闸管电流有效值需要根据有效值定义的公式计算。晶闸管承受的最高正反向电压为 $\sqrt{6}U_2$，整流二极管的相关参数与晶闸管相同。

（2）三相桥式半控整流电路带阻感性负载时的波形分析及参量计算。三相桥式半控整流电路带阻感性负载时，若感值足够大，可以用稳态直流电流表示。触发角增加，共阴极组晶闸管换相点后移，共阳极组二极管换相点不变。其电路如图 1-2-25 所示，波形如图 1-2-26 所示。

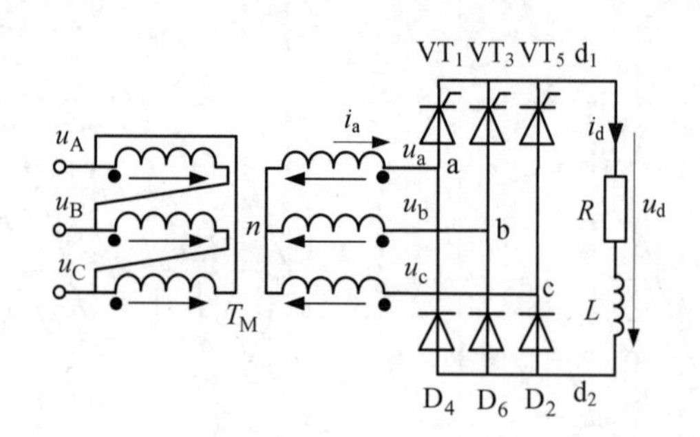

图 1-2-25 三相桥式半控整流电路带阻感性负载

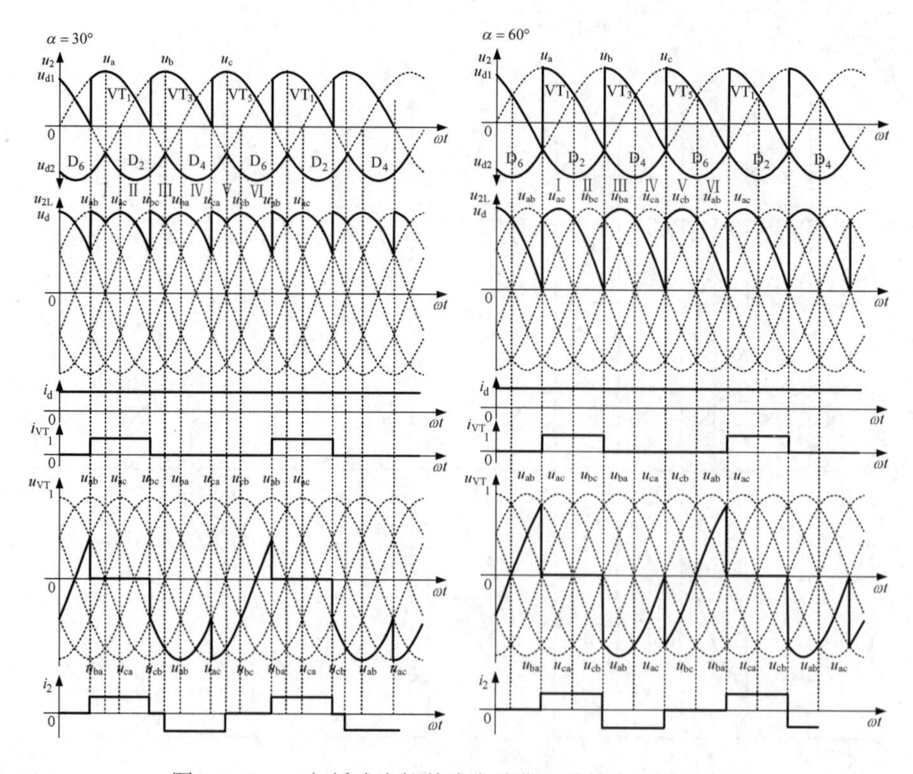

图 1-2-26 三相桥式半控整流电路带阻感性负载时的波形

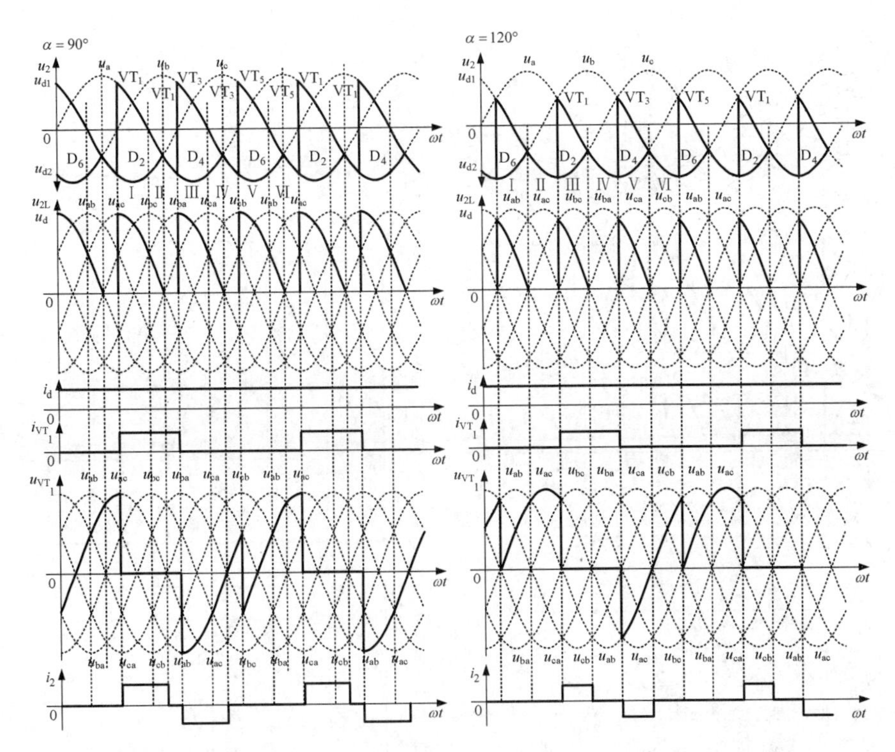

图 1-2-26　三相桥式半控整流电路带阻感性负载时的波形（续图）

$0 \leqslant \alpha \leqslant 60°$ 时，输出直流电压连续，$60° < \alpha \leqslant 180°$ 时，输出直流电压断续，除 $\alpha = 60°$ 时为三个工作区段，持续 120°，其余状态相邻两个工作区段持续时间之和对应电角度为 120°。

$0 \leqslant \alpha \leqslant 60°$ 时，输出直流电压平均值：$U_{\mathrm{d}} = 1.17U_2\left[1+\cos\left(\alpha+\frac{\pi}{3}\right)-\cos\left(\alpha+\frac{2\pi}{3}\right)\right]$。

$60° < \alpha \leqslant 180°$ 时，输出直流电压平均值：$U_{\mathrm{d}} = 1.17U_2(1+\cos\alpha)$。

输出负载电流平均值：$I_{\mathrm{d}} = U_{\mathrm{d}}/R$。

晶闸管电流平均值、有效值：$I_{\mathrm{dVT}} = \frac{I_{\mathrm{d}}}{3}$、$I_{\mathrm{VT}} = \frac{I_{\mathrm{d}}}{\sqrt{3}}$。

$0 \leqslant \alpha \leqslant 60°$ 时，变压器二次侧电流有效值：$I_2 = \sqrt{\frac{1}{2\pi}\int_0^{2\pi} i_2^2 \mathrm{d}(\omega t)} = \sqrt{\frac{2}{3}}I_{\mathrm{d}}$。

$60° < \alpha \leqslant 180°$ 时，变压器二次侧电流有效值：$I_2 = \sqrt{\frac{2}{2\pi}\int_0^{\pi-\alpha} I_{\mathrm{d}}^2 \mathrm{d}(\omega t)} = \sqrt{\frac{\pi-\alpha}{\pi}}I_{\mathrm{d}}$。

晶闸管承受的最高正反向电压为 $\sqrt{6}U_2$。整流二极管的相关参数与晶闸管相同。

（3）三相桥式半控整流电路带阻感性负载时的失控现象及其防止措施。三相桥式半控整流电路阻感性负载时，若触发电路出现异常，脉冲丢失，或者触发电路电源被去除，电路将出现一个晶闸管持续导通，三个二极管轮流导通的**失控现象**。三相桥式半控整流电路阻感性负载在 a 相晶闸管 VT_1 被触发导通后触发电路出现故障，或者触发电路电源被断开，后续触发脉冲消失。电路工作情况如图 1-2-27 所示，其中图 1-2-27（a）表示三相桥式半控整流电路失控之后的电路和波形，图 1-2-27（b）表示三相桥式半控整流电路带上续流二极管之后的电路和波形（可以防止失控现象的发生）。

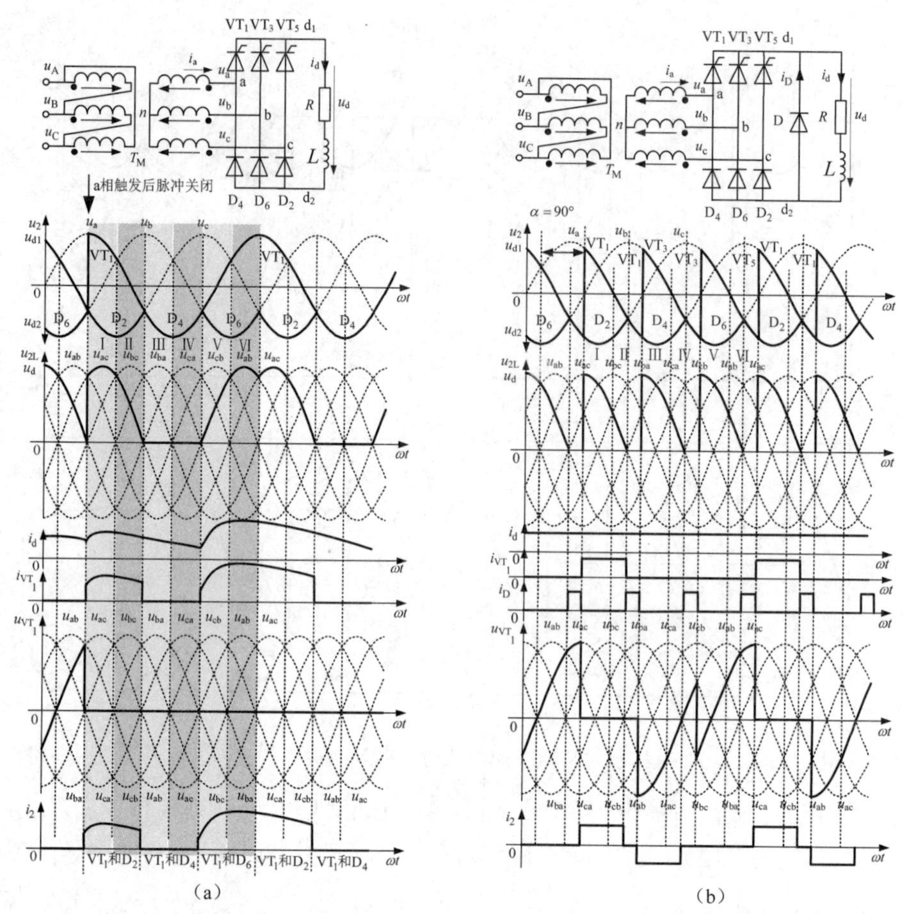

图 1-2-27 三相桥式半控整流电路阻感性负载失控时的电路和波形及其防止措施

为防止三相桥式半控整流电路阻感性负载时的失控现象，解决的办法就是在整流桥的输出端反并联一个续流二极管。

并联续流二极管后，因续流二极管导通压降低于整流二极管、晶闸管串联支路导通压降之和，桥路所有续流过程均通过续流二极管完成，晶闸管自然关断，消除了三相桥式半控整流电路阻感性负载时的失控现象。

如果三相桥式半控整流电路阻感性负载时输出端并联续流二极管，电路参量的计算将会变化，主要是晶闸管电流平均值、有效值，还要注意续流二极管流过电流的平均值、有效值。

$0\leqslant\alpha\leqslant60°$ 时，输出直流电压平均值：$U_{\mathrm{d}}=1.17U_2\left[1+\cos\left(\alpha+\dfrac{\pi}{3}\right)-\cos\left(\alpha+\dfrac{2\pi}{3}\right)\right]$。

输出负载电流平均值：$I_{\mathrm{d}}=U_{\mathrm{d}}/R$。

晶闸管电流平均值、有效值：$I_{\mathrm{dVT}}=\dfrac{I_{\mathrm{d}}}{3}$、$I_{\mathrm{VT}}=\dfrac{I_{\mathrm{d}}}{\sqrt{3}}$。

变压器二次侧电流有效值：$I_2=\sqrt{\dfrac{1}{2\pi}\int_0^{2\pi}i_2^2\mathrm{d}(\omega t)}=\sqrt{\dfrac{2}{3}}I_{\mathrm{d}}$。

续流二极管电流 $i_{\mathrm{D}}=0$，即在触发角 0～60°范围内，正常工作情况下，续流二极管并不工作，但在电路触发脉冲出现丢失时，续流二极管将会承担续流任务，晶闸管导通一段时间后会自然关断，消除失控现象。

$60° < \alpha \leqslant 180°$ 时，输出直流电压平均值：$U_d = 1.17U_2(1+\cos\alpha)$。

输出负载电流平均值：$I_d = U_d / R$。

晶闸管电流平均值、有效值：$I_{dVT} = \dfrac{\pi-\alpha}{2\pi} I_d$、$I_{VT} = \sqrt{\dfrac{\pi-\alpha}{2\pi}} I_d$。

续流二极管电流平均值、有效值：$I_{dD} = 3\dfrac{\alpha-\pi/3}{2\pi} I_d$、$I_D = \sqrt{3\dfrac{\alpha-\pi/3}{2\pi}} I_d$。

变压器二次侧电流有效值：$I_2 = \sqrt{\dfrac{2}{2\pi}\int_0^{\pi-\alpha} I_d^2 \mathrm{d}(\omega t)} = \sqrt{\dfrac{\pi-\alpha}{\pi}} I_d$。

16．变压器漏感如何影响整流电路的换相？

在变流（整流、有源逆变）电路换相过程中，变压器绕组所存在的漏感起着阻碍电流变化的作用，致使变流（整流、有源逆变）电路的换相不能瞬间完成，将要换相的两相存在一个共同导通的短暂过程，且要持续一定的时间方可完成换相，这就是变流（整流、有源逆变）电路的换相过程，又称换相重叠，持续的电角度称为换相重叠角。

从图 1-2-28 三相半波整流电路不考虑换相［图 1-1-28（a）］与考虑换相［图 1-1-28（b）］时的电路和波形可见，因为换相重叠的存在，整流电路输出直流电压将会存在损失，每个晶闸管的导通角度将延长，延长的电角度即换相重叠角。

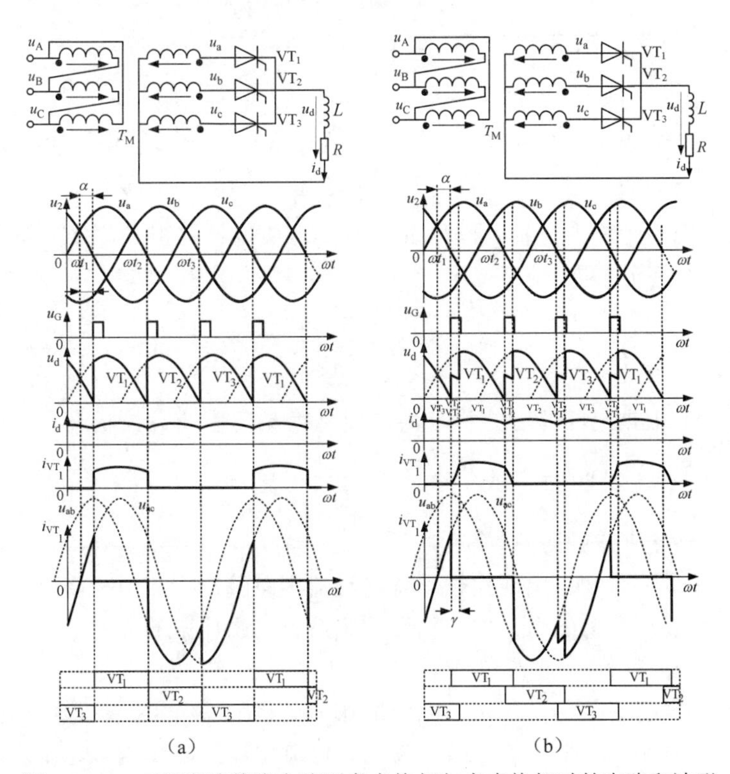

图 1-2-28　三相半波整流电路不考虑换相与考虑换相时的电路和波形

17．因为换相重叠的存在，整流电路输出电压将产生什么变化？有什么影响？

按照三相半波共阴整流电路的换相过程（图 1-2-29），考察 VT_1 到 VT_2 的换相过程，在此换相过程中，有换相回路方程：$u_{\rm b}-u_{\rm a}=2L_{\rm B}\dfrac{{\rm d}i_k}{{\rm d}t}$，$u_{\rm d}=u_{\rm a}+L_{\rm B}\dfrac{{\rm d}i_k}{{\rm d}t}=u_{\rm b}-L_{\rm B}\dfrac{{\rm d}i_k}{{\rm d}t}=\dfrac{u_{\rm a}+u_{\rm b}}{2}$。

可见，在换相过程中，整流电路输出直流电压既不是u_a，也不是u_b，而是两相相电压的平均值，如图 1-2-29 的输出直流电压波形所示。

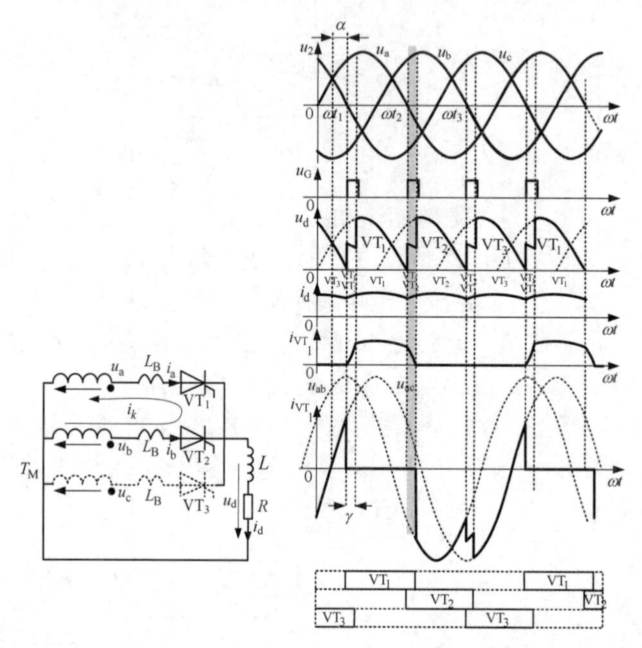

图 1-2-29 三相半波共阴整流电路 VT_1 到 VT_2 换相时的电路及波形

与不考虑换相过程时的输出电压相比，每次换相过程整流电路输出直流电压均少了一块面积，使输出直流电压平均值降低，降低的数值 $\Delta U_{\rm d}$ 可以计算得到，$\Delta U_{\rm d}$ 称为**换相压降**或**换相电压损失**，计算公式如下：

$$\Delta U_{\rm d}=\frac{3}{2\pi}\int_{\alpha+\frac{5\pi}{6}}^{\alpha+\frac{5\pi}{6}+\gamma}(u_{\rm b}-u_{\rm d}){\rm d}(\omega t)=\frac{3}{2\pi}\int_{\alpha+\frac{5\pi}{6}}^{\alpha+\frac{5\pi}{6}+\gamma}L_{\rm B}\frac{{\rm d}i_k}{{\rm d}t}{\rm d}(\omega t)=\frac{3\omega L_{\rm B}}{2\pi}I_{\rm d}$$

在换相过程中，根据电路微分方程，考虑电路换相前后的参数状态，可以求得触发角、换相重叠角之间有关系：$\cos\alpha-\cos(\alpha+\gamma)=\dfrac{2X_{\rm B}I_{\rm d}}{\sqrt{6}U_2}$。

变压器漏感对整流电路的影响如下：

（1）电路换相需要时间，出现换相重叠，整流电路输出直流电压降低。

（2）整流电路工作状态增多，如三相半波整流电路由原来的 3 种增加至 6 种，三相桥式全控整流电路由原来的 6 种增加至 12 种。

（3）因变压器漏感的制约，晶闸管电流的 $\mathrm{d}i/\mathrm{d}t$ 减小，对晶闸管安全工作有利。

（4）电路换相时相当于变压器二次侧短路，电源电压及晶闸管电压出现缺口，会对临近电路产生干扰，产生的 $\mathrm{d}u/\mathrm{d}t$ 可能会使晶闸管误导通，需要设置吸收电路。

18. 单相桥式二极管整流电容滤波电路输出直流电压、电流怎么确定？

在负载变化的情况下，单相桥式二极管（不控）整流电容滤波电路的输出电压是变化的，其电路及波形如图 1-2-30 所示。在空载时，整流电路最高输出电压可以达到变压器二次侧相电压的峰值$\sqrt{2}U_2$，重载时，输出电压可能降至$0.9U_2$。因此，在负载变动时，整流电路的输出电压是变化的，输出电压在$0.9U_2 \sim \sqrt{2}U_2$之间变化，为分析方便，一般采用公式：$U_d = 1.2U_2$。

整流电路的输出滤波参数选择：$RC \geqslant (3 \sim 5)T/2$。

为抑制单相桥式不控整流电容滤波电路启动冲击，常在滤波电容之前串入小电感，从而构成电感电容滤波。电感的串入，使得整流二极管每次导通时电流上升率下降，整流电路输出电流平缓，整流二极管导通角度变宽，对电路工作十分有利。

输出直流电流平均值：$I_d = I_R = \dfrac{U_d}{R}$。

整流二极管电流平均值：$I_{dVD} = \dfrac{I_d}{2} = \dfrac{I_R}{2}$。

整流二极管承受的最高反向电压为$\sqrt{2}U_2$。

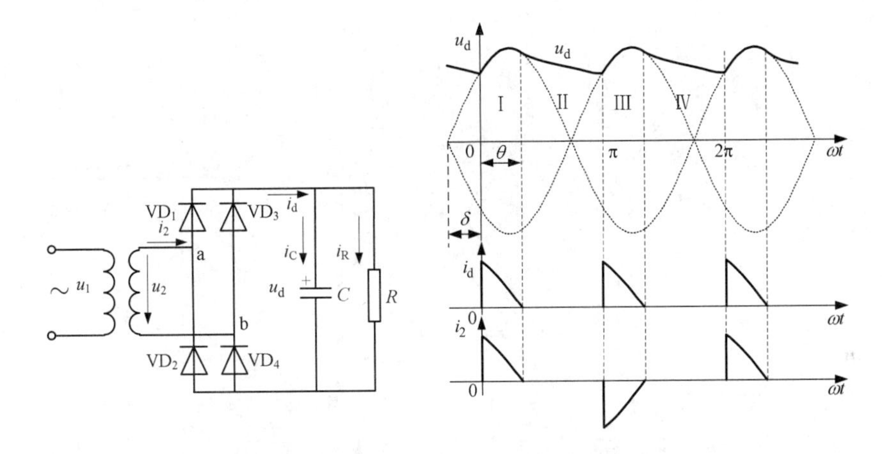

图 1-2-30 单相桥式不控整流电路及其波形

19. 三相桥式不控整流电路输出直流电压、电流怎么确定？

与单相桥式不控整流电容滤波电路类似，三相桥式不控整流电容滤波电路的输出电压在负载变化时也是变化的，变化范围在$2.34U_2 \sim \sqrt{6}U_2$之间。三相桥式不控整流电路及其波形如图 1-2-31 所示。

输出电压平均值：$U_d = 2.4U_2$。

输出电流平均值：$I_d = I_R = U_d / R$。

整流二极管电流平均值：$I_{dVD} = I_d / 3$。

二极管承担的最高反向电压为$\sqrt{6}U_2$。

为抑制整流电路的启动冲击，在滤波电容前串联一只小电感，整流电路输入电流波形前沿平缓、峰值降低、脉冲电流波形底部变宽，对整流电路工作有利。

20. 如何进行带平衡电抗器的双反星形整流电路的波形分析及参量计算？

带平衡电抗器的双反星形整流电路可以看成两个三相半波整流电路通过平衡电抗器进行并联，如图 1-2-32 所示。

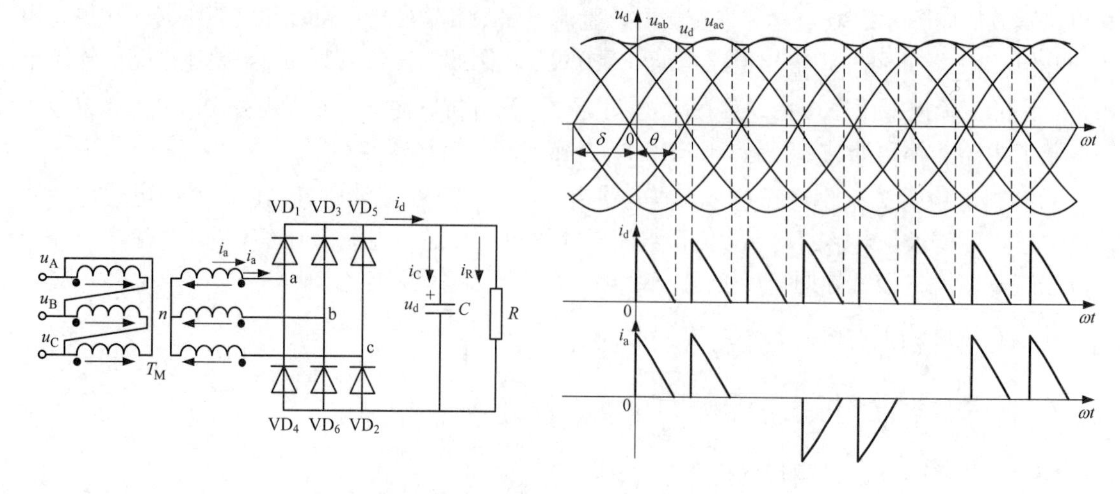

图 1-2-31　三相桥式不控整流电路及其波形

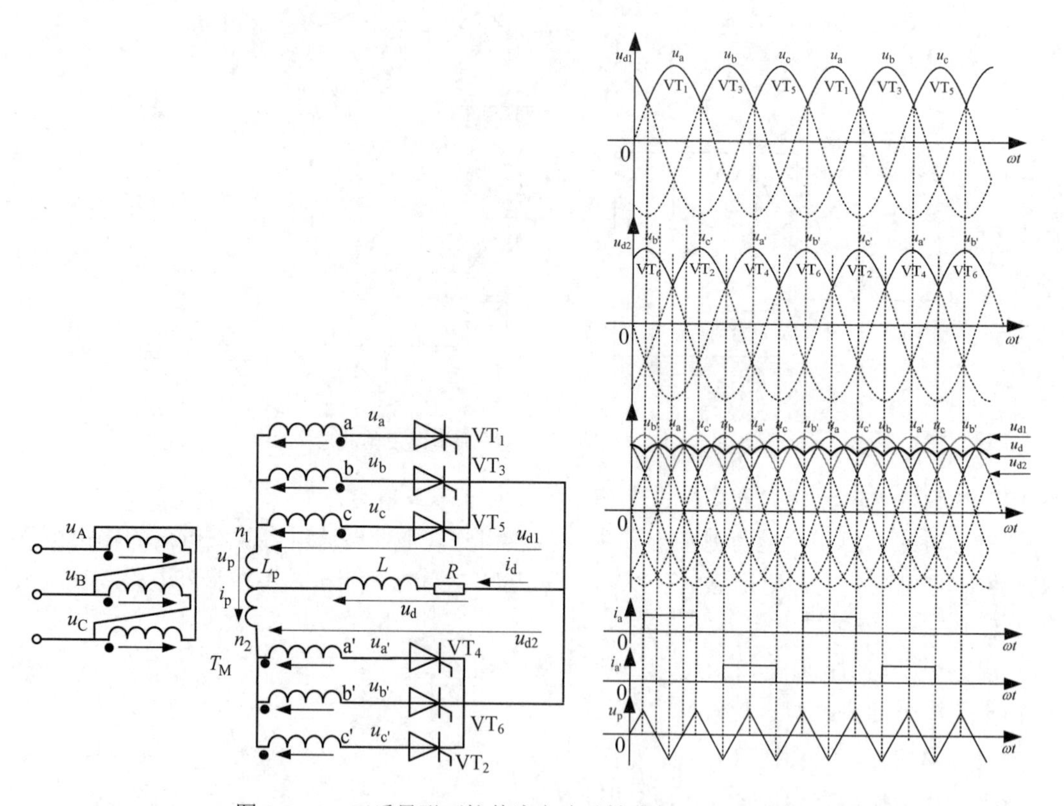

图 1-2-32　双反星形可控整流电路及触发角 $\alpha = 0°$ 时的波形

按照图 1-2-32 所示的晶闸管标注，晶闸管导通顺序为 $VT_1 \to VT_2 \to VT_3 \to VT_4 \to VT_5 \to VT_6$。图中，$u_{d1}$ 为由 VT_1、VT_3、VT_5 构成的三相半波整流电路输出直流电压波形，u_{d2} 为由 VT_4、VT_6、VT_2 构成的三相半波整流电路输出直流电压波形，因为平衡电抗器的作用，负载端口电压既不是 u_{d1}，也不是 u_{d2}，而是它们的算术平均值。因为电抗器 L_p 的存在，使得两个三相半波整流电路能同时导电，各承担负载电流的一半。

双反星形整流电路阻感性负载时输出电压平均值：$U_d = 1.17U_2\cos\alpha$。

输出电流平均值：$I_d = U_d / R$。

晶闸管电流平均值：$I_{dVT} = I_d / 6$。

晶闸管电流有效值：$I_{VT} = I_d / 2 / \sqrt{3} = \sqrt{3}I_d / 6$。

晶闸管电流有效值是六相半波整流电路的$1/\sqrt{2}$，晶闸管承受最高正反向电压为$\sqrt{6}U_2$。

触发角变化时，输出直流电压如图 1-2-33 所示。

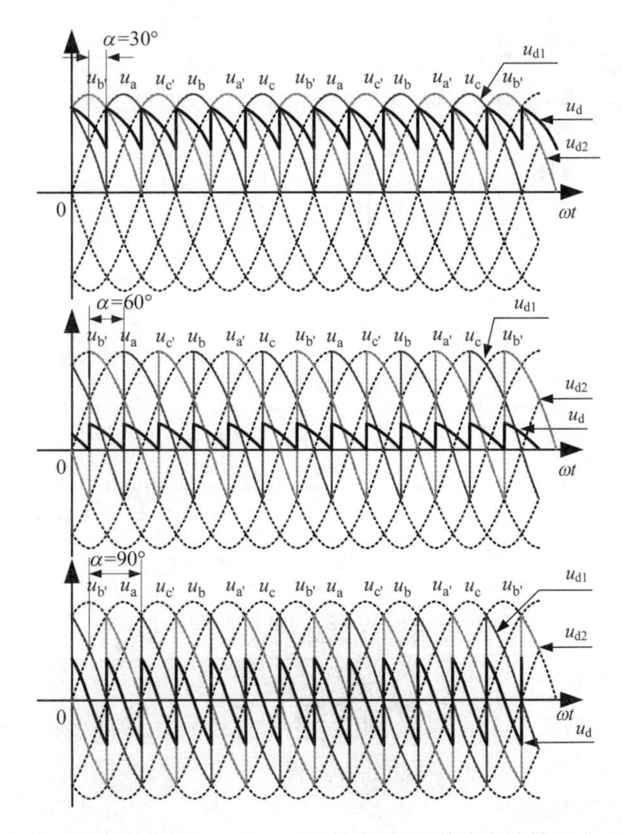

图 1-2-33　触发角为 30°、60°、90°时双反星形整流电路输出电压波形

将双反星形整流电路与三相桥式全控整流电路相比较，特征如下：

（1）双反星形整流电路是两个三相半波整流电路通过平衡电抗器并联，三相桥式全控整流电路是两个三相半波整流电路直接串联。

（2）变压器副边电压相同时，双反星形整流电路输出直流电压平均值是三相桥式全控整流电路输出直流电压平均值的一半，而输出电流是三相桥的两倍。因此，双反星形整流电路适用于低电压、大电流应用场合。

（3）按照图 1-2-32 命名晶闸管序号，双反星形整流电路晶闸管的导通顺序及脉冲分配关系与三相桥式全控整流电路一样，输出电压、电流的波形一样。

21. 平衡电抗器在双反星形整流电路中的作用是什么？

在图 1-2-34 中阴影部分，VT_1、VT_3、VT_5组的三相半波整流电路中 VT_1 导通，VT_4、VT_6、

VT_2组的三相半波整流电路中VT_6导通，如简略电路图所示（其他不导通支路已经省略）。

在图1-2-34的参考方向下，按照基尔霍夫定律，有$u_p = u_{d2} - u_{d1}$。

由$u_d = u_{d1} + \frac{1}{2}u_p$或$u_d = u_{d2} - \frac{1}{2}u_p$得$u_d = \frac{1}{2}(u_{d1} + u_{d2})$。

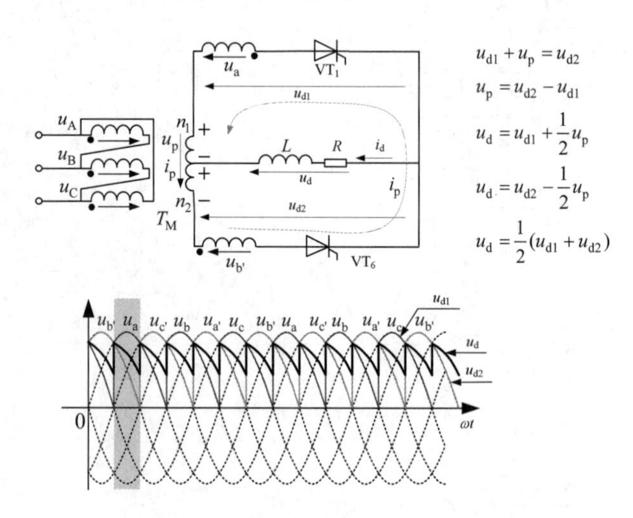

图1-2-34　平衡电抗器作用分析

即在平衡电抗器作用下，双反星形整流电路输出直流电压为两个三相半波整流电路输出直流电压的平均值，两个三相半波整流电路均导通为负载供电，平均分担负载电流。考虑到两个三相半波整流电路输出直流电压的瞬时值不相等而在平衡电抗器上形成的电压，回路将通过平衡电抗器并在两个三相半波整流电路之间流过平衡电流i_p。其中，一组三相半波整流电路输出电流为$\frac{1}{2}I_d + i_p$，另一组三相半波整流电路输出电流为$\frac{1}{2}I_d - i_p$，为使两组三相半波整流电路尽可能平均分担负载电流，需要设置合适的平衡电抗器的电感值。

由此可知，平衡电抗器在双反星形整流电路的作用就是使得两组三相半波整流电路平均分担负载电流，提升整流电路输出电流的能力。

若取消平衡电抗器，则双反星形整流电路便转化为六相半波整流电路，因为六个晶闸管的阴极连在一起，故在任意时刻，六个晶闸管中阳极电位最高的晶闸管可以被触发导通，若仍以三相交流电源相邻两相电压正向交点为α零点，当触发角α为30°和60°时电路波形如图1-2-35所示。

注意：六相半波整流电路在$\alpha < 30°$时，由于之前导通相的电源电压大于本相的电源电压，将要被触发的晶闸管承受反向电压而无法被触发导通。

可见，相比于图1-2-32的双反星形整流电路，六相半波整流电路在工作过程中，每个晶闸管的导通角由双反星形整流电路的120°减小为60°，任意瞬时，负载全部电流由一个晶闸管承担，六相半波整流电路阻感性负载时的电路参量计算如下：

输出电压平均值：$U_d = 1.35U_2\cos(\alpha - 30°)$。

输出电流平均值：$I_d = U_d / R$。

晶闸管电流平均值：$I_{dVT} = I_d / 6$。

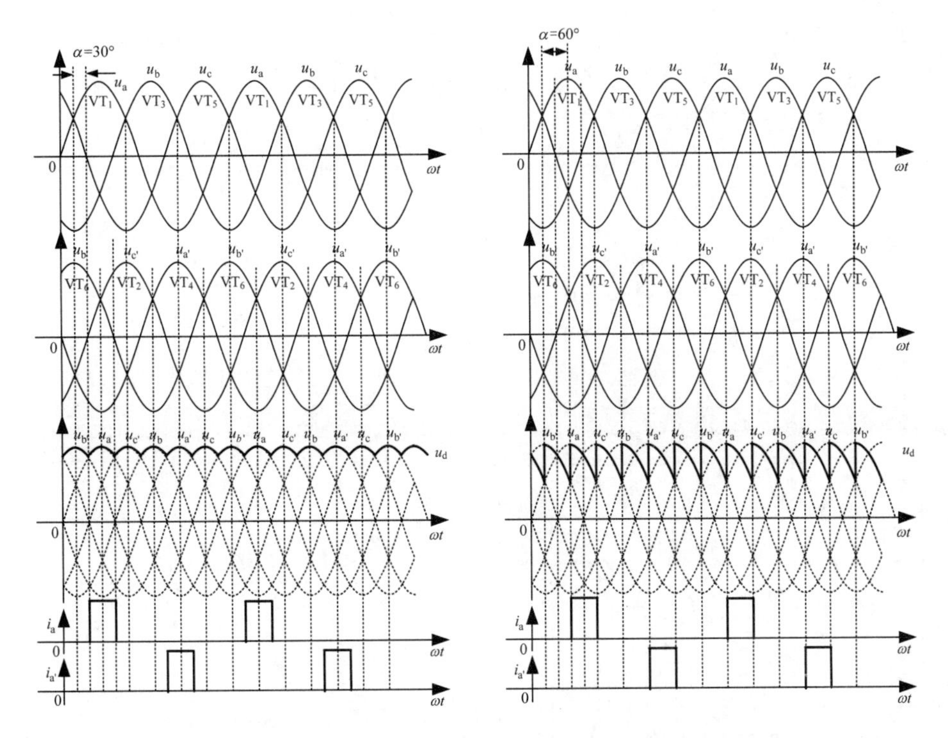

图 1-2-35 六相半波整流电路触发角 $\alpha=30°$、α=60° 时的波形

晶闸管电流有效值：$I_{VT}=\frac{1}{\sqrt{6}}I_d=\frac{\sqrt{6}}{6}I_d$。

因此，同样条件下，六相半波整流电路比双反星形整流电路输出直流电压略高；同样负载电流情况下，六相半波整流电路晶闸管电流有效值比双反星形整流电路大（$\sqrt{2}$ 倍）。

22. *双反星形整流电路可以看成两个三相半波整流电路的并联，三相全控桥式整流电路可以看成两个三相半波整流电路的串联，它们的构成方式有何不同？有什么类似案例？*

双反星形整流电路是两个三相半波整流电路通过平衡电抗器进行并联，两组三相半波整流电路平均分担负载电流，构成六脉波整流电路。两组三相半波整流电路输入电源存在倒向（反相）关系。

三相全控桥式整流电路中，以电源中线（变压器星形连接的中线）为参考，假定负载中点与电源中点之间存在连线，则三相半波共阴整流电路输出的负载电流由负载中点流向电源中点，三相半波共阳整流电路输出的负载电流由电源中点流向负载中点，因这两个三相半波整流电路输出电流大小相等、方向相反，负载中点与电源中点之间的连线的电流为零，可以省去该连线。省去连线后，两个三相半波整流电路便构成三相全控桥式整流电路，输出直流电压为两个三相半波整流电路输出直流电压之差。因三相半波共阳整流电路输出直流电压为负，三相全控桥式整流电路输出直流电压实则为两个三相半波整流电路输出直流电压之和。因此，三相全控桥式整流电路可以看成两个三相半波整流电路的串联。与并联不同的是，串联不需要设置电抗器，直接串联即可。三相全控桥亦构成六脉波整流电路，其中，两组三相半波整流电路输入电源也存在倒向（反相）关系。

以此类推，将两个三相桥式全控整流电路通过平衡电抗器进行并联，便构成十二脉波整流电路，如图 1-2-36 所示。将两个三相桥式全控整流电路直接串联也可构成十二脉波整流电路，如图 1-2-37（a）所示。将并联或者串联的两组三相桥式全控整流电路的输入交流电源电压错开 30°，其输入电源电流波形将得到改善，如图 1-2-37（b）所示。

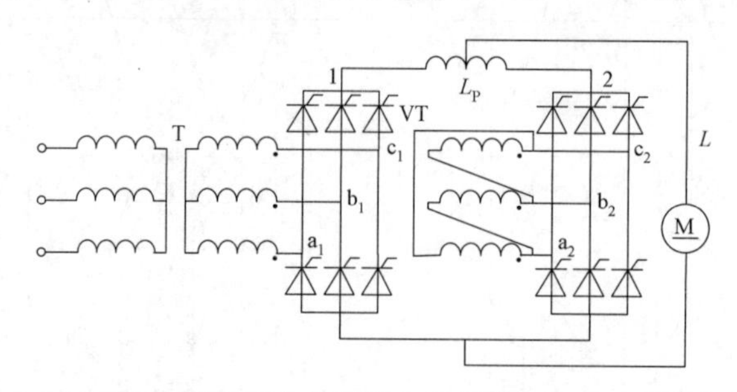

图 1-2-36　两个三相桥式全控整流电路并联构成十二脉波整流电路

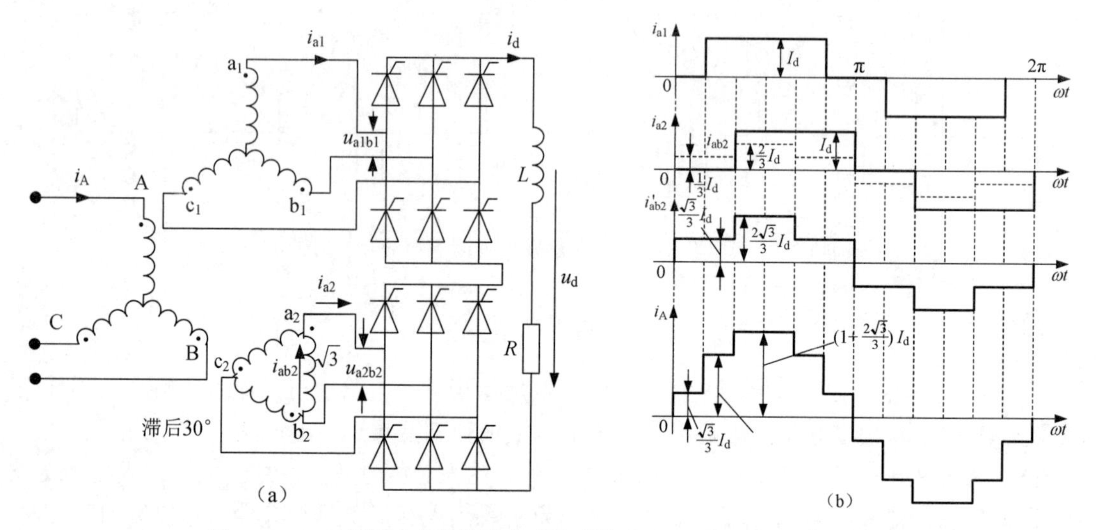

图 1-2-37　三相桥式全控整流电路串联构成十二脉波整流电路及波形

由前面分析可见，并联多重获得低电压大电流电源，串联多重获得高电压小电流电源。

23. 何谓逆变、有源逆变、无源逆变？

逆变：逆变是整流的逆过程，是将直流电变成交流电的过程。

有源逆变：将直流电转化为交流电，交流侧与电网连接，并将电能传输至交流电源，这种逆变电路称为有源逆变电路（注意与新能源发电逆变并网系统的区分）。

无源逆变：若变流电路将直流电转化为交流电，交流侧不与电网连接，而是连接到负载，这种逆变电路称为无源逆变电路。无源逆变电路的输出交流电压的频率、幅值可以根据负载要求进行变化。

整流电路在满足一定条件时，可以工作于有源逆变状态。此时电路的工作形态、结构并没有发生变化，只是工作条件发生转变，为避免混乱，将既能工作于整流状态又能工作于逆变状态的整流电路称为变流电路。

24. 晶闸管变流电路实现有源逆变的条件是什么？

实现有源逆变，必须要具备的条件如下：

（1）变流电路的回路有直流电动势，其极性和晶闸管的导通方向一致，其数值应该大于变流电路直流侧平均电压。

（2）变流电路的晶闸管触发角大于 90°，使变流电路输出直流电压为负值。

变流电路实现有源逆变的注意事项：

（1）变流电路逆变工作时，晶闸管阳极电位大部分都处于交流电压为负的半周期，但由于有外接反电势的存在，晶闸管仍能承受正向电压而导通。

（2）在实现有源逆变的过程中，回路中平波电抗器是不可或缺的，其反电势（自感应电动势）保证当电源电压瞬时值大于电机电势时仍能够维持回路导通，保证有源逆变工作的实现。因此，有源逆变时，变流电路输出端所接负载为带反电势的阻感性负载。

（3）变流电路中，半控电路、带续流二极管的变流电路，因其输出直流电压不能出现负值，也不允许其直流侧出现负的电势，不能实现有源逆变。要实现有源逆变，必须是全控电路。

25. 三相半波共阴变流电路在整流、逆变时电路工作状态的异同点

观察图 1-2-38 可见，三相半波共阴变流电路处于整流［图 1-2-38（a）］、逆变［图 1-2-38（b）］时的电路工作状态异同点如下：

（1）电路处于整流、逆变状态下，变流电路的电流方向不变，由晶闸管导通方向决定。

（2）晶闸管导通规律、导通顺序相同，为 $VT_1 \to VT_2 \to VT_3 \to VT_1$，以此循环。

（3）以电源中线为参考，整流电路输出直流电压为正，逆变电路输出直流电压为负。

（4）整流时，晶闸管两端电压负面积大于正面积。逆变时，晶闸管两端电压正面积大于负面积。

（5）带电机负载的情况下，变流器整流满足 $U_d > E_M$；变流器逆变满足 $|U_d| < |E_M|$。

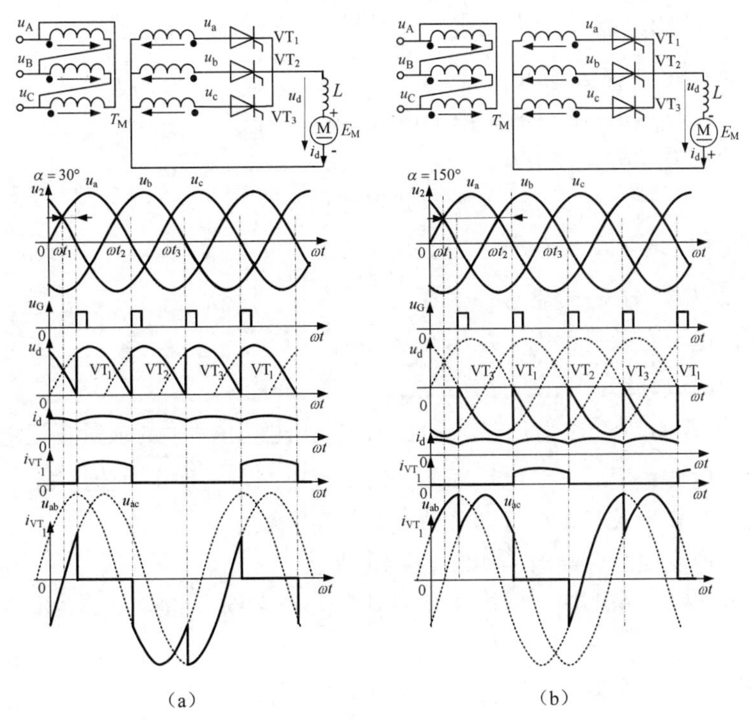

图 1-2-38　三相半波共阴变流电路在整流、逆变时的电路状态及波形

26. 如何进行三相半波共阴有源逆变电路的参量计算？

三相半波有源逆变电路及其输出波形如图 1-2-39 所示。

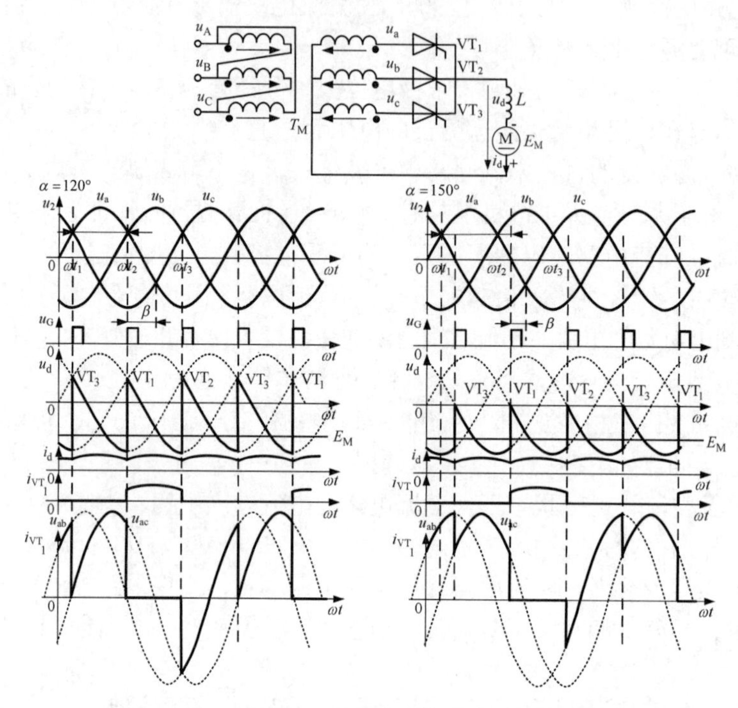

图 1-2-39 三相半波共阴有源逆变电路及输出波形

三相半波有源逆变电路输出直流电压平均值 $U_d = 1.17U_2\cos\alpha$，因 $\alpha > 90°$，控制角用 $\beta = 180° - \alpha$ 来表示，β 称为逆变角。

输出直流电压：$U_d = 1.17U_2\cos\alpha = -1.17U_2\cos\beta$。

输出直流电流：$I_d = (U_d - E)/R$。

注意：在有源逆变时，U_d 和 E_M 均和整流时方向相反，用负值代入公式计算。

晶闸管电流平均值：$I_{dVT} = I_d/3$。

晶闸管电流有效值：$I_{VT} = I_d/\sqrt{3}$。

变压器二次侧电流有效值：$I_2 = I_{VT} = I_d/\sqrt{3}$。

交流电源输出的电功率：$P_d = I_d^2R + I_dE_M$。

E_M 为负值，计算的功率 P_d 为负值，说明电源输出电功率为负，表示交流电源从直流侧吸收了电功率，直流电功率变成交流电功率传递给交流电网，实现了有源逆变。

27. 如何进行三相桥式有源逆变电路的参量计算？

三相桥式有源逆变电路及其波形如图 1-2-40 所示。

三相桥式有源逆变电路输出直流电压平均值：$U_d = 2.34U_2\cos\alpha = -2.34U_2\cos\beta$。

输出直流电流：$I_d =（U_d - E_M)/R$。

晶闸管电流平均值、有效值：$I_{dVT} = I_d/3$、$I_{VT} = I_d/\sqrt{3}$。

变压器二次侧电流有效值：$I_2 = \sqrt{2/3}I_d$。

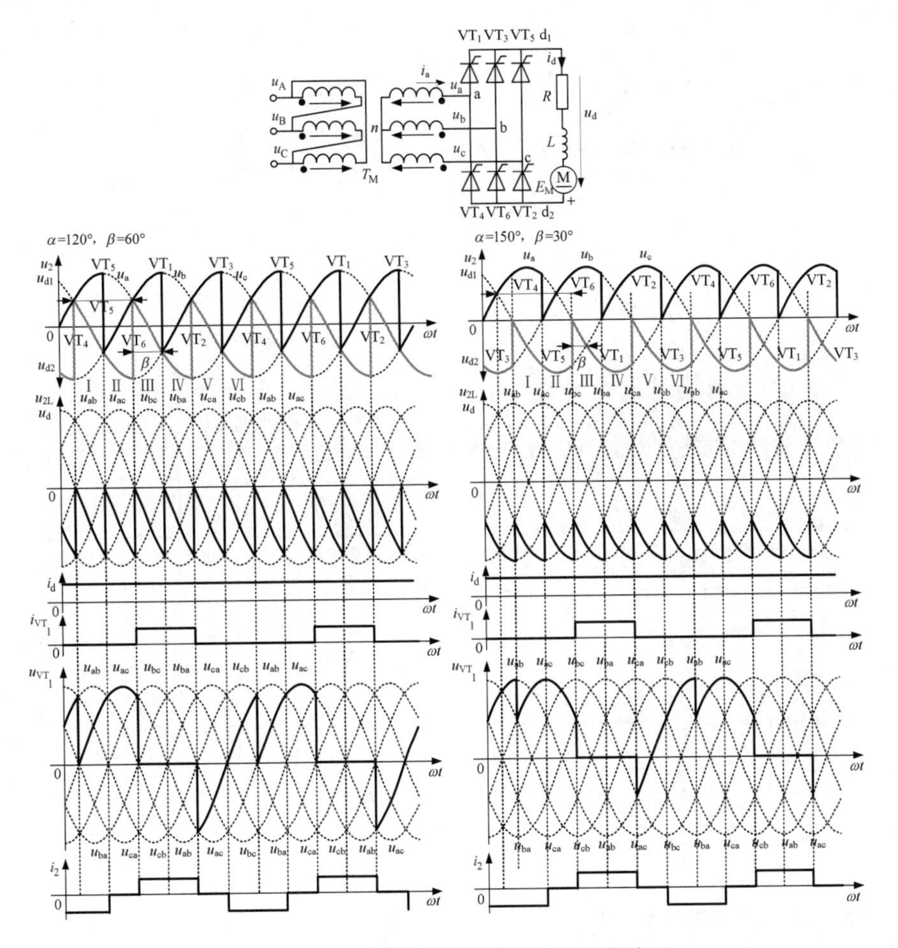

图 1-2-40　三相桥式有源逆变电路及其波形

交流电源输出的电功率：$P_d = I_d^2 R + I_d E_M$。

其中，在计算输出负载电流时，U_d、E_M 均用带符号的数值代入运算，均为负值；在计算功率时，E_M 为负值，电功率 P_d 为负值，表示交流电源从直流侧吸收了电功率，直流电功率变成交流电功率传递给了交流电网，实现了有源逆变。

28. 三相桥式变流电路带反电势阻感性负载时在整流、逆变时波形的比较

比较三相桥式变流电路带反电势阻感性负载时在整流［图 1-2-41（a）］、逆变［图 1-2-41（b）］时的电路及波形，可以看出特点如下：

（1）处于整流状态时，输出直流电压 $U_d > 0$；处于逆变状态时，输出直流电压 $U_d < 0$。

（2）处于整流状态时，晶闸管两端电压负部分面积大于正部分面积；处于逆变状态时，晶闸管两端电压正部分面积大于负部分面积。

（3）变流电路变压器二次侧电流滞后于相电压的角度取决于触发角 α，故在变流电路处于整流状态时，变压器二次侧电流滞后于相电压的角度小于 90°，而处于逆变状态时大于 90°。

（4）处于整流状态时，回路电流由电机电动势正端流进，电机吸收电能转化成机械能，电机电磁力矩与运动方向相同，驱动电机电动运行；处于逆变状态时，回路电流由电机电动势正端流出，电机机械能转化成电能发出，电磁力矩与运动方向相反，起制动作用。

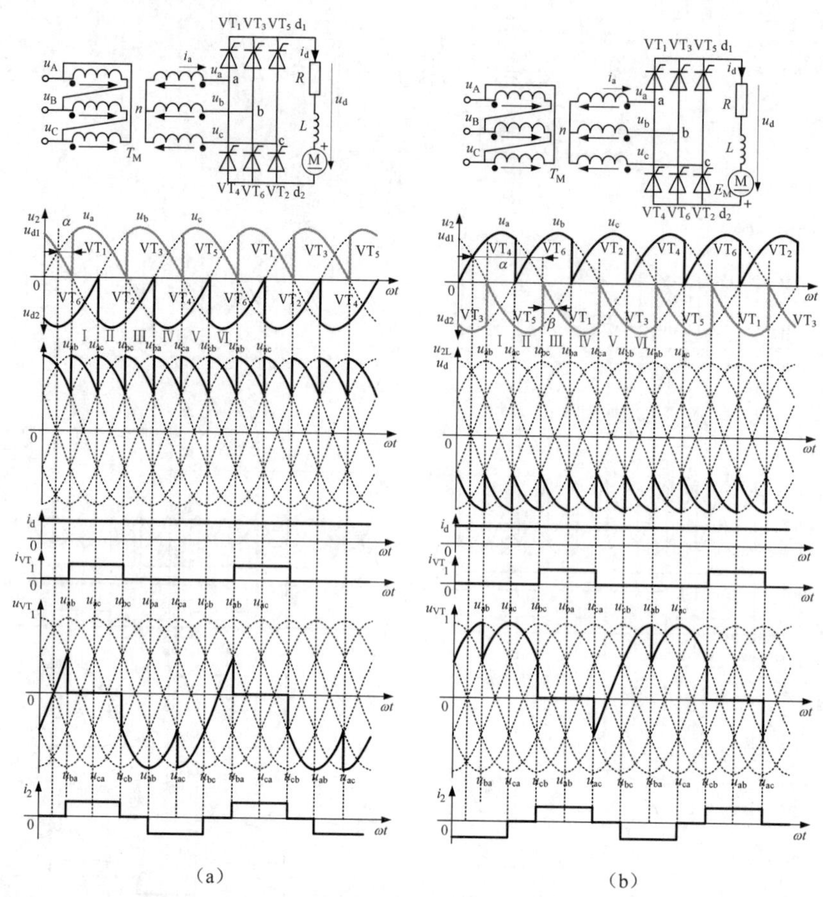

(a) (b)

图 1-2-41 三相桥式变流电路带反电势阻感性负载时在整流、逆变时的电路及波形

29. 变流电路逆变失败或逆变颠覆的原因有哪些?

变流电路工作于有源逆变工作状态时，若突发电源缺相、触发脉冲丢失，将会出现有源逆变电路的换相失败,变流器输出的平均直流电压将与电机的电动势顺极性串联而发生短路故障。这种情况称为逆变电路的逆变失败或逆变颠覆。

造成变流电路逆变失败的原因汇总如下:

(1) 触发电路工作不可靠。不能在需要的时刻给晶闸管发送脉冲，如脉冲丢失、脉冲延时等，导致晶闸管不能正常换相，变流器输出直流电压与电动势顺极性串联，造成短路。

(2) 晶闸管发生故障。晶闸管应该阻断的时候不能阻断，应该导通的时候不能导通，造成逆变失败。

(3) 变流电路输入电源发生缺相或电源电压过低。由于 E_M 的存在，晶闸管仍可继续导通，变流电路输出电压太低，不能和 E_M 匹配，晶闸管短路，逆变失败。

(4) 换相裕量不足，引起换相失败。

30. 逆变角设置太小引起的逆变失败情况分析

以三相半波有源逆变电路为例，在 $\beta > \gamma$ 时，逆变电路可以完成换相，如图 1-2-42 中的 ωt_1 时刻 VT_2 换相至 VT_3、ωt_2 时刻 VT_3 换相至 VT_1、ωt_3 时刻 VT_1 换相至 VT_2，这些点的换相过程一直保证后续导通的相电压比先前导通的相电压高，从而完成换相。

但在ωt_4时刻，由于$\beta<\gamma$，ωt_4时刻在晶闸管VT_3触发时，u_c的电压数值比u_b的数值小，均为负值，VT_3承受正向电压而导通，电流从零开始上升，VT_2中的电流减小，开始由VT_2向VT_3换相。但因$\beta<\gamma$，VT_3触发导通后（VT_2仍导通）到$u_b=u_c$时，换相并没有完成。过了该点之后，u_b的电压数值比u_c的数值小，均为负值，致使刚刚导通的晶闸管VT_3中的电流下降，VT_2中的电流上升。当VT_3中的电流下降为零时重新关断，负载中电流继续由VT_2承担，输出电压跟随u_b变化。当u_b正向过零时，逆变电路输出直流电压为正，与电机电动势顺极性串联，回路短路，逆变失败。

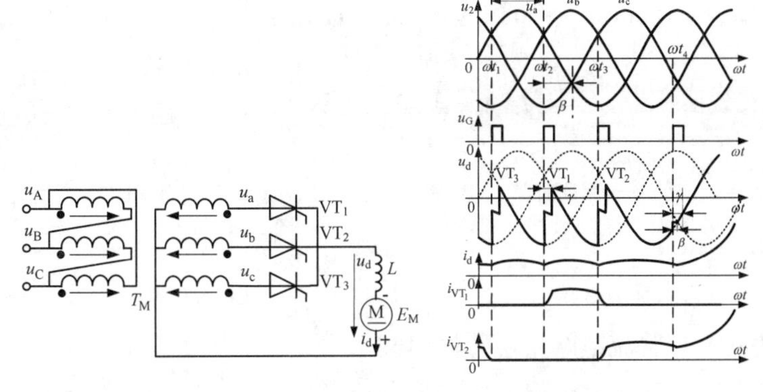

图 1-2-42　三相半波有源逆变电路及逆变失败波形

31. 怎样保证变流电路逆变换相工作的正常进行？

为保证逆变电路正常工作，必须选用可靠的触发电路，选择合适的晶闸管参数，采取必要的措施防止晶闸管误触发，并为电路设置完善的保护。此外，为防止逆变颠覆，必须对逆变角进行限制，设置最小逆变角，以保证逆变电路每次的换相均能完成。最小逆变角β_{min}设置如下：

$$\beta_{min}=\delta+\gamma+\theta'$$

式中，δ为晶闸管关断时间折合的电角度，γ为换相重叠角，θ'为保证逆变电路可靠换流所预留的时间对应的角度裕量。

为提升逆变电路可靠性，可在其触发电路上设置一套保护电路，使β减小时不能进入β_{min}区内，或者在β_{min}处设置附加安全脉冲，保证在β_{min}处有触发脉冲送给晶闸管，以防止逆变失败。

32. 电力系统存在谐波的危害有哪些？

电力系统存在谐波，对电网及相关设备产生的影响如下：

（1）谐波使供电电压、供电电流波形畸变，影响临近电气设备及变流设备自身的运行。

（2）谐波占用设备容量，使公共电网中电器元件产生附加谐波损耗，功率因数下降，降低电器设备的运行效率。

（3）谐波使电机设备产生机械振动、噪声、发热，使变压器、电容器、电缆等设备过热、绝缘老化，寿命缩短。

（4）谐波对临近通信设备产生干扰，影响通信设备的正常工作。

（5）谐波会引起电网中局部谐振，使谐波被放大，甚至会引起严重的事故。

（6）谐波会引起电力系统继电保护和自动装置等敏感元件误动作。

33. 非正弦交流电路的功率因数如何表示？

非正弦交流电路有功功率：$P=UI_1\cos\varphi_1$。

功率因数：$\lambda = \dfrac{UI_1\cos\varphi_1}{UI} = \dfrac{I_1}{I}\cos\varphi_1 = \nu\cos\varphi_1$。其中，$\nu$ 为基波电流有效值与总电流有效值的比值，称为基波因数。$\cos\varphi_1$ 称为位移因数或基波功率因数。

非正弦交流电路基波无功功率：$Q_f = UI_1\sin\varphi_1$。

引入畸变功率 D，有 $S^2 = P^2 + Q_f^2 + D^2$。

34. 典型整流电路交流输入端电流谐波和功率因数

（1）**单相桥式全控整流电路带阻感性负载**。

输入电流：$i_2 = \dfrac{4}{\pi}I_d\left(\sin\omega t + \dfrac{1}{3}\sin 3\omega t + \dfrac{1}{5}\sin 5\omega t + \cdots\right)$。

各次波电流有效值：$I_n = \dfrac{2\sqrt{2}}{n\pi}I_d$（$n \in 1,3,5,\cdots$）。

基波因数：$\nu = \dfrac{I_1}{I} = \dfrac{2\sqrt{2}}{\pi} = 0.9$。

位移因数：$\lambda_1 = \cos\alpha$。

功率因数：$\lambda = \nu\lambda_1 = 0.9\cos\alpha$。

（2）**三相桥式全控整流电路带阻感性负载**。

忽略其换相过程的输入电流：$i_2 = \dfrac{2\sqrt{3}}{\pi}I_d\left(\sin\omega t - \dfrac{1}{5}\sin 5\omega t - \dfrac{1}{7}\sin 7\omega t + \dfrac{1}{11}\sin 11\omega t + \dfrac{1}{13}\sin 13\omega t + \cdots\right)$。

各次波电流有效值：$I_n = \dfrac{\sqrt{6}}{n\pi}I_d$（$n \in 1,5,7,11,13,\cdots$）。

基波因数：$\nu = \dfrac{I_1}{I} = \dfrac{3}{\pi} = 0.955$。

位移因数：$\lambda_1 = \cos\alpha$。

功率因数：$\lambda = \nu\lambda_1 = 0.955\cos\alpha$。

（3）**整流电路为电容（带小电感）滤波的不可控整流电路**。输入电流谐波的规律如下：

- 谐波次数为奇次。若为三相整流电路，其中 3 的倍数次谐波不存在。
- 谐波次数越高，其幅值越小。
- 阻感性负载时，整流电路输入谐波与基波关系固定。而在电容滤波（串入小电感）的不可控整流电路中，谐波与基波的关系不固定，负载越轻，谐波越大，基波越小。
- 滤波电感越大（$\omega\sqrt{LC}$ 越大），谐波越小，基波越大。

关于功率因数有如下结论：

- 位移因数通常都是滞后的。
- 功率因数随着负载加重（ωRC 减小）而提高，随着滤波电感的增大（$\omega\sqrt{LC}$ 越大），功率因数提高。

35. 整流电路输出电压、电流的谐波

当 $\alpha = 0°$ 时 m 脉波整流电路输出电压波形的傅里叶级数表示如下：

$$u_{\rm d}=\frac{m\sqrt{2}U_2}{\pi}\sin\frac{\pi}{m}\left[1+\sum_{n=mk}^{\infty}\frac{2}{n^2m^2-1}(-\cos n\pi)\cos(nm\omega t)\right]$$

输出电压中的直流分量：$U_{\rm d0}=\dfrac{m\sqrt{2}U_2}{\pi}\sin\dfrac{\pi}{m}$。

谐波频率为电压脉动数的整数倍，即 $h=nm$，其中 n 为正整数。当 n=1 时，最低次谐波为基波的 m 倍。谐波分量的幅值是直流分量幅值的 $\dfrac{2}{n^2m^2-1}$ 倍，可见增加整流电路的相数可减小谐波分量。随着整流电路相数的增加，输出电压的纹波因数越小，输出电压越平稳。

m 脉波整流电路输出负载电流：$i_{\rm d}=I_{\rm d}+\sum\limits_{n=mk}^{\infty}i_n\cos(n\omega t-\varphi_n)$。

由此可总结规律如下：

（1）m 脉波整流电压 $u_{\rm d}$ 的谐波次数为 mk（k=1,2,3,…），是 m 的倍数次，输出电流的谐波由输出电压的谐波决定，也是 mk 次。

（2）在 m 一定时，随着谐波次数的增加其幅值迅速减小，m 次是谐波的最低次，也是最主要的谐波。

（3）m 增大，输出直流电压中最低次谐波次数增大，幅值减小，电压纹波因数下降，电压更平稳。

当 α 在 0°到 90°变化时（$\alpha\neq0°$），其输出直流电压中谐波幅值随之逐步增加，$\alpha=90°$ 时谐波幅值最大；当 α 在 90°到 180°变化时，谐波幅值随之减小。

36. 三相桥式变流电路带阻感性负载从整流到逆变变化过程中的波形变化情况（忽略换相重叠角的影响）

三相桥式变流电路带阻感性负载从整流到逆变变化过程中的波形如图 1-2-43 所示。

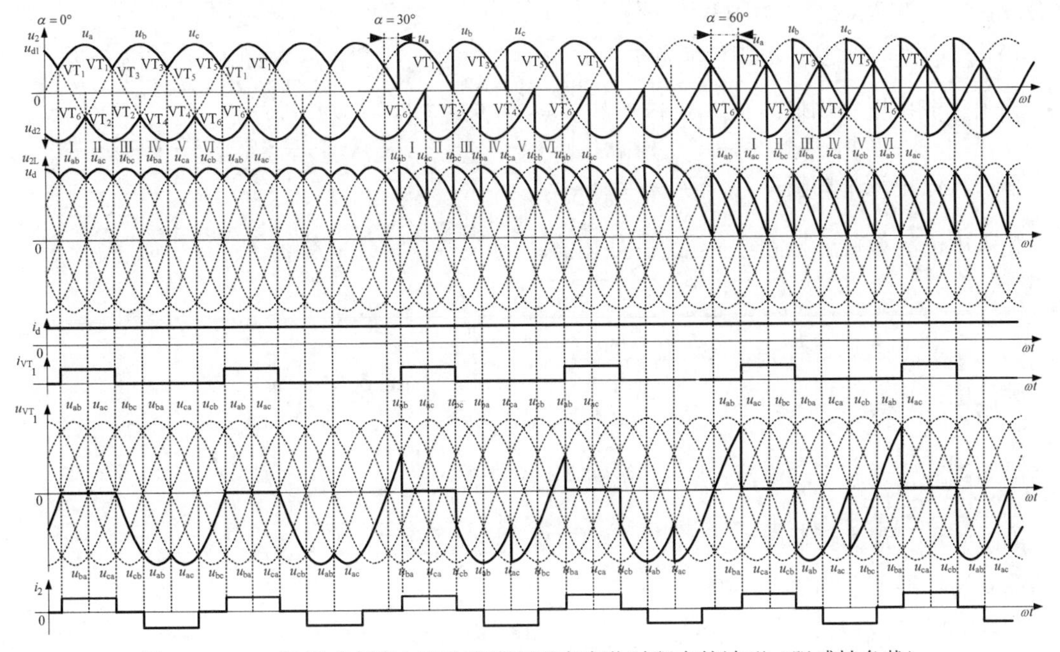

图 1-2-43　三相桥式变流电路从整流到逆变变化过程中的波形（阻感性负载）

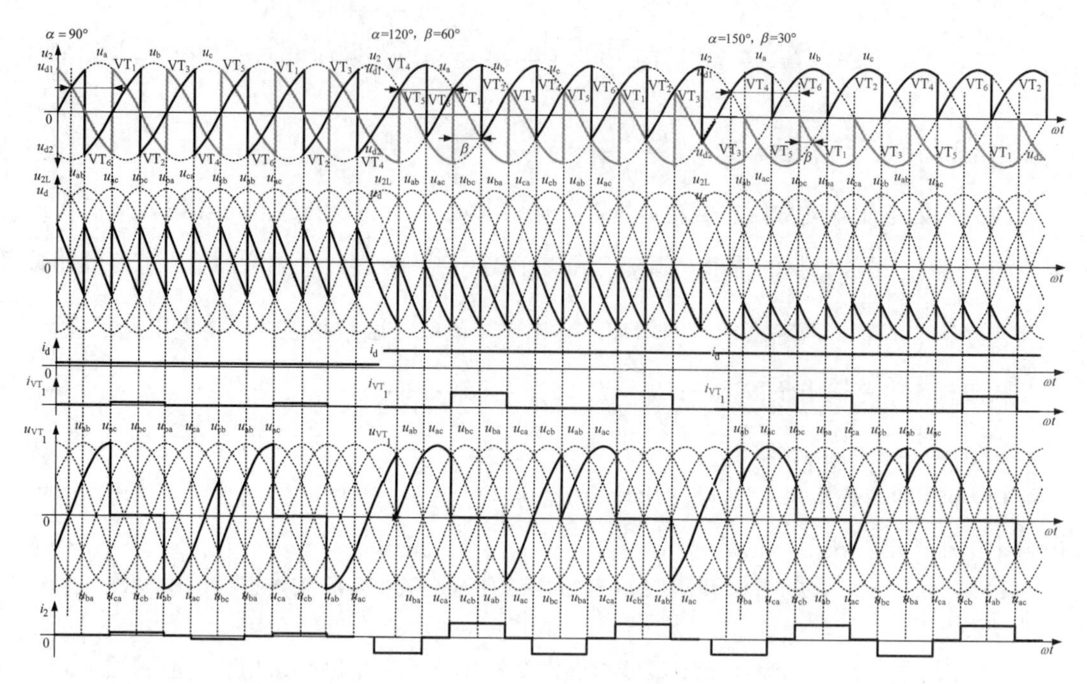

图 1-2-43 三相桥式变流电路从整流到逆变变化过程中的波形（阻感性负载）（续图）

解题示例

（1）单相半波整流电路输入电压 220V，负载电阻 6Ω，触发角 $\alpha=30°$，求解当滤波感抗为 0Ω、8Ω、100Ω 时的电路波形及输出直流电压平均值 U_d、直流电流平均值 I_d、电路输入电流有效值 I_2、电路输入功率因数 λ，确定晶闸管电压、电流参数（裕量取 2）。

1）滤波感抗为 0Ω（电阻性负载）时，单相半波整流电路波形如图 1-2-44（a）所示。

输出直流电压平均值：$U_\mathrm{d}=0.45U_2\dfrac{1+\cos\alpha}{2}=92.37\mathrm{V}$。

输出直流电流平均值：$I_\mathrm{d}=\dfrac{U_\mathrm{d}}{R}=15.4\mathrm{A}$。

输入电流有效值 I_2=晶闸管电流有效值 I_VT=输出直流电流有效值 I，计算如下：

$$I=\frac{U_2}{R}\sqrt{\frac{\pi-\alpha}{2\pi}+\frac{\sin2\alpha}{4\pi}}=\frac{U}{R}=25.55\mathrm{A}$$

整流电路输入端功率因数：$\lambda=\dfrac{P}{S}=\dfrac{UI}{U_2I}=\sqrt{\dfrac{\pi-\alpha}{2\pi}+\dfrac{\sin2\alpha}{4\pi}}=0.67$。

晶闸管额定通态平均电流；$I_\mathrm{T(AV)}=2\dfrac{I_\mathrm{VT}}{1.57}=32.55\mathrm{A}$。

晶闸管承受最大正反向电压为 $\sqrt{2}U_2$=311V，晶闸管额定电压：$U_\mathrm{e}=2\sqrt{2}U_2=622\mathrm{V}$。触发角和晶闸管导通角之和等于 180°。

2）滤波感抗为 8Ω（阻感性负载）时，单相半波整流电路波形如图 1-2-44（b）所示。

根据电路波形，输出直流电压平均值：$U_{\mathrm{d}}=U_{\mathrm{dR}}=\dfrac{1}{2\pi}\int_{\alpha}^{\alpha+\theta}\sqrt{2}U_2\sin\omega t\mathrm{d}(\omega t)$。

由于晶闸管导通角未知，整流电路输出直流电压无法获得。

晶闸管触发角 $\alpha=30°$、负载功率因数角 $\varphi=\arctan\dfrac{\omega L}{R}=53.13°$，它们与晶闸管的导通角 θ 的关系为 $\sin(\alpha-\varphi)\mathrm{e}^{-\frac{\theta}{\tan\varphi}}=\sin(\alpha+\theta-\varphi)$，代入得 $\theta=204.7°$。此时，触发角和晶闸管导通角之和大于 180°。

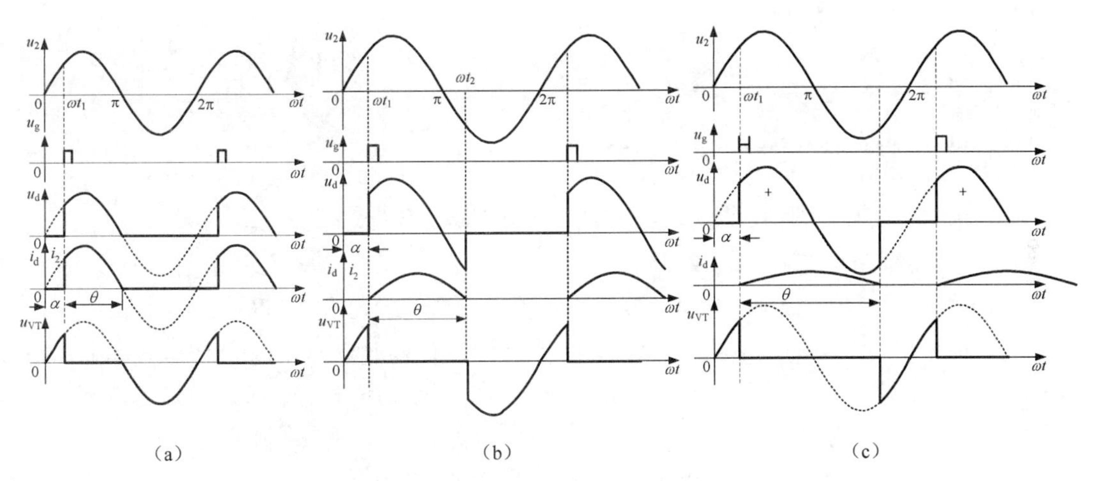

图 1-2-44　单相半波整流电路波形（阻感性负载）

将 α、θ 值代入得输出直流电压平均值：

$$U_{\mathrm{d}}=\frac{1}{2\pi}\int_{\alpha}^{\alpha+\theta}\sqrt{2}U_2\sin\omega t\mathrm{d}(\omega t)=\frac{1}{2\pi}\int_{30°}^{234.7°}\sqrt{2}U_2\sin\omega t\mathrm{d}(\omega t)=71.5\mathrm{V}$$

输出直流电流平均值：$I_{\mathrm{d}}=\dfrac{U_{\mathrm{d}}}{R}=11.92\mathrm{A}$。

输出直流电流有效值需要通过求解微分方程获得整流电路的电流响应表达式，再通过有效值的定义计算，其计算过程比较复杂，其余要求解的参量予以忽略。

3）滤波感抗为 100Ω（大电感负载）时，单相半波整流电路波形如图 1-2-44（c）所示。将 $\varphi=\arctan\dfrac{\omega L}{R}=86.57°$、$\alpha=30°$代入公式 $\sin(\alpha-\varphi)\mathrm{e}^{-\frac{\theta}{\tan\varphi}}=\sin(\alpha+\theta-\varphi)$，可得晶闸管导通角 $\theta=275.5°$，可见其输出直流电压波形的正负部分接近相等，此时单相半波整流电路已经失去整流（AC→DC）变换的意义。

因 $\omega L\gg R$，电路负载可视为电感为无穷大。与电阻性负载相比，单相半波整流电路输出直流电压下降，输出直流电流下降，且随着电感值的增加，晶闸管导通角 θ 增加，以至于达到整流电路输出电压正负部分面积接近相等的程度，输出直流电压平均值趋于 0。

4）单相半波整流电路带阻感性负载时，为了能够正常进行整流变换，其输出端反并联续流二极管，电路及波形如图 1-2-3 所示。当电感足够大时，输出直流电流可视为稳态直流，各参量计算如下：

输出直流电压平均值：$U_{\rm d}=0.45U_2\dfrac{1+\cos\alpha}{2}=92.37{\rm V}$。

负载电流平均值：$I_{\rm d}=\dfrac{U_{\rm d}}{R}$=15.4A（视为稳态直流）。

晶闸管及二极管电流平均值：$I_{\rm dVT}=\dfrac{\pi-\alpha}{2\pi}I_{\rm d}$=6.42A，$I_{\rm dVD}=\dfrac{\pi+\alpha}{2\pi}I_{\rm d}$=8.98A。

晶闸管及二极管电流有效值：$I_{\rm VT}=\sqrt{\dfrac{\pi-\alpha}{2\pi}}I_{\rm d}$=9.94A，$I_{\rm VD}=\sqrt{\dfrac{\pi+\alpha}{2\pi}}I_{\rm d}$=11.76A。

输入电流有效值I_2=晶闸管电流有效值$I_{\rm VT}$=9.94A。

功率因数$\lambda=\dfrac{P}{S}=\dfrac{I_{\rm d}^2R}{I_2U_2}=0.65$。

晶闸管额定通态平均电流；$I_{\rm T(AV)}=2\dfrac{I_{\rm VT}}{1.57}$=12.66A。

晶闸管承受最大正反向电压$\sqrt{2}U_2$=311V，晶闸管额定电压$U_{\rm e}$=2$\sqrt{2}U_2$=622V。

触发角移相范围与电阻性负载相同，为0～180°。续流二极管承受最高反向电压与晶闸管相同，为电源电压峰值$\sqrt{2}U_2$。续流二极管额定电流参数的确定方法与晶闸管类同。

（2）单相桥式全控整流电路交流输入电压220V，负载电阻5Ω，求解当触发角$\alpha=30°$，滤波电感感抗分别为0Ω、30Ω时整流电路输出直流电压平均值、有效值，直流电流平均值，晶闸管流过的电流平均值、有效值，变压器二次侧电流有效值，并绘制相关波形。

1）单相桥式全控整流电路，电阻性负载，$R=5\Omega$，触发角$\alpha=30°$。

输出直流电压平均值：$U_{\rm d}=0.9U_2\dfrac{1+\cos\alpha}{2}$=184.74V。

输出直流电压有效值：$U=U_2\sqrt{\dfrac{\pi-\alpha}{\pi}+\dfrac{\sin 2\alpha}{2\pi}}$=216.8V。

输出直流电流平均值：$I_{\rm d}=\dfrac{U_{\rm d}}{R}$=36.95A。

晶闸管电流平均值：$I_{\rm dVT}=I_{\rm d}/2$=18.47A。

晶闸管电流有效值：$I_{\rm VT}=\dfrac{U_2}{\sqrt{2}R}\sqrt{\dfrac{1}{2\pi}\sin 2\alpha+\dfrac{\pi-\alpha}{\pi}}$=30.66A。

变压器二次侧电流有效值与输出电流有效值相等，为

$$I=I_2=\frac{U_2}{R}\sqrt{\frac{1}{2\pi}\sin 2\alpha+\frac{\pi-\alpha}{\pi}}=43.36{\rm A}$$

晶闸管电流有效值为负载电流有效值的$1/\sqrt{2}$。晶闸管承受最大正向电压$\dfrac{\sqrt{2}}{2}U_2$=155.56V，最大反向电压$\sqrt{2}U_2$=311V。相关波形如图1-2-45（a）所示。

2）单相桥式全控整流电路，阻感性负载，$R=5\Omega$，$\omega L=30\Omega$，触发角$\alpha=30°$。

因为$\omega L\gg R$，电路属于大电感负载。

输出直流电压平均值：$U_{\rm d}=0.9U_2\cos\alpha$=171.47V。

输出直流电流平均值：$I_{\rm d}=\dfrac{U_{\rm d}}{R}$=34.3A。

晶闸管电流平均值：$I_{\rm dVT}=\dfrac{1}{2}I_{\rm d}$=17.15A。

晶闸管电流有效值：$I_{\rm VT}=\sqrt{\dfrac{1}{2\pi}\int_{\alpha}^{\pi+\alpha}I_{\rm d}^2{\rm d}(\omega t)}=\sqrt{\dfrac{1}{2}}I_{\rm d}$=24.25A。

因电感足够大，输出直流电流可以视为稳态直流，变压器二次侧电流有效值与输出直流电流有效值（平均值）相等，为$I_2=I_d$=34.3A。

晶闸管承受最大正反向电压$\sqrt{2}U_2$=311V，相关波形如图 1-2-45（b）所示。

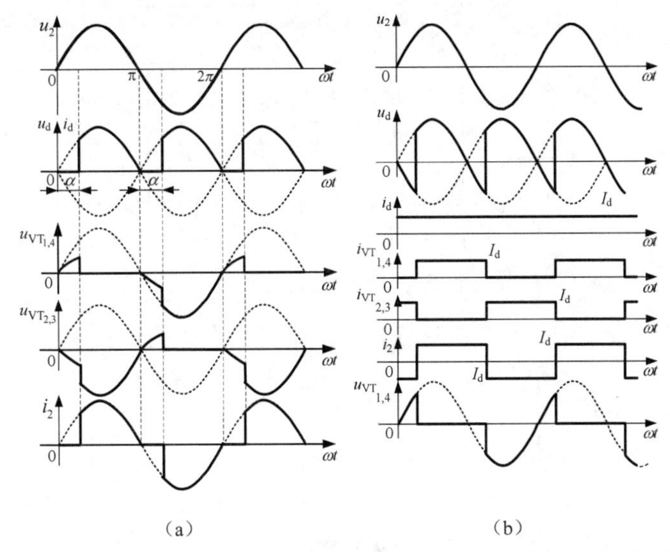

图 1-2-45 单相桥式全控整流电路带电阻性负载、阻感性负载时的波形

在单相桥式全控整流电路电阻性负载时，晶闸管触发角与导通角之和等于 180°，输出电流断续，触发角的移相范围为 0～180°。阻感性负载，当电感足够大时，晶闸管导通角θ与触发角α无关，都是 180°。触发角的移相范围为 0～90°。变压器二次侧电流波形为正负各 180°的矩形波，相位由α决定，其有效值：$I_2=I_{\rm d}$。

3）该单相桥式全控整流电路若串接反电势负载，$E=48$V，回路电阻 5Ω，滤波电感感抗 30Ω，触发角$\alpha=30°$时求解电路输出直流电压、直流电流平均值，晶闸管流过的电流平均值、有效值，变压器二次侧电流有效值，并绘制相关波形。

输出直流电压平均值：$U_{\rm d}=0.9U_2\cos\alpha$=171.47V。

输出直流电流平均值：$I_{\rm d}=\dfrac{U_{\rm d}-E}{R}$=24.7A。

晶闸管电流平均值、有效值：$I_{\rm dVT}=\dfrac{1}{2}I_{\rm d}$=12.35A，$I_{\rm VT}=\sqrt{\dfrac{1}{2}}I_{\rm d}$=17.46A。

触发角移相范围为 0～90°。晶闸管承受最大正、反向电压$\sqrt{2}U_2$=311V。

变压器二次侧电流为正负各 180°矩形波，相位由α决定，有效值：$I_2=I_{\rm d}$。电路及相关波形如图 1-2-46 所示。

反电势负载电路中，为保证整流电路输出电流连续，平波电抗器电感量最小值：

$$L_{\min}=\frac{2\sqrt{2}U_2}{\pi\omega I_{\mathrm{d\,min}}}=2.87\times10^{-3}\frac{U_2}{I_{\mathrm{dmin}}}$$

其中，I_{dmin} 为整流电路输出端设定的临界连续电流。

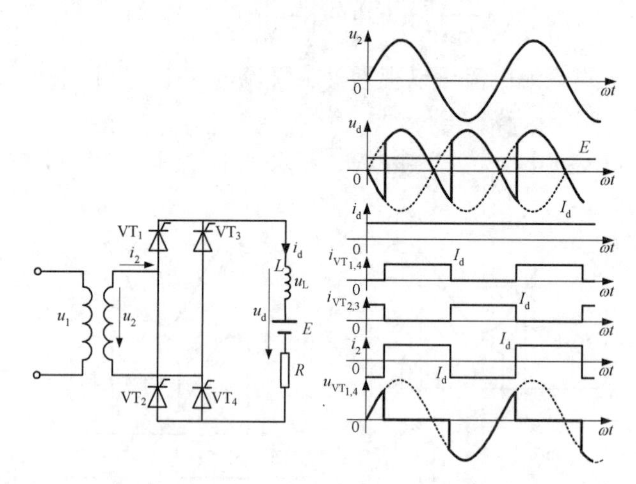

图 1-2-46 单相桥式全控整流电路及其波形（反电势阻感性负载）

（3）单相桥式半控（晶闸管共阴接线）整流电路交流输入电压 220V，负载电阻 5Ω，求解当触发角 $\alpha=60°$，滤波电感感抗分别为 0Ω、30Ω 时整流电路输出直流电压、直流电流平均值、有效值，晶闸管、整流二极管流过的电流平均值、有效值，变压器二次侧电流有效值，绘制相关波形，并讨论在阻感性负载时设置防失控措施后的电路工作情况。

1）单相桥式半控整流电路，电阻性负载，负载电阻 5Ω，触发角 $\alpha=60°$。

输出直流电压平均值：$U_{\mathrm{d}}=0.9U_2\dfrac{1+\cos\alpha}{2}$=148.5V。

输出直流电流平均值：$I_{\mathrm{d}}=\dfrac{U_{\mathrm{d}}}{R}$=29.7A。

晶闸管、整流二极管电流平均值：$I_{\mathrm{dVT}}=\dfrac{I_{\mathrm{d}}}{2}$=14.85A。

晶闸管、整流二极管电流有效值：$I_{\mathrm{VT}}=\dfrac{U_2}{\sqrt{2}R}\sqrt{\dfrac{1}{2\pi}\sin2\alpha+\dfrac{\pi-\alpha}{\pi}}$=27.9A。

变压器二次侧电流有效值与输出电流有效值相等，为

$$I=I_2=\frac{U_2}{R}\sqrt{\frac{1}{2\pi}\sin2\alpha+\frac{\pi-\alpha}{\pi}}=39.45\mathrm{A}$$

晶闸管承受最大正反向电压为$\sqrt{2}U_2$=311V。晶闸管、整流二极管电流有效值为负载电流有效值的$1/\sqrt{2}$。相关波形如图 1-2-47 所示。

2）单相桥式半控整流电路，阻感性负载，负载电阻 5Ω，滤波电感感抗为 30Ω，触发角 $\alpha=60°$。因$30\gg5$，负载电路为大电感负载。

输出直流电压平均值：$U_{\mathrm{d}}=0.9U_2\dfrac{1+\cos\alpha}{2}$=148.5V。

输出直流电流平均值：$I_{\mathrm{d}}=\dfrac{U_{\mathrm{d}}}{R}$=29.7A。

晶闸管、整流二极管电流平均值：$I_{\mathrm{dVT}}=\dfrac{I_{\mathrm{d}}}{2}$=14.85A。

晶闸管、整流二极管电流有效值：$I_{\mathrm{VT}}=\sqrt{\dfrac{1}{2}}I_{\mathrm{d}}$=21A。

变压器二次侧电流有效值：$I_2=\sqrt{\dfrac{\pi-\alpha}{\pi}}I_{\mathrm{d}}$=24.25A。

晶闸管、整流二极管均导通 180°，晶闸管承受最大正反向电压、二极管承受最大反向电压均为$\sqrt{2}U_2$=311V。相关波形如图 1-2-47 所示，其中图 1-2-47（a）为电阻性负载时的波形，图 1-2-47（b）为阻感性负载时的波形。

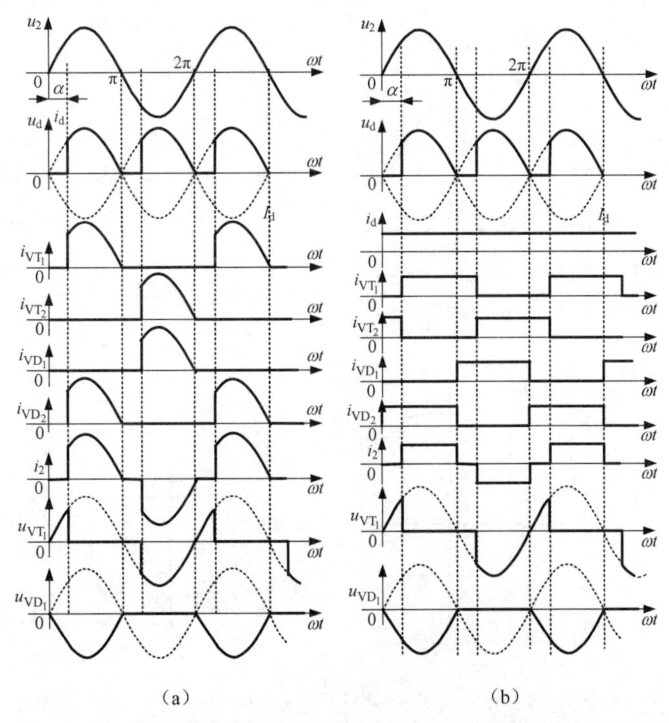

（a）　　　　　　　　（b）

图 1-2-47　单相桥式半控整流电路带电阻、阻感性负载时的波形

3）该单相桥式半控整流电路阻感性负载时，为防止失控现象，在其输出端反并联续流二极管，求解当触发角$\alpha=60°$，滤波电感感抗为 30Ω 时整流电路输出直流电压、直流电流平均值，晶闸管、整流二极管、续流二极管流过的电流平均值、有效值，变压器二次侧电流有效值，绘制相关波形。

输出直流电压平均值：$U_{\mathrm{d}}=0.9U_2\dfrac{1+\cos\alpha}{2}$=148.5V。

输出直流电流平均值：$I_{\mathrm{d}}=\dfrac{U_{\mathrm{d}}}{R}$=29.7A。

晶闸管、整流二极管电流平均值：$I_{dVT}=\dfrac{\pi-\alpha}{2\pi}I_d$=9.9A。

晶闸管、整流二极管电流有效值：$I_{VT}=\sqrt{\dfrac{\pi-\alpha}{2\pi}}I_d$=17.15A。

续流二极管电流平均值：$I_{dVD}=\dfrac{2\alpha}{2\pi}I_d$=9.9A。

续流二极管电流有效值：$I_{VD}=\sqrt{\dfrac{2\alpha}{2\pi}}I_d$=17.15A。

变压器二次侧电流有效值：$I_2=\sqrt{\dfrac{\pi-\alpha}{\pi}}I_d$=24.25A。

晶闸管承受最高正反向电压$\sqrt{2}U_2$=311V，整流二极管、续流二极管承受最高反向电压$\sqrt{2}U_2$=311V。单相桥式半控整流电路（阻感性负载）失控时的电路及波形如图 1-2-48（a）所示，输出端反并联续流二极管时的电路及波形如图 1-2-48（b）所示。

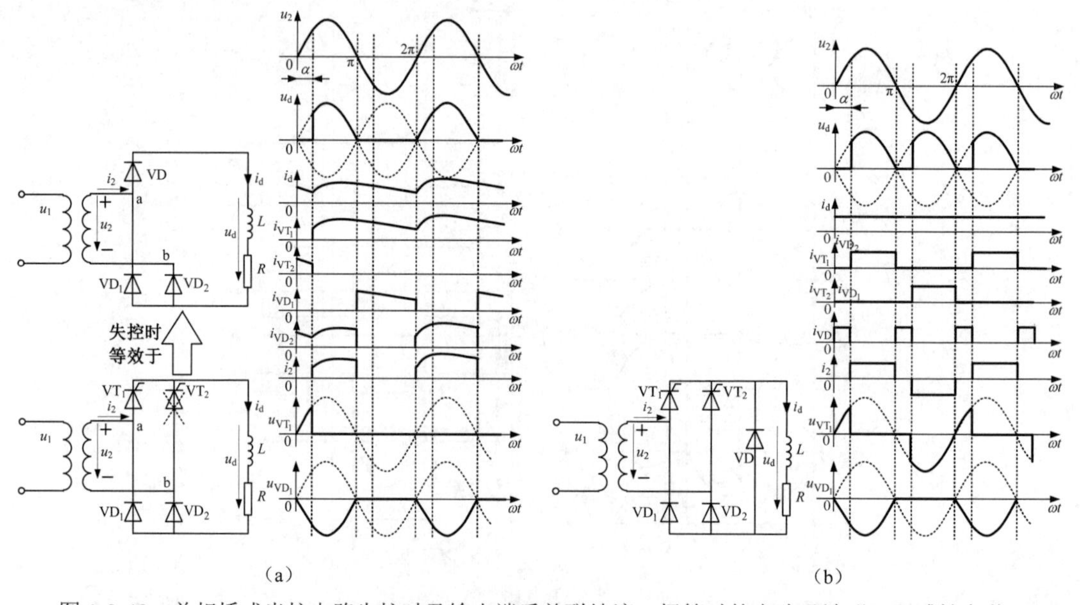

图 1-2-48 单相桥式半控电路失控时及输出端反并联续流二极管时的电路及波形（阻感性负载）

（4）整流二极管置于同侧桥臂的单相桥式半控整流电路，交流输入电压 220V，负载电阻 5Ω，求当触发角$\alpha=60°$，滤波电感感抗 30Ω 时整流电路输出直流电压、直流电流平均值，晶闸管、整流二极管流过的电流平均值、有效值，变压器二次侧电流有效值，绘制相关波形，并讨论该电路为什么可以防止失控。

整流电路输出直流电压平均值：$U_d=0.9U_2\dfrac{1+\cos\alpha}{2}$=148.5V。

输出直流电流平均值：$I_d=\dfrac{U_d}{R}$=29.7A。

晶闸管流过电流平均值、有效值：$I_{dVT}=\dfrac{\pi-\alpha}{2\pi}I_d$=9.9A，$I_{VT}=\sqrt{\dfrac{\pi-\alpha}{2\pi}}I_d$=17.15A。

整流二极管流过电流平均值、有效值：$I_{\mathrm{dVD}}=\dfrac{\pi+\alpha}{2\pi}I_{\mathrm{d}}$=19.8A，$I_{\mathrm{VD}}=\sqrt{\dfrac{\pi+\alpha}{2\pi}}I$=24.25A。

变压器二次侧电流有效值：$I_2=\sqrt{\dfrac{\pi-\alpha}{\pi}}I_{\mathrm{d}}$=24.25A。

晶闸管承受最高正反向电压、桥路二极管承受最高反向电压均为$\sqrt{2}U_2$=311V。相关波形如图 1-2-13 所示。

由于该电路所有续流过程均由两只串联的二极管承担，半周期内，晶闸管电流可以降到零而自然关断，电路没有失控现象。但因续流时电流要流过两个二极管，相应地，该电路损耗要高于输出端反并联续流二极管的整流电路。

（5）三相半波共阴可控整流电路输入相电压 220V，负载电阻 5Ω，试求当触发角$\alpha=30°$、$\alpha=60°$，负载感抗分别为 0Ω、100Ω 时的电路输出直流电压、负载电流平均值，晶闸管电流平均值、有效值，变压器二次侧电流有效值，选择晶闸管（裕量取 2），并绘制相关波形。

1）三相半波共阴整流电路，电阻性负载，触发角$\alpha=30°$、$\alpha=60°$时。

三相半波共阴整流电路的自然换向点位于两相相电压的正向交点，该点触发角$\alpha=0°$。相关参量计算见表 1-2-1。

表 1-2-1　三相半波共阴整流电路带电阻性负载的相关参量计算

参量名称	触发角 $\alpha=30°$	触发角 $\alpha=60°$
输出直流电压平均值	$U_{\mathrm{d}}=1.17U_2\cos\alpha$=223V	$U_{\mathrm{d}}=\dfrac{1.17}{\sqrt{3}}U_2\left[1+\cos\left(\alpha+\dfrac{\pi}{6}\right)\right]$=148.6V
负载电流平均值	$I_{\mathrm{d}}=\dfrac{U_{\mathrm{d}}}{R}$=44.6A	$I_{\mathrm{d}}=\dfrac{U_{\mathrm{d}}}{R}$=29.7A
晶闸管电流平均值	$I_{\mathrm{dVT}}=\dfrac{1}{3}I_{\mathrm{d}}$=14.9A	$I_{\mathrm{dVT}}=\dfrac{1}{3}I_{\mathrm{d}}$=9.91A
晶闸管电流有效值	$I_{\mathrm{VT}}=\dfrac{U_2}{R}\sqrt{\dfrac{1}{2\pi}\left(\dfrac{2\pi}{3}+\dfrac{\sqrt{3}}{2}\cos2\alpha\right)}$=27.9A	$I_{\mathrm{VT}}=\dfrac{U_2}{R}\sqrt{\dfrac{1}{2\pi}\left(\dfrac{5\pi}{6}-\alpha+\dfrac{\sqrt{3}}{4}\cos2\alpha+\dfrac{1}{4}\sin2\alpha\right)}$=22A
变压器二次侧电流有效值	$I_2=I_{\mathrm{VT}}$=27.9A	$I_2=I_{\mathrm{VT}}$=22A
晶闸管承受最大正向电压	$\sqrt{2}U_2$=311V	$\sqrt{2}U_2$=311V
晶闸管承受最大反向电压	$\sqrt{6}U_2$=539V	$\sqrt{6}U_2$=539V

$\alpha\leqslant30°$时，三相半波整流电路一周期内有三个工作状态，分别是 a 相、b 相、c 相各导通 120°，输出电压分别为导通相相电压，负载电流连续。

$\alpha=30°$时，晶闸管通态平均电流：$I_{\mathrm{T(AV)}}=2\dfrac{I_{\mathrm{VT}}}{1.57}$=35.5A，额定电压：$U_{\mathrm{e}}=2\sqrt{6}U_2=1078\mathrm{V}$。

晶闸管选 KP50-11，其额定通态平均电流 50A，额定电压 1100V。

$\alpha>30°$时，三相半波整流电路一周期内有六个工作状态，分别是 a 相、b 相、c 相各导通$150°-\alpha$，三段停止导通各$\alpha-30°$，每相的晶闸管导通$150°-\alpha$之后级联一个停止导通区间

$\alpha-30°$。各相导通时输出电压分别为导通相相电压，不导通时输出电压为零，负载电流断续。

$\alpha=60°$ 时，晶闸管通态平均电流：$I_{T(AV)}=2\dfrac{I_{VT}}{1.57}$=28A，额定电压：$U_e=2\sqrt{6}U_2=1078V$。

晶闸管选 KP30-11，其额定通态平均电流 30A，额定电压 1100V。

实际电路工作过程中，按照触发角变化时负载可能工作范围内晶闸管最大通态平均电流、承担的最大正反向电压选择晶闸管的参数。

三相半波可控整流电路带电阻性负载 α 角的移相范围为 0～150°，其电路及触发角为 30°、60°时的波形如图 1-2-49 所示。

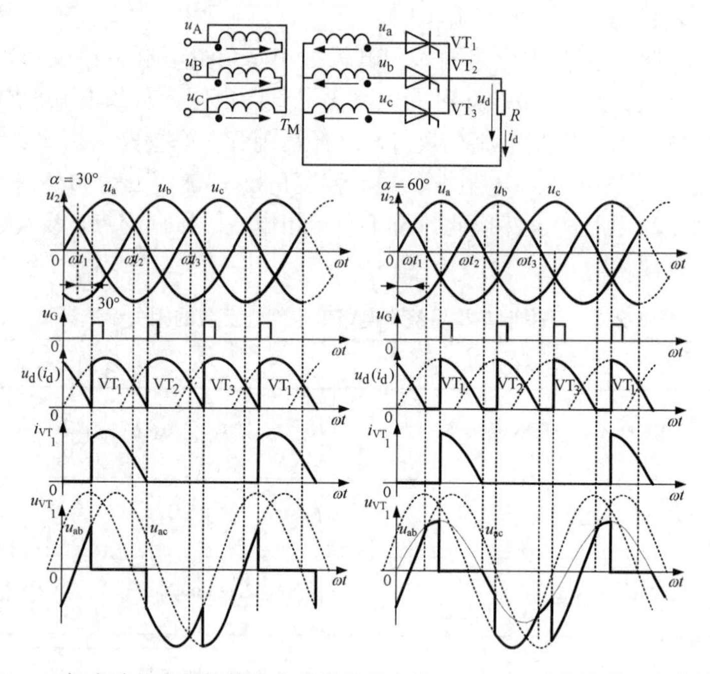

图 1-2-49　三相半波共阴可控整流电路及触发角为 30°、60°时的波形（电阻性负载）

2）三相半波共阴整流电路，阻感性负载，触发角 $\alpha=30°$、$\alpha=60°$ 时，相关参量计算见表 1-2-2。

表 1-2-2　三相半波共阴整流电路带阻感性负载的相关参量计算

参量名称	触发角 $\alpha=30°$	触发角 $\alpha=60°$
输出直流电压平均值	$U_d=1.17U_2\cos\alpha$=223V	$U_d=1.17U_2\cos\alpha$=128.7V
输出直流电流平均值	$I_d=\dfrac{U_d}{R}$=44.6A	$I_d=\dfrac{U_d}{R}$=25.7A
晶闸管电流平均值	$I_{dVT}=I_d/3$=14.87A	$I_{dVT}=I_d/3$=8.6A
晶闸管电流有效值	$I_{VT}=I_d/\sqrt{3}$=25.75A	$I_{VT}=I_d/\sqrt{3}$=14.84A
变压器二次侧电流有效值	$I_2=I_{VT}$=25.75A	$I_2=I_{VT}$=14.84A
晶闸管承受的最高正反向电压	$\sqrt{6}U_2$=539V	$\sqrt{6}U_2$=539V

三相半波可控整流电路阻感性负载时α角的移相范围为0～90°，触发角为30°和60°时的波形如图1-2-50所示。

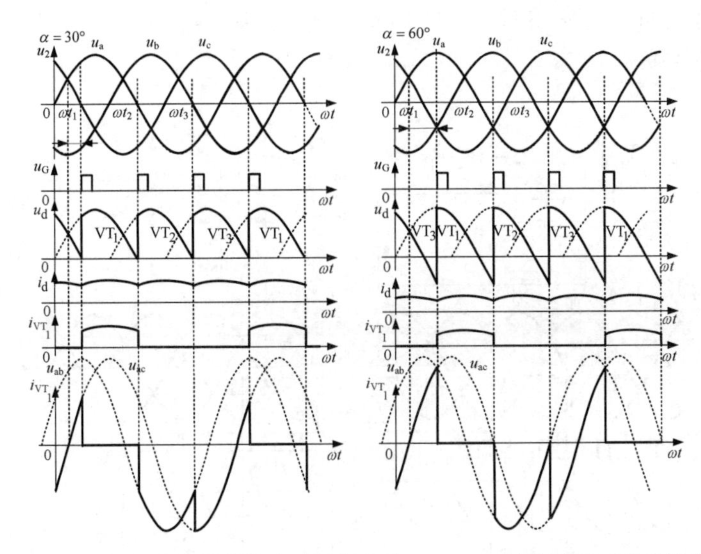

图1-2-50　三相半波共阴整流电路触发角为30°、60°时的波形（阻感性负载）

$\alpha=30°$时，晶闸管通态平均电流：$I_{T(AV)}=2\dfrac{I_{VT}}{1.57}$=32.8A，晶闸管选KP50-11。

$\alpha=60°$时，晶闸管通态平均电流：$I_{T(AV)}=2\dfrac{I_{VT}}{1.57}$=18.9A，晶闸管选KP20-11。

（6）三相半波共阳可控整流电路输入相电压220V，负载电阻5Ω，试求当触发角$\alpha=60°$，负载感抗分别为0Ω、100Ω时的电路输出直流电压、输出直流电流平均值，晶闸管电流平均值、有效值，变压器二次侧交流电流有效值，并绘制相关波形。

相关参量计算见表1-2-3。

表1-2-3　三相半波共阳可控整流电路相关参量计算

参量名称	触发角$\alpha=60°$，负载感抗为0Ω	触发角$\alpha=60°$，负载感抗为0Ω
输出直流电压平均值	$U_d=-\dfrac{1.17}{\sqrt{3}}U_2\left[1+\cos\left(\alpha+\dfrac{\pi}{6}\right)\right]$=−148.6V	$U_d=-1.17U_2\cos\alpha$=−128.7V
输出直流电流平均值	$I_d=\dfrac{U_d}{R}$=−29.7A	$I_d=\dfrac{U_d}{R}$=−25.7A
晶闸管电流平均值	$I_{dVT}=I_d/3$=−9.91A	$I_{dVT}=I_d/3$=−8.6A
晶闸管电流有效值	$I_{VT}=-\dfrac{U_2}{R}\sqrt{\dfrac{1}{2\pi}\left(\dfrac{5\pi}{6}-\alpha+\dfrac{\sqrt{3}}{4}\cos 2\alpha+\dfrac{1}{4}\sin 2\alpha\right)}$=−18.72A	$I_{VT}=I_d/\sqrt{3}$=−14.84A
变压器二次侧电流有效值	$I_2=I_{VT}$=18.72A	$I_2=I_{VT}$=14.84A
晶闸管承受的最高正反向电压	$\sqrt{6}U_2$=539V	$\sqrt{6}U_2$=539V

三相半波共阳整流电路电阻性负载、阻感性负载时相关参数的计算方法、公式与三相半波共阴整流电路相同，区别仅在于输出电压的极性、电流方向、晶闸管两端电压跳变方向有差异。其电路及相关波形如图 1-2-51 所示，其中，图 1-2-51（a）为电阻性负载状态，图 1-2-51（b）为阻感性负载状态。

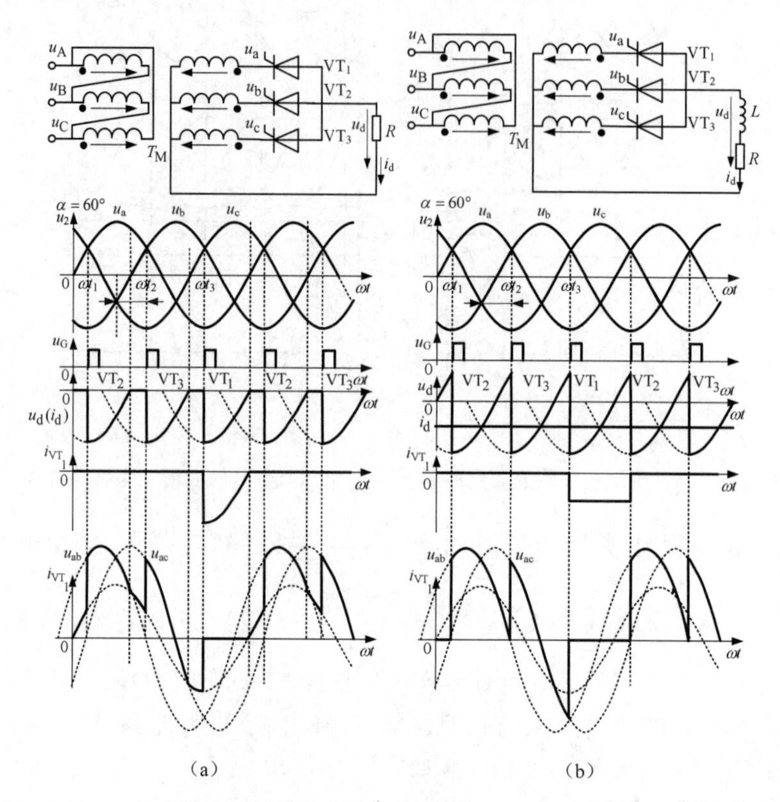

图 1-2-51 三相半波共阳整流电路带电阻性负载、阻感性负载时的电路及波形

（7）三相桥式全控整流电路输入相电压 220V，负载电阻 5Ω，试求当触发角 $\alpha = 30°$、$\alpha = 60°$，负载感抗分别为 0Ω、100Ω 时的电路输出直流电压、输出直流电流平均值，晶闸管电流平均值、有效值，变压器二次侧电流有效值，并绘制相关波形。

1）三相桥式全控整流电路带电阻性负载时的电路如图 1-2-52（a）所示，相关计算见表 1-2-4，波形如图 1-2-53 所示。

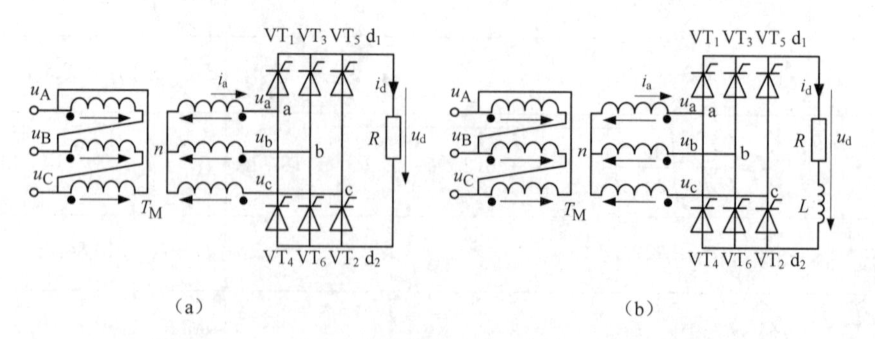

图 1-2-52 三相桥式全控整流电路（电阻、阻感性负载）

表 1-2-4　三相桥式全控整流电路带电阻性负载时的相关参量计算

参量名称	触发角 $\alpha=30°$	触发角 $\alpha=60°$
输出直流电压平均值	$U_d=2.34U_2\cos\alpha$ =445.83V	$U_d=2.34U_2\cos\alpha$ =257.4V 或 $U_d=2.34U_2\left[1+\cos\left(\alpha+\frac{\pi}{3}\right)\right]$ =257.4V
输出直流电流平均值	$I_d=U_d/R$ =89.2A	$I_d=U_d/R$ =51.5A
晶闸管电流平均值	$I_{dVT}=I_d/3$ =29.7A	$I_{dVT}=I_d/3$ =17.2A
晶闸管电流有效值	$I_{VT}=\frac{\sqrt{6}U_2}{2R}$ $\sqrt{\frac{1}{\pi}\left[\frac{2\pi}{3}-\sin\left(2\alpha+\frac{4\pi}{3}\right)+\sin\left(2\alpha+\frac{2\pi}{3}\right)\right]}$ =52.31A	$I_{VT}=\frac{\sqrt{6}U_2}{2R}\sqrt{\frac{1}{\pi}\left[\frac{4\pi}{3}-2\alpha+\sin\left(2\alpha+\frac{2\pi}{3}\right)\right]}$ =33.7A
变压器二次侧电流有效值	$I_2=\sqrt{2}I_{VT}$ =73.98A	$I_2=\sqrt{2}I_{VT}$ =67.4A
晶闸管承受的最高正反向电压	$\sqrt{6}U_2$=538.9V	$\sqrt{6}U_2$=538.9V

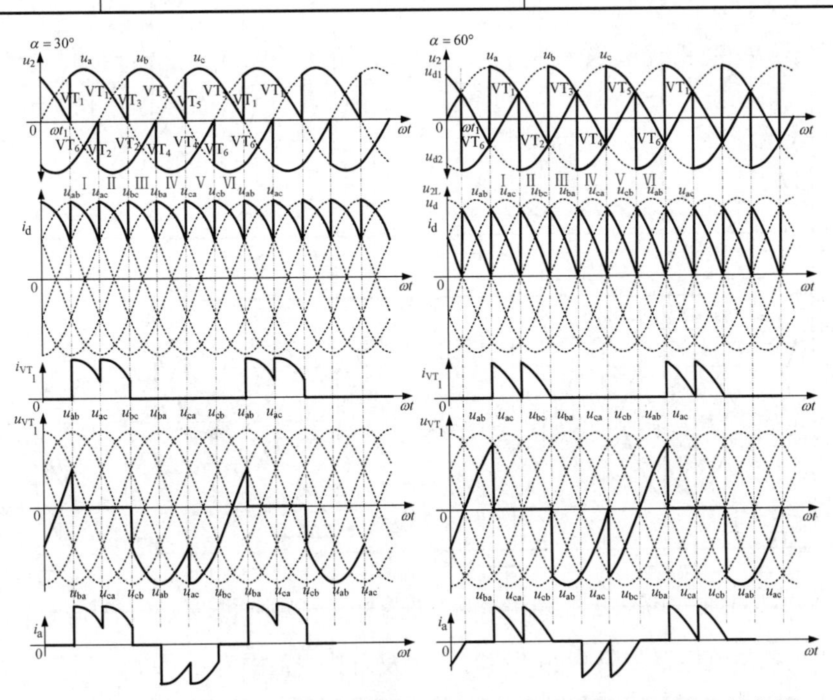

图 1-2-53　三相桥式全控整流电路触发角为 30°、60°时的波形（电阻性负载）

三相桥式全控整流电路带电阻性负载时，触发角 α 的移相范围为 0～120°。

$\alpha\leqslant 30°$ 时，$I_{VT}=\frac{\sqrt{6}U_2}{2R}\sqrt{\frac{1}{\pi}\left[\frac{2\pi}{3}-\sin\left(2\alpha+\frac{4\pi}{3}\right)+\sin\left(2\alpha+\frac{2\pi}{3}\right)\right]}$。

$\alpha>30°$ 时，$I_{VT}=\frac{\sqrt{6}U_2}{2R}\sqrt{\frac{1}{\pi}\left[\frac{4\pi}{3}-2\alpha+\sin\left(2\alpha+\frac{2\pi}{3}\right)\right]}$。

2）三相桥式全控整流电路带阻感性负载时的电路如图 1-2-52（b）所示，相关计算见表 1-2-5，波形如图 1-2-54 所示。

表 1-2-5　三相桥式全控整流电路带阻感性负载时的相关参量计算

参量名称	触发角 $\alpha=30°$	触发角 $\alpha=60°$
输出直流电压平均值	$U_d=2.34U_2\cos\alpha$ =445.83V	$U_d=2.34U_2\cos\alpha$ =257.4V
输出直流电流平均值	$I_d=U_d/R$ =89.2A	$I_d=U_d/R$ =51.48A
晶闸管电流平均值	$I_{dVT}=I_d/3$ =29.73A	$I_{dVT}=I_d/3$ =17.16A
晶闸管电流有效值	$I_{VT}=I_d/\sqrt{3}$ =51.5A	$I_{VT}=I_d/\sqrt{3}$ =29.72A
变压器二次侧电流有效值	$I_2=\sqrt{2/3}I_d$ =72.83A	$I_2=\sqrt{2/3}I_d$ =42.03A
晶闸管承受的正反向最大电压	$\sqrt{6}U_2$ =538.9V	$\sqrt{6}U_2$ =538.9V

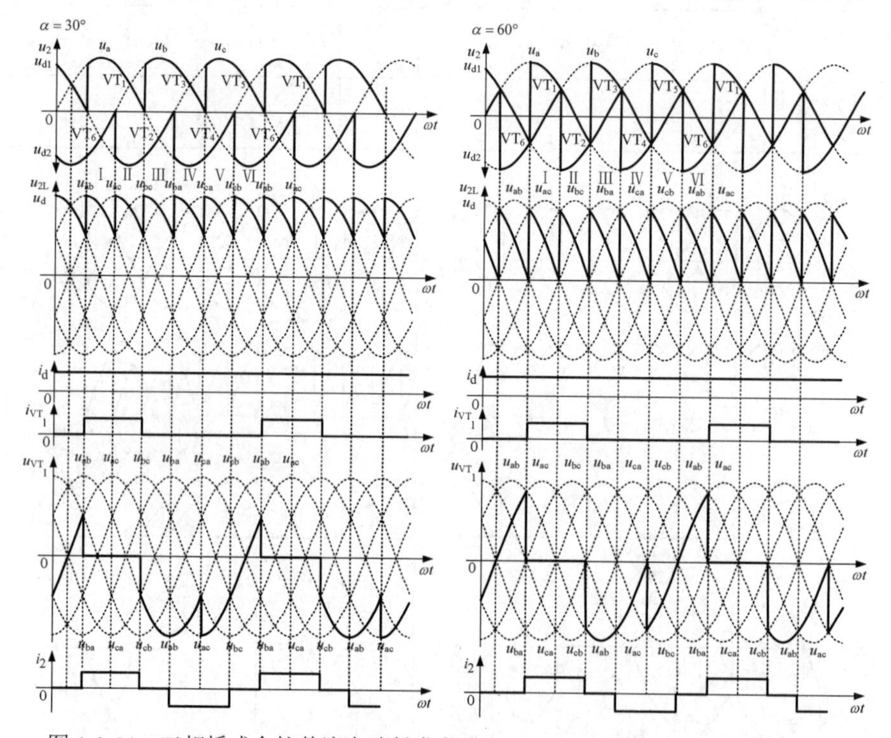

图 1-2-54　三相桥式全控整流电路触发角为 30°、60°时的波形（阻感性负载）

三相桥式全控整流电路带阻感性负载时，触发角移相范围为 0～90°。

三相桥式全控整流电路带反电势负载时，若回路电感足够大，整流电路的相关分析类同于阻感性负载，电路的输出电压、电流波形、晶闸管流过的电流、变压器二次侧电流波形均相同，仅电路输出电流的平均值计算式有差异。此时，输出电流为 $I_d=\dfrac{U_d-E}{R}$。

（8）三相桥式半控整流电路输入相电压 220V，负载电阻 5Ω，试求当触发角 $\alpha=30°$、$\alpha=60°$、$\alpha=90°$，负载感抗分别为 0Ω、100Ω 时的电路输出直流电压、输出直流电流平均值，晶闸管、整流二极管电流平均值、有效值，变压器二次侧电流有效值，并绘制相关波形。然后分析失控情况下的波形、采取防失控措施之后的电路与波形。

1）三相桥式半控整流电路带电阻性负载时的电路如图 1-2-55（a）所示，相关计算见表 1-2-6，波形如图 1-2-56 所示。

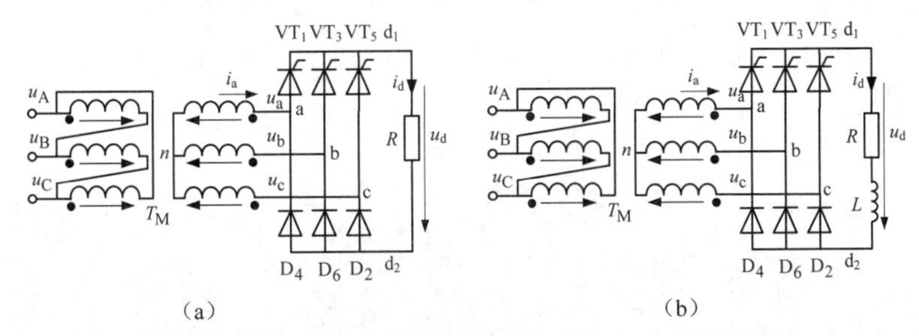

图 1-2-55 三相桥式半控整流电路（电阻、阻感性负载）

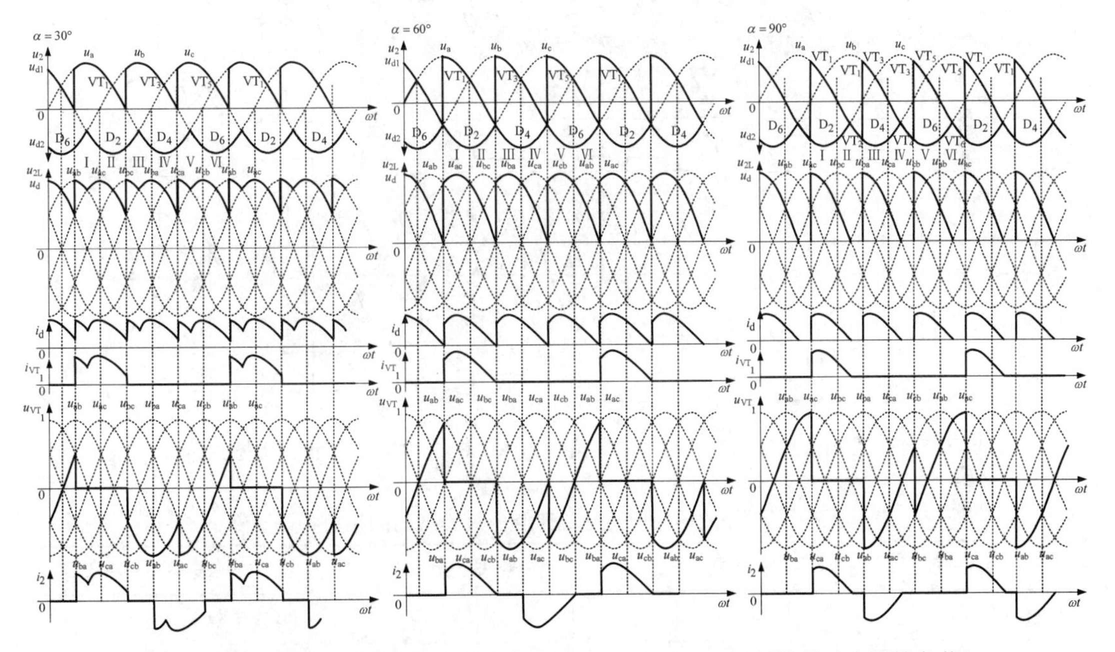

图 1-2-56 三相桥式半控整流电路触发角为 30°、60°、90°时的波形（电阻性负载）

表 1-2-6 三相桥式半控整流电路带电阻性负载时的相关参量计算

参量名称	触发角 $\alpha=30°$	触发角 $\alpha=60°$	触发角 $\alpha=90°$
输出直流电压平均值	U_d =480.3V	U_d =386.1V	U_d =257.4V
输出直流电流平均值	$I_d=U_d/R$ =96.1A	$I_d=U_d/R$ =77.22A	$I_d=U_d/R$ =51.5A
晶闸管、整流二极管电流平均值	$I_{dVT}=I_d/3$ =32A	$I_{dVT}=I_d/3$ =25.74A	$I_{dVT}=I_d/3$ =17.17A
晶闸管、整流二极管电流有效值	根据波形及有效值定义公式计算	根据波形及有效值定义公式计算	根据波形及有效值定义公式计算
变压器二次侧电流有效值	晶闸管电流的 $\sqrt{2}$ 倍	晶闸管电流的 $\sqrt{2}$ 倍	晶闸管电流的 $\sqrt{2}$ 倍
晶闸管承受的最大正反向电压、整流二极管承受的最大反向电压	$\sqrt{6}U_2$ =538.9V	$\sqrt{6}U_2$ =538.9V	$\sqrt{6}U_2$ =538.9V

三相桥式半控整流电路带电阻性负载时，触发角 α 的移相范围为 0～180°。

$0 \leqslant \alpha \leqslant 60°$ 时，$U_{\rm d}=1.17U_2\left[1+\cos\left(\alpha+\dfrac{\pi}{3}\right)-\cos\left(\alpha+\dfrac{2\pi}{3}\right)\right]$。

$60° < \alpha \leqslant 180°$ 时，$U_{\rm d}=\dfrac{3}{2\pi}\int_{\alpha}^{\pi}\sqrt{6}U_2\sin\omega t{\rm d}(\omega t)=1.17U_2(1+\cos\alpha)$。

2）三相桥式半控整流电路带阻感性负载时的电路如图 1-2-55（b）所示，相关计算见表 1-2-7，波形如图 1-2-57 所示。

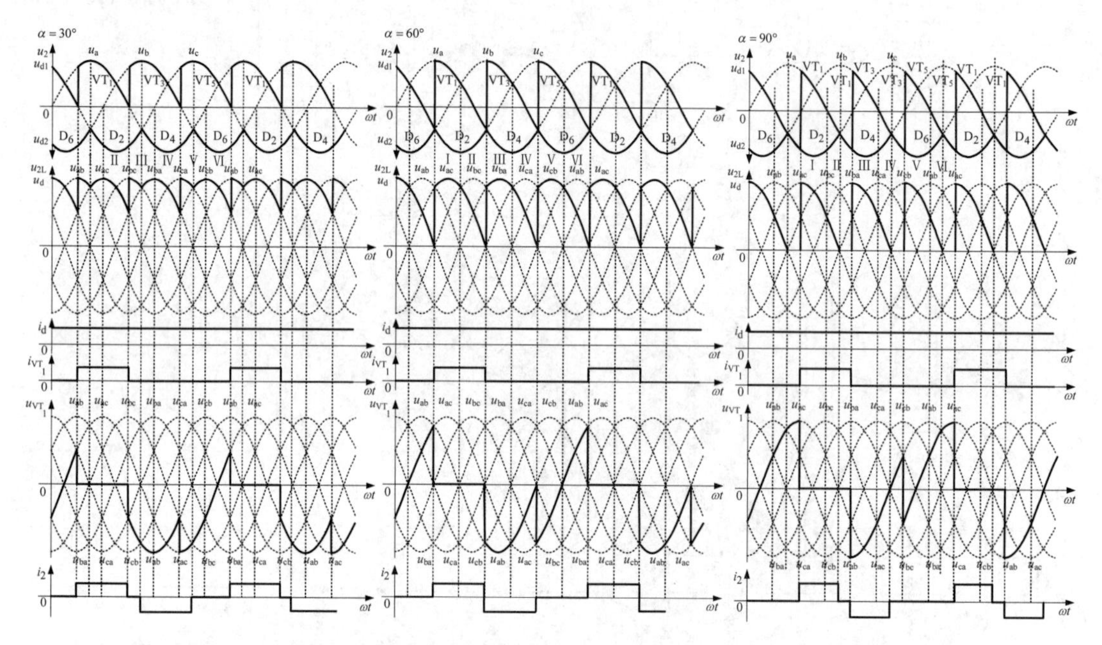

图 1-2-57　三相桥式半控整流电路触发角为 30°、60°、90°时的波形（阻感性负载）

表 1-2-7　三相桥式半控整流电路带阻感性负载时的相关参量计算

参量名称	触发角 $\alpha=30°$	触发角 $\alpha=60°$	触发角 $\alpha=90°$
输出直流电压平均值	$U_{\rm d}$ =480.3V	$U_{\rm d}$ =386.1V	$U_{\rm d}$ =257.4V
输出直流电流平均值	$I_{\rm d}=U_{\rm d}/R$ =96.1A	$I_{\rm d}=U_{\rm d}/R$ =77.22A	$I_{\rm d}=U_{\rm d}/R$ =51.5A
晶闸管、整流二极管电流平均值	$I_{\rm dVT}=I_{\rm d}/3$ =32A	$I_{\rm dVT}=I_{\rm d}/3$ =25.74A	$I_{\rm dVT}=I_{\rm d}/3$ =17.17A
晶闸管、整流二极管电流有效值	$I_{\rm VT}=I_{\rm d}/\sqrt{3}$ =55.5A	$I_{\rm VT}=I_{\rm d}/\sqrt{3}$ =44.58A	$I_{\rm VT}=I_{\rm d}/\sqrt{3}$ =29.73A
变压器二次侧电流有效值	$I_2=\sqrt{2/3}I_{\rm d}$ =78.47A	$I_2=\sqrt{2/3}I_{\rm d}$ =63.05A	$I_2=\sqrt{(\pi-\alpha)/\pi}I_{\rm d}$ =36.42A
晶闸管承受的最大正反向电压、整流二极管承受的最大反向电压	$\sqrt{6}U_2$ =538.9V	$\sqrt{6}U_2$ =538.9V	$\sqrt{6}U_2$ =538.9V

三相桥式半控整流电路带阻感性负载时，触发角 α 的移相范围为 0～180°。

$0 \leqslant \alpha \leqslant 60°$ 时，输出直流电压平均值：$U_{\rm d}=1.17U_2\left[1+\cos\left(\alpha+\dfrac{\pi}{3}\right)-\cos\left(\alpha+\dfrac{2\pi}{3}\right)\right]$。

$60° < \alpha \leqslant 180°$ 时，输出直流电压平均值：$U_d = 1.17U_2(1+\cos\alpha)$。

$0 \leqslant \alpha \leqslant 60°$ 时，变压器二次侧电流有效值：$I_2 = \sqrt{\frac{1}{2\pi}\int_0^{2\pi} i_2^2 \mathrm{d}(\omega t)} = \sqrt{\frac{2}{3}}I_d$。

$60° < \alpha \leqslant 180°$ 时，变压器二次侧电流有效值：$I_2 = \sqrt{\frac{2}{2\pi}\int_0^{\pi-\alpha} I_d^2 \mathrm{d}(\omega t)} = \sqrt{\frac{\pi-\alpha}{\pi}}I_d$。

3）绘制三相桥式半控整流电路带阻感性负载失控时的波形，计算采取防止失控措施后，触发角为 60°、90°时的参量并绘制波形。

三相桥式半控整流电路在阻感性负载状态下，若触发电路出现异常，脉冲丢失，或者触发电路电源被去除，整流电路将出现一个晶闸管持续导通，三个二极管轮流导通的失控现象，波形如图 1-2-58 所示。

为防止三相桥式半控整流电路阻感性负载时的失控现象，在输出端反并联一个续流二极管。并联续流二极管后，续流二极管导通压降低于整流二极管、晶闸管串联支路导通压降之和，整流桥路所有续流过程均通过续流二极管完成，晶闸管可自然关断，消除了失控现象，如图 1-2-59 所示。

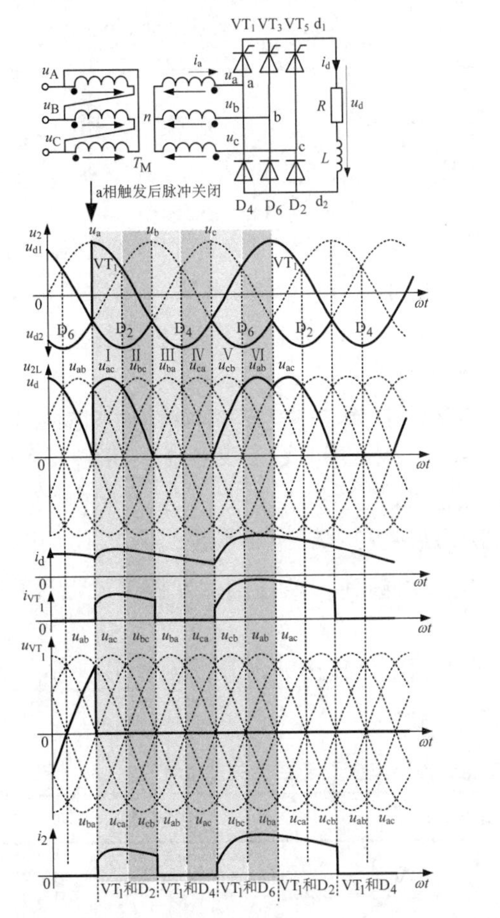

图 1-2-58　三相桥式半控电路失控时的电路及波形（阻感性负载）

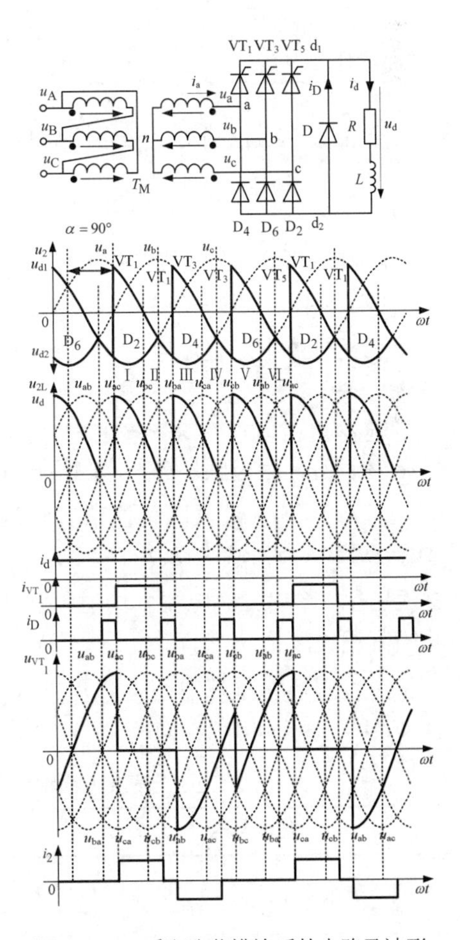

图 1-2-59　采取防范措施后的电路及波形

三相桥式半控整流电路带阻感性负载时，输出端并联续流二极管后，电路的参量计算见表 1-2-8。

表 1-2-8 三相桥式半控整流电路并联续流二极管后的相关参量计算（阻感性负载）

参量名称	触发角 $\alpha=60°$	触发角 $\alpha=90°$
输出直流电压平均值	U_d =386.1V	U_d =257.4V
输出直流电流平均值	$I_d=U_d/R$ =77.22A	$I_d=U_d/R$ =51.5A
晶闸管、整流二极管电流平均值	$I_{dVT}=I_d/3$ =25.74A	$I_{dVT}=\frac{\pi-\alpha}{2\pi}I_d$ =12.88A
晶闸管、整流二极管电流有效值	$I_{VT}=I_d/\sqrt{3}$ =44.58A	$I_{VT}=\sqrt{\frac{\pi-\alpha}{2\pi}}I_d$ =25.75A
变压器二次侧电流有效值	$I_2=\sqrt{2/3}I_d$ =63.05A	$I_2=\sqrt{2}I_{VT}$ =36.42A
续流二极管电流平均值	I_{dD} =0	$I_{dD}=3\frac{\alpha-\pi/3}{2\pi}I_d$ =12.88A
续流二极管电流有效值	I_D =0	$I_D=\sqrt{3\frac{\alpha-\pi/3}{2\pi}}I_d$ =25.75A
晶闸管承受的最大正反向电压、整流二极管（续流管）承受的最大反向电压	$\sqrt{6}U_2$ =538.9V	$\sqrt{6}U_2$ =538.9V

三相桥式半控整流电路带阻感性负载时，$0\leqslant\alpha\leqslant60°$ 时输出直流电压平均值：

$$U_d=1.17U_2\left[1+\cos\left(\alpha+\frac{\pi}{3}\right)-\cos\left(\alpha+\frac{2\pi}{3}\right)\right]$$

触发角在 0～60°范围内，续流二极管并不工作，续流二极管电流 $i_D=0$。但在电路触发脉冲出现丢失时，将会承担续流任务，晶闸管导通一段时间后会自然关断，消除失控现象。

三相桥式半控整流电路带阻感性负载时，$60°<\alpha\leqslant180°$ 时输出直流电压平均值：

$$U_d=1.17U_2(1+\cos\alpha)$$

触发角在 60°～180°范围内，续流二极管每周期续流三次，每次续流时间对应电角度为$(\alpha-\pi/3)$，因电感足够大，晶闸管、二极管及续流二极管均流过方波电流，如图 1-2-59 所示。

（9）三相半波共阴可控整流电路输入相电压 220V，负载电阻 5Ω，滤波电感抗足够大，$X_B=0.3\Omega$，试求当触发角 $\alpha=30°$ 时，不考虑换相重叠与考虑换相重叠的情况下，电路输出直流电压、输出直流电流平均值，晶闸管电流平均值、有效值，变压器二次侧交流电流有效值，并绘制相关波形。

不考虑换相过程与考虑换相过程，三相半波整流电路输出波形及晶闸管工作情况分别如图 1-2-60（a）和图 1-2-60（b）所示，相关计算见表 1-2-9。

表 1-2-9 不考虑换相与考虑换相过程三相半波整流电路相关参量计算

参量名称	触发角 $\alpha=30°$	触发角 $\alpha=30°$
输出直流电压平均值	$U_d=1.17U_2\cos\alpha$ =223V	$U_d=\frac{1.17U_2\cos\alpha}{1+3X_B/\pi R}$ =211V
输出直流电流平均值	$I_d=\frac{U_d}{R}$ =44.6A	$I_d=\frac{U_d}{R}$ =42.2A
晶闸管电流平均值	$I_{dVT}=I_d/3$ =14.87A	$I_{dVT}=I_d/3$ =14.1A

续表

参量名称	触发角 $\alpha = 30°$	触发角 $\alpha = 30°$
晶闸管电流有效值	$I_{VT} = I_d / \sqrt{3}$ =25.75A	$I_{VT} = I_d / \sqrt{3}$ =24.4A
变压器二次侧电流有效值	$I_2 = I_{VT}$ =25.75A	$I_2 = I_{VT}$ =24.4A
晶闸管承受的最高正反向电压	$\sqrt{6}U_2$ =539V	$\sqrt{6}U_2$ =539V
换相重叠角	γ =0°	γ =5.01°

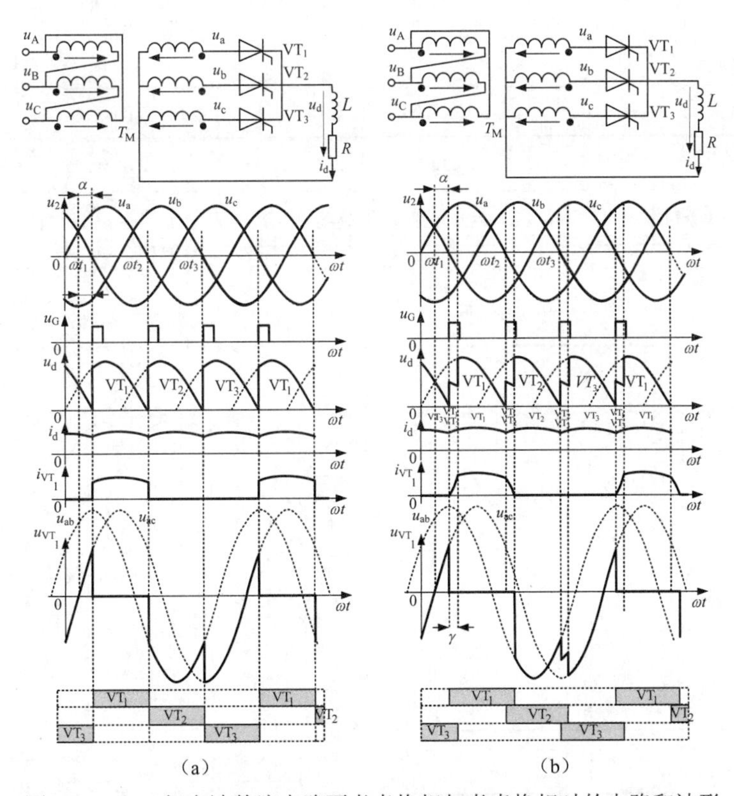

图 1-2-60　三相半波整流电路不考虑换相与考虑换相时的电路和波形

考虑电路换相时，三相半波整流电路的相关计算将发生变化。此时三相半波整流电路因为换相重叠，产生直流电压损失 ΔU_d，回路电压电流方程如下：

$$U_d = 1.17 U_2 \cos\alpha - \Delta U_d$$

$$\Delta U_d = \frac{3 X_B I_d}{\pi}$$

$$I_d = U_d / R$$

其中，触发角 α 、变压器漏感抗 X_B 已知，联立求解获得 U_d 、 I_d 。代入触发角、换相重叠角关系方程 $\cos\alpha - \cos(\alpha + \gamma) = \frac{2 X_B I_d}{\sqrt{6} U_2}$ ，获得换相重叠角 γ 。

需要注意的是，晶闸管电流平均值、有效值的计算忽略了换相重叠角 γ 对它们的影响。

（10）三相桥式全控整流电路输入相电压 220V，负载电阻 5Ω，电感足够大，试求当触发角 $\alpha = 30°$ ， $X_B = 0.5\Omega$ ，不考虑换相与考虑换相时电路输出直流电压、输出直流电流平均值，晶闸管电流平均值、有效值，变压器二次侧交流电流有效值，并绘制相关波形。

不考虑换相过程与考虑换相过程，三相桥式全控整流电路输出波形分别如图 1-2-61（a）和图 1-2-61（b）所示，相关参量计算见表 1-2-10。

表 1-2-10　不考虑换相与考虑换相过程三相桥式全控整流电路相关参量计算

参量名称	不考虑换相重叠	考虑换相重叠
输出直流电压平均值	$U_d = 2.34U_2\cos\alpha$ =445.83V	$U_d = \dfrac{2.34U_2\cos\alpha}{1+3X_B/\pi R}$ =407V
输出直流电流平均值	$I_d = U_d / R$ =89.2A	$I_d = U_d / R$ =81.4A
晶闸管电流平均值	$I_{dVT} = I_d / 3$ =29.73A	$I_{dVT} = I_d / 3$ =27.13A
晶闸管电流有效值	$I_{VT} = I_d / \sqrt{3}$ =51.5A	$I_{VT} = I_d / \sqrt{3}$ =47A
变压器二次侧电流有效值	$I_2 = \sqrt{2/3}I_d$ =72.8A	$I_2 = \sqrt{2/3}I_d$ =66.5A
晶闸管承受正反向最大电压	$\sqrt{6}U_2$ =538.9V	$\sqrt{6}U_2$ =538.9V
换相重叠角	γ =0°	γ =14.36°

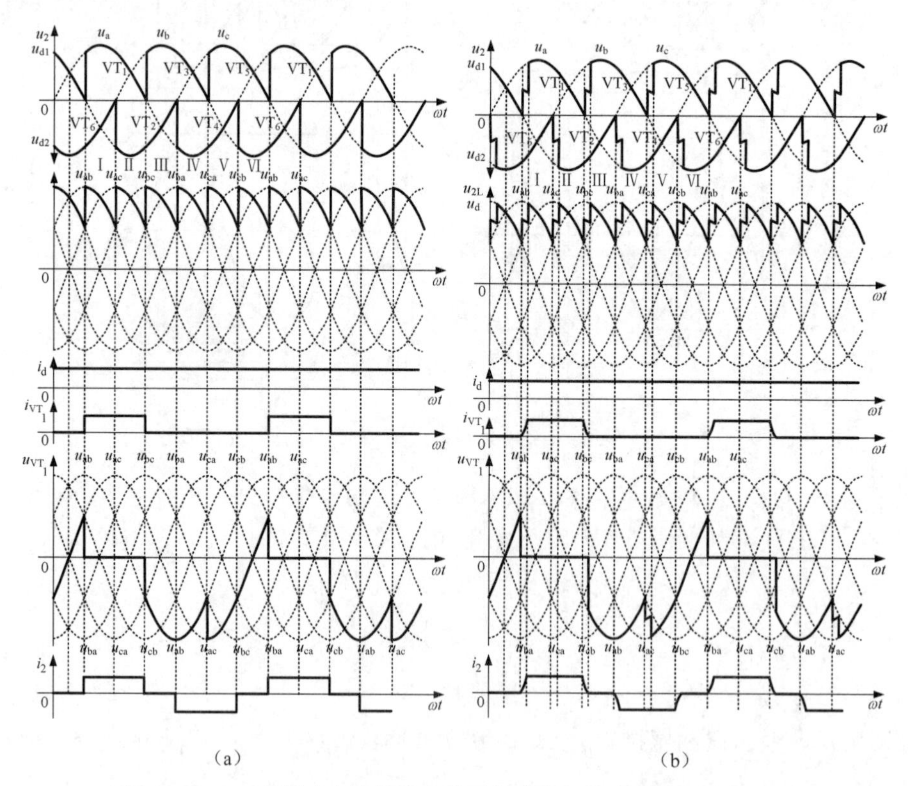

图 1-2-61　三相桥式全控整流电路不考虑换相与考虑换相时的波形

考虑换相时，整流电路因换相重叠产生直流电压损失 ΔU_d，回路电压电流方程如下：

$$U_d = 2.34U_2\cos\alpha - \Delta U_d$$

$$\Delta U_d = 3X_B I_d / \pi$$

$$I_d = U_d / R$$

联立求解得$U_d = \dfrac{2.34U_2 \cos\alpha}{1 + 3X_B / \pi R}$，继而求得$I_d$。

代入方程$\cos\alpha - \cos(\alpha + \gamma) = \dfrac{2X_B I_d}{\sqrt{6}U_2}$，得换相重叠角$\gamma$。晶闸管电流平均值、有效值、变压器二次侧电流有效值的计算忽略了换相重叠角γ对它们的影响。

（11）单相桥式二极管整流大电容滤波电路交流输入电压220V，负载电阻5Ω，试求其输出直流电压、直流电流平均值，并绘制其波形。为降低启动冲击对输入电源的影响，整流电路输出端串联小电感，分析其输出波形。

单相桥式不控整流电路及其波形如图1-2-62所示。

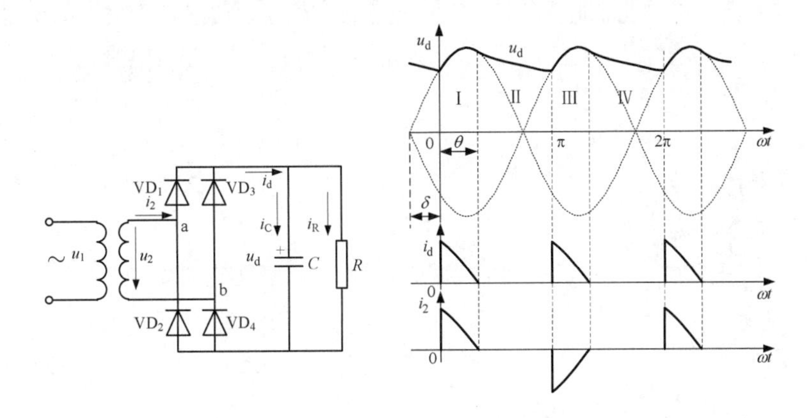

图1-2-62　单相桥式不控整流电路及其波形

在负载变化的情况下，整流电路输出直流电压是变化的，最大可以达到$\sqrt{2}U_2$，最低可能降至$0.9U_2$，一般采用公式计算输出直流电压平均值：$U_d = 1.2U_2$=264V。

电容滤波工作过程中，一个周期内的充放电电荷相等，电容电流平均值为零。因此，输出直流电流平均值：$I_d = I_R = \dfrac{U_d}{R}$=52.8A。

整流二极管电流平均值：$I_{dVD} = \dfrac{I_d}{2} = \dfrac{I_R}{2}$=26.4A。

整流二极管承受最高反向电压为$\sqrt{2}U_2$=311V。

单相桥式不控整流电路电容滤波工作时，当输入电源电压数值超过输出端电容电压时，电源将在向负载供电的情况下同时给电容充电，电源电压小于输出端电容电压，整流电路二极管关断，负载由电容放电维持。为保证输出直流电压的稳定，滤波电容的容值将较大，每半周期电源对负载供电的持续时间将变小，电源输入电流幅值增加，输入电流的谐波将提升，从而影响整流电路的输入功率因数。同时，当整流电路启动时，输入电源将要对滤波电容充电，将存在较大的启动冲击电流。

为抑制电容的启动冲击，在滤波电容前串入小电感，便构成了电感电容滤波。串入电感使整流二极管每次导通时电流上升率下降，整流电路输出电流平缓，整流二极管的导通角变宽，输入电流幅值下降，对电路工作十分有利。其电路及波形如图1-2-63所示。

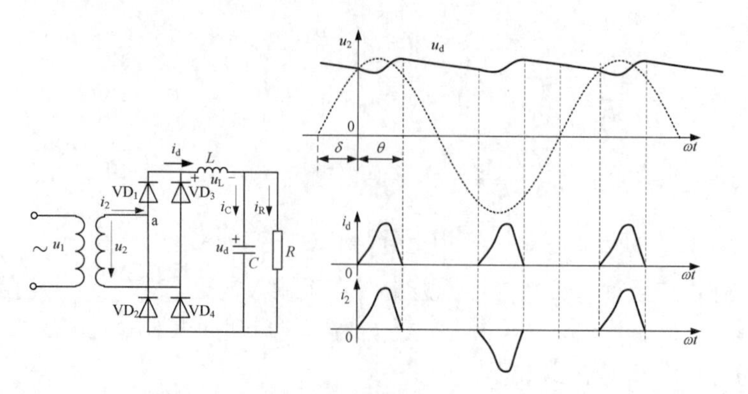

图 1-2-63　单相桥式不控整流电路（串电感滤波）及其波形

（12）三相桥式二极管整流电容滤波电路交流输入相电压 220V，负载电阻 5Ω，试求其输出直流电压、直流电流平均值，绘制其波形。为降低启动冲击对输入电源的影响，整流电路输出端串联小电感，分析其输出波形。

三相桥式二极管整流电路负载变化时，整流电路输出电压在 $2.34U_2 \sim \sqrt{6}U_2$ 之间变化，一般采用公式计算输出直流电压平均值：$U_d = 2.4U_2$=528V。电路及波形如图 1-2-64 所示。

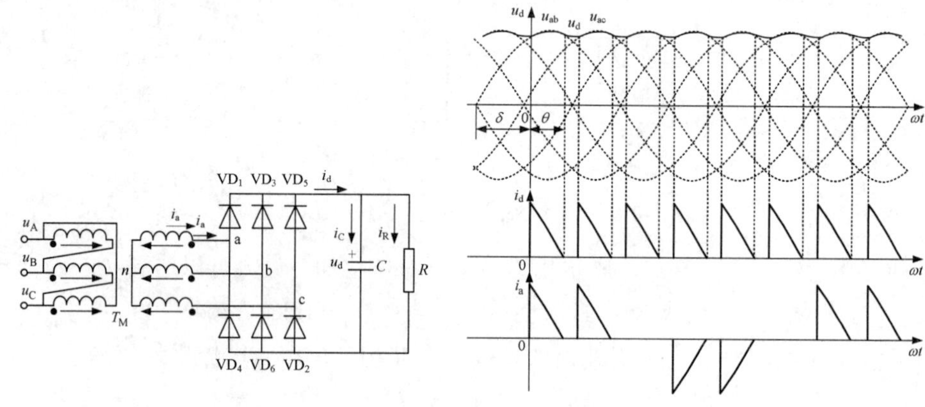

图 1-2-64　三相桥式不控整流电路及其波形

输出直流电流平均值：$I_d = I_R = \dfrac{U_d}{R}$=105.6A。

整流二极管电流平均值：$I_{dVD} = I_d / 3$=35.2A。

整流二极管承担的最高反向电压：$\sqrt{6}U_2$=539V。

与单相不控整流电容滤波电路相同，为抑制启动冲击，减小整流电路输入电流的谐波含量，在整流电路输出端滤波电容之前设置小电感，则整流电路输入电流波形前后沿平缓、峰值降低、脉冲电流波形底部变宽，对整流电路工作有利。整流电路［图 1-2-65（a）］及其在轻载、重载下的波形分别如图 1-2-65（b）和图 1-2-65（c）所示。

（13）双反星形整流电路输入交流相电压为 220V，负载电阻为 0.5Ω，滤波电感足够大，试求当触发角为 30°、60°时输出直流电压、输出直流电流平均值，晶闸管流过的电流平均值、有效值，变压器二次侧电流有效值，并绘制触发角为 30°、60°、90°时的波形。如果去除平衡电抗器，该电路变成六相半波整流电路，试说明其差异。

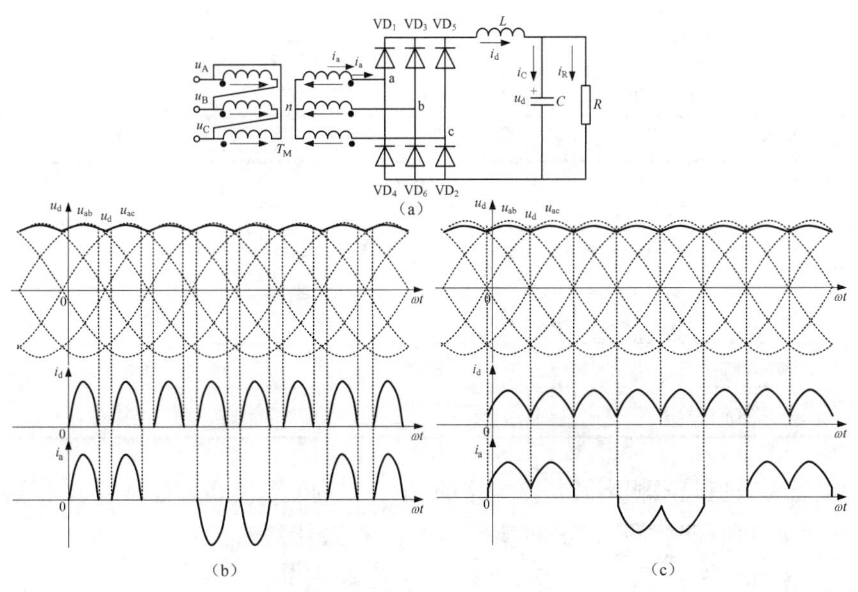

图 1-2-65　三相桥式不控整流电容滤波电路（串小电感）及其在轻载、重载下的波形

带平衡电抗器的双反星形整流电路触发角为 30°、60°、90°时波形如图 1-2-66 所示，其中左图从上而下为双反星形整流电路第一个三相半波整流电路输出电压波形、第二个三相半波整流电路输出电压波形、a 相电流波形、a′相电流波形、平衡电抗器上的电压波形；右图分别表示 α=0°、30°、60°、90°时双反星形整流电路输出电压波形。

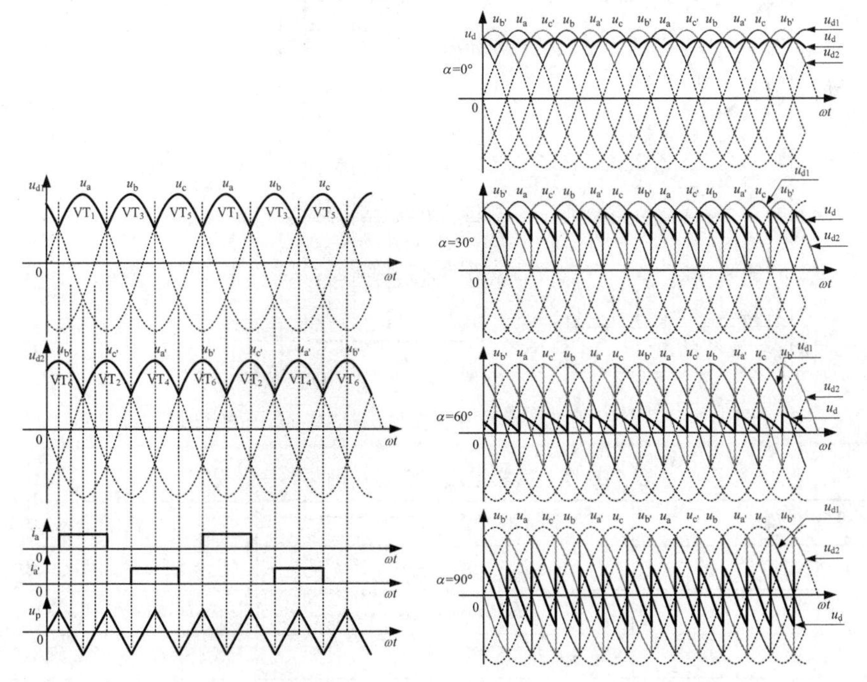

图 1-2-66　双反星形可控整流电路触发角 $\alpha=0°$、30°、60°、90°时的波形

平衡电抗器使两组三相半波整流电路同时工作，各承担负载电流的 50%，输出直流电压为 $U_{\mathrm{d}}=1.17U_2\cos\alpha$，相当于两个三相半波整流电路并联运行，相关参数计算与三相半波整流

电路相同。计算见表 1-2-11。

表 1-2-11 双反星形可控整流电路相关参量计算

参量名称	触发角 $\alpha = 30°$	触发角 $\alpha = 60°$
输出直流电压平均值	$U_d = 1.17U_2\cos\alpha$ =223V	$U_d = 1.17U_2\cos\alpha$ =128.7V
输出电流平均值	$I_d = U_d / R$ =446A	$I_d = U_d / R$ =257.4A
晶闸管电流平均值	$I_{dVT} = I_d / 6$ =74.33	$I_{dVT} = I_d / 6$ =42.9A
晶闸管电流有效值	$I_{VT} = I_d / 2\sqrt{3}$ =128.75A	$I_{VT} = I_d / 2\sqrt{3}$ =74.3A
变压器二次侧电流有效值	$I_2 = I_{VT}$ =128.75A	$I_2 = I_{VT}$ =74.3A
晶闸管承受的最高正反向电压	$\sqrt{6}U_2$=539V	$\sqrt{6}U_2$=539V

晶闸管电流有效值是六相半波整流电路的 $\sqrt{1/2}$ 。为便于比较，绘制了六相半波整流电路在触发角为 30°、60°时的波形，如图 1-2-67 所示。相关计算见表 1-2-12。

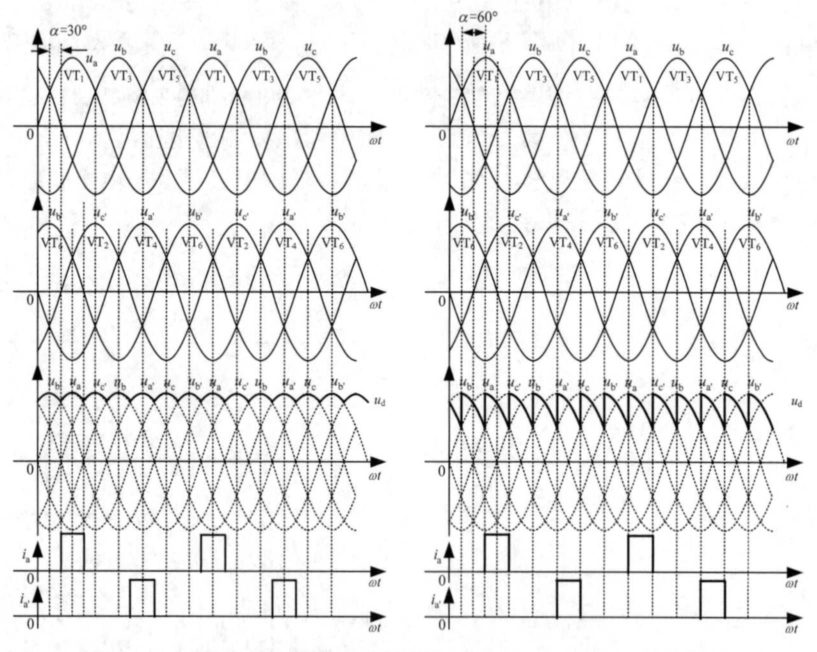

图 1-2-67 六相半波整流电路触发角 $\alpha = 30°$、$\alpha = 60°$ 时的波形

表 1-2-12 六相半波整流电路相关参量计算

参量名称	触发角 $\alpha = 30°$	触发角 $\alpha = 60°$
输出直流电压平均值	$U_d = 1.35U_2\cos(\alpha - 30°)$ =297V	$U_d = 1.35U_2\cos(\alpha - 30°)$ =257.2V
输出直流电流平均值	$I_d = U_d / R$ =594A	$I_d = U_d / R$ =514.4A
晶闸管电流平均值	$I_{dVT} = I_d / 6$ =99A	$I_{dVT} = I_d / 6$ =85.73A
晶闸管电流有效值	$I_{VT} = I_d / \sqrt{6}$ =242.5A	$I_{VT} = I_d / \sqrt{6}$ =210A
晶闸管承受的最高正反向电压	$\sqrt{6}U_2$=539V	$\sqrt{6}U_2$=539V

可见，同样输入电压条件下，六相半波整流电路比双反星形整流电路输出直流电压平均值略高。同样负载情况下，六相半波整流电路晶闸管电流有效值是双反星形整流电路时的$\sqrt{2}$倍。在同样平均电流的情况下，因晶闸管流过电流的时间短，器件通过电流的有效值较大。

（14）三相半波共阴有源变流电路交流输入相电压为220V，电机电势$E=150\text{V}$，回路电阻为0.5Ω，问当触发角分别为120°、150°时，该电路能否进行有源逆变，分析相关参量并绘制波形。在电路进行有源逆变时，考虑整流变压器漏感抗$X_{\text{B}}=0.1\Omega$，试分析相关参量并绘制波形。

三相半波共阴有源逆变电路当触发角为120°、150°时，变流电路输出直流电压分别如下：

$\alpha=120^\circ$，$U_{\text{d}}=1.17U_2\cos\alpha=-1.17U_2\cos\beta=-128.7\text{V}$。

$\alpha=150^\circ$，$U_{\text{d}}=1.17U_2\cos\alpha=-1.17U_2\cos\beta=-222.9\text{V}$。

显然，当触发角$\alpha=150^\circ$时，变流电路输出直流电压数值大于电机反电动势的数值，不满足电路实现有源逆变条件，无法实现有源逆变。

$\alpha=120^\circ$时，三相半波共阴有源逆变电路及其波形如图1-2-68所示。

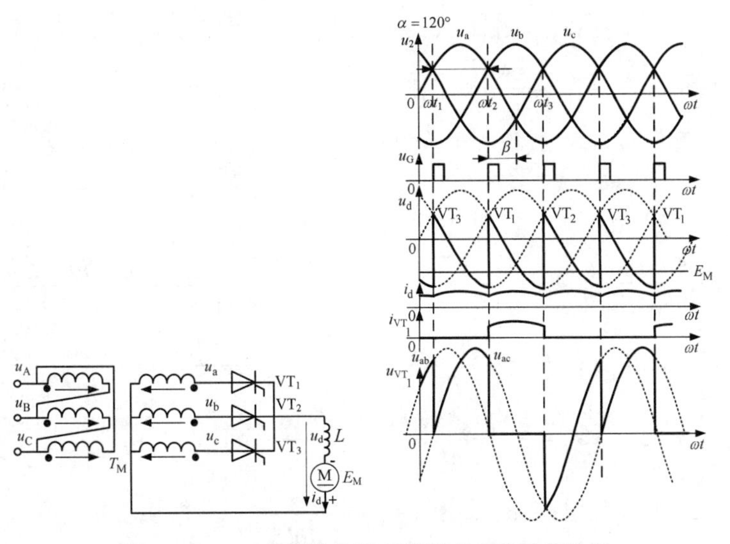

图1-2-68　三相半波共阴有源逆变电路及其波形

逆变电路输出直流电压平均值：$U_{\text{d}}=-128.7\text{V}$。

输出直流电流：$I_{\text{d}}=\dfrac{U_{\text{d}}-E_{\text{M}}}{R}=\dfrac{-128.7-(-150)}{0.5}=42.6\text{A}$。

注意：有源逆变时U_{d}和E_{M}均和整流时方向相反，用负值代入公式计算。

晶闸管电流平均值：$I_{\text{dVT}}=I_{\text{d}}/3=14.2\text{A}$。

晶闸管电流有效值：$I_{\text{VT}}=I_{\text{d}}/\sqrt{3}=24.6\text{A}$。

变压器二次侧电流有效值：$I_2=I_{\text{VT}}=I_{\text{d}}/\sqrt{3}=24.6\text{A}$。

交流电源输出电功率：$P_{\text{d}}=I_{\text{d}}^2R+I_{\text{d}}E_{\text{M}}=42.6^2\times0.5+42.6\times(-150)=-5482.6\text{W}$。

E_{M}为负值，功率P_{d}为负值，电源输出电功率为负，表示交流电源从直流侧吸收电功率，由变流电路转变成交流电功率传递给交流电网，实现了有源逆变。

$\alpha=120^\circ$，考虑换相重叠，三相半波共阴有源逆变电路及其波形如图1-2-69所示。

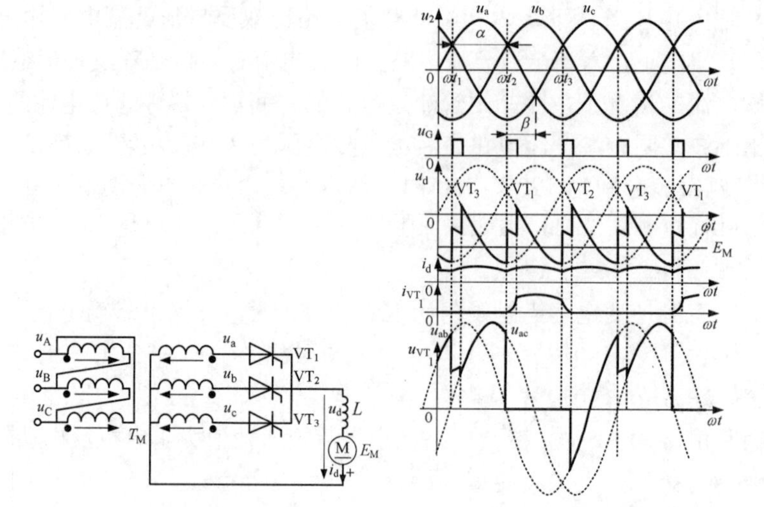

图 1-2-69 三相半波共阴有源逆变电路（考虑换相重叠）及其波形

输出直流电压平均值：$U_d = 1.17U_2\cos\alpha - \Delta U_d = -1.17U_2\cos\beta - \Delta U_d$。

输出直流电压损失：$\Delta U_d = \dfrac{3X_B I_d}{\pi}$。

输出直流电流：$I_d = \dfrac{U_d - E_M}{R}$。

联立上述公式，求得

$$U_d = \frac{1.17U_2\cos\alpha + 3X_B E_M/\pi R}{1 + 3X_B/\pi R} = \frac{1.17\times220\times\cos120^\circ + 3\times0.1\times(-150)/\pi\times0.5}{1+3\times0.1/\pi\times0.5} = -132.12\text{V}$$

由此可得输出直流电流：$I_d = \dfrac{U_d - E_M}{R} = \dfrac{-132.12-(-150)}{0.5} = 35.76\text{A}$。

输出直流电压损失：$\Delta U_d = \dfrac{3X_B I_d}{\pi} = \dfrac{3\times0.1\times35.76}{\pi} = 3.41\text{V}$。

将 α、X_B、I_d 代入方程 $\cos\alpha - \cos(\alpha+\gamma) = \dfrac{2X_B I_d}{\sqrt{6}U_2}$，求得换相重叠角 $\gamma = 0.88^\circ$。以下运算忽略换相重叠角 γ。

晶闸管电流平均值：$I_{dVT} = I_d/3 = 11.92\text{A}$。

晶闸管电流有效值：$I_{VT} = I_d/\sqrt{3} = 20.65\text{A}$。

变压器二次侧电流有效值：$I_2 = I_{VT} = I_d/\sqrt{3} = 20.65\text{A}$。

交流电源输出电功率：$P_d = I_d^2 R + I_d E_M = 35.76^2\times0.5 + 35.76\times(-150) = -4725\text{W}$。

电源输出电功率为负，直流电功率变成交流电功率传递给交流电网，实现了有源逆变。

（15）三相桥式有源逆变电路交流输入相电压为 220V，电机电势 $E = 300\text{V}$，回路电阻为 0.5Ω，整流变压器漏感抗 $X_B = 0.5\Omega$，当触发角为 120°时，不考虑换相重叠及考虑换相重叠的情况下，求该电路相关参量并绘制波形。

三相桥式有源逆变电路不考虑换相重叠及考虑换相重叠的情况下的波形分别如图 1-2-70（a）和图 1-2-70（b）所示。具体计算见表 1-2-13。

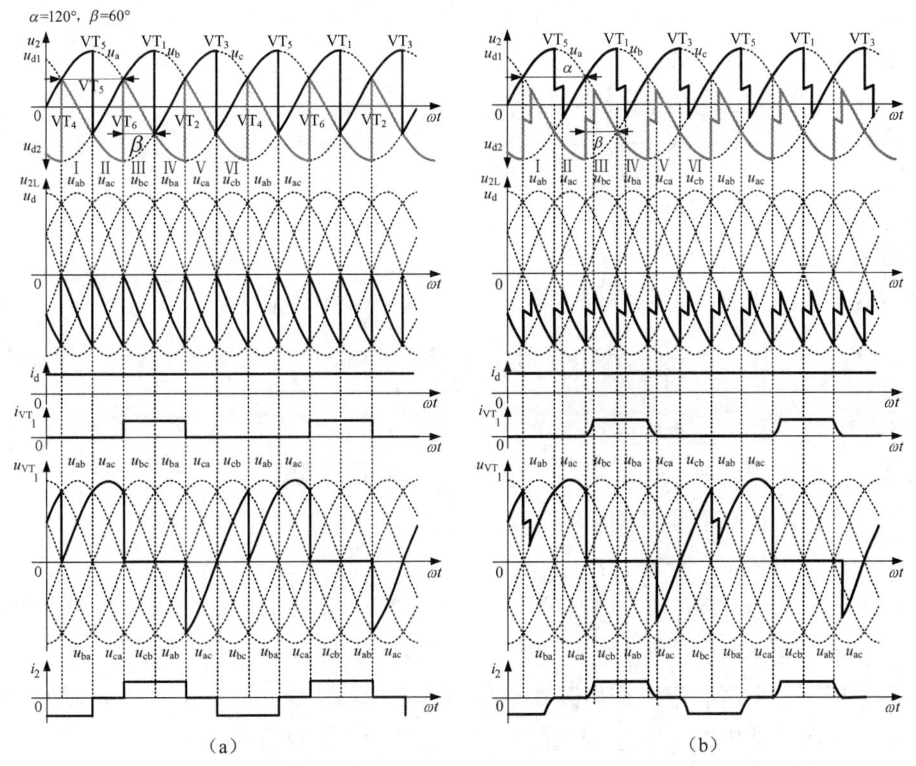

图 1-2-70　三相桥式有源逆变电路不考虑换相重叠及考虑换相重叠时的波形

表 1-2-13　三相桥式有源逆变电路不考虑换相重叠与考虑换相重叠时的相关参量计算

参量名称	触发角 120°，不考虑换相重叠角	触发角 120°，考虑换相重叠角
输出直流电压平均值	$U_d = 2.34U_2\cos\alpha$ =–257.4V	$U_d = \dfrac{2.34U_2\cos\alpha + 3X_BE_M/\pi R}{1+3X_B/\pi R}$ =–278.21V
输出直流电流	$I_d = (U_d - E_M)/R$ =85.2A	$I_d = (U_d - E_M)/R$ =43.58A
晶闸管电流平均值	$I_{dVT} = I_d/3$ =28.4A	$I_{dVT} = I_d/3$ =14.53A
晶闸管电流有效值	$I_{VT} = I_d/\sqrt{3}$ =49.19A	$I_{VT} = I_d/\sqrt{3}$ =25.16A
变压器二次电流有效值	$I_2 = \sqrt{2/3}I_d$ =69.6A	$I_2 = \sqrt{2/3}I_d$ =35.6A
交流电源输出电功率	$P_d = I_d^2R + I_dE_M$ =–21930W	$P_d = I_d^2R + I_dE_M$ =–12124.4W
换相重叠角	γ =0°	γ =5.51°

1）三相桥式有源逆变电路不考虑换相重叠时。

三相桥式有源逆变电路输出直流电压平均值：$U_d = 2.34U_2\cos\alpha = -2.34U_2\cos\beta$。

输出直流电流：$I_d = (U_d - E_M)/R$。

晶闸管电流平均值、有效值：$I_{dVT} = I_d/3$，$I_{VT} = I_d/\sqrt{3}$。

变压器二次侧电流有效值：$I_2 = \sqrt{2/3}I_d$。

交流电源输出的电功率：$P_d = I_d^2R + I_dE_M$。

U_d、E_M 均为负值，电功率 P_d 为负值，直流电功率变成交流电功率传递给交流电网，实现有源逆变。

2）三相桥式有源逆变电路考虑换相重叠时。

输出直流电压平均值：$U_d = 2.34U_2\cos\alpha - \Delta U_d = -2.34U_2\cos\beta - \Delta U_d$。

输出直流电压损失：$\Delta U_d = \dfrac{3X_B I_d}{\pi}$。

输出直流电流：$I_d = (U_d - E_M)/R$。

U_d 和 E_M 均用负值代入公式计算。联立上述公式，求得 U_d、I_d、ΔU_d。

将 α、X_B、I_d 代入 $\cos\alpha - \cos(\alpha+\gamma) = \dfrac{2X_B I_d}{\sqrt{6}U_2}$，求得换相重叠角 γ。以下运算忽略了换相重叠角 γ。

晶闸管电流平均值、有效值：$I_{dVT} = I_d/3$，$I_{VT} = I_d/\sqrt{3}$。

变压器二次侧电流有效值：$I_2 = \sqrt{2/3}I_d$。

交流电源输出电功率：$P_d = I_d^2 R + I_d E_M$。

E_M 为负值，功率 P_d 为负值，电源输出电功率为负，直流电功率变成交流电功率传递给交流电网，实现了有源逆变。

（16）分析三相半波有源逆变电路在逆变角小于换相重叠角时的逆变失败现象及波形。

三相半波有源逆变电路及其逆变失败时的波形如图 1-2-71 所示。

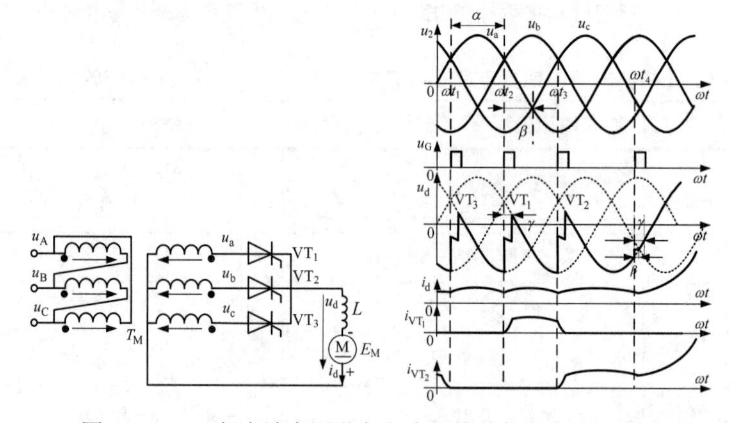

图 1-2-71　三相半波有源逆变电路及其逆变失败时的波形

图 1-2-71 中，ωt_1 时刻 VT_2 换相至 VT_3（b 相换到 c 相）、ωt_2 时刻 VT_3 换相至 VT_1（c 相换到 a 相）、ωt_3 时刻 VT_1 换相至 VT_2（a 相换到 b 相），这些点正常换相，后续导通的相电压比先前导通的相电压高，只要 β 足够大，就可以顺利完成换相。

在 ωt_4 时刻，由于逆变角很小（$\beta < \gamma$），给晶闸管 VT_3 触发时，u_c 电压值比 u_b 数值小，均为负值，VT_3 承受正向电压，被触发导通，VT_3 电流从零开始上升，VT_2 中电流减小，开始由 VT_2 向 VT_3 换相。

因 $\beta < \gamma$，VT_3 导通后（VT_2 仍导通）到 $u_b = u_c$ 时，换相没有完成。过了该点之后，u_b 的电压值比 u_c 的值小，均为负值，致使刚刚导通的晶闸管 VT_3 中电流下降，VT_2 中电流上升。当 VT_3 中电流下降为零时重新关断，负载中电流继续由 VT_2 承担，输出电压跟随 u_b 变化。当 u_b

正向过零时，逆变电路输出直流电压为正，与电机电动势顺极性串联，回路短路，逆变失败。逆变失败，必然伴随着电路器件的损坏，逆变电路无法正常运行。

（17）单相桥式有源逆变电路带反电势阻感性负载，滤波电感足够大，输入电源电压为220V，负载电阻为0.5Ω，$X_B = 0.5\Omega$，电机电动势 $E = 150$V，求触发角为120°时的波形并进行参量计算。

单相桥式有源逆变电路及其逆变波形如图1-2-72所示。

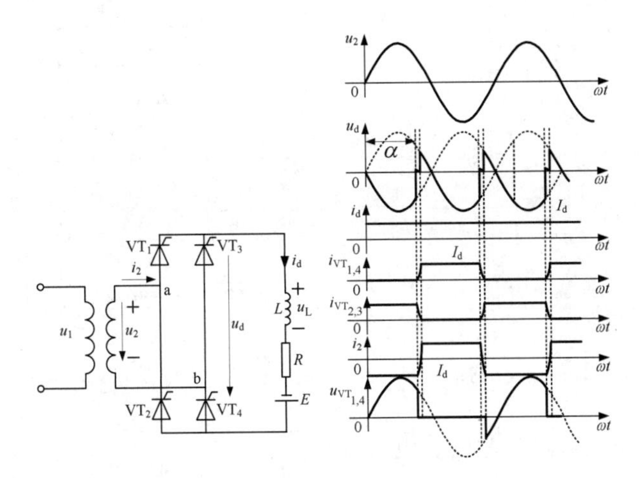

图1-2-72　单相桥式有源逆变电路及其波形

单相桥式有源逆变电路输出直流电压：

$$U_d = 0.9U_2\cos\alpha - \Delta U_d = -0.9U_2\cos\beta - \Delta U_d$$

输出直流电压损失：$\Delta U_d = \dfrac{2X_B I_d}{\pi}$。

输出直流电流：$I_d = \dfrac{U_d - E}{R}$。

联立求解，得到 U_d=−118.84V，I_d=62.32A。代入 $\cos\alpha - \cos(\alpha+\gamma) = \dfrac{2X_B I_d}{\sqrt{2}U_2}$，得到换相重叠角 γ=14.45°。

忽略换相重叠角影响，晶闸管电流平均值：$I_{dVT} = I_d/2$=31.36A。

忽略换相重叠角影响，晶闸管电流有效值：$I_{VT} = I_d/\sqrt{2}$=44.1A。

输出功率：$P_d = I_d^2 R + I_d E$=−7406.1W。

功率为负，表示直流功率转变为交流功率返送到电网，电路实现有源逆变。

（18）单相桥式全控整流电路带反电势阻感性负载，滤波电感足够大，输入电源电压为220V，负载电阻为0.5Ω，$X_B = 0.5\Omega$，电机电动势 $E = 50$V，求触发角为60°时的波形并进行参量计算。

单相桥式全控整流电路带反电势阻感性负载电路及波形如图1-2-73所示。

输出直流电压平均值：$U_d = 0.9U_2\cos\alpha - \Delta U_d$。

直流电压损失：$\Delta U_d = \dfrac{2X_B I_d}{\pi}$。

输出直流电流：$I_d = \dfrac{U_d - E}{R}$。

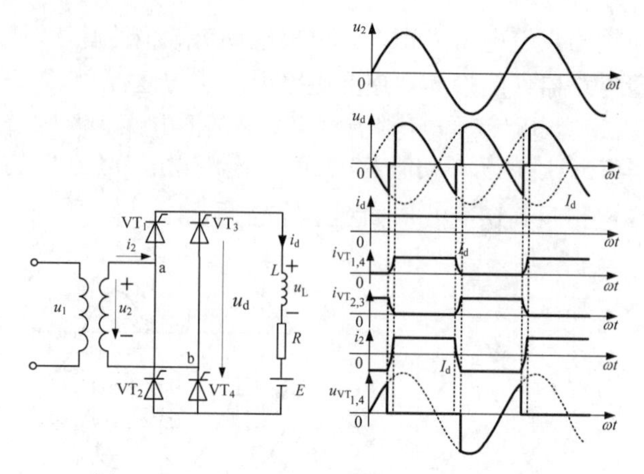

图 1-2-73 单相桥式全控整流电路及其波形

联立求解，得$U_d=\dfrac{0.9U_2\cos\alpha+2X_BE/\pi R}{1+2X_B/\pi R}$=79.94V，$I_d$=59.88A，$\Delta U_d$=19.06V。

将相关参量代入方程$\cos\alpha-\cos(\alpha+\gamma)=\dfrac{2X_BI_d}{\sqrt{2}U_2}$，求得换相重叠角$\gamma$=12.1°。

不考虑换相重叠角的影响，晶闸管电流平均值、有效值：

$$I_{dVT}=I_d/2=29.94\text{A}$$

$$I_{VT}=I_d/\sqrt{2}=42.34\text{A}$$

输出功率：$P_d=I_d^2R+I_dE$=4786.8W。

变压器二次侧电流有效值：$I_2=I_d$=59.88A。

晶闸管承受的最大正反向电压：$\sqrt{2}U_2=311\text{V}$。

（19）三相半波整流电路输入变压器采取曲折接法，阐述该电路可以消除变压器直流磁化的原因。

变压器二次侧绕组曲折连接电路及其相量图如图 1-2-74 所示。该三相半波整流电路采用曲折连接的变压器时，变压器二次侧不会出现直流磁化。

在一个工频周期内，a1、c2 绕组对应晶闸管 VT_3 导通，a1 的电流从同名端流出，c2 的电流从同名端流进；b1、a2 绕组对应晶闸管 VT_1 导通，b1 的电流从同名端流出，a2 的电流从同名端流进；c1、b2 绕组对应晶闸管 VT_2 导通，c1 的电流从同名端流出，b2 的电流从同名端流进。就变压器同一铁芯柱上的两个绕组如 a1、a2 而言，每一周期有两段时间（120°）有电流流过，流过的电流大小相等方向相反，一周内流过的电流平均值为零，因此变压器没有直流磁化。

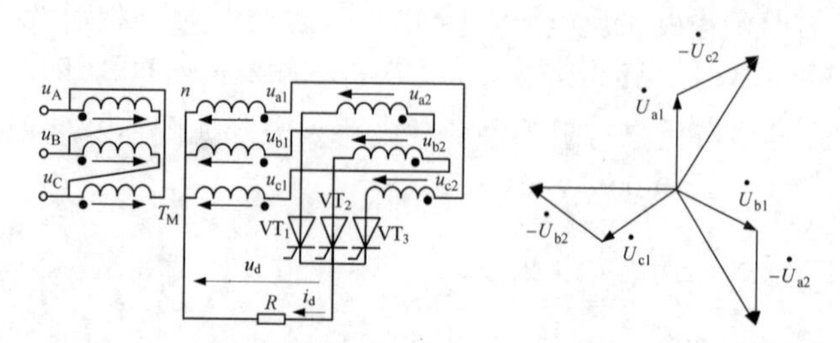

图 1-2-74 变压器二次侧绕组曲折连接电路及其相量图

第三章　无源逆变电路

1. 何谓逆变电路、有源逆变电路、无源逆变电路？

逆变就是整流的逆过程，即把直流电转化为交流电。将直流电转化为交流电的电路称为逆变电路，逆变电路分为有源逆变电路和无源逆变电路两种。

将直流电转化为交流电，交流侧与电网连接，这种逆变电路称为有源逆变电路。

若逆变电路将直流电转化为交流电，其交流侧不与电网连接，而是连接到负载，这种逆变电路称为无源逆变电路。特例：新能源发电并网逆变器仍为无源逆变电路。

2. 逆变电路的换流方式是什么？

（1）器件换流：利用电力电子器件的自关断能力进行换流的方式称为器件换流。

（2）电网换流：利用电网提供换流电压的换流方式称为电网换流。

（3）负载换流：由负载提供换流电压的换流方式称为负载换流。

（4）强迫换流：为电力电子器件设置附加换流电路，给要关断的器件强迫施加反向电压或反向电流的换流方式称为强迫换流。

这四种换流方式中，器件换流只适用于全控型电力电子器件，电网换流、负载换流、强迫换流均针对晶闸管。因器件换流和强迫换流都是器件或变流器本身来实现的，所以称为自换流，对应电路称为**自换流逆变电路**。电网换流和负载换流都是借助于外部手段来实现的，所以称为外部换流，对应电路称为**外部换流逆变电路**。

3. 何谓电压型逆变电路、电流型逆变电路？

逆变电路根据输入端电源的性质可分为两种：输入直流电源为电压源的称为电压源型逆变电路，简称电压型逆变电路；输入电源为电流源的称为电流源型逆变电路，简称电流型逆变电路。

4. 电压型逆变电路有什么特点？

（1）直流侧为电压源或者并联有大电容，直流侧电压基本无脉动，直流回路呈现低阻抗。

（2）逆变电路输出电压为矩形波，输出电流波形与负载有关。

（3）逆变电路所接负载为感性负载时，需要为负载提供无功功率，直流侧大电容起无功能量的缓冲作用。为了给交流负载向直流侧反馈无功能量提供通路，逆变电路各开关器件均并联了反馈二极管。

5. 电流型逆变电路有什么特点？

（1）直流侧采用大电感滤波，输入直流电流脉动小，相当于电流源。

（2）交流输出电流为矩形波，与负载无关，但交流输出的电压波形及相位与负载有关。

（3）直流侧滤波电感起无功能量的缓冲作用，反馈无功时无需电流反向，不必给开关器件反并联二极管。

6. 单相半桥逆变电路换流过程分析

单相半桥逆变电路及其波形如图 1-3-1 所示。

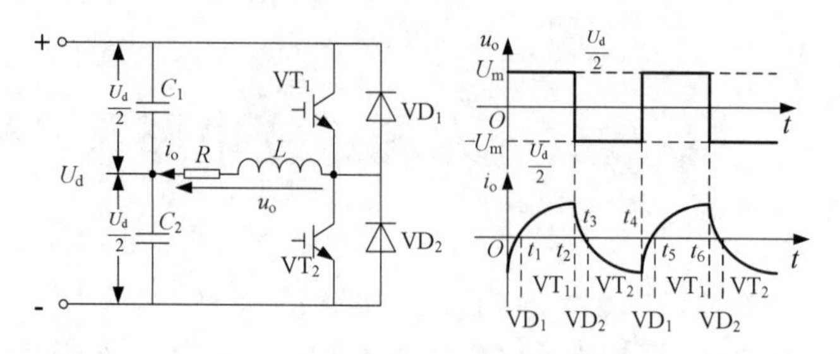

图 1-3-1 单相半桥逆变电路及其波形

电路工作的四个区段如图 1-3-2 所示，其中不导通支路及元件用虚线表示，四个区段具体如下：

（1）$0 \leqslant t < t_1$ 期间。VT_2 无驱动，关断。VT_1 被驱动，从左向右的负载电流 i_o 通过 VD_1 向 C_1 回馈（VD_1 续流），负载电流按指数规律减小，t_1 时刻，$i_o = 0$，$u_o = 0.5U_d$，如图 1-3-2（a）所示。

（2）$t_1 \leqslant t < t_2$ 期间。VT_2 无驱动，关断。VT_1 被驱动导通，电容 C_1 向负载放电，形成从右向左的负载电流 i_o，负载电流按指数规律上升，$u_o = 0.5U_d$，如图 1-3-2（b）所示。

（3）$t_2 \leqslant t < t_3$ 期间。VT_1 无驱动，关断。VT_2 被驱动，从右向左的负载电流 i_o 通过 VD_2 向 C_2 回馈（VD_2 续流），负载电流按指数规律减小，t_3 时刻，$i_o = 0$，$u_o = -0.5U_d$，如图 1-3-2（c）所示。

（4）$t_3 \leqslant t < t_4$ 期间。VT_1 无驱动，关断。VT_2 被驱动导通，电容 C_2 向负载放电，形成从左向右的负载电流 i_o，负载电流按指数规律上升，$u_o = -0.5U_d$，如图 1-3-2（d）所示。

$t_4 \leqslant t < t_5$ 期间，重复 $0 \leqslant t < t_1$ 过程，以此循环。

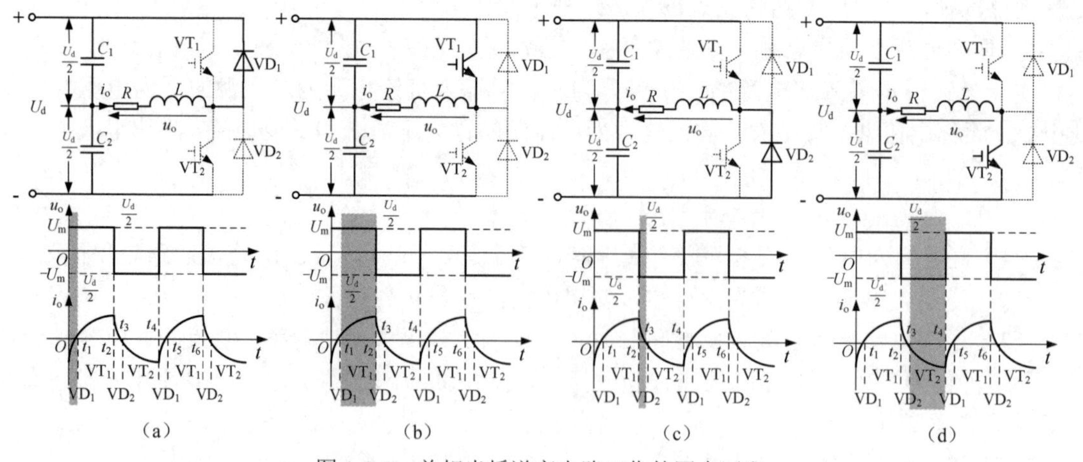

图 1-3-2 单相半桥逆变电路工作的四个区段

由此可见，按图 1-3-1 负载端口电压参考方向，上桥臂导通（VT_1、VD_1），负载端口电压为 $0.5U_d$，下桥臂导通（VT_2、VD_2），负载端口电压为 $-0.5U_d$。从负载端口电压、电流关系可得，开关管导通（VT_1、VT_2），电源向负载传输能量；二极管导通（VD_1、VD_2），负载感性能量向电源回馈。VD_1、VD_2 为负载感性能量回馈提供通道，称为反馈二极管。

7. 单相全桥逆变电路换流过程分析

单相全桥逆变电路的四个开关管导通方式有多种组合，常用的是对角两组开关管同时开通关断模式。对角的桥臂同时导通关断，两对桥臂交替导通 180°，如图 1-3-3 所示。单相全桥逆变电路输出交流电压幅值是半桥逆变电路的两倍，电流波形与半桥逆变电路相同，幅值增加一倍。工作过程与半桥逆变电路类似，有四个区段，如图 1-3-4 所示，其中不导通支路及元件用虚线表示，四个区段过程如下：

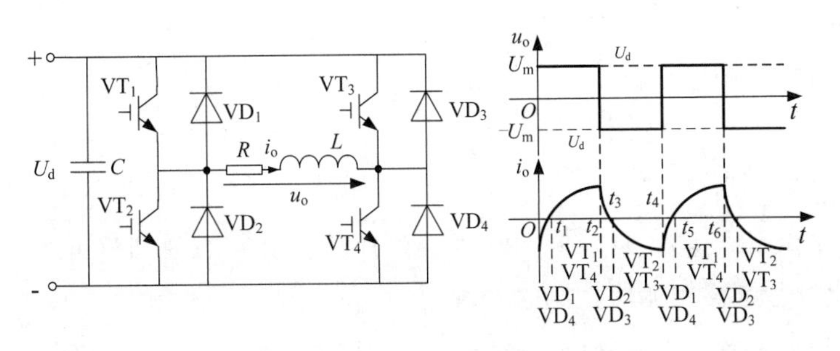

图 1-3-3　单相全桥逆变电路及其波形

（1）$0 \leqslant t < t_1$ 期间。VT_2、VT_3 无驱动，关断。VT_1、VT_4 有驱动，从右向左的负载电流 i_o 通过 VD_1、VD_4 向电源回馈，负载电流按指数规律减小，t_1 时刻，$i_o = 0$，$u_o = U_d$，如图 1-3-4（a）所示。

（2）$t_1 \leqslant t < t_2$ 期间。VT_2、VT_3 无驱动，关断。VT_1、VT_4 有驱动，VT_1、VT_4 导通，电源向负载供电，负载电流 i_o 从左向右，按指数规律上升，$u_o = U_d$，如图 1-3-4（b）所示。

（3）$t_2 \leqslant t < t_3$ 期间。VT_1、VT_4 无驱动，关断。VT_2、VT_3 有驱动，从左向右的负载电流 i_o 通过 VD_2、VD_3 向电源回馈，负载电流 i_o 按指数规律减小，t_3 时刻，$i_o = 0$，$u_o = -U_d$，如图 1-3-4（c）所示。

（4）$t_3 \leqslant t < t_4$ 期间。VT_1、VT_4 无驱动，关断。VT_2、VT_3 有驱动，VT_2、VT_3 导通，电源向负载供电，负载电流 i_o 从右向左，按指数规律上升，$u_o = -U_d$，如图 1-3-4（d）所示。

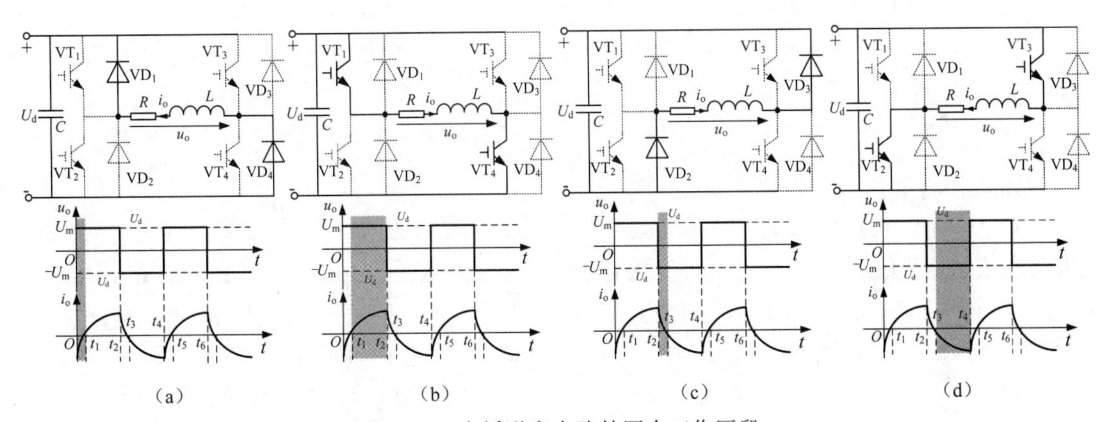

图 1-3-4　全桥逆变电路的四个工作区段

$t_4 \leqslant t < t_5$ 期间重复 $0 \leqslant t < t_1$ 过程，以此循环。

由此可见，按图 1-3-3 负载端口电压参考方向，VT_1、VT_4 或 VD_1、VD_4 导通时，负载端口电压为 U_d；VT_2、VT_3 或 VD_2、VD_3 导通时，负载端口自电压为 $-U_d$。从负载端口电压与负载电流的关系可见，VT_1、VT_4 或 VT_2、VT_3 导通，电源向负载传输能量；VD_1、VD_4 或 VD_2、

VD_3 导通，负载感性能量向电源回馈。

VD_1、VD_4 和 VD_2、VD_3 为负载感性能量回馈提供通道，亦称为反馈二极管。

全桥逆变电路输出交流电压：$u_o = \dfrac{4U_d}{\pi}\left(\sin\omega t + \dfrac{1}{3}\sin 3\omega t + \dfrac{1}{5}\sin 5\omega t + \cdots\right)$。

输出交流电压有效值：$U_o = U_d$。

输出交流电压基波幅值：$U_{o1m} = \dfrac{4U_d}{\pi} = 1.27U_d$。

输出交流电压基波有效值：$U_{o1} = \dfrac{2\sqrt{2}U_d}{\pi} = 0.9U_d$。

全桥逆变电路输出电压 u_o 为正负 180°的矩形电压，其有效值调整可通过改变输入直流电压 U_d 的数值，或者通过移相调压控制来实现。

移相调压控制时，图 1-3-3 中开关管仍按 180°规律导通，VT_1 和 VT_2 驱动信号互补，VT_3 和 VT_4 驱动信号互补。原来单相全桥逆变电路 VT_1 和 VT_4（VT_2 和 VT_3）驱动信号相同，两对开关管同时开通关断。现在使 VT_1 和 VT_4（VT_2 和 VT_3）驱动信号错开 $180°-\theta$ 角度，则电路工作情况将会改变。单相全桥逆变电路（移相调压控制）及其波形如图 1-3-5 所示。

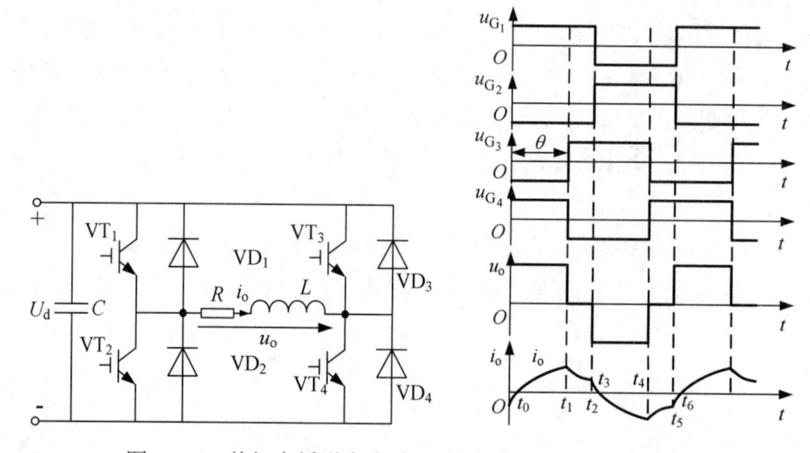

图 1-3-5 单相全桥逆变电路（移相调压控制）及其波形

电路工作将经历六个区段，具体如下：

（1）$0 \leqslant t < t_0$ 期间。VT_1 和 VT_4 有驱动，但负载电流从右向左，VD_1、VD_4 导通，电感储能向电源回馈，负载电流下降，$t = t_0$ 时负载电流为零。输出电压为 $u_o = U_d$，如图 1-3-6（a）所示。

（2）$t_0 \leqslant t < t_1$ 期间。VT_1 和 VT_4 有驱动，导通，电源向负载供电，负载电流从零开始按照指数规律上升，方向从左向右。输出电压为 $u_o = U_d$，如图 1-3-6（b）所示。

（3）$t_1 \leqslant t < t_2$ 期间。VT_1 和 VT_3 有驱动，负载电流从左向右，负载电流通过 VD_3、VT_1 续流，电感储能维持电流流通，负载电流按照指数规律下降。输出电压为零，如图 1-3-6（c）所示。

（4）$t_2 \leqslant t < t_3$ 期间。VT_2 和 VT_3 有驱动，负载电流从左向右，则 VD_2、VD_3 导通，电感储能向电源回馈，负载电流下降，$t = t_3$ 时负载电流为零。输出电压 $u_o = -U_d$，如图 1-3-6（d）所示。

（5）$t_3 \leqslant t < t_4$ 期间。VT_2 和 VT_3 有驱动，导通，电源向负载供电，电流按照指数规律上升，方向为从右向左。输出电压为 $u_o = -U_d$，如图 1-3-6（e）所示。

（6）$t_4 \leqslant t < t_5$ 期间。VT_2 和 VT_4 有驱动，负载电流从右向左，VD_4、VT_2 导通，电感储能维持电流流通，负载电流按照指数规律下降。输出电压为零。如图 1-3-6（f）所示。

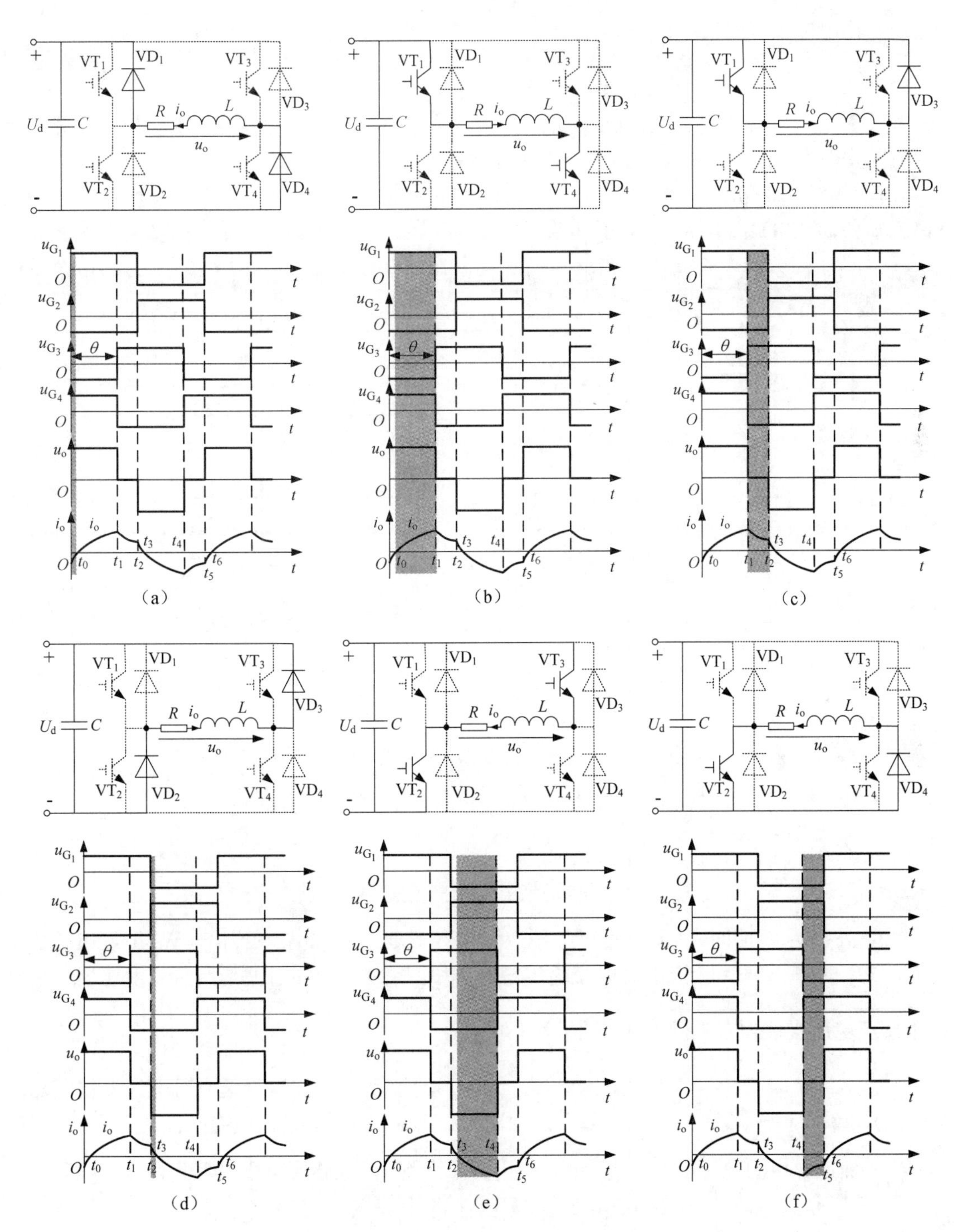

图 1-3-6　单相全桥逆变电路（移相调压控制）的六个工作区段

$t_5 \leqslant t < t_6$ 期间与 $0 \leqslant t < t_0$ 期间相同，以此循环。

与单相全桥逆变电路之前 180°工作方式时相比，移相调压控制方式中间多了两个输出电压为零的续流阶段，逆变电路输出交流电压为正负宽θ的方波电压，改变θ角，就可以调节输出电压。输出电压有效值：$U_o=\sqrt{\frac{\theta}{\pi}}U_d$。

8. 带中心抽头变压器的逆变电路工作过程分析

开关管 VT_1、VT_2在相位互差 180°的驱动信号作用下，两管交替导通，变压器二次侧获得 180°的方波交流电压。电路工作经历四个工作区段。

（1）$0\leqslant t<t_1$期间。VT_2无驱动，关断。VT_1有驱动，但在 VT_2导通结束时，变压器线圈储能需要通过 VD_1续流，电流下降，如图 1-3-7 中i_{VD_1}波形所示。磁场能量向电源回馈，电流从 W_1的同名端“·”流入。电源电压施加在 W_1上，变压器二次侧 W_3上感应电压极性为右“+”左“–”，$u_o=-\frac{W_3}{W_1}U_d$。$t=t_1$时，磁场能量回馈结束，电流i_{VD_1}降为零。

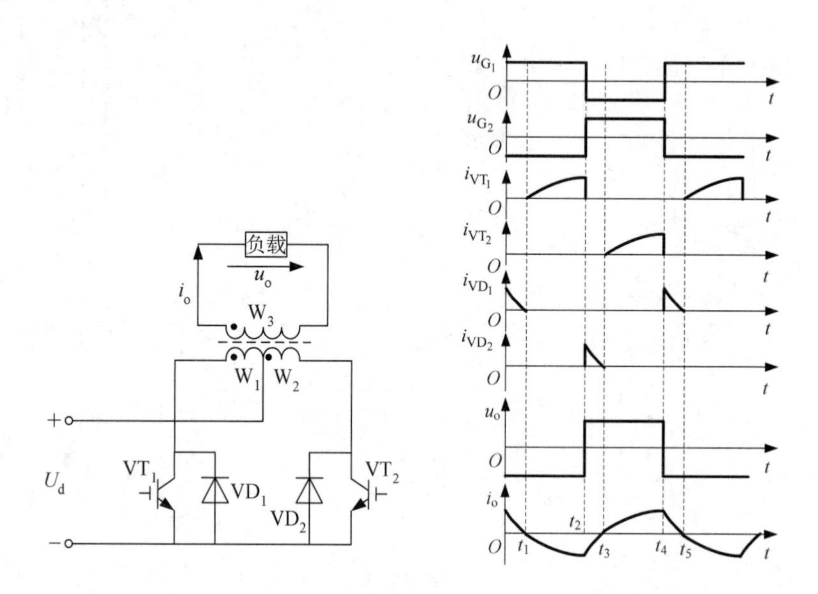

图 1-3-7 带中心抽头变压器逆变电路及其波形

（2）$t_1\leqslant t<t_2$期间。VT_2无驱动，关断。VT_1导通，电源电压施加在 W_1上，电源输出电流从 W_1的同名端“·”流出，电流逐步增加，如图 1-3-7 中i_{VT_1}波形所示。变压器二次侧 W_3上感应电压极性为右“+”左“–”，$u_o=-\frac{W_3}{W_1}U_d$。

（3）$t_2\leqslant t<t_3$期间。VT_1无驱动，关断。VT_2有驱动，在 VT_1导通时，变压器线圈储能通过 VD_2续流，电流下降，如图 1-3-7 中i_{VD_2}波形所示。磁场能量向电源回馈，电流从 W_2同名端“·”流出。电源电压施加在 W_2上，变压器二次侧 W_3上感应电压极性为左“+”右“–”，$u_o=\frac{W_3}{W_2}U_d$。$t=t_3$时，磁场能量回馈结束，电流i_{VD_2}降为零。

（4）$t_3\leqslant t<t_4$期间。VT_1无驱动，关断。VT_2导通，电源电压施加在 W_2上，电源输出电流从 W_2同名端“·”流入，电流逐步增加，如图 1-3-7 中i_{VT_2}波形所示。变压器二次侧 W_3

上感应电压极性为左“+”右“–”，$u_o = \frac{W_3}{W_2}U_d$。

$t_4 \leqslant t < t_5$ 期间与 $0 \leqslant t < t_1$ 期间相同，如此循环。

可见，VT_1 或 VD_1 导通，变压器二次侧 W_3 上感应电压为 $-\frac{W_3}{W_1}U_d$；VT_2 或 VD_2 导通，变压器二次侧 W_3 上感应电压为 $\frac{W_3}{W_1}U_d$（抽头为变压器一次侧中点，$W_1=W_2$），即带中心抽头变压器逆变电路输出电压为幅值 $\frac{W_3}{W_1}U_d$ 的交流方波电压。

如果要实现交流输出电压的调整，可以参考全桥逆变电路的方法，通过调整直流输入电压 U_d 以调整输出电压，或者采取错位控制方式实现输出交流电压的调整，其波形如图 1-3-8 所示。图中，θ<180°，输出交流电压将为小于 180°的正负方波波形，电压有效值将得以调整。忽略因为漏感续流而出现的感应电压，输出电压有效值为 $U_o = \sqrt{\frac{\theta}{\pi}}\frac{W_3}{W_1}U_d$。具体工作过程分析同上。

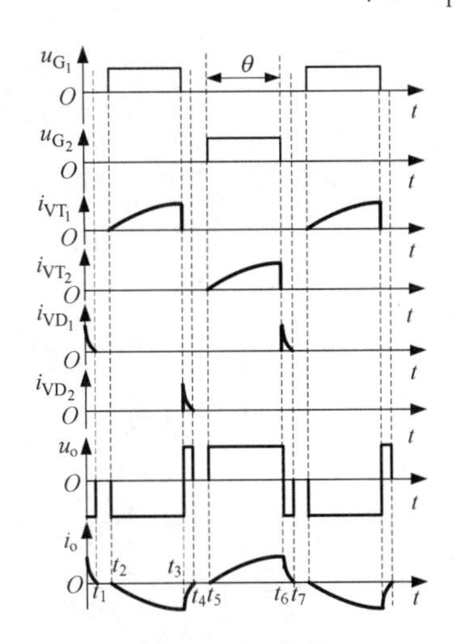

图 1-3-8　带中心抽头变压器逆变电路的调压控制波形

9. 三相电压型逆变电路的工作过程分析

三相电压型逆变电路工作过程中，同一桥臂上下两只开关管不得同时开通，U、V、W 三相开关管的驱动信号彼此之间相差 120°。桥路按照 180°工作方式，同一相的上下两个桥臂开关管互补导通，即一个周期内，上下两个开关管各导通 180°。每次换流都是在同桥臂上下两个开关管之间进行，称为纵向换流方式。

任意瞬时均有不同相的三个开关管导通，逆变器一个周期内有六个工作状态。电压以电源中心点为参考，电流以从端口流进负载方向为正，获得逆变电路及其波形，如图 1-3-9 所示。

按电流从电源流向负载方向为正，电路一个周期将经历六个工作区段，具体如下：

（1）第一区段。U 相 VT_1 被驱动，之前 VT_4 导通时负载电流从 U 相端口流出（从负载侧向电源侧），U 相负载电流 i_U<0，则电流先通过 VD_1 续流，感性能量回馈。i_U=0 后 VT_1 导通，U 相负载电流 i_U>0。V 相 VT_6 导通，V 相负载电流 i_V<0，电流从 V 相端口流出。W 相 VT_5 导通，W 相负载电流 i_W>0，电流从 W 相端口流进（从电源侧向负载侧）。本区段对应波形为

图 1-3-9 中①段，电路工作状态由 VD_1、VT_5、VT_6 导通→VT_1、VT_5、VT_6 导通，电路状态及其波形如图 1-3-10 所示，其中不导通支路及元件用虚线表示。

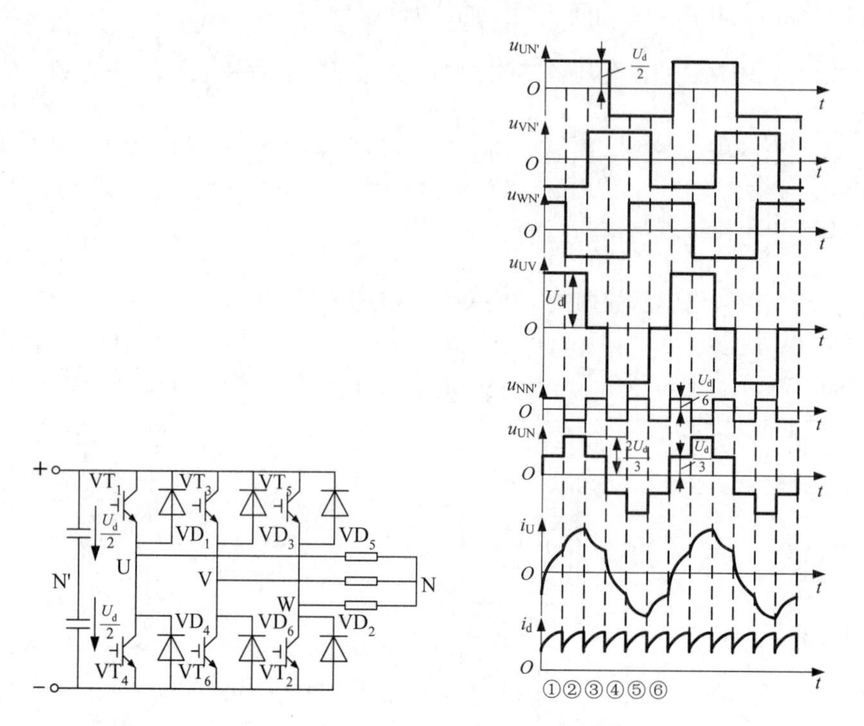

图 1-3-9　三相电压型逆变电路及其波形

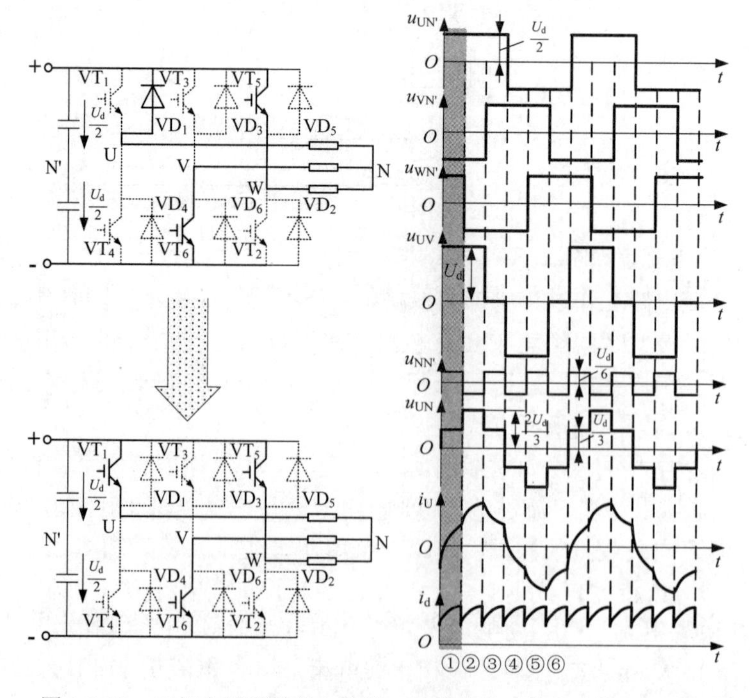

图 1-3-10　三相电压型逆变电路第一区段电路工作变动情况及波形

（2）第二区段。U 相 VT_1 导通，U 相负载电流 $i_U>0$。V 相 VT_6 导通，V 相负载电流 $i_V<0$，电流从 V 相端口流出。W 相上臂 VT_5 关断，驱动 VT_2 导通，但因此时 W 相电流 $i_W>0$，VD_2 导通续流，感性能量回馈。$i_W=0$ 后，VT_2 导通，电流由 W 相端口流出，$i_W<0$。本区段对应波形为图 1-3-9 中②段，电路工作状态由 VT_1、VD_2、VT_6 导通→VT_1、VT_2、VT_6 导通，电路状态及其波形如图 1-3-11 所示。

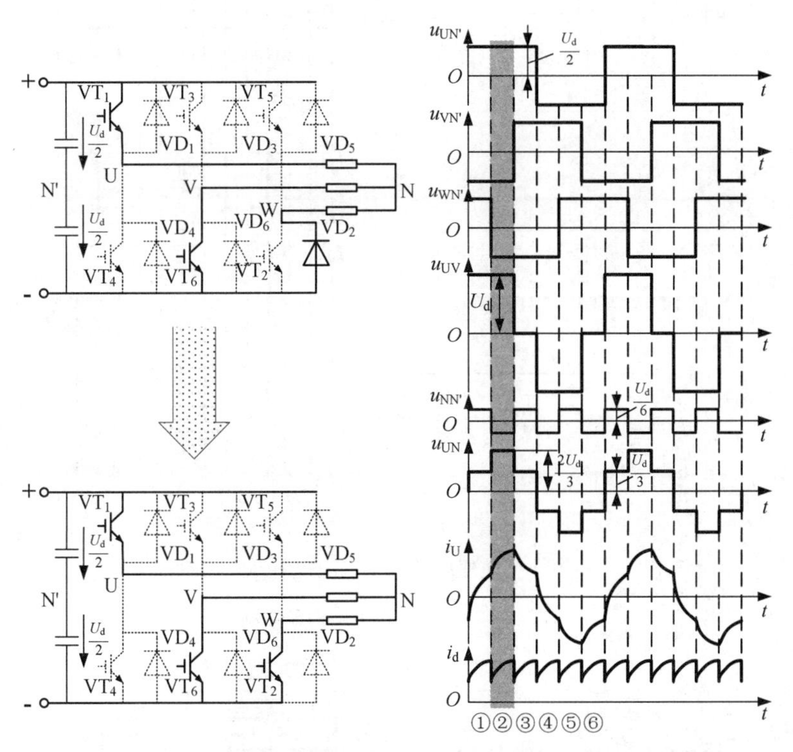

图 1-3-11　三相电压型逆变电路第二区段电路工作变动情况及波形

（3）第三区段。U 相 VT_1 导通，U 相负载电流 $i_U>0$。V 相 VT_6 关断，驱动 VT_3，因 V 相负载电流 $i_V<0$，VD_3 导通续流，感性能量回馈。$i_V=0$ 后，VT_3 导通，V 相负载电流 $i_V>0$。W 相 VT_2 导通，电流由 W 相端口流出，W 相负载电流 $i_W<0$。本区段对应波形为图 1-3-9 中③段，电路工作状态由 VT_1、VT_2、VD_3 导通→VT_1、VT_2、VT_3 导通，电路状态及其阴影部分波形如图 1-3-12 所示。

（4）第四区段。U 相 VT_4 被驱动，之前 VT_1 导通时，U 相负载电流 $i_U>0$，VD_4 导通续流，感性能量回馈。$i_U=0$ 后，VT_4 导通，电流由 U 相端口流出，$i_U<0$。V 相 VT_3 导通，V 相负载电流 $i_V>0$。W 相 VT_2 导通，电流由 W 相端口流出，W 相负载电流 $i_W<0$。本区段对应波形为图 1-3-9 中④段，电路工作状态由 VT_2、VT_3、VD_4 导通→VT_2、VT_3、VT_4 导通，电路状态及其波形如图 1-3-13 所示。

（5）第五区段。U 相 VT_4 导通，电流由 U 相端口流出，U 相负载电流 $i_U<0$。V 相 VT_3 导通，V 相负载电流 $i_V>0$。W 相 VT_5 被驱动，之前 VT_2 导通，负载电流由负载端口流出，W 相负载电流 $i_W<0$，VD_5 续流，感性能量回馈。$i_W=0$ 后，VT_5 导通，电流由负载端口流进，$i_W>0$。本区段对应波形为图 1-3-9 中⑤段，电路工作状态由 VT_3、VT_4、VD_5 导通→VT_3、VT_4、VT_5

导通，电路状态及其波形如图 1-3-14 所示。

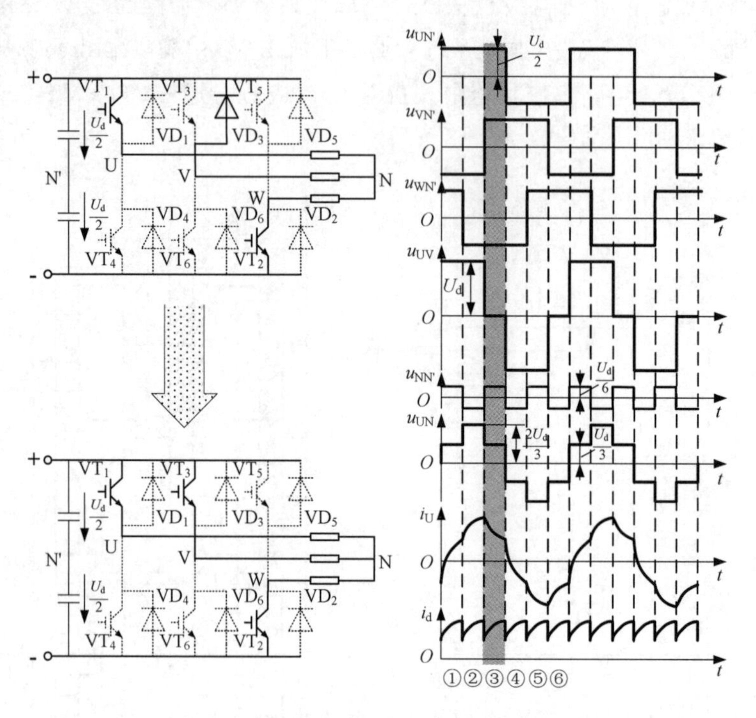

图 1-3-12　三相电压型逆变电路第三区段电路工作变动情况及波形

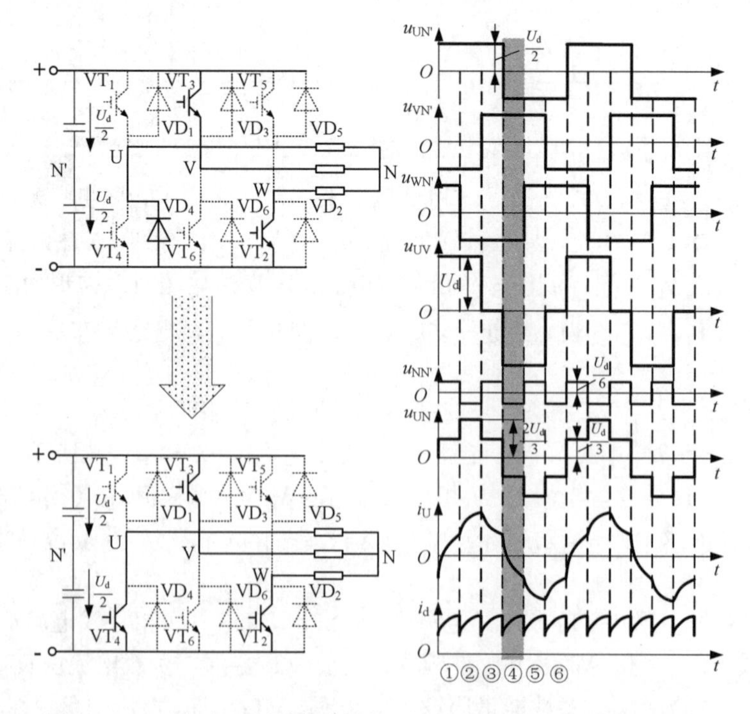

图 1-3-13　三相电压型逆变电路第四区段电路工作变动情况及波形

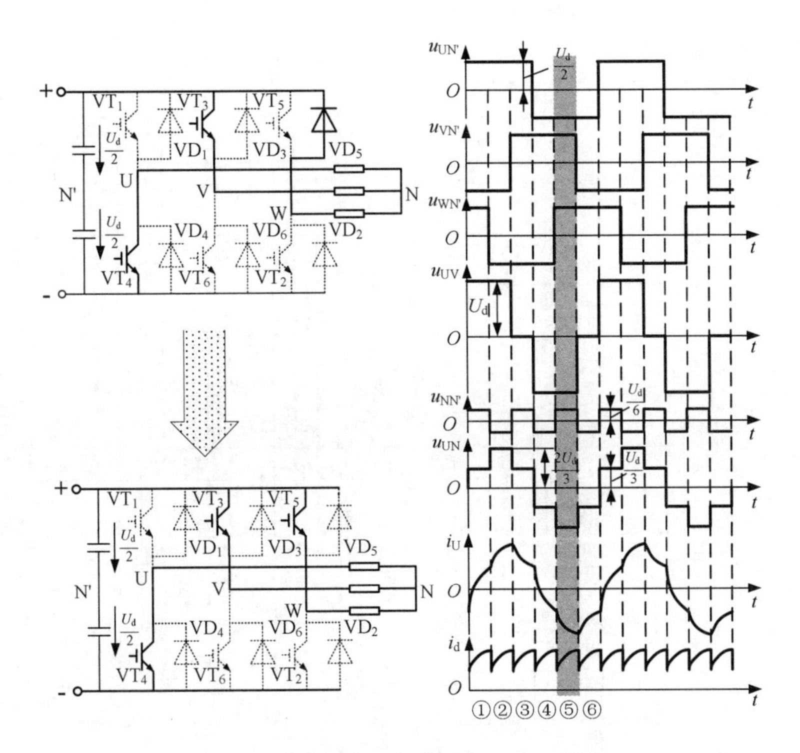

图 1-3-14　三相电压型逆变电路第五区段电路工作变动情况及波形

（6）第六区段。U 相 VT_4 导通，电流由 U 相端口流出，U 相负载电流 $i_U<0$。V 相 VT_6 被驱动，之前 VT_3 导通，V 相电流由负载端口流进，V 相负载电流 $i_V>0$，VD_6 导通续流，感性能量回馈。$i_V=0$ 后，VT_6 导通，电流由负载端口流出，$i_V<0$。W 相 VT_5 导通，W 相负载电流 $i_W>0$。本区段对应波形为图 1-3-9 中⑥段，电路工作状态由 VT_4、VT_5、VD_6 导通→VT_4、VT_5、VT_6 导通，电路状态及其波形如图 1-3-15 所示。

由此可见，在图 1-3-9 开关管、二极管标号情况下，三相电压型逆变电路开关管导通规律如下：

→①【VT_5、VT_6、VD_1→VT_5、VT_6、VT_1】→②【VT_6、VT_1、VD_2→VT_6、VT_1、VT_2】
→③【VT_1、VT_2、VD_3→VT_1、VT_2、VT_3】→④【VT_2、VT_3、VD_4→VT_2、VT_3、VT_4】
→⑤【VT_3、VT_4、VD_5→VT_3、VT_4、VT_5】→⑥【VT_4、VT_5、VD_6→VT_4、VT_5、VT_6】
→①【VT_5、VT_6、VD_1→VT_5、VT_6、VT_1】以此类推。

任意时刻，三相电压型逆变电路总是三个连续序号代码的开关管共同导通，每一相有一个管子（包括续流二极管）导通，以 1、2、3、4、5、6、1、2、……循环进行，一个周期将存在 12 个导通状态。若按桥臂考察，存在 6 个工作状态。

电路工作过程中，开关管导通，电源向负载传输电能，该相的电流数值（不考虑方向）增大；二极管导通，负载感性能量向电源回馈，该相的电流数值（不考虑方向）减小。

三相电压型逆变电路采用 180° 导通方式，换流在同一相的上下桥臂开关管之间进行。换流过程中，两管不可以存在同时导通的时段，否则电路就会短路而损坏。为此，桥臂上下两个开关管的驱动采用“先断后通”的方式，即先让应该关断的开关管关断，留有一定的时间间隔（裕量），再给应该导通的开关管施以驱动信号。

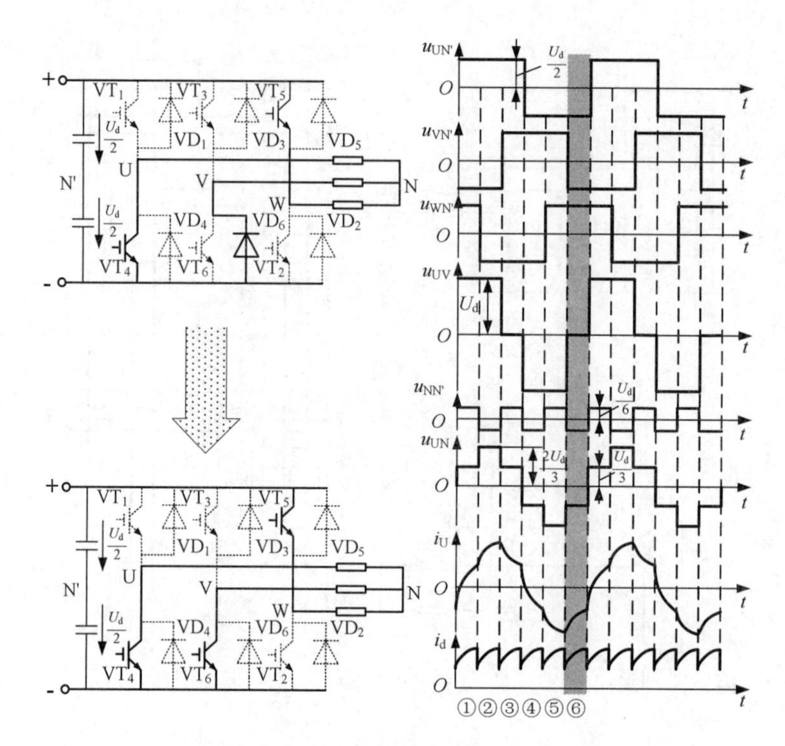

图 1-3-15　三相电压型逆变电路第六区段电路工作变动情况及波形

10. 三相电压型逆变电路输出电压分析

以电源中点N'为参考，同一相上下桥臂两个开关管互补导通，上管导通时，其端口相对于电源中点电压为$U_{\mathrm{d}}/2$；下管导通时，其端口相对于电源中点电压为$-U_{\mathrm{d}}/2$。负载端口之间的电压，即线电压是两个端口电压之差。

按照基尔霍夫定律，电路任意两点之间的电压差与路径无关。负载端口相对于负载中点的电压与负载中点相对于电源中点的电压之和应该等于负载端口相对于电源中点的电压，可以得到电路方程：

$$\begin{cases} u_{\mathrm{UN'}} = u_{\mathrm{UN}} + u_{\mathrm{NN'}} \\ u_{\mathrm{VN'}} = u_{\mathrm{VN}} + u_{\mathrm{NN'}} \\ u_{\mathrm{WN'}} = u_{\mathrm{WN}} + u_{\mathrm{NN'}} \end{cases}$$

联立求解可得$u_{\mathrm{NN'}} = \dfrac{1}{3}[(u_{\mathrm{UN'}} + u_{\mathrm{VN'}} + u_{\mathrm{WN'}}) - (u_{\mathrm{UN}} + u_{\mathrm{VN}} + u_{\mathrm{WN}})]$。

因$u_{\mathrm{UN}} + u_{\mathrm{VN}} + u_{\mathrm{WN}} = 0$，得到$u_{\mathrm{NN'}} = \dfrac{1}{3}(u_{\mathrm{UN'}} + u_{\mathrm{VN'}} + u_{\mathrm{WN'}})$。

根据各相电压波形得到，负载中点相对于电源中点的电压波形也是矩形波，幅值为$U_{\mathrm{d}}/6$，频率是负载端口电压频率的 3 倍。将其再代入相电压方程，可获得各相负载端口相对于负载中点的相电压。u_{UN}、u_{VN}、u_{WN}依次相差 120°。各相电流波形为当前相电压作用下的一阶 RL 过程，可以绘制出每相的电流波形。电源输入电流为三相上桥臂开关管电流的代数和，波形如图 1-3-9 所示。

可见，电源电流i_{d}每隔 60°脉动一次，每个交流输出周期脉动 6 次，而直流侧电压基本恒定。由此可见，三相电压型逆变电路直流电源向交流侧传输的功率是脉动的，其脉动频率与电流 i_d 的脉动频率相同。

利用傅里叶级数展开，线电压可表示为

$$u_{UV}=\frac{2\sqrt{3}U_d}{\pi}\left(\sin\omega t-\frac{1}{5}\sin 5\omega t-\frac{1}{7}\sin 7\omega t+\frac{1}{11}\sin 11\omega t+\frac{1}{13}\sin 13\omega t+\cdots\right)$$

输出线电压有效值：$U_{UV}=\sqrt{\frac{1}{2\pi}\int_0^{2\pi}u_{UV}^2\mathrm{d}(\omega t)}=0.816U_d$。

线电压基波幅值：$U_{UV1m}=\frac{2\sqrt{3}U_d}{\pi}=1.1U_d$。

线电压基波有效值：$U_{UV1}=\frac{\sqrt{6}U_d}{\pi}=0.78U_d$。

相电压也可以展开为

$$u_{UN}=\frac{2U_d}{\pi}\left(\sin\omega t+\frac{1}{5}\sin 5\omega t+\frac{1}{7}\sin 7\omega t+\frac{1}{11}\sin 11\omega t+\frac{1}{13}\sin 13\omega t+\cdots\right)。$$

相电压有效值：$U_{UN}=\sqrt{\frac{1}{2\pi}\int_0^{2\pi}u_{UN}^2\mathrm{d}(\omega t)}=0.471U_d$。

相电压基波幅值：$U_{UN1m}=\frac{2U_d}{\pi}=0.637U_d$。

相电压基波有效值：$U_{UN1}=\frac{\sqrt{2}U_d}{\pi}=0.45U_d$。

11. 串联谐振式电压型逆变电路工作过程分析

逆变电路由不控整流电容滤波提供，具有电压源性质，输入直流电压 U_d 基本不变。为让负载无功能量向电源回馈，每个开关管均反并联二极管，如图 1-3-16 中的 VD_1～VD_4 所示。补偿电容 C 与负载串联，R 和 L 代表负载等效电感、等效电阻，C 与负载电感 L 将构成串联谐振。

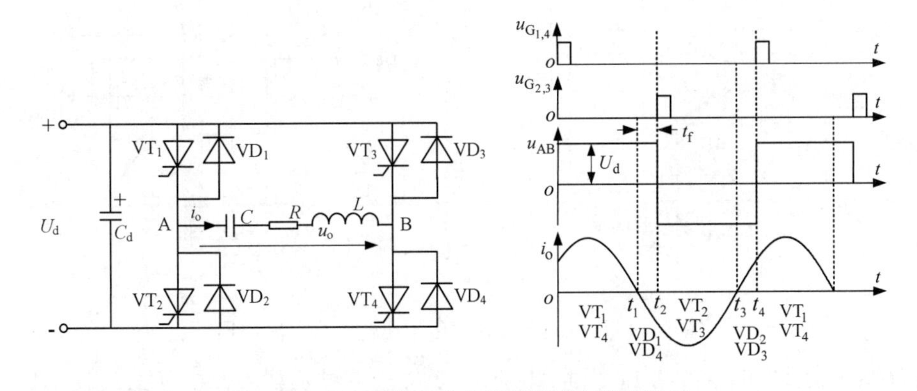

图 1-3-16　串联谐振式电压型逆变电路及波形

逆变电路由电压源供电，开关管工作过程中，负载端口获得矩形波电压。逆变电路工作频率接近电路谐振频率，负载对基波呈现低阻抗，基波电流较大。对于谐波，角频率增加，负载感性阻抗增加，容性阻抗减小，负载对谐波呈现高阻抗，谐波电流较小，负载电流为以基波分量为主导的正弦波。

为实施逆变电路换流，电路工作频率略低于逆变电路负载的谐振频率，负载电路呈容性，实现负载换流，i_o超前于u_o。

一个周期内，电路有四个阶段，如图 1-3-17 所示，不导通支路及元件用虚线表示。

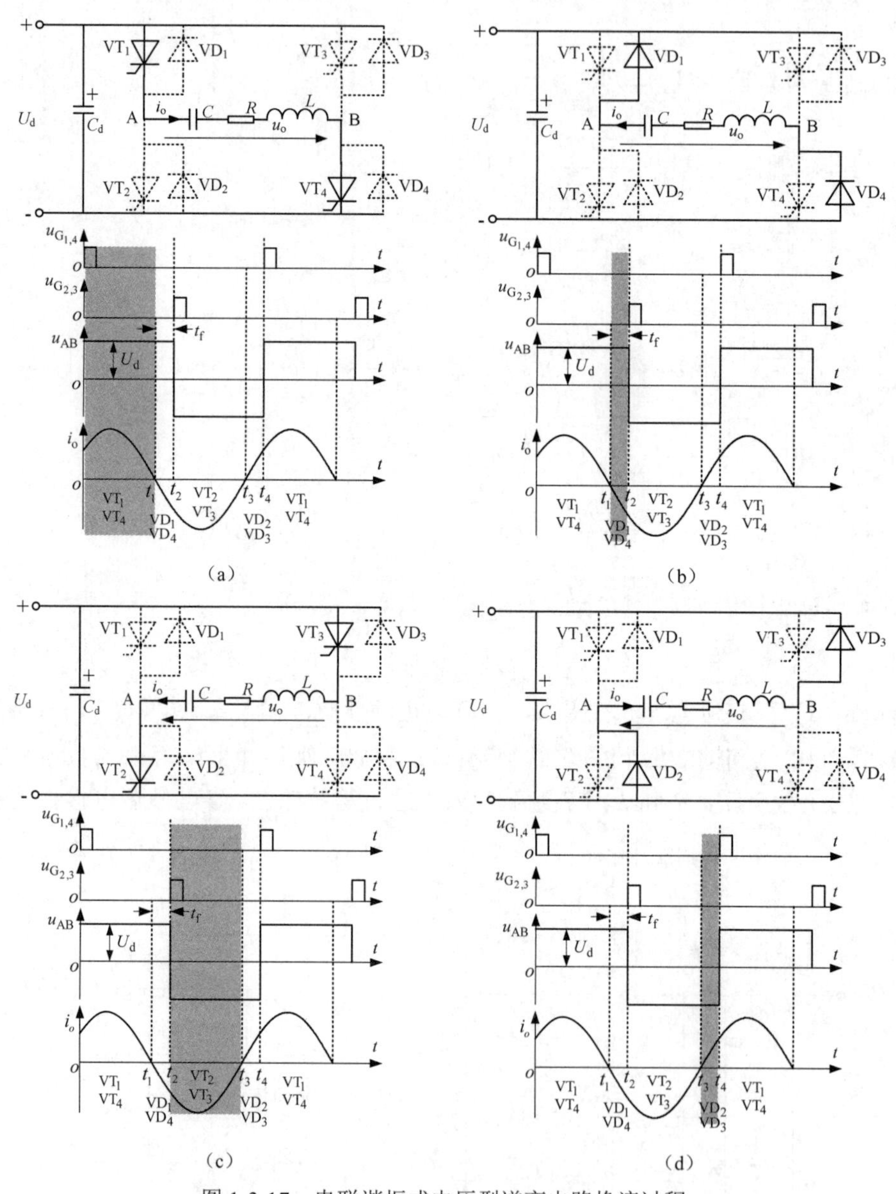

图 1-3-17　串联谐振式电压型逆变电路换流过程

（1）$0 \leqslant t < t_1$期间。VT_1、VT_4导通，电流由 A 向 B 流过负载，$i_o>0$，负载端口电压$u_o = U_d$，电源向负载提供电能。电流流通路径如图 1-3-17（a）所示。

（2）$t_1 \leqslant t < t_2$期间。因负载呈容性，当$t = t_1$时，负载电流$i_o = 0$。之后负载电流反向，通过VD_1、VD_4流向电源，晶闸管VT_1、VT_4承受反向电压关断，电流由B向A流过负载。此时$u_o > 0$，$i_o < 0$，负载获得的功率为负，负载向电源回馈电功率。电流流通路径如图 1-3-17（b）所示。

（3）$t_2 \leqslant t < t_3$期间。t_2时刻，VT_2、VT_3承受正向电压，施加触发脉冲，VT_2、VT_3导通，VD_1、VD_4承受反向电压关断，负载电流由B向A流过负载。$i_o < 0$，负载电压$u_o = -U_d$，电源通过VT_2、VT_3向负载提供电能。电流流通路径如图1-3-17（c）所示。

（4）$t_3 \leqslant t < t_4$期间。t_3时刻，负载电流$i_o = 0$。之后负载电流反向，通过VD_2、VD_3流向电源，晶闸管VT_2、VT_3承受反向电压关断，电流由A向B流过负载。此时，$u_o < 0$，$i_o > 0$，负载获得的功率为负，即负载向电源回馈电功率。电流流通路径如图1-3-17（d）所示。

t_4时刻，VT_1、VT_4都承受正向电压，施加触发脉冲，VT_1、VT_4导通，VD_2、VD_3承受反向电压关断，电路工作状态回到$0 \leqslant t < t_1$期间状态，如此循环。

图中，t_f为二极管导通时间，也是给晶闸管施加反压的时间，为使晶闸管可靠关断，该时间必须大于晶闸管关断时间t_q，即$t_f > t_q$。

由电路分析可见，串联谐振式电压型逆变电路开关管导通，电源为负载提供电能，所并联的二极管导通，负载感性能量向电源回馈。

电路工作过程中，为保证电路能够正常工作，实现换相，电路工作频率必须确保时刻小于负载的谐振频率，以使电路总是处于接近谐振状态，电路负载呈容性。

12. 单相电流型逆变电路的换流过程分析

现实情况下，感性负载居多，为实现负载换流，给负载并联一只电容器，让负载呈容性，使负载电流超前于负载电压，以实现负载换流。单相电流型逆变电路及其波形如图1-3-18所示。

控制电路工作频率，使逆变电路运行于接近谐振状态，故该电路也称为并联谐振式逆变电路。假定负载电路谐振频率为f_0，实际运行时要求$f > f_0$。

逆变电路输入为电流源，1、4桥臂和2、3桥臂器件轮流导通时，输出交流电流为矩形波。输出电流波形中，基波频率接近于电路谐振频率，负载电路对基波呈现高阻抗，对谐波呈现低阻抗。输出电流中的谐波分量可认为被电容分流短路，负载电流主要为基波分量，负载端口电压近似为正弦波。

逆变电路输出的一个交流周期内，存在两个稳定导通阶段（图1-3-18中的②、④）及两个换流阶段（图1-3-18中的①、③）。其中②、④分别为VT_1、VT_4稳定导通阶段和VT_2、VT_3稳定导通阶段；①为VT_2、VT_3导通转移到VT_1、VT_4导通的换流过程；③为VT_1、VT_4导通转移到VT_2、VT_3导通的换流过程。

为说明逆变电路的换流过程，以逆变电路从②状态到④状态的工作过程为例进行分析。

（1）$t_1 \leqslant t < t_2$期间，即图中②状态对应阶段。VT_1、VT_4稳定导通，负载电流的路径为A→VT_1→L_{T1}→RLC并联谐振负载→L_{T4}→VT_4→B。电流通路如图1-3-19（a）所示。因负载呈容性，负载电压滞后于负载电流，基本可视为正弦形，如图1-3-18中u_o所示。

（2）$t_2 \leqslant t < t_4$期间，即图中③状态所对应阶段。$t = t_2$时，电容电压（负载端口电压）为正，极性为左"+"右"−"，该电压使VT_3、VT_2承受正向电压。给VT_2、VT_3施加触发脉冲便导通。一旦VT_2、VT_3导通，逆变电路便进入换流阶段，桥路四个晶闸管全部导通，电流通路如图1-3-19（b）所示。

负载电压（即电容电压）施加于由VT_1、VT_3、L_{T1}、L_{T3}所构成的回路，也施加于由VT_2、VT_4、L_{T2}、L_{T4}所构成的回路，电容将对这两个回路放电，放电的电流分别为i_{k1}、i_{k2}。电容放电电流i_{k1}、i_{k2}从零开始按照指数规律上升。从$t = t_2$开始，四个晶闸管的电流分别为

$$\begin{cases} i_{VT_1} = I_d - i_{k1} \\ i_{VT_4} = I_d - i_{k2} \end{cases}, \begin{cases} i_{VT_3} = i_{k1} \\ i_{VT_2} = i_{k2} \end{cases}$$

当i_{k1}、i_{k2}逐步增加到$t = t_4$时，$i_{k1} = i_{k2} = I_d$，$i_{VT_1} = 0$，$i_{VT_4} = 0$，晶闸管 VT_1、VT_4自然关断。$i_{VT_2} = I_d$，$i_{VT_3} = I_d$，完成从 VT_1、VT_4导通到 VT_2、VT_3导通的换流过程。

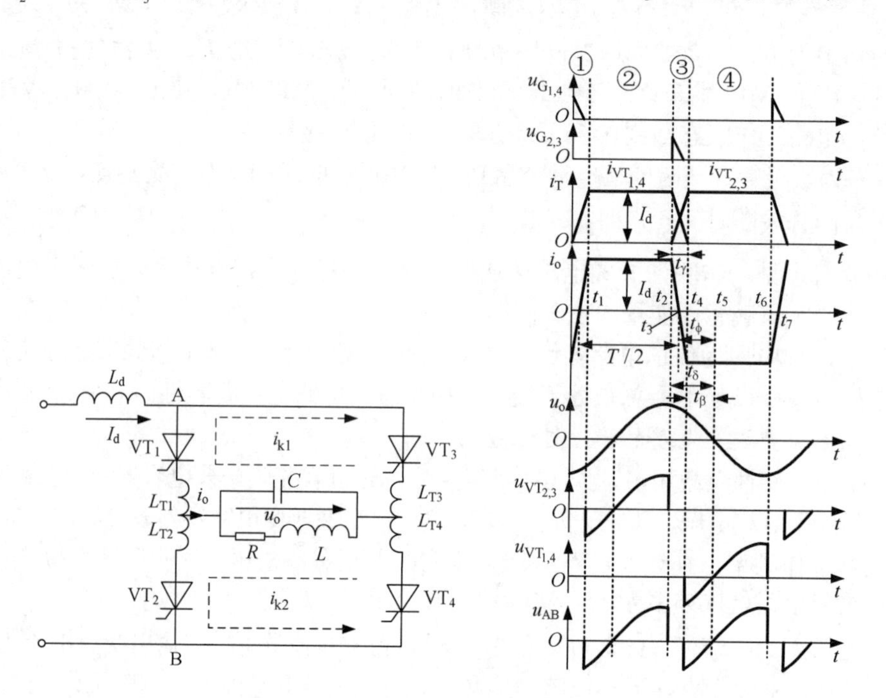

图 1-3-18 单相电流型逆变电路及其波形

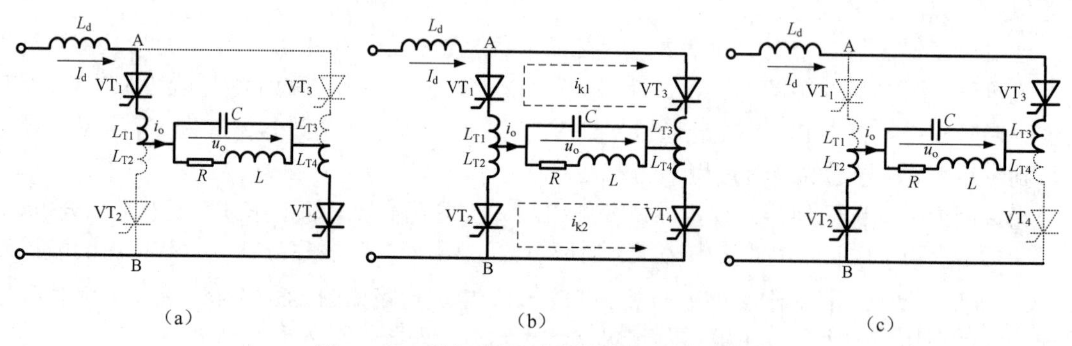

图 1-3-19 单相电流型逆变电路的换流过程

按照网孔电流法，$t = t_2$开始，负载电流$i_o = I_d - (i_{k1} + i_{k2})$，当$i_{k1} + i_{k2} = I_d$时，$i_o = 0$，即图 1-3-18 中$t_3$时刻。当$i_{k1} = i_{k2} = I_d$时，$i_o = -I_d$，负载电流反向，即图 1-3-18 中$t_4$时刻。$t_3$大致是$t_2$、$t_4$的中点。$t_\gamma = t_4 - t_2$称为单相电流型逆变电路换流时间。

t_4时刻，换流结束之后，VT_1、VT_4还要继续承受一段时间的反压，该时间段为$t_\beta = t_5 - t_4$。一般要求$t_\beta > t_q$（晶闸管关断时间），保证 VT_1、VT_4恢复正向阻断能力，避免器件在没有恢复正向阻断能力之前被加上正向电压而误导通，导致逆变失败。

为保证逆变电路可靠换流，应该在负载电压过零前的$t_\delta = t_5 - t_2$时刻触发晶闸管 VT_2、VT_3，t_δ称为触发引前时间。

负载电流超前负载电压的时间：$t_\varphi = t_\beta + \frac{t_\gamma}{2}$。

电路工作频率为ω时，对应的电角度：$\varphi = \omega\left(t_\beta + \frac{t_\gamma}{2}\right) = \beta + \frac{\gamma}{2}$。

β称为晶闸管承受反压时间对应的电角度，γ称为换流时间对应的电角度，φ为负载的功率因数角。

（3）$t_4 \leqslant t < t_6$期间，即图中④状态所对应阶段。VT_2、VT_3 稳定导通，电流通路如图 1-3-19（c）所示。t_6之后，进入 VT_2、VT_3 导通向 VT_1、VT_4 导通的换流过程，过程与以上分析类似。

观察图 1-3-18，根据$u_{AB} = u_{VT1} + u_{VT2} = u_{VT3} + u_{VT4}$，可获得 A、B 端口电压波形。直流电源电流为稳态直流电流。当$u_{AB} > 0$时，直流电源通过逆变电路向交流负载提供电能；当$u_{AB} < 0$时，交流负载感性储能通过逆变电路向直流电源回馈能量；当$u_{AB} = 0$时，直流电源与交流负载之间没有能量交换。u_{AB}的脉动频率为交流输出电压频率的两倍，直流滤波电感起缓冲无功的作用。

忽略换流过程时，负载电流可表示为

$$i_o = \frac{4I_d}{\pi}\left(\sin\omega t + \frac{1}{3}\sin 3\omega t + \frac{1}{5}\sin 5\omega t + \frac{1}{7}\sin 7\omega t + \cdots\right)$$

负载电流基波有效值：$I_{o1} = \frac{2\sqrt{2}}{\pi} I_d = 0.9 I_d$。

忽略电感L_d直流电阻，直流侧电压平均值U_d与u_{AB}平均值相等：

$$U_d = \frac{2\sqrt{2}U_o}{\pi}\cos\left(\beta + \frac{\gamma}{2}\right)\cos\frac{\gamma}{2}$$

忽略换相时间，直流侧电压平均值：$U_d = \frac{2\sqrt{2}U_o}{\pi}\cos\varphi \to U_o = 1.11\frac{U_d}{\cos\varphi}$。

可见，单相电流型逆变电路负载端口交流电压与负载功率因数成反比，功率因数越小，负载端口交流电压越高，逆变电路开关管电压应力越大，因此逆变电路负载功率因数需要合理控制。

为保证电路在负载变化情况下正常换相，必须保证逆变电路工作频率适应负载参数变化而自动调整，这种控制方式称为自励方式。自励方式下，逆变电路触发信号取自逆变电路输出负载端，逆变电路工作频率受控于负载谐振频率，且比负载谐振频率略高一点。若逆变电路采取固定工作频率，这种控制方式称为他励方式。

单相电流型逆变电路中，上下桥臂之间连有小电感 L_{T1}～L_{T4}，它的作用是在换相过程中限制换相电流的变化率，有利于晶闸管元件工作。若没有这些小电感，因为换相时回路阻抗很小，换相电流i_{k1}、i_{k2}从零开始迅速增加，即将导通的晶闸管会因为太大的电流上升率危及器件的安全。

13. GTO 三相桥式电流型逆变电路换流过程分析

三相桥式电流型逆变电路如图 1-3-20 所示。全控型器件 GTO 按照 120°导通方式，即桥路每个开关管一个周期内均导通 120°，按照 VT_1～VT_6 的顺序相隔 60°依次导通。任意时刻，总有逆变桥上桥臂一个开关管和下桥臂一个开关管导通，构成回路。

逆变桥在换流时，进行换流的器件处于同侧桥臂，这三个开关管依次换流。这种换流方式与电压型逆变电路上下桥臂的纵向换流不同，称为横向换流。

逆变桥工作时，一个周期内，VT_1、VT_3、VT_5 依次各导通 120°，VT_2、VT_4、VT_6 也依次各导通 120°，开关管流过的电流波形如图 1-3-20 所示。

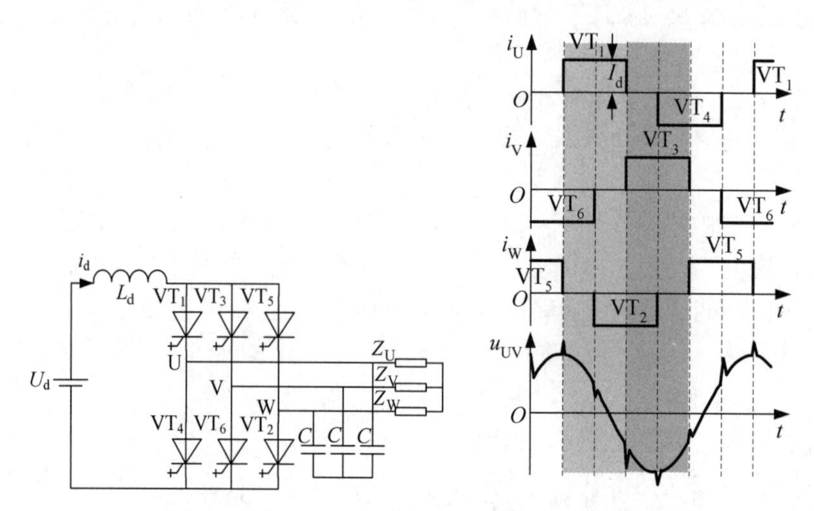

图 1-3-20　GTO 三相桥式电流型逆变电路及波形

图 1-3-20 中的，VT_1 导通 120°后，驱动信号去除，VT_1 立即关断，并同时开通 VT_3。U 相电流由 I_d 降为零，负载电感的自感应电动势方向为负载端口指向负载中点；V 相电流由零升为 I_d，负载电感的自感应电动势方向为负载中点指向负载端口。考虑到负载的感性性质，电压 u_{UV} 超前于 U 相电流 i_U，换相时负载电感的自感应电动势叠加于电压 u_{UV} 之上，形成图示的电压尖峰毛刺，这将危及逆变电路开关管及负载的运行安全。为此，在逆变电路输出端并联吸收电容用于吸收尖峰电压。VT_1 到 VT_3 的换相过程如图 1-3-21 所示。

线电压波形上尖峰电压是正向还是负向，取决于换相时 U 相或 V 相电流变化的情况。如图中 VT_3 关断，VT_5 开通，U 相的 VT_4 稳定导通，U 相电流不变，因为换相而产生的自感应电动势为零；V 相 VT_3 关断，V 相电流由 I_d 降为零，负载电感形成的自感应电动势方向为 V 相指向负载中点，在电压 u_{UV} 叠加的尖峰毛刺与之前 VT_1 换相到 VT_3 时的尖峰毛刺方向相反。其他各点的尖峰电压方向可同样分析得到。

按照傅里叶级数分析，输出交流电基波电流有效值：$I_{U1}=\dfrac{\sqrt{6}}{\pi}I_d$。

14. 串联二极管式晶闸管逆变电路换流过程分析

串联二极管式晶闸管逆变电路由电流源供电，电路采用 120°导电工作方式。与 GTO 三相桥式电流型逆变电路相同，也采取横向换流方式。因逆变电路开关器件为半控型器件 SCR，无法实现自换流，只能采用强迫换流方式。电路输出负载电流波形为 120°宽的方波电流。

共阳极组侧与 SCR 器件阴极相连的电容（共阴极组侧与 SCR 器件阳极相连的电容）为桥路换流电容，每一个晶闸管均串联一个二极管，用于阻止换流电容向负载放电。

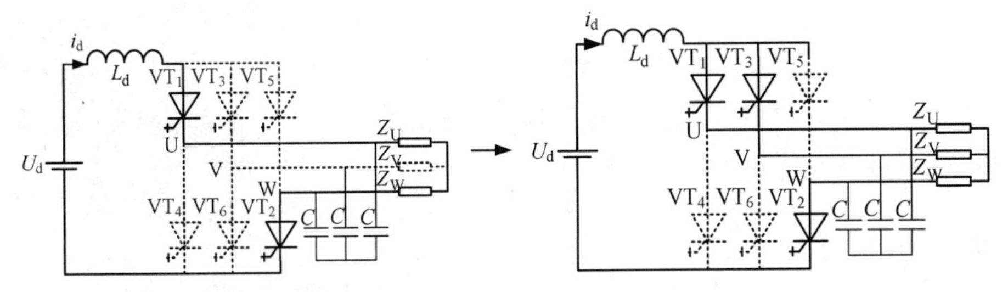

图 1-3-21 GTO 三相桥式电流型逆变电路由 VT_1 到 VT_3 的换相

若电路已经稳定工作，逆变电路中换流电容电压的特点：共阳极组与电源正端相连，晶闸管导通，其阴极所连电容的电极为正，另一电极为负；共阴极组与电源负端相连，晶闸管导通，其阳极所连电容的电极为负，另一电极为正；不与导通的晶闸管相连的电容其电压为零。

逆变电路的换流顺序是组内换流，共阳极组换流顺序为 $VT_1 \to VT_3 \to VT_5$，共阴极组换流顺序为 $VT_2 \to VT_4 \to VT_6$。每次换流过程基本类同，下面以串联二极管式晶闸管逆变电路 VT_1～VT_3 的换流过程为例，说明换流过程，如图 1-3-22 所示，从左至右分别为串联二极管式晶闸管逆变电路、VT_1 到 VT_3 换流时的等效电路、逆变电路晶闸管电流波形、逆变电路换流电容电压波形。

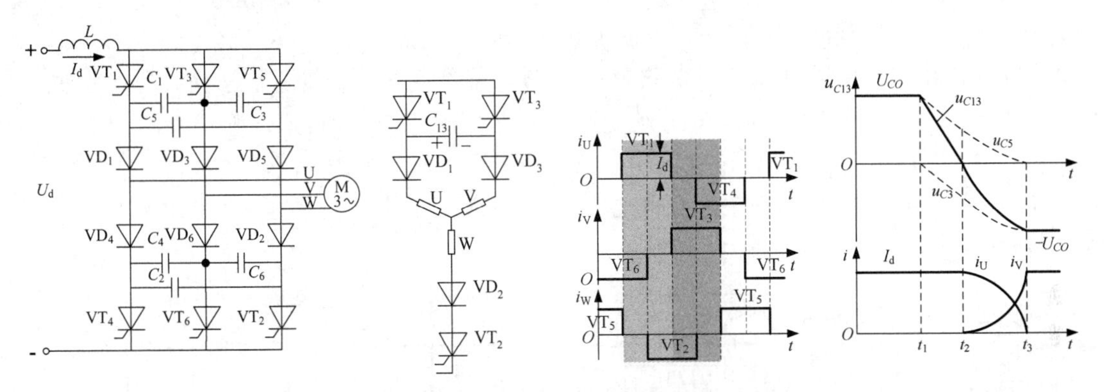

图 1-3-22 串联二极管式晶闸管逆变电路、换流等效电路及相关波形

（1）$0 \leqslant t < t_1$ 期间。VT_1、VT_2 稳定导通，VT_1 与 VT_3 之间等效电容 C_{13} 的电压极性为左“+”右“–”。该时段 VT_3 承受正向电压。负载电流路径和 C_1、C_5 两端电压极性如图 1-3-23（a）所示，C_3 两端电压为零。

等效电容 C_{13} 为 C_3 与 C_5 串联后与电容 C_1 并联的等效电容，即 $C_{13} = C_1 + \dfrac{C_3 C_5}{C_3 + C_5}$。

（2）$t_1 \leqslant t < t_2$ 期间。$t = t_1$ 时，承受正向电压的 VT_3 被触发导通。由 VT_1、VT_3、C_{13} 所构成的回路电阻很小，电容 C_{13} 对该回路放电，其放电电流迅速上升至负载电流 I_d，VT_1 流过的电流降为零而关断（或者看成是 VT_3 导通后，VT_1 承受反向电压关断），VT_3 承担全部负载电流，如图 1-3-23（b）所示。

具体来说，VT_3 被触发导通，C_1 通过 VT_1、VT_3 两个元件放电，C_5 通过 VT_1、VT_3、C_3 三个元件放电，C_5 在放电的同时对 C_3 充电。这两条支路的放电电流使得 VT_1 流过的电流迅速降为零关断，VT_3 流过全部负载电流。

C_1 的放电电流与 C_3 充电电流（C_5 放电电流）之和等于负载电流（基本为恒定电流），其

等效电容 C_{13} 的电压 u_{C13} 按线性规律下降，一直持续到 t_2 时刻，C_1 两端的电压降为零，C_3 两端的电压等于 C_5 两端的电压（极性相反）。只要 $u_{C13}>0$，极性为左“+”右“–”，VD_3 反偏不导通，全部电流通过 VD_1 流入 U 相。因本阶段电容 C_{13} 放电电流（等于负载电流）基本恒定，所以被称为恒流放电阶段。

t_1～t_2 时间段，VT_1 一直承受反向电压。实际运行中，只要 t_2-t_1 超过晶闸管关断时间 t_q，晶闸管 VT_1 就能可靠关断。

（3）$t_2\leqslant t<t_3$ 期间。当 $t=t_2$ 时 $u_{C13}=0$，等效电容 C_{13} 放电完毕，负载电流继续给电容 C_{13} 反向充电。当 $u_{C13}<0$，极性为右“+”左“–”时，V 相二极管 VD_3 被正向偏置开始导通，开始流过 V 相电流 i_V，如图 1-3-23（c）所示。V 相流过电流，电容 C_{13} 充电电流（即流向 U 相的电流）将减小，进入两个二极管的换流阶段。随着时间的推移，流过 U 相的电流将逐步减小，该电流继续给电容 C_{13} 充电，电压 u_{C13} 逐步增加，V 相电流 i_V 逐步增加。到 t_3 时刻，U 相电流降为零，V 相电流 $i_V=I_d$，VD_1 承受反向电压关断，二极管换流过程结束。此时，VT_1 与 VT_3 之间的等效电容 C_{13} 电压 $u_{C13}<0$，极性为右“+”左“–”。

针对实际电路，$t=t_2$ 后，U 相负载电流一部分给 C_1 反向充电，一部分给 C_3 充电（同时给 C_5 提供放电电流），VD_3 被正向偏置，V 相开始流过电流 i_V。因 V 相流过电流，给 C_1 及 C_3 的充电电流减小，其两端电压的上升率下降。随着时间的推移，电容 C_1、C_3 电压的增加，U 相电流 i_U 逐步减小，V 相电流 i_V 逐步增加，VD_1、VD_3 两个二极管进行换相。到 t_3 时刻，U 相电流降为零，V 相电流 $i_V=I_d$，VD_1 承受反向电压关断，二极管换流过程结束。此时，电容 C_1 电压极性为右“+”左“–”；电容 C_3 电压极性为左“+”右“–”，C_5 电压为零。

（4）$t\geqslant t_3$ 期间。VT_3 承担全部负载电流，VT_2 和 VT_3 稳定导通，电流路径如图 1-3-23（d）所示，逆变电路完成从 VT_1 到 VT_3 的换流。

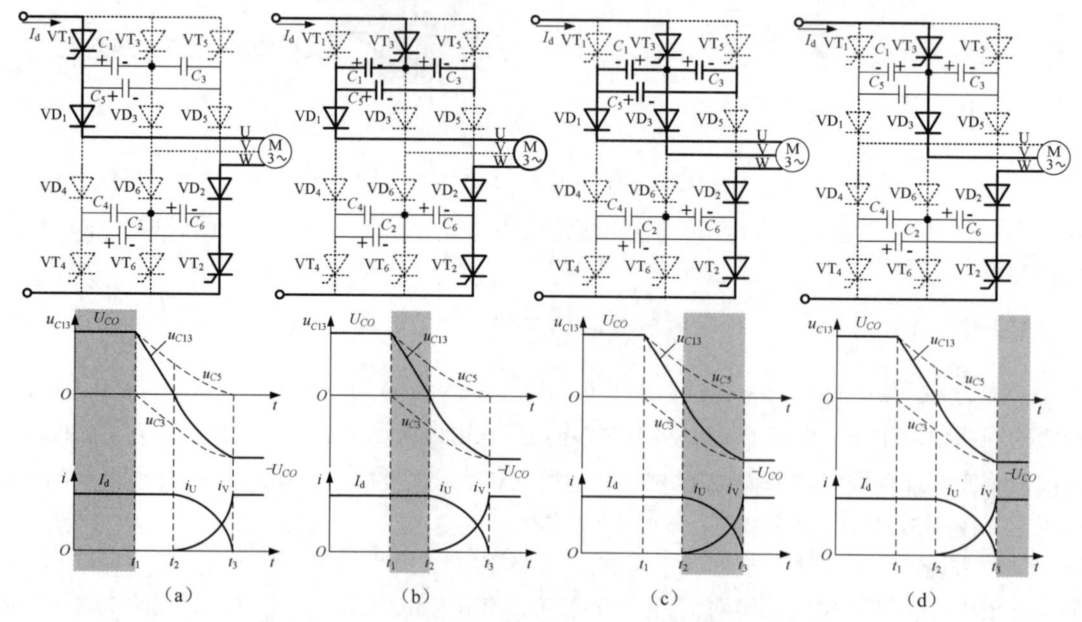

图 1-3-23 串联二极管式晶闸管逆变电路换流过程及波形

注意：若逆变器所带负载为电机类负载，存在反电势，该反电势将影响二极管换流过程，整个电路会因为反电势的极性与大小延缓或提前进入二极管换流过程，但进入二极管换流阶段后，其换流过程与此类似。

等效电容 C_{13} 为电容 C_3 与电容 C_5 串联之后与电容 C_1 并联的等效电容，因此电容 C_1 两端电压波形就是 u_{C13}。各电容电压变化情况如下：

换流开始的 t_1 时刻，电容 C_5 电压 $u_{C5}>0$，数值与 C_1 两端电压相等；电容 C_3 之前没有通过导通的晶闸管与电源相连，其电压为零。

VT_3 被触发导通到换流结束（$t_1 \sim t_3$），负载电流 i_U 将分成两路，分别流过电容 C_1 和 C_3、C_5 串联支路，电容 C_3 被充电，极性为左“+”右“–”；电容 C_5 被放电，其数值逐步下降；C_1 先放电再反向充电。

换流结束后，电容 C_1 两端电压 $u_{C1}<0$，极性为右“+”左“－”；电容 C_5 放电完毕，$u_{C5}=0$；电容 C_3 被充电，$u_{C3}>0$，极性为左“+”右“－”。

这些电容的电压为后续从 VT_3 换流至 VT_5 做好了铺垫。

15. 无换相器电动机工作原理分析

三相电流型逆变电路为同步电机供电，从逆变器的输入端看电机，其特性、调速方式与直流电动机十分相似，可将其视为直流电动机。因没有换相器，被称为无换相器电动机。

三相电流型逆变电路采用 120°导电方式，利用电动机的反电势实现换流。其电路如图 1-3-24 所示，接下来分析 VT_1、VT_2 导通向 VT_2、VT_3 导通转移的电路状态及相关波形，如图 1-3-25 所示。

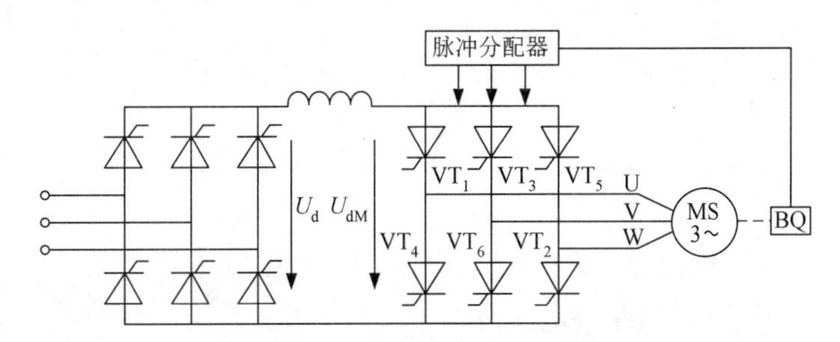

图 1-3-24 无换相器电动机电路

（1）$\omega t_2 \sim \omega t_3$ 区段，逆变器 VT_1、VT_2 导通，电机电流从 U 相流进，W 相流出，电路工作状态及波形如图 1-3-25（a）所示。

VT_1 导通，两端电压为零。逆变器输入端电压 u_{dM} 由 U 相、W 相电动势决定，$u_{dM}=u_{UW}$。U 相反电势高于 V 相反电势，其差值 u_U-u_V 通过 VT_1 施加在 VT_3 上，VT_3 承受正向电压。

（2）$\omega t_3 \sim \omega t_4$ 区段，ωt_3 时刻，VT_3 承受正向电压被触发导通，VT_1 承受反向电压关断，电路进入 VT_3、VT_2 同时导通的阶段，完成 VT_1 到 VT_3 的换流过程。电机电流从 V 相流进，W 相流出，电路工作状态及波形如图 1-3-25（b）所示。

VT_1 关断，其阳极电压由 V 相端口电势决定，阴极由 U 相端口电势决定，两端承受电压为 $u_{VT1}=u_V-u_U=u_{VU}$。逆变器输入端电压 u_{dM} 由 V 相、W 相电动势决定，$u_{dM}=u_{VW}$。

从波形图可见，从 VT_3 被触发导通、VT_1 承受反向电压关断，到 VT_1 再次承受正向电压的时间不长，该时间必须大于晶闸管关断时间，才能确保晶闸管可靠关断。

一个周期中，共阳极组晶闸管 VT_1、VT_3、VT_5 各导通 120°，VT_2、VT_4、VT_6 也各导通 120°。VT_1 两端电压 u_{VT1} 的状态如下：

在 VT_1 导通的 120°区间，VT_1 两端的电压为零。

在 VT_3 导通的 120°区间，VT_1 两端的电压为 $u_{VT1}=u_V-u_U=u_{VU}$。

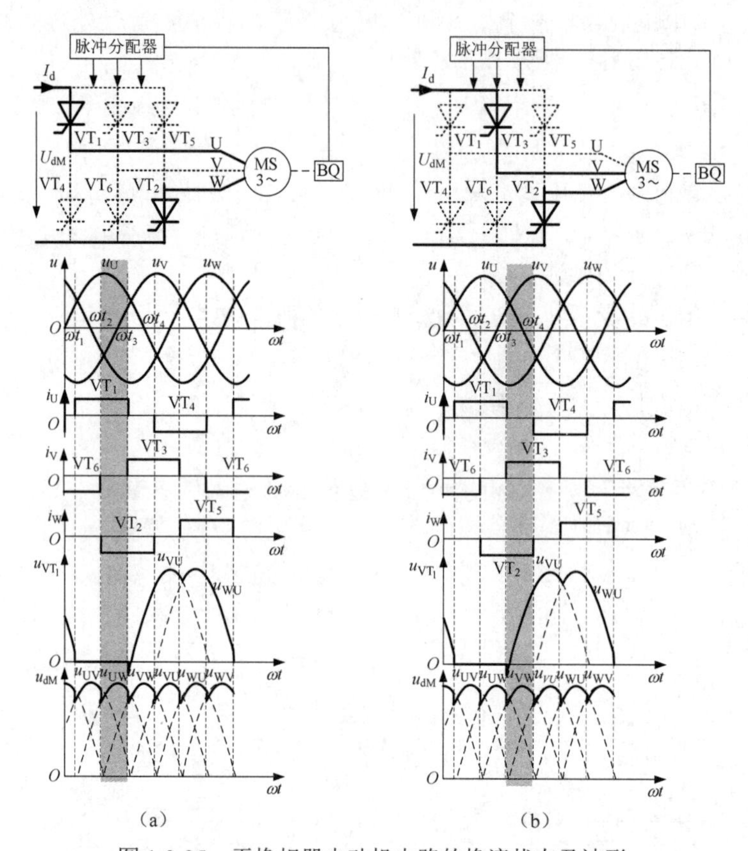

图 1-3-25　无换相器电动机电路的换流状态及波形

在 VT_5 导通的 120°区间，VT_1 两端的电压为 $u_{VT1}=u_W-u_U=u_{WU}$。

VT_3、VT_5 两端电压与 VT_1 两端电压依次相差 120°，桥路上下两个晶闸管两端电压彼此相差 180°。

一个周期中，从 VT_1 开始导通为起点的一个周期内，逆变器端口电压 u_{dM} 的状态如下：

VT_6、VT_1 共同导通 60°，u_{dM} 由 U 相、V 相电动势决定，$u_{dM}=u_{UV}$。

VT_1、VT_2 共同导通 60°，u_{dM} 由 U 相、W 相电动势决定，$u_{dM}=u_{UW}$。

VT_2、VT_3 共同导通 60°，u_{dM} 由 V 相、W 相电动势决定，$u_{dM}=u_{VW}$。

VT_3、VT_4 共同导通 60°，u_{dM} 由 V 相、U 相电动势决定，$u_{dM}=u_{VU}$。

VT_4、VT_5 共同导通 60°，u_{dM} 由 W 相、U 相电动势决定，$u_{dM}=u_{WU}$。

VT_5、VT_6 共同导通 60°，u_{dM} 由 W 相、V 相电动势决定，$u_{dM}=u_{WV}$。

该逆变电路中，晶闸管触发脉冲来自电动机转子位置检测器。转子位置检测器检测到转子磁极位置，由磁极位置决定给相应的晶闸管发送触发脉冲，实现逆变电路晶闸管的换流。因此，只要合理配置电动机转子位置检测器，所带同步电动机就不会像普通同步电动机那样，会因为负载突变而失步，即便电机处于堵转状态，只要逆变器输入电流保持恒定，该电动机也不会出现堵转短路，仍然能够正常工作，且输出额定电磁转矩。

16. 何谓逆变电路的多重化？有什么效果？

逆变电路的多重化是将多个逆变电路进行串联或者并联。电压型逆变电路的多重连接是把多个电压逆变电路进行串联（直接或间接）。电流型逆变电路的多重连接是把多个电流逆变电路进行并联（直接或间接）。

采用多个逆变电路的并联或串联多重连接，可以使输出到负载上的电压或电流接近于正弦形，减少逆变电路输出谐波对负载的影响。

17. 逆变电路的多电平及其目的是什么？

通过改变逆变电路的结构，让逆变电路可以输出多个电平，使其输出波形更接近正弦形，减少逆变电路输出谐波对负载的影响。

18. 电压型逆变电路的串联多重构成及分析

（1）单相电压型逆变电路的串联多重。单相电压型逆变电路二重连接的电路及其波形如图 1-3-26 所示。波形 u_1 为单相电压型逆变电路I经过变压器 T_1 耦合的输出电压。波形 u_2 为单相电压型逆变电路II经过变压器 T_2 耦合的输出电压。两个单相电压型逆变电路均按同频 180° 导通方式工作，输出为同频 180°宽方波波形。两个单相电压型逆变电路的输出电压错开 60°，按照傅里叶级数分析，其中逆变电路I输出电压 u_1 中三次谐波与逆变电路II输出电压 u_2 中三次谐波方向相反。输出电路将 u_1 和 u_2 串联，输出电压 $u_o = u_1 + u_2$，其中三次谐波便相互抵消。输出电压 u_o 为 120°宽的矩形波电压，傅里叶级数展开中，只含有 $6k\pm1$（k=1,2,3,…）的谐波，$3k$ 次谐波抵消了。

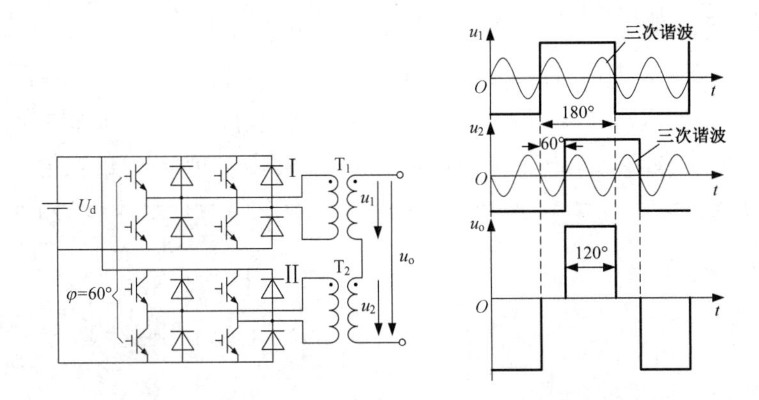

图 1-3-26　单相电压型逆变电路二重连接的电路及其波形

单相电压型逆变电路 I 输出电压：

$$u_{o1} = \frac{4U_d}{\pi}\left(\sin\omega t + \frac{1}{3}\sin 3\omega t + \frac{1}{5}\sin 5\omega t + \cdots\right)$$

单相电压型逆变电路 II 输出电压：

$$u_{o2} = \frac{4U_d}{\pi}\left[\sin(\omega t - 60°) + \frac{1}{3}\sin 3(\omega t - 60°) + \frac{1}{5}\sin 5(\omega t - 60°) + \cdots\right]$$

$$u_o = u_{o1} + u_{o2}$$

$$u_o = \frac{4U_d}{\pi}\left[\sin\omega t + \sin(\omega t - 60°) + \frac{1}{3}\sin 3\omega t + \frac{1}{3}\sin 3(\omega t - 60°) + \frac{1}{5}\sin 5\omega t + \frac{1}{5}\sin 5(\omega t - 60°) + \cdots\right]$$

$$u_o = \frac{4U_d}{\pi}\left[\sqrt{3}\sin(\omega t - 30°) - \frac{\sqrt{3}}{5}\sin(5\omega t - 150°) + \cdots\right]$$

可见，其中 3 的倍数次谐波分量已经抵消，只剩余 $6k\pm1$（k=1,2,3,⋯）次谐波。

（2）三相电压型逆变电路的串联多重。三相电压型逆变电路二重连接及其向量图如图 1-3-27 所示。

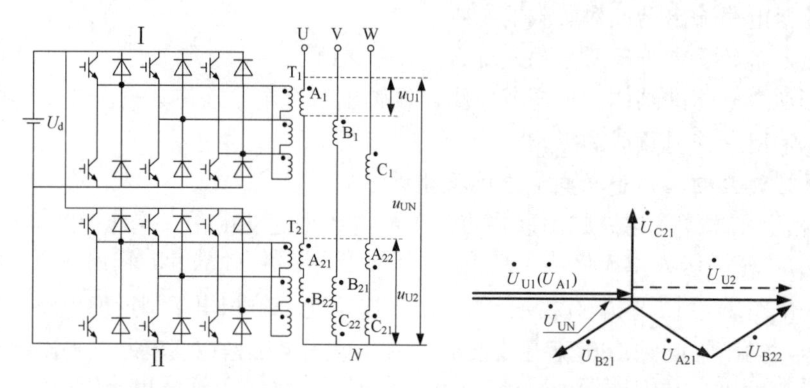

图 1-3-27 三相电压型逆变电路的二重连接及其向量图

三相电压型逆变电路I和三相电压型逆变电路II由同一电压源供电，各自按照 180° 工作方式，输出波形如图 1-3-28 所示。两组三相电压型逆变电路控制信号彼此错开 30°，即II的输出电压波形滞后于I的输出电压 30°。

按照变压器 T_1、T_2 的一、二次侧绕组匝数相同，有 $u_{U1}=u_{A1}$，$u_{U2}=u_{A21}-u_{B22}$，u_{U1} 幅值为 U_{A1}，u_{U2} 幅值为 $\sqrt{3}U_{A1}$，即曲折连接变压器 T_2 二次侧输出电压是 T_1 二次侧输出电压的 $\sqrt{3}$ 倍。

为了使曲折连接变压器 T_2 输出电压与 T_1 输出电压相等，设置变压器 T_2 二次侧绕组匝数为 T_1 二次侧绕组匝数的 $1/\sqrt{3}$，按照向量图可得，u_{U2} 的幅值便与 u_{U1} 的幅值相等。

设置 T_1 匝比为 $n:n$，设置 T_2 匝比为 $n:n/\sqrt{3}$，有 $U_{U2}=U_{U1}$。图 1-3-28 的波形是按照这个匝比所绘制的波形图。

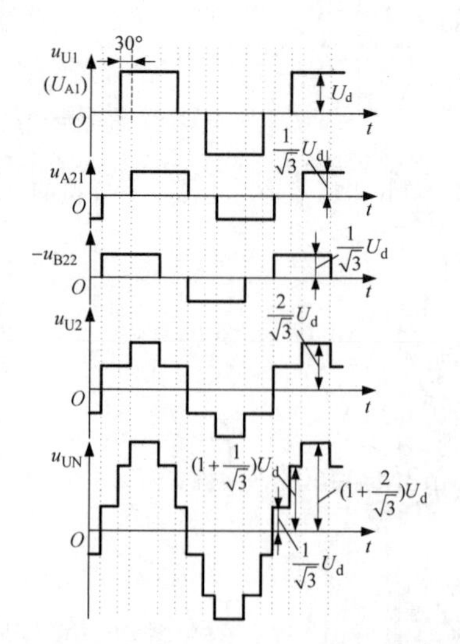

图 1-3-28 三相电压型逆变电路二重连接时的输出电压波形

二重连接的三相电压型逆变电路输出电压为两逆变电路输出电压之和，波形u_{UN}比u_{U1}更接近于正弦波。

按照傅里叶级数展开，u_{U1}、u_{U2}、u_{UN}的表示如下：

$$u_{\mathrm{U1}}=\frac{2\sqrt{3}U_{\mathrm{d}}}{\pi}\left(\sin\omega t-\frac{1}{5}\sin 5\omega t-\frac{1}{7}\sin 7\omega t+\frac{1}{11}\sin 11\omega t+\frac{1}{13}\sin 13\omega t+\cdots\right)$$

$$u_{\mathrm{U2}}=u_{\mathrm{A21}}+u_{\mathrm{B22}}=\frac{2\sqrt{3}U_{\mathrm{d}}}{\pi}\left(\sin\omega t+\frac{1}{5}\sin 5\omega t+\frac{1}{7}\sin 7\omega t+\frac{1}{11}\sin 11\omega t+\frac{1}{13}\sin 13\omega t+\cdots\right)$$

$$u_{\mathrm{UN}}=u_{\mathrm{U1}}+u_{\mathrm{U2}}=\frac{4\sqrt{3}U_{\mathrm{d}}}{\pi}\left(\sin\omega t+\frac{1}{11}\sin 11\omega t+\frac{1}{13}\sin 13\omega t+\cdots\right)$$

u_{U1}的基波分量有效值：$U_{\mathrm{U11}}=\dfrac{\sqrt{6}U_{\mathrm{d}}}{\pi}=0.78U_{\mathrm{d}}$。

其中，n 次谐波分量有效值：$U_{\mathrm{U1}n}=\dfrac{\sqrt{6}U_{\mathrm{d}}}{\pi n}$。

合成之后输出电压u_{UN}的基波有效值：$U_{\mathrm{UN1}}=\dfrac{2\sqrt{6}U_{\mathrm{d}}}{\pi}=1.56U_{\mathrm{d}}$。

其中，合成之后输出电压u_{UN}的 n 次谐波分量有效值：$U_{\mathrm{UN}n}=\dfrac{2\sqrt{6}U_{\mathrm{d}}}{\pi n}$。

其中，$n=12k\pm1$，$k\in$自然数。合成电压中，已经不存在 5、7 次谐波。

三相电压型逆变电路二重连接，输入直流电流每周期脉动 12 次，称为 12 脉波逆变电路。

19. 电流型逆变电路的并联多重构成及分析

电流型逆变电路输出电流波形为方波，为优化输出波形，可将多个电流型逆变电路直接并联输出至负载，或者通过变压器耦合输出至负载。

（1）两个电流型逆变电路直接并联给负载供电，其电路及其波形如图 1-3-29 所示。

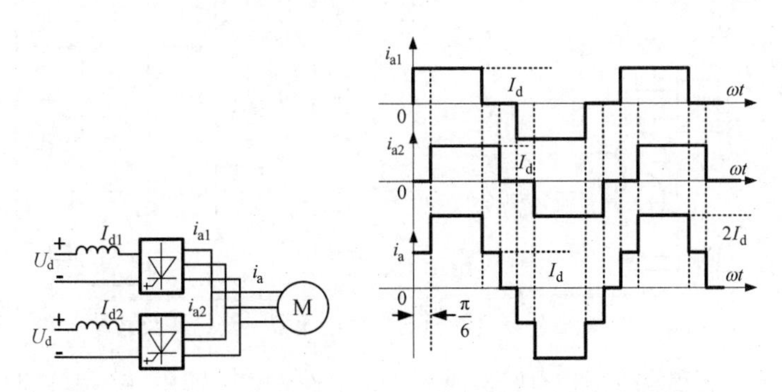

图 1-3-29　直接并联输出的二重电流型逆变电路及其波形

电流型逆变电路采用 120°导通方式，输出电流波形为 120° 宽的方波交流电流。两路电流型逆变电路输入直流电流均为I_{d}，输出电流波的傅里叶级数展开式为

$$i_{\mathrm{a1}}=\frac{2\sqrt{3}I_{\mathrm{d}}}{\pi}\left(\sin\omega t+\frac{1}{5}\sin 5\omega t+\frac{1}{7}\sin 7\omega t+\frac{1}{11}\sin 11\omega t+\frac{1}{13}\sin 13\omega t+\cdots\right)$$

$$i_{a2}=\frac{2\sqrt{3}I_d}{\pi}\left[\sin(\omega t-30°)+\frac{1}{5}\sin5(\omega t-30°)+\frac{1}{7}\sin7(\omega t-30°)+\frac{1}{11}\sin11(\omega t-30°)\right.$$
$$\left.+\frac{1}{13}\sin13(\omega t-30°)+\cdots\right]$$

$$i_a=i_{a1}+i_{a2}$$

$$i_a=\frac{4\sqrt{3}I_d}{\pi}\left[\sin(\omega t-15°)\cos15°+\frac{1}{5}\sin(5\omega t-75°)\cos75°+\frac{1}{7}\sin(7\omega t-105°)\cos105°\right.$$
$$\left.+\frac{1}{11}\sin(11\omega t-165°)\cos165°+\frac{1}{13}\sin(13\omega t-195°)\cos195°+\cdots\right]$$

三角函数用数值表示：$\cos15°\approx0.966$，$\cos75°\approx0.259$，$\cos105°\approx-0.259$，$\cos165°\approx-0.966$，$\cos195°\approx-0.966$。

观察图 1-3-29，直接并联的二重电流型逆变电路，其输出电流波形比原 120° 宽方波波形更接近于正弦形，结合数值表达，其中的 5、7 次谐波明显减少，11、13 次谐波减少不多。

（2）多个电流型逆变电路通过变压器耦合输出至负载，其电路及其波形如图 1-3-30 所示。

多个电流型逆变电路采用直接并联输出至负载的多重化方法可以削弱某些谐波，但无法根本消除这些谐波。如需要进一步改善输出波形，消除相关谐波，可以采用变压器耦合的多重化方法，选择合适的变压器接法与匝比，可以增加输出波形的阶梯数，优化波形。

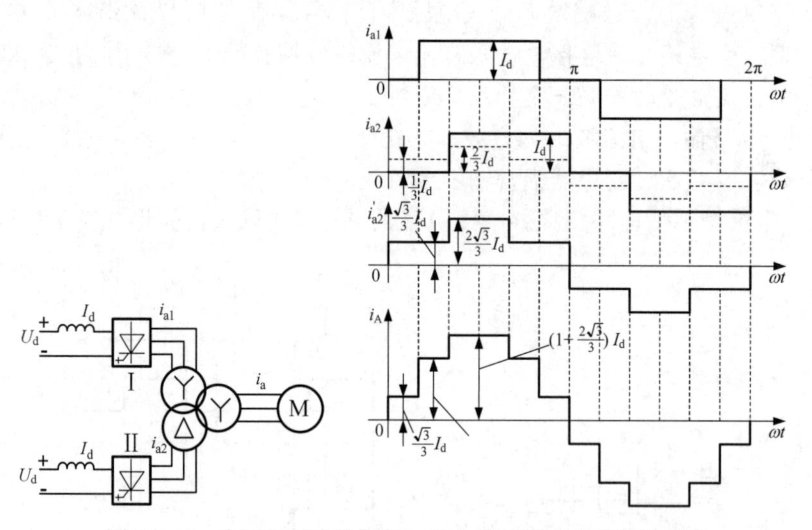

图 1-3-30　变压器耦合输出的二重电流型逆变电路及其波形

图 1-3-30 中，电流型逆变电路I按照 120°导通工作方式，输出变压器按照 Y/Y 连接，匝比为 1∶1；电流型逆变电路II也按照 120°导通工作方式，输出变压器按照△/Y 连接，匝比为 $1:\frac{1}{\sqrt{3}}$。两个电流型逆变电路工作相位错开 30°，类似于多相整流电路分析方法，其中 A 相输出电流波的傅里叶级数展开式可以表示为

$$i_A=\frac{4\sqrt{3}I_d}{\pi}\left(\sin\omega t+\frac{1}{11}\sin11\omega t+\frac{1}{13}\sin13\omega t+\frac{1}{23}\sin23\omega t+\frac{1}{25}\sin25\omega t+\cdots\right)$$

可见，采用变压器耦合二重连接，输出电流波形中 5、7 次谐波已经完全消除，只有 $12k\pm1$ 次谐波，其余谐波都不存在了。

以此类推，可以利用变压器构成三重连接，消除更多次的谐波。但是逆变电路多重连接将使得电路的结构复杂，成本增加，需要依据实际电路的性价比进行取舍。

20. 电压型逆变电路多电平的意义与作用是什么？

多个电压型逆变电路通过串联多重连接，获得多脉波逆变电路，输出电压得以优化，波形更接近于正弦电压，谐波含量大为减小。电压型逆变电路输出电压只有两个电平，称为二电平逆变电路。

如果逆变电路输出多种电平，不仅可以使输出电压波形更接近于正弦，还可以使逆变电路承受更高的电压。如中点钳位型逆变电路、飞跨电容型逆变电路、单元串联多电平逆变电路等。接下来以中点钳位型三电平逆变电路和单元串联多电平逆变电路为例对电压型多电平进行讲解。

中点钳位型三电平逆变电路如图 1-3-31 所示。U 相端口电位有 $\pm\frac{1}{2}U_d$ 和 0 三种电平，由相邻两相电压的差可以获得输出线电压。两电平逆变电路输出线电压有 $\pm U_d$ 和 0 三种电平。中点钳位型三电平逆变电路输出线电压电平有 $\pm U_d$、$\pm\frac{1}{2}U_d$、0 五种电平。因为该线电压电平数多于两电平电压型逆变电路，其中谐波可大大减小，波形更接近于正弦形。以此类推，可以获得更多电平的逆变电路，输出波形将更加优化，但随之而来的是需要配置的电力电子器件的数目急剧增加，电路结构复杂、成本增加。

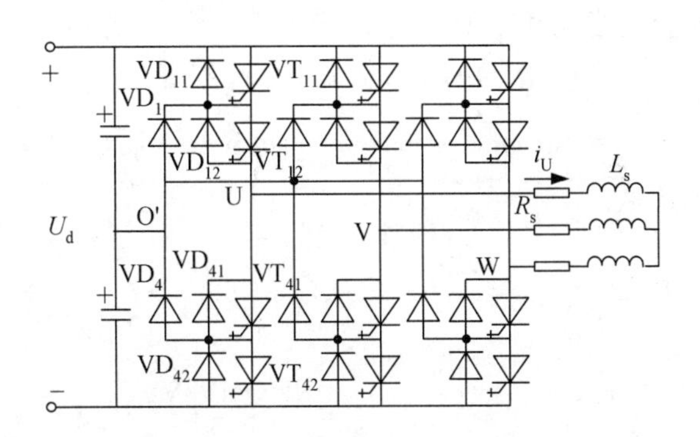

图 1-3-31　中点钳位型三电平逆变电路

除通过改变逆变电路结构获得多电平外，还可以用逆变电路作为单元电路，用多个单元电路串联组合，构成串联多重逆变电路。每个单元逆变电路控制信号错开一定相位，总输出电压为各单元输出电压的叠加，总输出电压中谐波减小，波形比单元逆变电路输出电压更接近于正弦形。

电压型逆变的多电平可以让输出电压波形优化，接近于正弦，改善负载的工作条件，有时也改善开关器件的工作条件，如中点钳位型三电平逆变电路中的开关元件，它最高只承受了一半的电源电压。

解题示例

（本章解题示例以具体的变换电路分析为主，其中与前面介绍重复的解题内容将省略）

（1）单相半桥电压型逆变电路输入直流电压为220V，请分析电路的工作原理，绘制波形，并分析该逆变电路的输出电压。

单相半桥电压型逆变电路及其波形如图1-3-1所示。具体波形分析见前文所述，需要阐述电路工作过程、导通、关断的器件、电压与电流变化过程等。

输出交流电压：$u_{\mathrm{o}}=\dfrac{2U_{\mathrm{d}}}{\pi}\left(\sin\omega t+\dfrac{1}{3}\sin 3\omega t+\dfrac{1}{5}\sin 5\omega t+\cdots\right)$。

输出交流电压有效值：$U_{\mathrm{o}}=0.5U_{\mathrm{d}}$=110V。

输出交流电压基波幅值：$U_{\mathrm{o1m}}=\dfrac{2U_{\mathrm{d}}}{\pi}=0.64U_{\mathrm{d}}$=140V。

输出交流电压基波有效值：$U_{\mathrm{o1}}=\dfrac{\sqrt{2}U_{\mathrm{d}}}{\pi}=0.45U_{\mathrm{d}}$=99V。

半桥逆变电路输出交流电压u_{o}为正负180°的矩形电压，若要调整输出电压有效值，可通过改变输入直流电压U_{d}的数值实现。

（2）单相全桥电压型逆变电路输入直流电压为220V，请分析电路的工作原理，绘制工作波形，并分析逆变电路的输出电压。采用移相调压控制时，若对角开关管错开角度60°，电路工作情况如何？

单相全桥电压型逆变电路及其波形如图1-3-3所示。具体波形分析见前文所述，需要阐述电路工作过程、导通、关断的器件、电压与电流变化过程等。

输出交流电压：$u_{\mathrm{o}}=\dfrac{4U_{\mathrm{d}}}{\pi}\left(\sin\omega t+\dfrac{1}{3}\sin 3\omega t+\dfrac{1}{5}\sin 5\omega t+\cdots\right)$。

输出交流电压有效值：$U_{\mathrm{o}}=U_{\mathrm{d}}$=220V。

输出交流电压基波幅值：$U_{\mathrm{o1m}}=\dfrac{4U_{\mathrm{d}}}{\pi}=1.27U_{\mathrm{d}}$=279.4V。

输出交流电压基波有效值：$U_{\mathrm{o1}}=\dfrac{2\sqrt{2}U_{\mathrm{d}}}{\pi}=0.9U_{\mathrm{d}}$=198V。

全桥逆变电路输出交流电压u_{o}为正负180°矩形电压，也可通过改变输入直流电压U_{d}的数值以调整输出交流电压有效值，或通过移相调压控制实现调整。

与单相全桥逆变电路180°工作方式相比，对角开关管错开60°的移相调压控制方式中间存在两个输出电压为零的续流阶段（60°），电路工作过程、导通、关断的器件、电压与电流变化过程等如前文所述，电路波形如图1-3-5所示。逆变电路输出交流电压为正负宽120°的方波电压，输出电压有效值：$U_{\mathrm{o}}=\sqrt{\theta/\pi}U_{\mathrm{d}}$=179.63V。

（3）带中心抽头变压器的电压型逆变电路，输入直流电压48V，变压器一次侧和二次侧的匝比为2:5，请分析电路工作原理，绘制波形，并分析逆变电路的输出电压。采用移相调压控制时，若错开角度60°，电路工作情况如何？

带中心抽头变压器逆变电路如图1-3-7所示，波形如图1-3-32（a）所示。具体波形分析见前文所述，需要阐述电路工作过程、导通、关断的器件、电压与电流变化过程等。

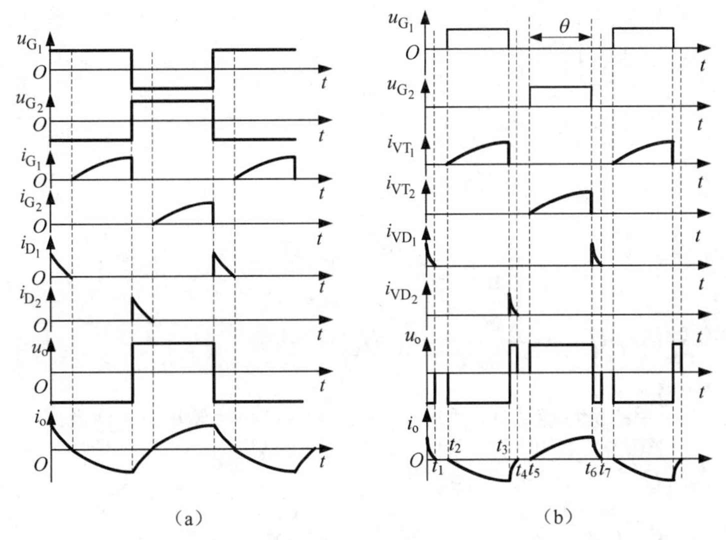

（a）　　（b）

图 1-3-32　带中心抽头变压器逆变电路 180°工作及移相调压时的波形

VT_1、VT_2轮流导通，变压器二次侧输出方波交流电压。

忽略漏感续流而出现的感应电压，输出交流电压有效值$U_o=\frac{W_3}{W_1}U_d$=240V。

采取移相控制方式时波形如图 1-3-32（b）所示。图中，$\theta=120°$，输出交流电压为 120°的正负方波，输出电压有效值（忽略漏感续流而出现的感应电压）：$U_o=\sqrt{\frac{120°}{180°}}\frac{W_3}{W_1}U_d$=196V。

（4）三相桥式电压型逆变电路输入直流电压 300V，请分析电路的工作原理，绘制工作波形，并分析逆变电路的输出电压。

三相桥式电压型逆变电路及其波形如图 1-3-9 所示。一相上下两个开关管互补导通，即桥路按照 180°工作方式，U、V、W 三相开关管驱动信号之间相差 120°，换流是在同桥臂上下两个开关管之间进行的，为纵向换流方式。换流过程中，桥臂上下两个开关管采用“先断后通”的方式控制。波形分析见前文所述，需要阐述电路工作过程、导通、关断的器件、电压与电流变化过程等。

三相电压型逆变电路开关管导通规律如下：

①【VT_5、VT_6、VD_1→VT_5、VT_6、VT_1】→②【VT_6、VT_1、VD_2→VT_6、VT_1、VT_2】→③【VT_1、VT_2、VD_3→VT_1、VT_2、VT_3】→④【VT_2、VT_3、VD_4→VT_2、VT_3、VT_4】→⑤【VT_3、VT_4、VD_5→VT_3、VT_4、VT_5】→⑥【VT_4、VT_5、VD_6→VT_4、VT_5、VT_6】→①【VT_5、VT_6、VD_1→VT_5、VT_6、VT_1】以此循环。

以电源中点N'为参考，有电路方程：

$$
\begin{cases}
u_{UN'}=u_{UN}+u_{NN'}\\
u_{VN'}=u_{VN}+u_{NN'}\\
u_{WN'}=u_{WN}+u_{NN'}
\end{cases}
$$

求解可得$u_{NN'}=\frac{1}{3}(u_{UN'}+u_{VN'}+u_{WN'})$。

负载中点相对于电源中点的电压波形幅值为$U_d/6$、频率是输出电压频率3倍的矩形波，u_{UN}、u_{VN}、u_{WN}依次相差120°。

线电压：$u_{UV}=\frac{2\sqrt{3}U_d}{\pi}\left(\sin\omega t-\frac{1}{5}\sin 5\omega t-\frac{1}{7}\sin 7\omega t+\frac{1}{11}\sin 11\omega t+\frac{1}{13}\sin 13\omega t+\cdots\right)$。

输出线电压有效值：$U_{UV}=0.816U_d$=244.8V。

线电压基波幅值：$U_{UV1m}=\frac{2\sqrt{3}U_d}{\pi}=1.1U_d$=330V。

线电压基波有效值：$U_{UV1}=\frac{\sqrt{6}U_d}{\pi}=0.78U_d$=234V。

相电压：$u_{UN}=\frac{2U_d}{\pi}\left(\sin\omega t+\frac{1}{5}\sin 5\omega t+\frac{1}{7}\sin 7\omega t+\frac{1}{11}\sin 11\omega t+\frac{1}{13}\sin 13\omega t+\cdots\right)$。

相电压有效值：$U_{UN}=0.471U_d$=141.3V。

相电压基波幅值：$U_{UN1m}=\frac{2U_d}{\pi}=0.637U_d$=191.1V。

相电压基波有效值：$U_{UN1}=\frac{\sqrt{2}U_d}{\pi}=0.45U_d$=135V。

（5）串联谐振式电压型逆变电路，试分析电路的工作原理，绘制相关波形，说明器件的导通关断情况。若电路输出端负载电路为5Ω，负载电感为10mH，电路工作频率为500Hz，若要使电路能够实现逆变，负载所串联的电容应该如何设置？

串联谐振式电压型逆变电路及波形如图1-3-16所示。电路工作过程、器件的导通关断、输出电压和电流的变化等见前文分析。为实施逆变电路换流，电路工作频率略低于逆变电路负载的谐振频率，负载电路需要呈容性，以实现负载换流，i_o超前于u_o。

此逆变电路负载的谐振频率$\omega_0=\sqrt{1/LC}$，为使电路能够实现逆变，必须使$\omega_0>500$，$C<400\mu F$。即该电路要实现逆变控制，所设置的串联电容必须小于400μF。

或者在电路设计时，在获知负载电阻、电感的前提条件下，预先选择好串联电容，根据$\omega_0=\sqrt{1/LC}$获得负载电路的谐振频率，则在具体电路控制时，使得电路的工作频率f满足$2\pi f<\omega_0$，负载电路呈容性，负载电流超前于电压一定的角度（对应的时间应该大于晶闸管的关断时间t_q），为开关管提供换相电压。

（6）单相电流型逆变电路，试分析电路的工作原理，绘制相关波形，说明器件的导通关断情况。若输入直流电源电流为100A，电路输出端负载电路为5Ω，负载电感为10mH，电路工作频率为500Hz，若要使电路能够实现逆变，负载所并联的电容应该如何设置？

单相电流型逆变电路及其波形如图1-3-18所示。电路工作过程、器件的导通关断、输出电压和电流的变化等见前文分析。为实现负载换流，负载并联电容器让负载呈容性，负载电流超前于电压，实现负载换流。

忽略换相过程，负载电流经过傅里叶级数展开可表示为

$$i_o = \frac{4I_d}{\pi}\left(\sin\omega t + \frac{1}{3}\sin 3\omega t + \frac{1}{5}\sin 5\omega t + \frac{1}{7}\sin 7\omega t + \cdots\right)$$

负载电流基波有效值：$I_{o1} = \frac{2\sqrt{2}}{\pi} I_d = 0.9 I_d$ =90A。

忽略换相时间，直流侧输入电压平均值：$U_o = 1.11\frac{U_d}{\cos\varphi}$。

可见，单相电流型逆变电路负载端口电压与负载功率因数成反比，功率因数越小，负载端口交流电压越高。

根据并联谐振电路的分析，电路谐振时谐振频率满足$\omega_0 = \sqrt{\frac{L - R^2C}{L^2C}}$，由此可确定电容值$C = 200\mu F$。

因此，为使该电路能够进行逆变，负载端口需要至少并联 200μF 以上的电容，或者在固定电容 200μF 的情况下，电路工作频率略高于 500Hz，使逆变电路运行于接近谐振状态，负载电流超前于负载电压一定角度（对应时间应该大于晶闸管关断时间t_q），保证逆变电路晶闸管的换流。

（7）对于 GTO 三相桥式电流型逆变电路，试分析电路的工作原理，绘制相关波形，说明器件的导通关断情况。若输入直流电源电流为 100A，求逆变电路输出交流电流基波有效值。

GTO 三相桥式电流型逆变电路及波形如图 1-3-20 所示。电路工作过程、器件的导通关断、输出电流等见前文分析。

该逆变电路按照 120°导通工作方式，任意时刻，总有逆变桥上桥臂一个开关管和下桥臂一个开关管导通构成回路。逆变桥换流时，处于同侧桥臂的三个开关管依次换流，称为横向换流。

根据输出波形的傅里叶分析，输出交流电基波电流有效值：$I_{U1} = \frac{\sqrt{6}}{\pi} I_d$=78A。

（8）对于串联二极管式晶闸管逆变电路，试分析电路的工作原理，绘制相关波形，说明器件的导通关断情况。

串联二极管式晶闸管逆变电路、换流等效电路及换流波形如图 1-3-22 所示。电路工作过程、器件的导通关断、输出电流等见前文分析，重点理解图 1-3-23 四个过程与相关波形。

（9）无换相器电动机工作原理与波形分析。

三相电流型逆变电路给同步电机供电，从逆变器的输入端看电机，其特性、调速方式与直流电动机相似，称为无换相器电动机。逆变电路采用 120°导电方式，利用电动机的反电势实现换流。其换流过程及波形如图 1-3-25 所示。

该逆变电路中，晶闸管的触发脉冲来自电机转子位置检测器。由转子磁极位置决定给相应的晶闸管发送触发脉冲，实现逆变电路晶闸管的换流。同步电动机不会因为负载突变而失步，即便电机处于堵转状态，只要逆变器输入电流被控制为恒定，电动机也不会因堵转而短路，仍可正常工作，输出额定电磁转矩。

（10）电压型逆变电路的串联多重可以获得输出波形的优化，两个单相电压型逆变电路采用错位 60°，经过变压器进行串联，若输入直流电压为 300V，试分析其输出电压情况（变压器匝比为 1:1）。

单相电压型逆变电路二重连接及其波形如图 1-3-26 所示。对输出波形进行傅里叶级数展开得到参量如下。

逆变电路 I 输出电压：$u_{o1}=\dfrac{4U_d}{\pi}\left(\sin\omega t+\dfrac{1}{3}\sin 3\omega t+\dfrac{1}{5}\sin 5\omega t+\cdots\right)$。

逆变电路 II 输出电压：

$$u_{o2}=\frac{4U_d}{\pi}\left[\sin(\omega t-60°)+\frac{1}{3}\sin 3(\omega t-60°)+\frac{1}{5}\sin 5(\omega t-60°)+\cdots\right]$$

综合输出电压：

$$\begin{aligned}u_o&=u_{o1}+u_{o2}\\&=\frac{4U_d}{\pi}\left[\sin\omega t+\sin(\omega t-60°)+\frac{1}{3}\sin 3\omega t+\frac{1}{3}\sin 3(\omega t-60°)+\frac{1}{5}\sin 5\omega t+\frac{1}{5}\sin 5(\omega t-60°)+\cdots\right]\\&=\frac{4U_d}{\pi}\left[\sqrt{3}\sin(\omega t-30°)-\frac{\sqrt{3}}{5}\sin(5\omega t-150°)+\cdots\right]\end{aligned}$$

其中，3 的倍数次谐波分量已经抵消，只剩余 $6k\pm1$（k=1,2,3,…）次谐波。

输出交流电压基波分量有效值：$U_1=\dfrac{2\sqrt{6}U_d}{\pi}$=468V。

最低次谐波 5 次，其有效值：$U_5=\dfrac{2\sqrt{6}U_d}{5\pi}$=93.6V。

（11）三相电压型逆变电路采用图 1-3-27 中的方式进行串联多重，直流输入电压为 300V，试分析其输出基波电压情况（变压器 T_1 匝比为 n:n，变压器 T_2 的匝比为 $n:n/\sqrt{3}$）。

三相电压型逆变二重连接电路向量图如图 1-3-27 所示。逆变电路I和逆变电路II由同一电压源供电，各自按照 180°工作方式。变压器输出电压波形如图 1-3-28 所示。

合成之后输出电压 u_{UN} 可表示如下：

$$u_{UN}=u_{U1}+u_{U2}=\frac{4\sqrt{3}U_d}{\pi}\left(\sin\omega t+\frac{1}{11}\sin 11\omega t+\frac{1}{13}\sin 13\omega t+\cdots\right)$$

逆变电路I输出电压 u_{U1} 输出的基波电压有效值：$U_{U11}=\dfrac{\sqrt{6}U_d}{\pi}=0.78U_d$=234V。

合成之后输出电压 u_{UN} 的基波有效值：$U_{UN1}=\dfrac{2\sqrt{6}U_d}{\pi}=1.56U_d$=468V。

合成之后输出电压 u_{UN} 的 n 次谐波分量有效值：$U_{UNn}=\dfrac{2\sqrt{6}U_d}{\pi n}$。

其中，$n=12k\pm1$，$k\in$自然数。合成电压中，已经不存在 5、7 次等谐波。最低次谐波为 11 次，其有效值 $U_{UN11}=\dfrac{2\sqrt{6}U_d}{11\pi}$=42.55V。

（12）电流型逆变电路按照图 1-3-29 进行直接并联多重，两个直流电流源输入电流均为 100A，请分析其输出相电流有效值及最低次谐波情况。如果采用图 1-3-30 的方式，通过耦合变压器进行多重连接，试分析其输出相电流有效值及最低次谐波情况。

两个电流型逆变电路直接并联给负载供电，采用 120°导通方式，输出电流波形为 120°宽方波交流电流。综合输出电流波形（图 1-3-29），a 相输出电流波的傅里叶级数展开式为

$$i_{\mathrm{a}}=\frac{4\sqrt{3}I_{\mathrm{d}}}{\pi}\left[\sin(\omega t-15^\circ)\cos15^\circ+\frac{1}{5}\sin(5\omega t-75^\circ)\cos75^\circ+\frac{1}{7}\sin(7\omega t-105^\circ)\cos105^\circ\right.$$
$$\left.+\frac{1}{11}\sin(11\omega t-165^\circ)\cos165^\circ+\frac{1}{13}\sin(13\omega t-195^\circ)\cos195^\circ+\cdots\right]$$

a 相电流有效值：$I_{\mathrm{a}}=\frac{2\sqrt{6}I_{\mathrm{d}}}{\pi}\times0.966=150.64\mathrm{A}$。

最低次谐波电流为 5 次，其有效值：$I_{\mathrm{a5}}=\frac{2\sqrt{6}I_{\mathrm{d}}}{5\pi}\cdot\cos75^\circ=8.1\mathrm{A}$。

7 次谐波电流有效值：$I_{\mathrm{a7}}=\frac{2\sqrt{6}I_{\mathrm{d}}}{7\pi}\times0.259=5.77\mathrm{A}$。

11 次谐波电流有效值：$I_{\mathrm{a11}}=\frac{2\sqrt{6}I_{\mathrm{d}}}{11\pi}\times0.966=13.7\mathrm{A}$。

直接并联二重电流型逆变电路，输出电流波形比 120°宽方波更接近于正弦形，观察函数表达式，其中 5、7 次谐波明显减少，11、13 次谐波减少不多。

如果两个电流型逆变电路通过变压器耦合输出，电流型逆变器I按照 120°导通工作方式，输出变压器按照 Y/Y 连接，匝比为 1:1；电流型逆变器II也按照 120°导通工作方式，输出变压器按照△/Y 连接，匝比为 $1:1/\sqrt{3}$。两个电流型逆变电路工作相位错开 30°，输出电流波形如图 1-3-30 所示，a 相电流为

$$i_{\mathrm{a}}=\frac{4\sqrt{3}I_{\mathrm{d}}}{\pi}\left(\sin\omega t+\frac{1}{11}\sin11\omega t+\frac{1}{13}\sin13\omega t+\frac{1}{23}\sin23\omega t+\frac{1}{25}\sin25\omega t+\cdots\right)$$

a 相电流有效值：$I_{\mathrm{a}}=\frac{2\sqrt{6}I_{\mathrm{d}}}{\pi}=155.94\mathrm{A}$。

最低次谐波电流为 11 次，其有效值：$I_{\mathrm{a11}}=\frac{2\sqrt{6}I_{\mathrm{d}}}{11\pi}=14.17\mathrm{A}$。

采用变压器耦合的二重连接，输出电流波形中 5、7 次谐波已完全消除，只有 $12k\pm1$ 次谐波，输出波形改善明显。相比于直接并联，电路相对复杂，成本增加。

（13）请说明逆变电路采用多电平输出的构成形式与实际意义。

电压型逆变电路输出电压只有两个电平，称为二电平逆变电路。多个电压型逆变电路通过串联多重连接，获得多脉波（多电平）输出，输出电压波形得到优化，电压波形比原来输出的方波波形更接近于正弦电压，其中的谐波含量大为减小。

逆变电路输出多种电平，不仅可以使输出电压波形更接近于正弦，还可以使逆变电路承受更高的电压。如中点钳位型逆变电路、飞跨电容型逆变电路、单元串联多电平逆变电路等。

电压型逆变多电平除了可以让输出电压波形优化（接近于正弦）、改善负载工作条件外，在同等电源电压下还可以改善开关器件的工作条件，如中点钳位型三电平逆变电路中的每个开关器件所承受的电压为电源电压的一半。

第四章　直直变换电路

1. 何谓直直变换电路？有哪几种形式？

将直流电变换成另一个固定或者可调电压的直流变换电路，称为直直变换电路，又称斩波电路。

根据直直变换过程中输入与输出之间是否隔离，可以将直直变换电路分为**直接直流变流电路**和**间接直流变流电路**两种。

直接直流变流电路直接将直流电变换成另一直流电，输入与输出之间不隔离。直接直流变流电路有降压、升压、升降压、丘克、Zeta、Sepic 六种基本斩波电路。基本斩波电路通过组合可构成复合斩波电路，如可逆斩波电路、桥式斩波电路等。

间接直流变流电路在变换电路中存在交流环节，变换流程为直流→交流→直流，中间交流电通过变压器实现输入与输出之间的隔离。间接直流变流电路有正激型变换电路、反激型变换电路、桥式变换电路、推挽变换电路等。

2. 降压斩波电路的输入/输出关系及其分析

降压斩波电路［图 1-4-1（a）］在电感电流连续、断续情况下的波形分别如图 1-4-1（b）和图 1-4-1（c）所示。根据电路波形、能量守恒、电路状态关系等条件，可以分析电路输入/输出之间的关系。

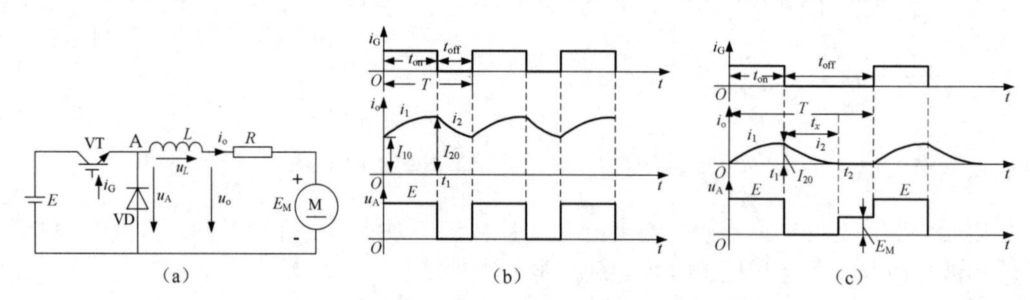

图 1-4-1　降压斩波电路及其在电感电流连续、断续下的波形

（1）根据电路波形分析。观察降压斩波电路及其波形［图 1-4-1（a）］，根据基尔霍夫电压定律，输出回路的电压平均值有关系：$U_{\mathrm{A}}=U_L+U_{\mathrm{o}}$。其中：

$$U_{\mathrm{A}}=\frac{1}{T}\int_0^T u_{\mathrm{A}}\mathrm{d}t=\frac{t_{\mathrm{on}}}{T}E$$

$$U_L=\frac{1}{T}\int_0^T u_{\mathrm{L}}\mathrm{d}t=\frac{1}{T}\int_0^T L\frac{\mathrm{d}i_L}{\mathrm{d}t}\mathrm{d}t=\frac{1}{T}\int_{I_{10}}^{I_{10}} L\mathrm{d}i_L=0$$

$$U_{\mathrm{o}}=U_{\mathrm{A}}=\frac{t_{\mathrm{on}}}{T}E=\sigma E$$

式中，$\sigma=\dfrac{t_{\mathrm{on}}}{T}$ 称为电路的占空比。

输出电路电流：$I_{\mathrm{o}}=\dfrac{U_{\mathrm{o}}-E_{\mathrm{M}}}{R}$。

（2）根据能量守恒定律分析。假定降压斩波电路元件均为理想元件，在电路工作过程中不消耗电能，则在一个周期内，电路所吸收的电能等于其输出的电能。为分析方便，认为电感电流在开关工作过程中基本不变。

注意：即便电感电流是变化的，同样也可以利用能量守恒定律，此时分析过程稍许复杂，此处不详细展开说明。

在一个工作周期中，只有开关管开通期间从电源吸收能量。在开关管开通时，斩波电路吸收能量为EI_Lt_{on}。在整个开关周期中，该斩波电路一直向负载提供能量，为$U_{\text{o}}I_LT$。由$U_{\text{o}}I_LT=EI_Lt_{\text{on}}$，得$U_{\text{o}}=\dfrac{t_{\text{on}}}{T}E$。

或者以电感元件为观察对象，利用能量守恒定律可得相关参量计算如下：

开关管开通，电感吸收能量：$(E-U_{\text{o}})I_Lt_{\text{on}}$。

开关管关断，电感释放能量：$U_{\text{o}}I_Lt_{\text{off}}$。

由$(E-U_{\text{o}})I_Lt_{\text{on}}=U_{\text{o}}I_Lt_{\text{off}}$，得$U_{\text{o}}=\dfrac{t_{\text{on}}}{T}E$。

（3）根据微分方程分析。

开关管开通时，有$E=L\dfrac{\mathrm{d}i_{\text{o}}}{\mathrm{d}t}+u_{\text{o}}$。

开关管关断时，有$0=L\dfrac{\mathrm{d}i_{\text{o}}}{\mathrm{d}t}+u_{\text{o}}$。

根据初始条件，求解微分方程，得电感电流在开关管开通、关断期间的时间函数：

$$i_1=I_{10}\mathrm{e}^{-\frac{t}{\tau}}+\frac{E-E_{\text{M}}}{R}(1-\mathrm{e}^{-\frac{t}{\tau}})$$

$$i_2=I_{20}\mathrm{e}^{-\frac{t-t_{\text{on}}}{\tau}}-\frac{E_{\text{M}}}{R}(1-\mathrm{e}^{-\frac{t-t_{\text{on}}}{\tau}})$$

根据状态前后的衔接关系，得到电感电流的最小值I_{10}、最大值I_{20}：

$$I_{10}=\left(\frac{\mathrm{e}^{t_{\text{on}}/\tau}-1}{\mathrm{e}^{T/\tau}-1}-\frac{E_{\text{M}}}{E}\right)\frac{E}{R}$$

$$I_{20}=\left(\frac{1-\mathrm{e}^{-t_{\text{on}}/\tau}}{1-\mathrm{e}^{-T/\tau}}-\frac{E_{\text{M}}}{E}\right)\frac{E}{R}$$

当时间常数足够大时有$I_{10}\approx I_{20}\approx I_{\text{o}}=\left(\sigma-\dfrac{E_{\text{M}}}{E}\right)\dfrac{E}{R}=\dfrac{\sigma E-E_{\text{M}}}{R}$。

观察电路输出回路，有$U_{\text{o}}=\sigma E$。

考虑到斩波电路工作频率较高，在开关周期内，电感电流可以视为按照线性规律变化。

开关管开通期间，有$E=L\dfrac{I_{L\max}-I_{L\min}}{t_{\text{on}}}+U_{\text{o}}$。

开关管关断期间，有$0=L\dfrac{I_{L\min}-I_{L\max}}{t_{\text{off}}}+U_{\text{o}}$。

联立上式求解得$\dfrac{E-U_{\text{o}}}{U_{\text{o}}}=\dfrac{t_{\text{off}}}{t_{\text{on}}}$，$U_{\text{o}}=\dfrac{t_{\text{on}}}{T}E=\sigma E$。

（4）根据电感两端电压平均值为零的特点分析。电路工作过程中，当电路稳定时，电感元件两端电压平均值为零（**从物理意义上看，如果电感元件两端电压的平均值不为零，电感电流必然持续增长，需要有无穷大电源供电方可**）。可得

$$\frac{(E-U_o)t_{on}-U_o t_{off}}{T}=0 \to (E-U_o)\ t_{on}=U_o t_{off}$$

$$U_o=\frac{t_{on}}{T}E=\sigma E$$

3. 脉冲调制制式有哪些？

（1）脉冲宽度调制（PWM）：保持控制周期 T 不变，改变导通时间 t_{on}。

（2）脉冲频率调制（PFM）：保持导通时间 t_{on} 不变，改变控制周期 T。

（3）混合调制：导通时间 t_{on}、控制周期 T 均可调。

4. 降压斩波电路的电感参数与电路响应之间的关系

降压斩波电路在负载参数确定的情况下，电路工作频率越高、电感的感值越大，输出电流越平稳。采用全控型器件的降压斩波电路，因工作频率较高，为保证负载电流连续，电路电感值并不要求很大，甚至可利用负载自身漏感便可以实现负载电流连续，此时，斩波电路电感可以省去。

5. 降压斩波电路输出电流断续的判断条件是什么？电流断续后，输出电压电流将如何？

若降压斩波电路电感较小，电流出现断续，观察图 1-4-1（b）波形图，根据微分方程的解，有

$$t_x=\tau\ln\frac{1-(1-E_M/E)e^{-t_{on}/\tau}}{E_M/E}$$

式中，τ 为负载回路时间常数，$\tau=L/R$；t_x 为电流断续时，开关管关断后电感电流续流时间。

若电流断续，则 $t_x<t_{off}$，得到判定降压斩波电路电流断续条件：$\dfrac{E_M}{E}>\dfrac{e^{\frac{t_{on}}{\tau}}-1}{e^{\frac{T}{\tau}}-1}$。

斩波电路电感电流断续时，电流降为零，续流二极管截止，输出端口电压由负载反电动势决定，由 $U_o=E_M$，得输出电压平均值：$U_o=\sigma E+\left(1-\dfrac{t_{on}+t_x}{T}\right)E_M$。即电流断续时，输出直流电压与占空比 σ、输出负载反电动势有关，比电流连续时的输出直流电压高。负载电流平均值计算如下：

$$I_o=\frac{1}{T}\left(\int_0^{t_{on}}i_1 dt+\int_{t_{on}}^{t_{on}+t_x}i_2 dt\right)=\left(\sigma E-\frac{t_{on}+t_x}{T}E_M\right)\frac{1}{R}=\frac{U_o-E_M}{R}$$

6. 降压斩波电路输出电流连续时，输出电压纹波与电路及控制参数之间的关系

假定降压斩波电路输出端设置滤波电容 C，其电路与波形如图 1-4-2 所示。显然，输出滤波电容值足够大，输出电压 u_o 近似为常数 U_o。输出滤波电容为有限值，斩波电路输出直流电压存在纹波。

电路工作时有 $i_L=i_o+i_C$，即 $i_L\neq i_o$。当 $i_L<i_o$ 时，电容 C 对负载放电，当 $i_L>i_o$ 时，电容 C 被充电。输出电压基本恒定，电容电流在一个周期 T 内平均值为零。电容在 $T/2$ 时间内充电电荷或放电电荷为电感电流 i_L 与输出电流 i_o 之间包围的三角形面积，具体计算如下：

$$\Delta Q=\frac{1}{2}\cdot\frac{T}{2}\cdot\frac{\Delta i_L}{2}=\frac{T}{8}\Delta i_L$$

输出纹波电压峰谷差值：$\Delta U_o=\Delta Q/C=\dfrac{T}{8C}\Delta i_L$。

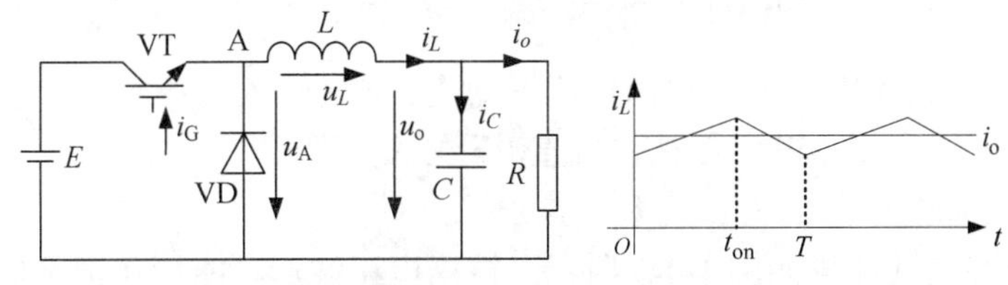

图 1-4-2　降压斩波电路输出端设置滤波电容的电路及波形

考虑开关管开通、关断期间微分方程，并将电流变化过程视为线性变化过程，其开通、关断时间可以表示为$t_{on}=\dfrac{L\Delta i_L}{E-U_o}$，$t_{off}=\dfrac{L\Delta i_L}{U_o}$。

因为$T=t_{on}+t_{off}$，$T=\dfrac{1}{f}$，所以有$\Delta i_L=\dfrac{TU_o(E-U_o)}{LE}=\dfrac{E\sigma(1-\sigma)}{fL}$。

代入方程$\Delta U_o=\dfrac{T}{8C}\Delta i_L$，有$\Delta U_o=\dfrac{E\sigma(1-\sigma)}{8f^2LC}$。

斩波电路电流连续时，输出电压纹波为

$$\frac{\Delta U_o}{U_o}=\frac{(1-\sigma)}{8f^2LC}=\frac{\pi^2}{2}\left(\frac{f_c}{f}\right)^2(1-\sigma)$$

式中，f为斩波电路工作频率，$f_c=\dfrac{1}{2\pi\sqrt{LC}}$为电路的截止频率。

该式表明，合理选择L、C，当满足$f_c \ll f$时，可限制输出纹波电压，且纹波电压大小与负载无关。

7. 降压斩波电路临界连续电流与电路及控制参数之间的关系

在图 1-4-2 的电路中，Δi_L为流过的电感电流峰谷差值，$\Delta i_L=I_{L\max}-I_{L\min}$，一个周期内，其平均值与负载电流$I_o$相等：$I_o=\dfrac{I_{L\max}+I_{L\min}}{2}$。

结合方程$\Delta i_L=\dfrac{E\sigma(1-\sigma)}{fL}$，有$I_{L\min}=I_o-\dfrac{E\sigma(1-\sigma)}{2fL}$。

斩波电路工作于电流临界连续时，$I_{L\min}=0$，维持电流临界连续的电感值：$L_0=\dfrac{E\sigma(1-\sigma)}{2fI_{lin}}$。

电流临界连续时负载电流：$I_{lin}=\dfrac{E\sigma(1-\sigma)}{2fL_0}$。

临界连续负载电流I_{lin}与输入电压E、电感L、开关频率f以及开关管占空比σ有关，开关频率越高、电感越大、临界连续电流越小，电路越容易获得电感电流连续工况。

8. 假定降压斩波电路元件是理想的，电路工作频率足够高，该电路可否被看成是直流降压变压器？

假定降压斩波电路元件是理想元件，电路工作频率足够高，在开关管开通、关断过程中，电感电流可视为线性变化，观察图 1-4-1 的波形，相关参量计算如下：

$$I_1 = \frac{I_{10} + I_{20}}{2T} t_{\text{on}}，\quad I_2 = \frac{I_{10} + I_{20}}{2}$$

$$EI_1 = E\frac{I_{10} + I_{20}}{2T} t_{\text{on}} = \sigma E\frac{I_{10} + I_{20}}{2} = U_{\text{o}} I_2$$

式中，I_1为输入电流平均值、I_2为输出电流平均值、E为输入电势数值。

由此可说明，降压变压器可以被看成直流降压变压器。

9. 升压斩波电路的输入/输出关系及其分析

升压斩波电路及其波形如图 1-4-3 所示。根据电路波形、能量守恒定律、微分方程、电感两端电压平均值特点等，可以分析电路输入/输出之间的关系。

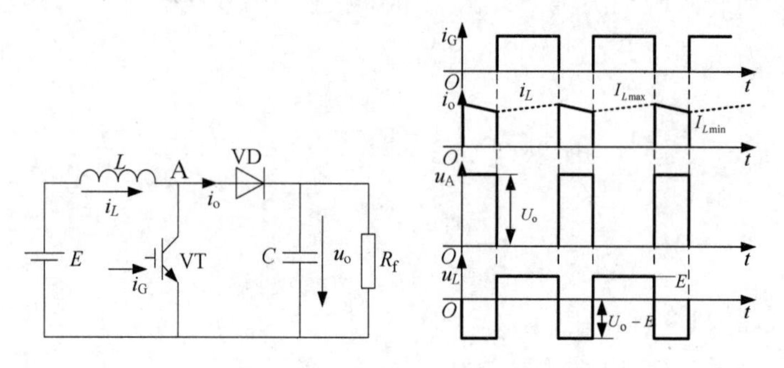

图 1-4-3　升压斩波电路及其波形

（1）根据电路波形分析。观察图 1-4-3 电路，输入回路电压方程为$E = u_L + u_{\text{A}}$，方程两边一个周期内的平均值计算如下：

$$\frac{1}{T}\int_0^T E\text{d}t = \frac{1}{T}\int_0^T u_L \text{d}t + \frac{1}{T}\int_0^T u_{\text{A}} \text{d}t \rightarrow E = U_L + U_{\text{A}}$$

已经证明电感元件两端电压平均值为零（$U_L = 0$），有

$$E = \frac{1}{T}\int_0^T u_{\text{A}} \text{d}t = \frac{1}{T} U_{\text{o}} t_{\text{off}}$$

式中，t_{off}为开关管 VT 关断时间。

由此可得到

$$U_{\text{o}} = \frac{T}{t_{\text{off}}} E = \frac{1}{1-\sigma} E$$

式中，$\sigma = \dfrac{t_{\text{on}}}{T}$为占空比，$t_{\text{on}}$为开关管 VT 开通时间，因$\dfrac{1}{1-\sigma}>1$，该电路为升压斩波电路。

（2）根据能量守恒定律分析。按照能量守恒定律，升压斩波电路一个周期内吸收的能量等于向负载传输的能量。假定斩波电路的电感很大，I_L视为不变。在开关管开通、关断的整个开关周期，升压斩波电路都在吸收能量，吸收的能量为$EI_L T$。开关管 VT 导通，输出二极管 VD 反偏截止，不向负载传递能量。开关管 VT 关断，斩波电路向负载输送能量，输送的能量为$U_{\text{o}} I_L t_{\text{off}}$。根据能量守恒定律，有

$$EI_L T = U_{\text{o}} I_L t_{\text{off}}$$

得到

$$U_o = \frac{T}{t_{off}}E = \frac{1}{1-\sigma}E$$

单独观察斩波电路电感元件，开关管 VT 开通时，电感吸收能量为$EI_L t_{on}$，开关管关断时，电源E和电感L共同向负载放电，电感释放能量为$(U_o - E)I_L t_{off}$。

电路稳态工作，一个周期内电感吸收的能量应该等于它所释放的能量，为

$$EI_L t_{on} = (U_o - E)I_L t_{off}$$

得到$U_o = \dfrac{T}{t_{off}}E = \dfrac{1}{1-\sigma}E$。

（3）根据微分方程分析。

开关管 VT 开通时有$E = L\dfrac{di_L}{dt}$。

开关管 VT 关断时有$E = L\dfrac{di_L}{dt} + U_o$。

当开关管工作频率足够高时，两方程可近似为

$$E = L\frac{I_{L\max} - I_{L\min}}{t_{on}}，\quad E = L\frac{I_{L\min} - I_{L\max}}{t_{off}} + U_o$$

式中，$I_{L\max}$、$I_{L\min}$为电感电流最大值、最小值。

联立求解得

$$U_o = \frac{1}{1-\sigma}E$$

（4）根据电感两端电压平均值为零的特点分析。电路稳定工作，输出电压平稳，观察图 1-4-3，开关管开通时，电感两端承受电压为电源电压E，方向为左“+”右“–”，持续时间为t_{on}；开关管关断，电感两端承受电压为输出电压与电源电压的差值，方向为左“–”右“+”，持续时间为t_{off}。则有

$$Et_{on} = (U_o - E)\ t_{off}$$

$$U_o = \frac{T}{t_{off}}E = \frac{1}{1-\sigma}E$$

10. 升压斩波电路是否可以视为直流升压变压器？

假定升压斩波电路元件是理想元件，电路工作频率足够高，在开关管开通、关断的过程中，电感电流可视为线性变化，观察图 1-4-3 波形图。相关参量计算如下：

输入电流平均值：$I_1 = \dfrac{I_{L\max} + I_{L\min}}{2}$。

输出电流平均值：$I_o = \dfrac{I_{L\max} + I_{L\min}}{2T}t_{off}$。

由此可得

$$EI_1 = E\frac{I_{L\max} + I_{L\min}}{2} = \frac{I_{L\max} + I_{L\min}}{2}\frac{t_{off}}{T}U_o = I_o U_o$$

或者

$$U_o I_o = \frac{T}{t_{off}}E\frac{t_{off}}{2T}(I_{L\max} + I_{L\min}) = E\frac{I_{L\max} + I_{L\min}}{2} = EI_1$$

式中，I_o 为输出电流平均值，EI_1 为输入电势与输入电流平均值的乘积，U_oI_o 为输出电压平均值与输出电流平均值的乘积。

由此可说明升压斩波电路可以视为直流升压变压器。

11. 升压斩波电路电感电流断续条件是什么？

考虑实际电感元件均存在电阻，在开关管开通、关断的过程中，电感电流均按照指数规律变化。在升压斩波电路输出端设有电容，电路工作稳定后电压基本恒定。考虑实际因素时升压斩波电路及其波形如图 1-4-4 所示，其中图 1-4-4（b）为电感电流连续时的波形图，图 1-4-4（c）为电感电流断续时的波形。相关参量计算如下：

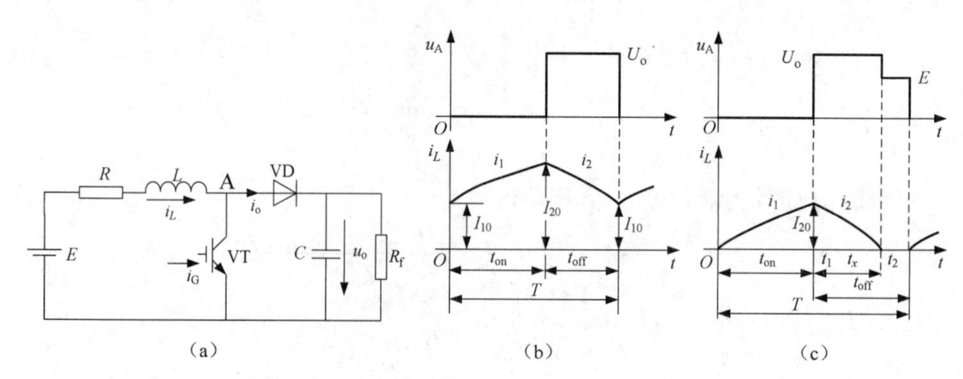

图 1-4-4　考虑实际因素时升压斩波电路及其波形

开关管 VT 导通时输入回路方程：$E = L\dfrac{\mathrm{d}i_1}{\mathrm{d}t} + i_1R$。

若开关管开通时的电感电流 i_1 初始数值为 I_{10}，该方程的解为 $i_1 = I_{10}\mathrm{e}^{-\frac{t}{\tau}} + \dfrac{E}{R}(1-\mathrm{e}^{-\frac{t}{\tau}})$，$\tau = L/R$。

开关管 VT 关断时，电感电流为 i_2，输入回路方程：$E - U_o = L\dfrac{\mathrm{d}i_2}{\mathrm{d}t} + i_2R$。

若 i_2 初值为 I_{20}，该方程的解为 $i_2 = I_{20}\mathrm{e}^{-\frac{t-t_{on}}{\tau}} - \dfrac{U_o - E}{R}(1-\mathrm{e}^{-\frac{t-t_{on}}{\tau}})$。

考虑到这两个状态前后之间的衔接关系，$t = t_{on}$，$i_1 = I_{20}$，$t = T$ 时，$i_2 = I_{10}$。得到

$$I_{10} = \frac{E}{R} - \left(\frac{1-\mathrm{e}^{-\frac{t_{off}}{\tau}}}{1-\mathrm{e}^{-\frac{T}{\tau}}}\right)\frac{U_o}{R}$$

$$I_{20} = \frac{E}{R} - \left(\frac{\mathrm{e}^{-\frac{t_{on}}{\tau}} - \mathrm{e}^{-\frac{T}{\tau}}}{1-\mathrm{e}^{-\frac{T}{\tau}}}\right)\frac{U_o}{R}$$

当 L 极大时，这两式进行泰勒级数展开得

$$I_{10} \approx I_{20} \approx I_o = \frac{E}{R} - \frac{t_{off}}{T}\frac{U_o}{R} = \frac{E-(1-\sigma)U_o}{R}$$

电流断续，将 $I_{10}=0$，$t=t_{on}$，$i_1=I_{20}$ 代入开关管 VT 导通时的电流表达式得 $I_{20}=\dfrac{E}{R}(1-e^{-\frac{t_{on}}{\tau}})$。

将 I_{20} 代入开关管 VT 关断时的电流表达式，当 $t=t_2$，$i_2=0$ 时，得 i_2 持续时间 t_x：

$$t_x=\tau\ln\frac{1-\dfrac{E}{U_o}e^{-\frac{t_{on}}{\tau}}}{1-\dfrac{E}{U_o}}$$

若 $t_x<t_{off}$，电流断续，代入得升压斩波电路电感电流断续条件：$\dfrac{E}{U_o}<\dfrac{1-e^{-\frac{t_{off}}{\tau}}}{1-e^{-\frac{T}{\tau}}}$。

12. 升压斩波电路临界连续电流取决于哪些因素？

升压斩波电路开关管开通、关断过程中回路方程如下：

开关管开通时有 $E=L\dfrac{di_L}{dt}$；开关管关断时有 $E=L\dfrac{di_L}{dt}+U_o$。

开关频率足够高时，两方程近似表达为 $E=L\dfrac{I_{L\max}-I_{L\min}}{t_{on}}$，$E=L\dfrac{I_{L\min}-I_{L\max}}{t_{off}}+U_o$。

得到 $t_{on}=L\dfrac{I_{L\max}-I_{L\min}}{E}$，$t_{off}=L\dfrac{I_{L\max}-I_{L\min}}{U_o-E}$。

由开关周期 $T=t_{on}+t_{off}$，$U_o=\dfrac{1}{1-\sigma}E$，得

$$\Delta i_L=I_{L\max}-I_{L\min}=\frac{TE(U_o-E)}{LU_o}=\frac{TE\sigma}{L}$$

观察图 1-4-3（b），由 $I_o=\dfrac{I_{L\min}+I_{L\max}}{2}(1-\sigma)$，有

$$I_{L\min}=\frac{I_o}{1-\sigma}-\frac{TE\sigma}{2L}$$

当电感电流处于临界连续时，$I_{L\min}=0$，得到电流临界连续时电感值：$L_0=\dfrac{TE\sigma(1-\sigma)}{2I_{lin}}$。

电感电流临界连续时负载电流平均值：$I_{lin}=\dfrac{TE\sigma(1-\sigma)}{2L_0}=\dfrac{E\sigma(1-\sigma)}{2fL_0}$。

升压斩波电路临界连续电流与输入电压 E、电感 L、开关频率 f 及开关管占空比有关，开关频率越高、电感越大、临界连续电流越小，越容易获得电流连续工况。

13. 升压斩波电路输出纹波电压取决于哪些因素？

升压斩波电路的开关管导通期间，输出电容放电，端口电压下降。此期间电容两端电压差即为纹波电压峰谷差，数值为

$$\Delta U_o=\frac{\Delta Q}{C}=\frac{1}{C}\int_0^{t_{on}}I_o dt=\frac{I_o t_{on}}{C}=\frac{U_o}{R}\frac{\sigma T}{C}$$

输出纹波电压为

$$\frac{\Delta U_o}{U_o}=\frac{\sigma T}{RC}=\frac{\sigma T}{\tau_o}$$

式中，$\tau_o = RC$ 为输出回路时间常数。

由此可知，升压斩波电路输出纹波电压取决于负载时间常数与占空比，负载时间常数越小（负载越重）、占空比越大（＜1），输出电压纹波越大。

14. 升降压斩波电路的输入/输出关系及其分析

（1）根据微分方程分析。升降压斩波电路及其波形如图 1-4-5 所示。

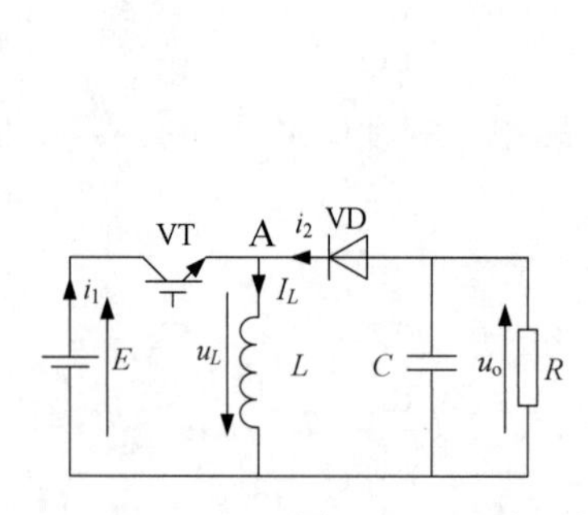

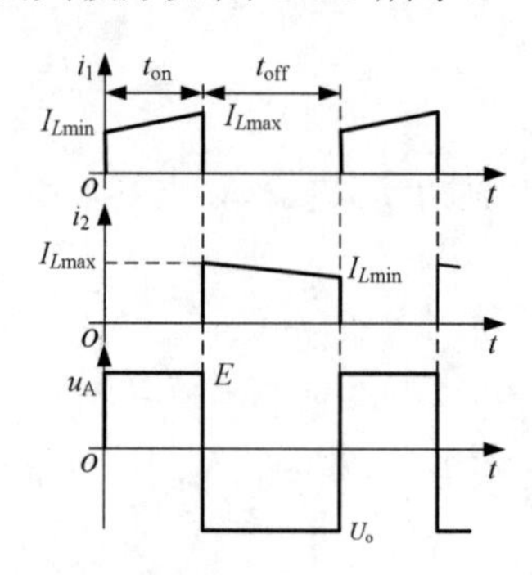

图 1-4-5　升降压斩波电路及其波形

开关管开通，电源为电感充电，输入回路有 $E = L\dfrac{di_1}{dt}$。

开关管关断，电感对负载释放电能，输出回路有 $U_o = L\dfrac{di_2}{dt}$。

考虑到电路状态前后的衔接关系，将微分方程近似为

$$E = L\frac{I_{L\max}-I_{L\min}}{t_{on}}，\quad U_o = L\frac{I_{L\min}-I_{L\max}}{t_{off}}$$

得

$$U_o = -\frac{t_{on}}{t_{off}}E = -\frac{\sigma}{1-\sigma}E$$

式中，$\sigma = \dfrac{t_{on}}{T}$ 为升降压斩波电路占空比，$I_{L\max}$、$I_{L\min}$ 为电感电流最大值、最小值，t_{on}、t_{off} 为开关管 VT 开通、关断时间。

升降压斩波电路的输入、输出电压极性相反，又称为反极性变换电路。

$0 \leqslant \sigma < 0.5$ 时，输出电压小于输入电压，斩波电路降压；$0.5 \leqslant \sigma < 1$ 时，输出电压大于输入电压，斩波电路升压。

因该电路具备升压、降压功能，所以称为升降压斩波电路，又称 buck-boost 变换器。

（2）根据能量守恒定律分析。假定斩波电路器件为理想元件，该电路开关管开通时，斩波电路从电源吸收能量，输出端电压由电容维持；开关管关断时，斩波电路向负载传输能量。开关频率足够高，电感电流可视为按照线性规律变化。

开关管 VT 开通，斩波电路吸收能量，计算如下：

$$\int_0^{t_{on}} Ei_L dt = \int_0^{t_{on}} E\left(I_{L\min}+\frac{I_{L\max}-I_{L\min}}{t_{on}}t\right)dt = E\frac{I_{L\min}+I_{L\max}}{2}t_{on}$$

开关管 VT 关断，斩波电路释放能量，计算如下：

$$\int_0^{t_{\text{off}}} U_{\text{o}} i_L dt = \int_0^{t_{\text{off}}} E\left(I_{L\max} + \frac{I_{L\min} - I_{L\max}}{t_{\text{off}}} t\right) \mathrm{d}t = U_{\text{o}} \frac{I_{L\min} + I_{L\max}}{2} t_{\text{off}}$$

$$E\frac{I_{L\min} + I_{L\max}}{2} t_{\text{on}} = U_{\text{o}} \frac{I_{L\min} + I_{L\max}}{2} t_{\text{off}}$$

$$U_{\text{o}} = \frac{t_{\text{on}}}{t_{\text{off}}} E = \frac{\sigma}{1-\sigma} E$$

由于在分析过程中已经考虑了电压的极性，因此在上式中没有表示出输入与输出之间的反向关系。

或者也可以这样分析。开关管 VT 开通，斩波电路吸收能量 $I_1 E t_{\text{on}}$。开关管 VT 关断，斩波电路释放能量 $I_2 U_{\text{o}} t_{\text{off}}$。当电感足够大时，$I_1 = I_2$，有

$$I_1 E t_{\text{on}} = I_1 U_{\text{o}} t_{\text{off}}$$

$$U_{\text{o}} = \frac{t_{\text{on}}}{t_{\text{off}}} E = \frac{\sigma}{1-\sigma} E$$

（3）根据电感两端电压平均值为零的特点分析。观察电路图 1-4-5 波形，电路稳定工作时，电感两端电压一个周期内平均值为零，即：

$$\frac{1}{T}\int_0^T u_L \mathrm{d}t = 0 \rightarrow \frac{1}{T}[E t_{\text{on}} + (-U_{\text{o}}) t_{\text{off}}] = 0$$

$$U_{\text{o}} = \frac{\sigma}{1-\sigma} E$$

在分析过程中已经考虑到输出电压的实际极性，因此，该式未表示输出电压与输入电压的反向关系。

15. 升降压斩波电路是否可以视为直流升降压变压器？

观察图 1-4-5（b），电感电流为 I_L，输入电流平均值 I_1、输出电流平均值 I_2 计算如下：

$$I_1 = \frac{t_{\text{on}}}{2T}(I_{L\max} + I_{L\min}),\quad I_2 = \frac{t_{\text{off}}}{2T}(I_{L\max} + I_{L\min})$$

$$EI_1 = E\frac{t_{\text{on}}}{2T}(I_{L\min} + I_{L\max}) = U_{\text{o}} t_{\text{off}} \frac{I_{L\min} + I_{L\max}}{2T} = U_{\text{o}} I_2$$

即当忽略电路损耗时，升降压斩波电路可看成直流升降压变压器。

16. 丘克（Cuk）斩波电路的输入/输出关系及其分析

丘克斩波电路及其在开关管开通、关断时电路工作状态如图 1-4-6 所示。其中，图 1-4-6（a）为开关管开通状态，图 1-4-6（b）为开关管关断状态。

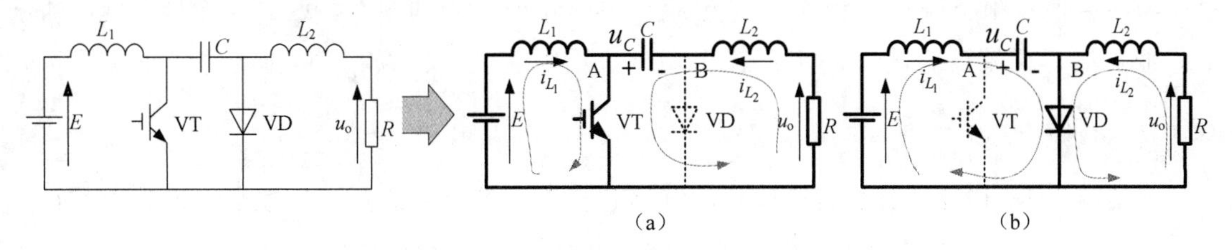

图 1-4-6　丘克斩波电路及其工作状态

（1）根据微分方程分析。开关管 VT 导通，斩波电路存在导电回路 1（$E \to L_1 \to$VT）和导电回路 2（$R \to L_2 \to C \to$VT）。回路 1 电源 E 为电感 L_1 供电，电感 L_1 储能，回路电流为 i_1；回路 2 电容 C 对负载及电感 L_2 放电，回路电流为 i_2。

开关管 VT 关断，斩波电路存在导电回路 3（$E \to L_1 \to C \to$VD）和导电回路 4（$R \to L_2 \to$VD）。回路 3 电源 E 和电感 L_1 输出电能共同给电容 C 充电，回路电流为 i_1；回路 4 电感 L_2 续流，维持负载电流流通，回路电流为 i_2。

VT 开通时有

$$\begin{cases} E = L_1 \dfrac{\mathrm{d}i_1}{\mathrm{d}t} \\ U_C = L_2 \dfrac{\mathrm{d}i_2}{\mathrm{d}t} + U_\mathrm{o} \end{cases}$$

式中，U_C 为电容两端电压平均值，视为恒值。

VT 关断时有

$$\begin{cases} E - L_1 \dfrac{\mathrm{d}i_1}{\mathrm{d}t} = U_C \\ U_\mathrm{o} = -L_2 \dfrac{\mathrm{d}i_2}{\mathrm{d}t} \end{cases}$$

当开关管工作频率足够高时，微分方程可近似为

$$\begin{cases} E = L_1 \dfrac{I_{1\max} - I_{1\min}}{t_\mathrm{on}} \\ U_C = L_2 \dfrac{I_{2\max} - I_{2\min}}{t_\mathrm{on}} + U_\mathrm{o} \end{cases}, \quad \begin{cases} E - L_1 \dfrac{I_{1\min} - I_{1\max}}{t_\mathrm{off}} = U_C \\ U_\mathrm{o} = -L_2 \dfrac{I_{2\min} - I_{2\max}}{t_\mathrm{off}} \end{cases}$$

式中，$I_{1\max}$、$I_{1\min}$ 为输入电感 L_1 电流最大、最小值；$I_{2\max}$、$I_{2\min}$ 为输出电感 L_2 电流最大、最小值；t_on、t_off 为开关管 VT 开通、关断时间。

求得 $U_C = \dfrac{T}{t_\mathrm{off}} E$，$U_\mathrm{o} = \dfrac{t_\mathrm{on}}{T} U_C$。联立求解，得

$$U_\mathrm{o} = \frac{t_\mathrm{on}}{T} U_C = \frac{t_\mathrm{on}}{T} \frac{T}{t_\mathrm{off}} E = \frac{t_\mathrm{on}}{t_\mathrm{off}} E = \frac{\sigma}{1-\sigma} E$$

式中，$\sigma = t_\mathrm{on} / T$ 为占空比。

分析过程已经考虑到输出电压极性，故表达式仅表示出了输入与输出之间的数值关系，输出电压极性与输入电压极性相反。

（2）根据能量守恒定律分析。假定输入电感 L_1、输出电感 L_2 均较大，在开关管开通、关断期间，电感 L_1 中电流 i_{L_1}、电感 L_2 中电流 i_{L_2} 基本不变，分别为 I_1、I_2。一个周期内，斩波电路输入端一直吸收能量：EI_1T；输出端一直输出能量：$U_\mathrm{o}I_2T$。根据能量守恒定律，有 $EI_1T = U_\mathrm{o}I_2T \to U_\mathrm{o} = \dfrac{I_1}{I_2} E$。

观察图 1-4-6 电路，开关管开通时，电容 C 放电，流过电流 i_{L_2}；开关管关断，电容被充电，流过电流 i_{L_1}。电路稳定工作，一个周期内电容电流对时间的积分为零，即一个周期内电

容的充电电荷等于其放电电荷。有

$$\int_0^T i_C \mathrm{d}t = 0$$

$$-I_2 t_{\mathrm{on}} + I_1 t_{\mathrm{off}} = 0$$

$$\frac{I_2}{I_1} = \frac{t_{\mathrm{off}}}{t_{\mathrm{on}}} = \frac{1-\sigma}{\sigma}$$

$$U_{\mathrm{o}} = \frac{I_1}{I_2} E = \frac{\sigma}{1-\sigma} E$$

（3）根据电路结构分析。斩波电路工作过程中，开关管导通，相当于单刀双掷开关 S 打到 A 点；开关管关断，相当于单刀双掷开关 S 打到 B 点。

丘克斩波等效电路如图 1-4-7 所示，假定电路工作稳定，电容足够大，电压基本不变，则有

$$t = t_{\mathrm{on}}，\ u_{\mathrm{A}} = 0，\ u_{\mathrm{B}} = -U_C$$

$$t = t_{\mathrm{off}}，\ u_{\mathrm{A}} = U_C，\ u_{\mathrm{B}} = 0$$

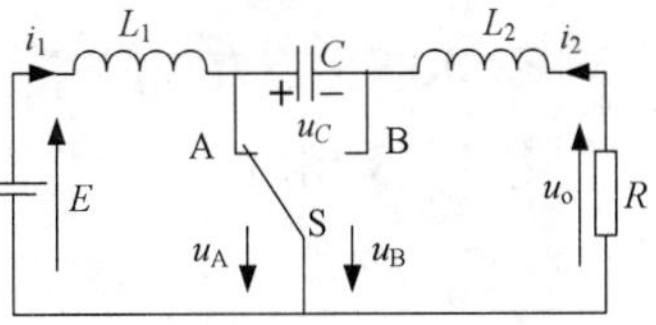

图 1-4-7　丘克斩波等效电路

A 点电压平均值：$U_{\mathrm{A}} = \dfrac{t_{\mathrm{off}}}{T} U_c$。

B 点电压平均值：$U_{\mathrm{B}} = -\dfrac{t_{\mathrm{on}}}{T} U_C$。

联立求解，有 $U_{\mathrm{B}} = -\dfrac{t_{\mathrm{on}}}{t_{\mathrm{off}}} U_{\mathrm{A}}$。

电路输入端有 $E = u_{L_1} + u_{\mathrm{A}}$，电路输出端有 $u_{\mathrm{o}} + u_{L_2} + u_{\mathrm{B}} = 0$。

对两个方程作一个周期积分得

$$U_{\mathrm{A}} = E，\ U_{\mathrm{B}} = -U_{\mathrm{o}}$$

$$U_{\mathrm{o}} = -U_{\mathrm{B}} = \frac{t_{\mathrm{on}}}{t_{\mathrm{off}}} U_{\mathrm{A}} = \frac{t_{\mathrm{on}}}{t_{\mathrm{off}}} E = \frac{\sigma}{1-\sigma} E$$

17. Sepic 斩波电路的输入/输出关系及其分析？

Sepic 斩波电路及其在开关管开通、关断时的工作状态如图 1-4-8 所示。

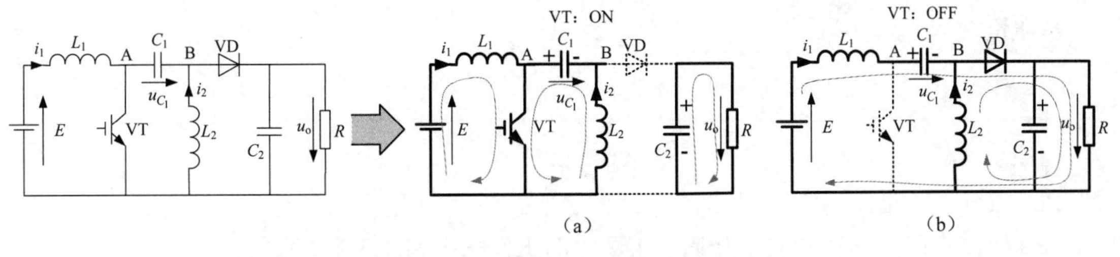

图 1-4-8　Sepic 斩波电路及其工作状态

（1）根据微分方程分析。开关管 VT 导通，电路存在三个回路，有方程：

$$E = L_1 \frac{\mathrm{d}i_1}{\mathrm{d}t}，\ U_{C_1} = L_2 \frac{\mathrm{d}i_2}{\mathrm{d}t}$$

式中，U_{C_1} 为电容 C_1 的电压平均值，视为恒值。

开关管 VT 关断，电路存在两个回路，有方程：

$$E - L_1 \frac{\mathrm{d}i_1}{\mathrm{d}t} = U_{C_1} + U_\mathrm{o}, \quad U_\mathrm{o} = -L_2 \frac{\mathrm{d}i_2}{\mathrm{d}t}$$

微分方程线性化得

$$E = L_1 \frac{I_{1\max} - I_{1\min}}{t_\mathrm{on}}, \quad U_{C_1} = L_2 \frac{I_{2\max} - I_{2\min}}{t_\mathrm{on}}$$

$$E - L_1 \frac{I_{1\min} - I_{1\max}}{t_\mathrm{off}} = U_{C_1} + U_\mathrm{o}, \quad U_\mathrm{o} = -L_2 \frac{I_{2\min} - I_{2\max}}{t_\mathrm{off}}$$

式中，$I_{1\max}$、$I_{1\min}$ 为输入电感 L_1 电流最大、最小值；$I_{2\max}$、$I_{2\min}$ 为电感 L_2 电流最大、最小值；t_on、t_off 为开关管 VT 开通、关断时间。

联列求解上述方程得

$$U_{C_1} = \frac{t_\mathrm{off}}{t_\mathrm{on}} U_\mathrm{o}$$

$$U_\mathrm{o} = \frac{t_\mathrm{on}}{t_\mathrm{off}} E = \frac{\sigma}{1-\sigma} E$$

式中，$\sigma = t_\mathrm{on} / T$ 为占空比。

（2）根据电路结构分析。观察图 1-4-8，对斩波电路输入部分及输出部分有

$$E = u_{L_1} + u_\mathrm{A}, \quad u_\mathrm{B} = -L_2 \frac{\mathrm{d}i_{L_2}}{\mathrm{d}t}$$

一个开关周期内，对上述方程两边求积分，得相关参量平均值：

$$E = U_\mathrm{A}, \quad U_\mathrm{B} = 0$$

VT 开通时，L_2 承受电压为电容 C_1 两端电压 U_{C_1}，极性为下“+”上“−”；VT 关断时，L_2 承受电压为输出电压 U_o，极性为下“−”上“+”。

因 $U_\mathrm{B} = 0$，有 $U_{C_1} t_\mathrm{on} = U_\mathrm{o} t_\mathrm{off}$。同时，变换电路的中间部分，可得

$$u_\mathrm{A} = u_{C_1} + u_\mathrm{B}$$

同样，在一个开关周期内，对该方程两边求积分，得到

$$U_\mathrm{A} = U_{C_1}$$

从而得到

$$U_{C_1} t_\mathrm{on} = E t_\mathrm{on} = U_\mathrm{o} t_\mathrm{off}$$

$$U_\mathrm{o} = \frac{t_\mathrm{on}}{t_\mathrm{off}} E = \frac{\sigma}{1-\sigma} E$$

18. Zeta 斩波电路的输入/输出关系及其分析

Zeta 斩波电路及其在开关管开通、关断时的工作状态如图 1-4-9 所示。

（1）根据微分方程分析。开关管 VT 导通，电路存在两个回路，有方程：

$$E = L_1 \frac{\mathrm{d}i_1}{\mathrm{d}t}, \quad E + U_{C_1} - U_\mathrm{o} = L_2 \frac{\mathrm{d}i_2}{\mathrm{d}t}$$

式中，U_{C_1} 为电容 C_1 两端电压平均值，视为恒值。

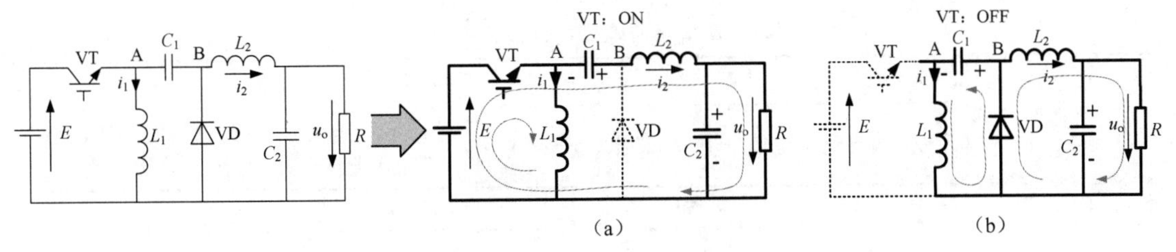

图 1-4-9　Zeta 斩波电路及其工作状态

开关管 VT 关断，电路存在两个回路，有方程：

$$-L_1\frac{\mathrm{d}i_1}{\mathrm{d}t}=U_{C_1}，\quad U_o=-L_2\frac{\mathrm{d}i_2}{\mathrm{d}t}$$

微分方程线性化得

$$E=L_1\frac{I_{1\max}-I_{1\min}}{t_{on}}，\quad E+U_{C_1}-U_o=L_2\frac{I_{2\max}-I_{2\min}}{t_{on}}$$

$$-L_1\frac{I_{1\min}-I_{1\max}}{t_{off}}=U_{C_1}，\quad U_o=-L_2\frac{I_{2\min}-I_{2\max}}{t_{off}}$$

式中，$I_{1\max}$、$I_{1\min}$ 为电感 L_1 电流最大、最小值；$I_{2\max}$、$I_{2\min}$ 为电感 L_2 电流最大、最小值；t_{on}、t_{off} 为开关管 VT 开通、关断时间。

联列求解上述方程得

$$U_{C_1}=\frac{t_{on}}{t_{off}}E$$

$$U_o=\frac{t_{on}}{t_{off}}E=\frac{\sigma}{1-\sigma}E$$

式中，$\sigma=t_{on}/T$ 为占空比。

（2）根据电路结构分析。根据图 1-4-9 电路，有方程：

$$u_A+u_{C_1}=u_B，\quad u_B=L_2\frac{\mathrm{d}i_{L_2}}{\mathrm{d}t}+u_o$$

电路工作稳定，在一个开关周期内，对上述方程求积分，得到

$$U_A+U_{C_1}=U_B，\quad U_B=U_o$$

A 端的电压就是电感 L_1 两端电压，其平均值为 0，即：

$$U_{C_1}=U_B=U_o$$

VT 开通，L_1 承受电压 E，极性为上“+”下“−”；VT 关断，L_1 承受 u_{C_1}，极性为上“−”下“+”。假定电容 C_1 足够大，其两端电压基本保持 U_{C_1} 恒定，则有

$$Et_{on}=U_{C_1}t_{off}$$

$$U_o=\frac{t_{on}}{t_{off}}E=\frac{\sigma}{1-\sigma}E$$

19. 六种基本斩波电路的输入/输出关系特性如何？

汇总六种基本斩波电路，相关参数及特性见表 1-4-1。

表 1-4-1 基本斩波电路特性及输入/输出关系

电路类型	输入/输出关系及特性			
	输入/输出电压比值	输入/输出电压极性	连续稳定工作状态下输入电流	连续稳定工作状态下输出电流
降压斩波电路	σ	同极性	断续	连续
升压斩波电路	$\frac{1}{1-\sigma}$	同极性	连续	断续
升降压斩波电路	$\frac{\sigma}{1-\sigma}$	反极性	断续	断续
丘克斩波电路	$\frac{\sigma}{1-\sigma}$	反极性	连续	连续
Sepic 斩波电路	$\frac{\sigma}{1-\sigma}$	同极性	连续	断续
Zeta 斩波电路	$\frac{\sigma}{1-\sigma}$	同极性	断续	连续

20. 直流可逆斩波电路是由哪两种基本斩波电路组合而成的？

直流可逆斩波电路可以看成一个降压斩波电路和一个升压斩波电路组合构成的复合斩波电路，电能可以实现双向流动，如图 1-4-10 所示。

21. 直流可逆斩波电路有哪几种工作状态？

图 1-4-10 中，VT_1、VT_2 的驱动信号互补，电路工作将有三种工作状态。

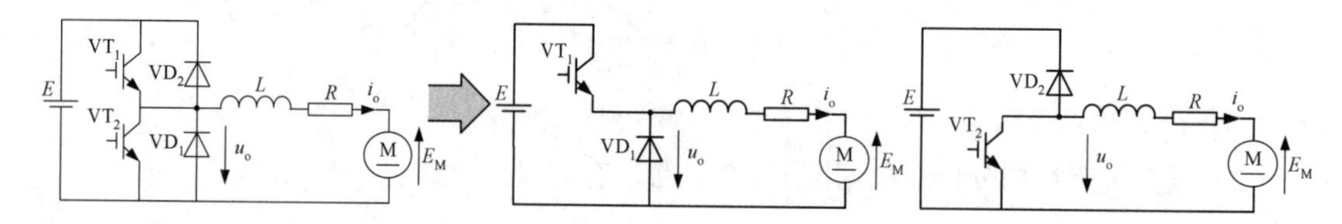

图 1-4-10 直流可逆斩波电路结构

（1）斩波电路输出直流电压 u_o 的平均值 $U_o > E_M$。此时电源 E 供电，电机电动运行。VT_1、VD_1 轮流导通，实现降压斩波。斩波电路输出电能，负载电机吸收电能，电机的电磁力矩方向与运动方向相同，电机电动运行。一个开关周期内的两个状态如图 1-4-11 所示。

（2）斩波电路输出直流电压 u_o 的平均值 $U_o < E_M$。此时电机制动，VT_2、VD_2 轮流导通，实现升压斩波。负载电机输出电能，电源吸收电能。电机电磁力矩方向与运动方向相反，电机制动运行。一个开关周期内的两个状态如图 1-4-12 所示。

（3）负载电流小，回路电流双向流通。电机负载电流很小，斩波电路和电机之间将会流过双向电流，两个开关管和两个二极管轮流导通。电机静止时处于颤振状态，可以消除静态摩擦，有利于电机的快速正反转。一个开关周期内的两个状态如图 1-4-13 所示。

图 1-4-13（a）中，VT_1 开通时，负载电流先由电机电势的正端流出，通过 VD_2 续流，流进电源正端，电源吸收能量，电机和电感输出能量。待电流降为零后，因 VT_1 导通，电源输出电流通过 VT_1 流进电机电势正端，电源输出能量，电机吸收能量。不论是 VT_1 导通还是 VD_2 导通，变换器输出端口输出电压为 E（>0）。

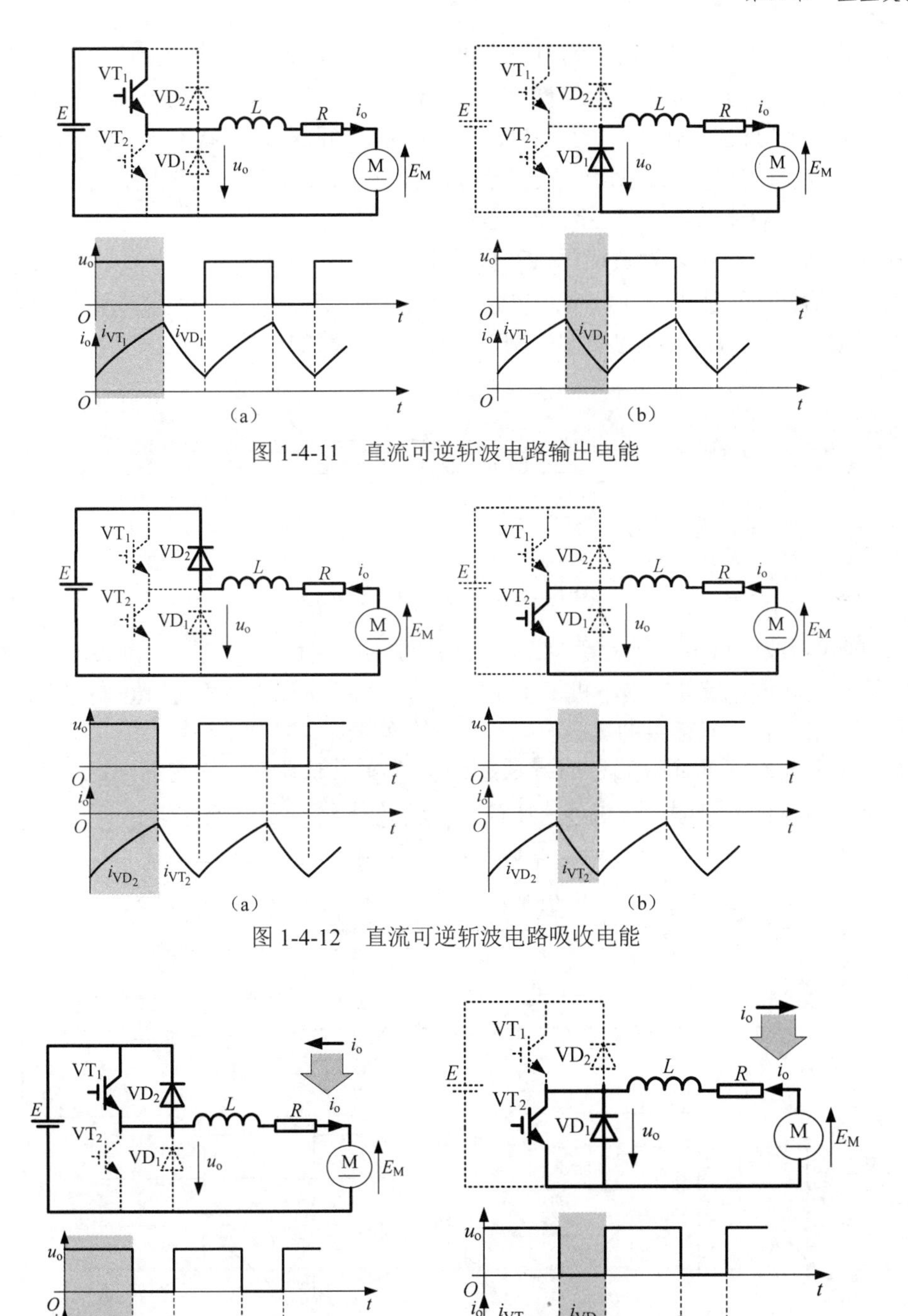

（a）　（b）

图 1-4-11　直流可逆斩波电路输出电能

（a）　（b）

图 1-4-12　直流可逆斩波电路吸收电能

（a）　（b）

图 1-4-13　直流可逆斩波电路与负载之间的电流双向流通

图 1-4-13（b）中，VT_2 开通时，负载电流由电机电势的正端流进，通过 VD_1 续流，电感释放能量，电机吸收能量。待电流降为零后，因 VT_2 导通，电机通过 VT_2 流过反向电流，电机输出能量，电感吸收能量。不论是 VT_2 导通还是 VD_1 导通，变换器输出端口输出电压为零。

直流可逆斩波电路能够灵活地为电机提供正反方向的电流，电机控制的响应速度很快。

该斩波电路输出电压总是大于或等于零，电流可正可负，即该斩波电路只能运行在第一、第二象限。负载为电机时，电机只有正向电动、正向制动两种运行状态，电机无法实现四象限运行。此外，VT_1 和 VT_2 不可以同时处于导通状态，否则会导致电源短路，器件损坏。

22. 桥式可逆斩波电路有哪些运行状态？

桥式可逆斩波电路可以为负载提供双极性电压，也可以提供正反方向电流，因此，斩波电路控制的灵活性比直流可逆斩波电路更强，可以方便地实现电机的四象限运行，桥式可逆斩波电路如图 1-4-14 所示。斩波电路的控制方式不同，电路的运行方式也不一样。

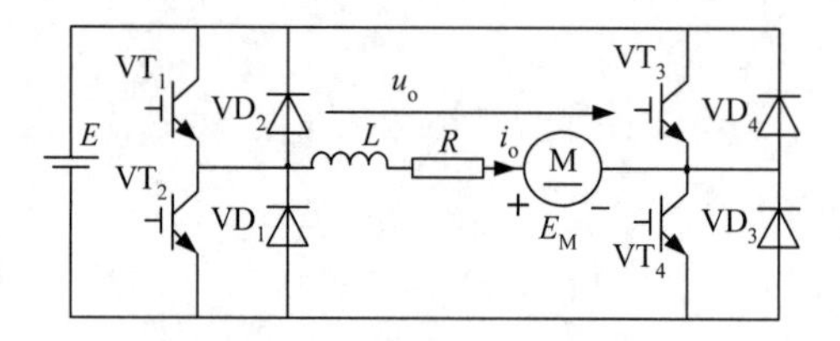

图 1-4-14 桥式可逆斩波电路

（1）桥式斩波电路中，开关管 VT_4 一直保持导通，VT_3 一直关断。桥式可逆斩波电路便退化为电流可逆斩波电路。它给电机提供正向电压，可以使直流电机进行正向电动运行、正向制动运行，电机运行于坐标系的第一、第二象限，如图 1-4-15 所示。

- 图 1-4-15（a）表示 VT_4 一直导通，VT_1、VD_1 构成降压斩波电路，$U_o > E_M$，斩波电路向电机提供电能，电机处于电动运行状态。
- 图 1-4-15（b）表示 VT_4 一直导通，VT_2、VD_2 构成升压斩波电路，$U_o < E_M$，斩波电路吸收电能向电源传输，电机输出电能，电机处于发电运行状态。

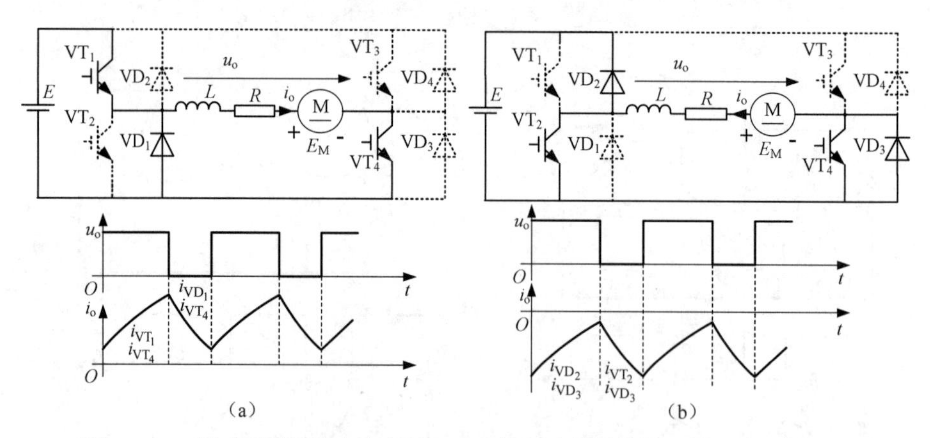

图 1-4-15 桥式可逆斩波电路在 VT_4 一直被驱动导通情况下的两种工作状态

（2）桥式斩波电路中，开关管 VT_2 一直保持导通，VT_1 一直关断。桥式可逆斩波电路也退化为与图 1-4-15 相似的电流可逆斩波电路。它给电机提供反向电压，可以使直流电机进行反向电动运行、反向制动运行，电机运行于坐标系的第三、第四象限，如图 1-4-16 所示。

图 1-4-16（a）表示 VT_2 一直导通，VT_3、VD_3 构成降压斩波电路，$|U_o| > |E_M|$，斩波电路向电机提供电能，电机处于反向电动运行状态。

图 1-4-16（b）表示 VT_2 一直导通，VT_4、VD_4 构成升压斩波电路，$|U_o|<|E_M|$，斩波电路吸收电能向电源传输，电机输出电能，电机处于反向发电运行状态。

这两种控制方式是设想 VT_2 或 VT_4 一直处于通态的结果，属于单极性工作方式。

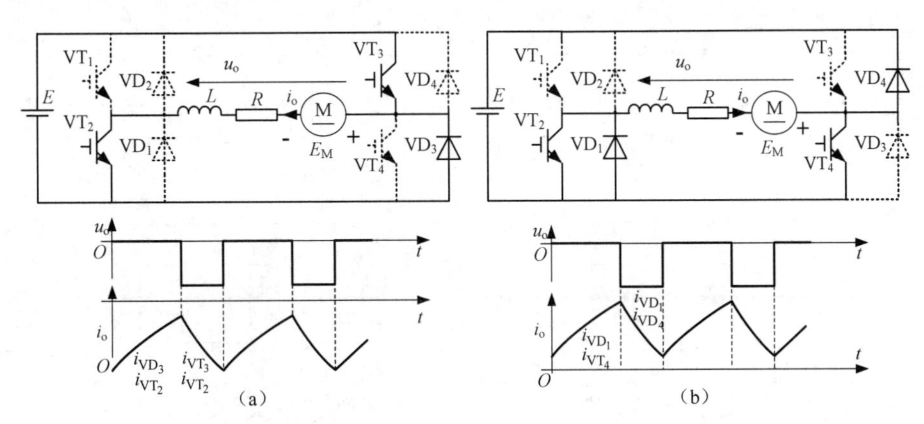

图 1-4-16　桥式可逆斩波电路当 VT_2 一直被驱动导通情况下的两种工作状态

（3）桥式斩波电路中，VT_1、VT_4 共同导通，VT_2、VT_3 共同导通，同一桥臂上下两管互补导通。

1）桥路开关管互补导通工作，输出直流电压 U_o 为正，如图 1-4-17 所示。根据输出直流电压与电机电势之间的关系，将有两种工作情况。

- $U_o>E_M$，斩波电路 VT_1、VT_4、VD_1、VD_4 工作输出电能，电机吸收电能，电机正向电动运行，如图 1-4-17（a）所示。
- $U_o<E_M$，斩波电路 VT_2、VT_3、VD_2、VD_3 工作吸收电能，电机输出电能，电机正向制动运行，如图 1-4-17（b）所示。

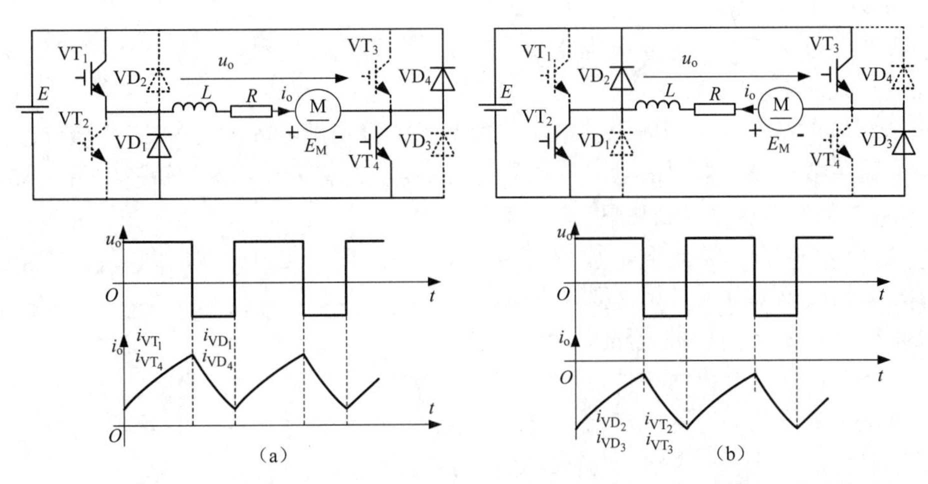

图 1-4-17　桥式可逆斩波电路开关管互补导通输出电压为正时的两种工作状态

2）桥路开关管互补导通工作，输出直流电压 U_o 为负，如图 1-4-18 所示。根据输出直流电压与电机电势之间的关系，将有两种工作情况。

- $|U_o|>|E_M|$，斩波电路 VT_2、VT_3、VD_2、VD_3 工作输出电能，电机吸收电能，电机反

向电动运行。如图 1-4-18（a）所示。

- $|U_o|<|E_M|$，斩波电路 VT_1、VT_4、VD_1、VD_4 工作吸收电能，电机输出电能，电机反向制动运行，如图 1-4-18（b）所示。

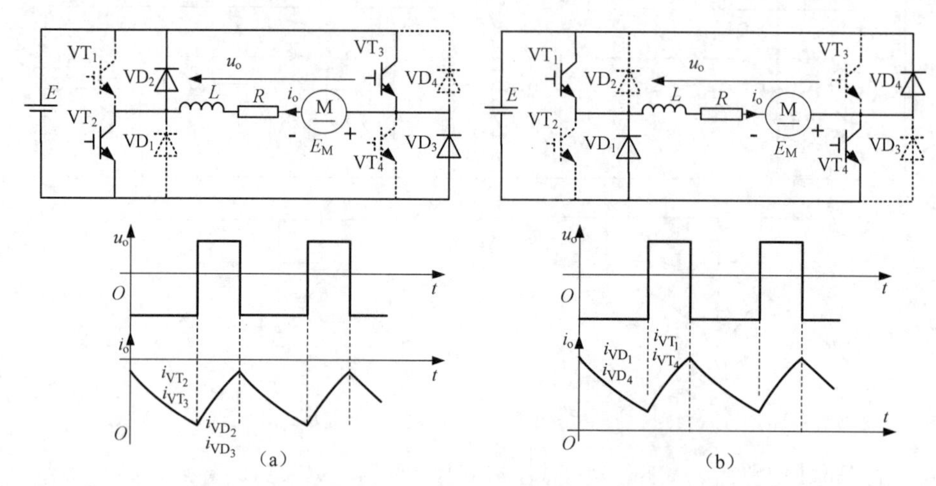

图 1-4-18　桥式可逆斩波电路开关管互补导通输出电压为负时的两种工作状态

这种工作方式中，斩波电路输出直流电压的大小、极性变化十分便捷快速，可以使电机获得快速响应，实际使用过程中，这种控制方式使用居多。

这两种控制方式中，同桥臂开关元件互补导通，属于双极性工作方式。假设开关管控制占空比为σ，桥式可逆斩波电路在采用双极性工作方式时，输出直流电压为$U_o=(2\sigma-1)E$。可见，借助于占空比的控制，该斩波电路的输出直流电压可以在E和$-E$之间连续变化，负载电机端口电压可以获得快速响应，电机的控制性能可得到显著提升。

23. 斩波电路多相、多重的定义是什么？

多相多重斩波电路与可逆斩波电路类似，属于复合斩波电路，表示在电源和负载之间接有多个相同形式的斩波电路。

若多个斩波电路由同一个电源供电，分别给多个负载供电，称为多相一重斩波电路；若多个斩波电路由多个独立电源供电，向一个负载供电，则称为一相多重斩波电路。“相”为从电源侧观察，“重”为从负载侧观察。

多重斩波电路向负载供电时，彼此之间错开一定角度，可以使输出到负载的电流平稳，脉动减小，各斩波电路互为备用，提升电路可靠性。

图 1-4-19 为三相三重斩波电路及其波形。

24. 带隔离的直直变换电路借助于什么途径实现隔离？

带隔离的直直变换电路为“直流→交流→直流”的变换结构，其中有交流环节，交流电可通过变压器传输，从而实现输入与输出之间的隔离。

25. 正激变换电路如何工作？

正激变换电路及其电感电流连续时的波形如图 1-4-20 所示。开关管 VT 导通，变压器一次绕组 W_1 被激励，激励电压为U_i，变压器二次侧绕组 W_2 感应电压$\frac{N_2}{N_1}U_i$，VD_1 导通，VD_2

关断，电感 L 电流增长，向负载供电。变压器二次侧绕组 W_3 感应电压 $\frac{N_3}{N_1}U_i$ 与电源电压 U_i 叠加，加至二极管 VD_3 的两端，VD_3 反偏截止，$u_d = \frac{N_2}{N_1}U_i$。

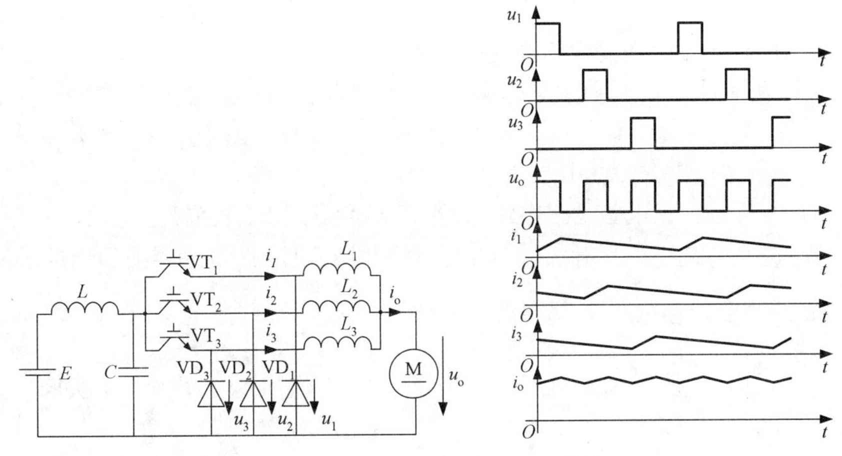

图 1-4-19　三相三重斩波电路及其波形

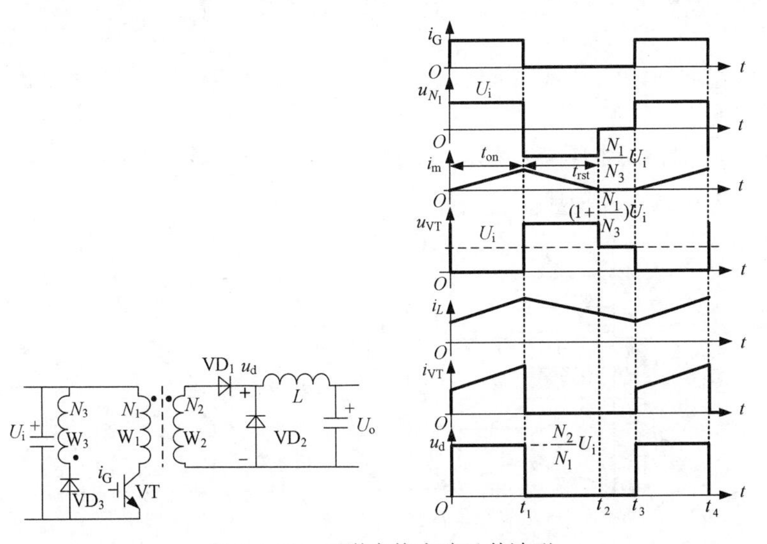

图 1-4-20　正激变换电路及其波形

若电感 L 中电流为 i_L，开关管流过电流 i_{VT} 为 $i_{VT} = \frac{N_2}{N_1}i_L$。变压器励磁电流 i_m 按线性规律增加，如图 1-4-20 中 0～t_1 所示。

开关管 VT 关断，W_1 绕组将产生感应电动势阻止电流减小，因 W_3 绕组上感应电压被电源电压钳位在 U_i，开关管 VT 两端电压为 $\left(1+\frac{N_1}{N_3}\right)U_i$，$W_2$ 绕组感应电压为 $\frac{N_2}{N_3}U_i$，二极管 VD_1 反偏关断，VD_2 续流，电感电流下降。如图 1-4-20 中 t_1～t_2 所示，$u_d = 0$。

本阶段，变压器励磁电流逐步减小，到达 t_2 时刻，励磁电流 i_m =0。

励磁电流归零之后，W_1 上感应电动势为零，开关管 VT 两端电压为电源电压U_i，W_2、W_3绕组感应电动势也为零，电感电流继续通过 VD_2 续流，为负载供电。如图 1-4-20 中t_2～t_3所示，$u_d = 0$。

若电感电流断续，当励磁电流 i_m=0 后，电感电流也降为零，输出直流电压将由输出电容电压决定，$u_d = U_o$。

26. 正激变换电路为什么要设置磁复位？

正激变换电路如果不在每周期实现磁复位，变压器励磁电流将逐步增加，最终导致磁饱和而短路。为此，在每次开关管 VT 导通前，励磁电流 i_m 需降为零，变压器得以磁复位。该变换电路中，W_3 绕组和二极管 VD_3 构成磁复位电路。

开关管 VT 关断后，变压器励磁电流 i_m 通过 W_3 绕组、VD_3 回馈至电源，在开关管 VT 再次导通前降为零，磁通减小。从开关管 VT 关断到励磁电流 i_m 降为零所经历的时间（t_R）与磁通变化量$\Delta\Phi_{off}$ 关系为 $\Delta\Phi_{off} = \dfrac{U_i t_R}{N_3}$。

开关管 VT 导通，变压器励磁电流从零逐步增长，磁通增加，直至 VT 关断。磁通变化量 $\Delta\Phi_{on}$ 为 $\Delta\Phi_{on} = \dfrac{U_i t_{on}}{N_1}$。

实现磁复位，必须有 $\Delta\Phi_{on} = \Delta\Phi_{off}$，进而得 $t_R = \dfrac{N_3}{N_1} t_{on} < t_{off}$。

只要参数设置合理，就可以保证开关管每次开通前，变压器励磁电流降为零，实现磁复位，变换电路可以正常工作。

变压器磁复位原理如图 1-4-21 所示。磁路运行在第一象限，H 为磁动势，有 $H = N_1 i_m$。B 为磁感应强度，$\Phi = BS$，S 为线圈截面积。

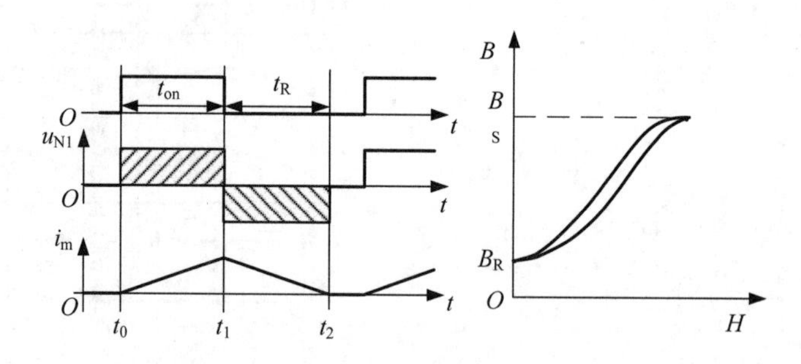

图 1-4-21　正激变换电路磁复位原理

27. 正激变换电路的输入/输出电压关系如何？

在电感电流连续的情况下，开关管 VT 开始导通时，电感（输出电感）电流不为零。开关管 VT 导通区间，变压器二次侧 W_2 输出电压使电感激励，给负载供电。开关管 VT 截止区间，W_2 感应电压为负，VD_1 反偏截止，电感电流通过 VD_2 续流，为负载供电。输出电压为

$$U_o = \frac{N_2}{N_1}\frac{t_{on}}{T}U_i = \frac{N_2}{N_1}\sigma U_i$$

电感电流断续，在电感电流为零的时间段，输出负载端口电压将反映在变换电路输出端，

输出电压将高于式$U_o=\frac{N_2}{N_1}\frac{t_{on}}{T}U_i=\frac{N_2}{N_1}\sigma U_i$所示数值，负载越轻，电感电流断续时间越长，输出电压越高。

28. 反激变换电路工作原理分析

反激变换电路及其波形如图 1-4-22 所示。

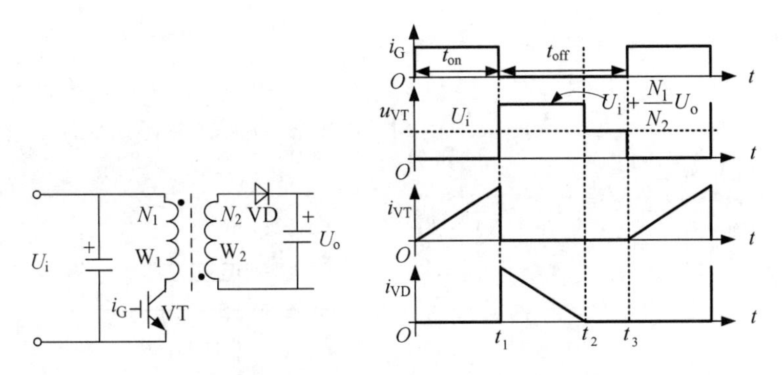

图 1-4-22　反激变换电路及其波形

开关管 VT 导通，W_1绕组激励电压U_i，其中电流线性增长，储能增加。W_2绕组感应电压使二极管 VD 反偏截止，输出电压由输出电容维持。如图 1-4-22 中 0～t_1所示。输入端绕组电感L_1的电流有方程为

$$\Delta i_1=i_{1\max}-i_{1\min}=\frac{U_i}{L_1}t_{on}$$

式中，$i_{1\max}$、$i_{1\min}$为W_1绕组电感L_1在开关管 VT 开通t_{on}期间的电流最大值、最小值。

与正激变换电路中的变压器不同，该变换电路变压器起储能作用，可视为两个相互耦合的电感元件。

开关管 VT 截止，W_1绕组电流回路被阻断，变压器所储存的能量通过W_2绕组及二极管 VD 向负载释放。输出电压为U_o时，W_1绕组上感应电压为$\frac{N_1}{N_2}U_o$，开关管 VT 承受电压为$U_i+\frac{N_1}{N_2}U_o$。当电感储能释放完毕时，W_1、W_2绕组均无激励，开关管 VT 承受电压为U_i。N_1、N_2为W_1、W_2绕组的匝数。如图 1-4-22 中t_1～t_2所示。输出回路有方程：

$$\Delta i_2=i_{2\max}-i_{2\min}=\frac{U_o}{L_2}t_{off}$$

式中，$i_{2\max}$、$i_{2\min}$为W_2绕组电感L_2在开关管 VT 关断t_{off}期间的电流最大值、最小值。

开关管 VT 从导通到关断转换瞬间，其匝数相等，有方程：$N_1\Delta i_1=N_2\Delta i_2$。

变压器原副边电感L_1、L_2与绕组匝数之间有关系：$\frac{L_1}{L_2}=\left(\frac{N_1}{N_2}\right)^2$。则

$$N_1\frac{U_i}{L_1}t_{on}=N_2\frac{U_o}{L_2}t_{off}\rightarrow U_o=\frac{N_1}{N_2}\cdot\frac{L_2}{L_1}\cdot\frac{t_{on}}{t_{off}}U_i$$

得到$U_o=\dfrac{N_2}{N_1}U_i\dfrac{t_{on}}{t_{off}}=\dfrac{N_2}{N_1}U_i\dfrac{\sigma}{1-\sigma}$。

开关管 VT 关断期间，二次侧电流降为零，电路波形如图 1-4-22 中t_2～t_3所示。

这里的关系是电流连续时，输入、输出之间的关系，即当开关管 VT 开通时，W_2绕组中电流尚未下降到零。若电流断续，变换电路输出电压将高于分析结果所示数值。因此，反激变换电路不允许负载处于空载状态。

29. 半桥变换电路工作原理分析

半桥变换电路的一次侧绕组一端连接到电容C_1、C_2的中点，另一端连到开关管VT_1、VT_2的中点。开关管导通、断开，一次侧绕组得到$\pm0.5U_i$的方波交流电压激励。半桥变换电路及其波形如图 1-4-23 所示。

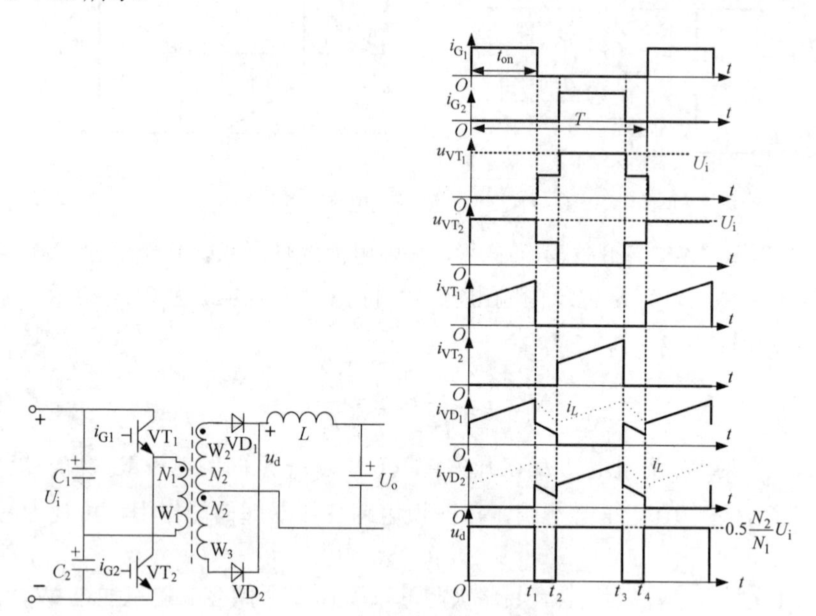

图 1-4-23 半桥变换电路及其波形

开关管 VT_1 导通，W_1 绕组激励电压为$U_i-0.5U_i=0.5U$，极性为上“+”下“−”。W_2绕组感应电压为$0.5\dfrac{N_2}{N_1}U_i$，VD_1正偏导通，$u_d=0.5\dfrac{N_2}{N_1}U_i$。输出端电感 L 电流i_L增加，开关管VT_1电流i_{VT_1}同步增加。W_3绕组感应电压为$0.5\dfrac{N_2}{N_1}U_i$，VD_2反偏截止。VT_2承受电压U_i。如图 1-4-23 中 0～t_1所示。

开关管 VT_1 关断，VT_2 尚未开通， W_1 绕组中电流通路被切断，根据磁势平衡，W_2和W_3绕组中将流过大小相等、方向相反的电流，VD_1和VD_2均导通，$u_d=0$。电感 L 中电流逐渐下降，VD_1、VD_2各分担其中的一半。如图 1-4-23 中t_1～t_2所示。

开关管 VT_2 导通，W_1 绕组激励电压为$-0.5U_i$。W_2绕组感应电压为$0.5\dfrac{N_2}{N_1}U_i$，极性为上“−”下“+”，VD_1截止。W_3绕组感应电压为$0.5\dfrac{N_2}{N_1}U_i$，极性为上“−”下“+”，VD_2导通，

$u_d = 0.5\frac{N_2}{N_1}U_i$。输出电感 L 电流 i_L 增加，开关管 VT_2 流过的电流也同步增加。VT_1 承受的电压为 U_i。如图 1-4-23 中 t_2～t_3 所示。

VT_2 关断后，VT_1 尚未导通时段与以上 VT_1 关断后 VT_2 未导通时段相同，如图 1-4-23 中 t_3～t_4 所示。以此循环。

按照图示两管工作周期 T 及各管导通时间 t_{on} 的定义，在电感电流连续的情况下，输出直流电压 u_d 的平均值：$U_d = U_o = \frac{1}{T}\left(0.5\frac{N_2}{N_1}U_i t_{on} + 0.5\frac{N_2}{N_1}U_i t_{on}\right) = \frac{N_2}{N_1}\frac{t_{on}}{T}U_i$。

30. *半桥变换电路会不会发生偏磁？*

半桥变换电路的桥路电容具有隔直的作用，即便两开关管的导通时间不对称，也不会在回路中产生直流分量，不会出现变压器偏磁和直流磁饱和。

31. *全桥变换电路工作原理分析*

全桥变换电路变压器一次侧绕组 W_1 两端分别接在两组开关管中点，对角两只开关管同时开通、关断，同侧桥臂上下两个开关管交替（互补）导通，变压器一次侧绕组得到幅值为 U_i 的方波交流电压激励。全桥变换电路及其波形如图 1-4-24 所示。

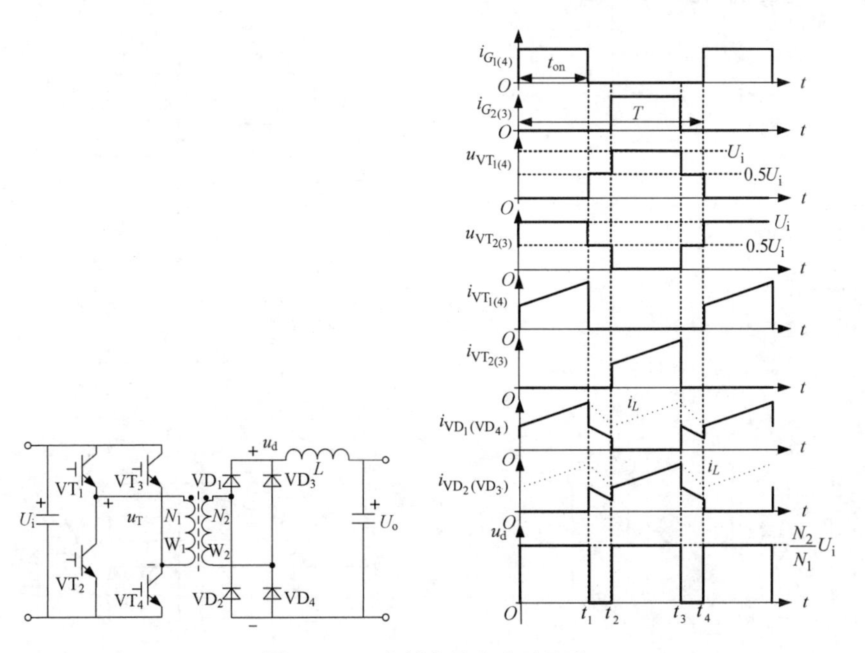

图 1-4-24　全桥变换电路及波形

VT_1、VT_4 导通，电源电压 U_i 施加在变压器一次侧绕组 W_1 两端，极性为上“+”下“−”。W_2 绕组感应电压为 $\frac{N_2}{N_1}U_i$，VD_1、VD_4 导通，$u_d = \frac{N_2}{N_1}U_i$。电感 L 电流 i_L 增加，给负载供电，电感电流成比例流过 VT_1、VT_4。VT_2、VT_3 承受电压为 U_i，如图 1-4-24 中 0～t_1 所示。

VT_1、VT_4 关断，VT_2、VT_3 尚未开通，根据磁势平衡，四个二极管均导通，各分担一半电感电流，电感电流逐步下降。四个开关管承担电压为 $0.5U_i$，如图 1-4-24 中 t_1～t_2 所示。

VT_2、VT_3导通，电源电压U_i施加在W_1绕组两端，极性为上“–”下“+”。W_2绕组感应电压为$\frac{N_2}{N_1}U_i$，VD_2、VD_3导通，$u_d=\frac{N_2}{N_1}U_i$。电感L电流i_L增加，给负载供电，电感电流成比例流过VT_2、VT_3。VT_1、VT_4承受电压为U_i。如图1-4-24中t_2～t_3所示。

VT_2、VT_3关断后，VT_1、VT_4尚未开通的时段与VT_1、VT_4关断后，VT_2、VT_3尚未开通的时段相同，如图1-4-24中t_3～t_4所示。以此循环。

按照图示两管工作周期T及各管导通时间t_{on}的定义，在电感电流连续的情况下，输出直流电压u_d的平均值：$U_d=U_o=\frac{1}{T}\left(\frac{N_2}{N_1}U_it_{on}+\frac{N_2}{N_1}U_it_{on}\right)=\frac{N_2}{N_1}\frac{2t_{on}}{T}U_i$。

32. 全桥变换电路会不会发生偏磁？

全桥变换电路中，若两对开关管导通时间不对称，将会在回路中产生直流分量，造成变压器偏磁和直流磁饱和。

为避免直流偏磁，控制过程中，应密切注意全桥变换电路直流分量的产生，或在一次侧绕组W_1回路中串联隔直电容，以阻断直流电流的通路。

33. 推挽变换电路工作原理分析

推挽变换电路及其波形如图1-4-25所示。

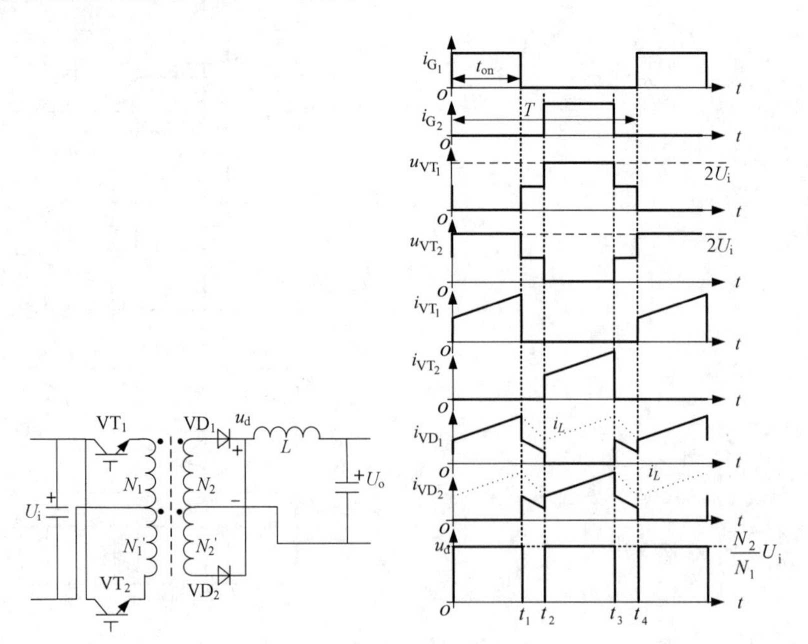

图1-4-25 推挽变换电路及其波形

VT_1导通，N_1被电源电压U_i激励；VT_2导通，N_1'被电源电压U_i反向激励。变压器二次侧绕组N_2、N_2'感应电压为$\frac{N_2}{N_1}U_i$。变压器一次、二次侧均有中心抽头，其匝数分别为$2N_1$、$2N_2$。VT_1导通时，$u_d=\frac{N_2}{N_1}U_i$，电感L电流增加，VD_1流过电感电流，VT_1中电流也成比例增加，VT_2承受2倍的电源电压。如图1-4-25中0～t_1所示。

VT_1 关断，VT_2 尚未导通，根据磁势平衡，VD_1、VD_2 同时导通，各流过电感电流的一半，电感电流下降，$u_d=0$。VT_1、VT_2 均承担电源电压。如图 1-4-25 中 t_1～t_2 所示。

VT_2 导通，$u_d=\frac{N_2}{N_1}U_i$，电感 L 电流增加，VD_2 流过电感电流，VT_2 中电流也成比例增加，VT_1 承受 2 倍的电源电压。如图 1-4-25 中 t_2～t_3 所示。

VT_2 关断，VT_1 尚未导通，根据磁势平衡，VD_1、VD_2 同时导通，各流过电感电流的一半，电感电流下降，$u_d=0$。VT_1、VT_2 均承担电源电压。如图 1-4-25 中 t_3～t_4 所示。

电感电流连续的情况下，推挽变换电路输出直流电压：$U_o=\frac{N_2}{N_1}\frac{2t_{on}}{T}U_i$。

开关管 VT_1、VT_2 导通时间不对称，将在变压器中产生直流分量，必须合理控制，避免变压器偏磁和直流磁饱和。

34. 各种隔离变换电路的性能比较情况如何？

各种带隔离的变换电路性能指标见表 1-4-2。

表 1-4-2　各种带隔离的变换电路性能指标

电路	性能			
	优点	缺点	功率范围	应用场合
正激变换	电路结构简单，成本低廉，工作可靠，控制简单	变压器因单向励磁利用率低	几百瓦到几千瓦	中小功率电源
反激变换	电路结构简单，成本低廉，工作可靠，控制简单	变压器因单向励磁利用率低	几瓦到几百瓦	小功率电源
半桥变换	变压器双向励磁，无偏磁。开关元件少，控制简单，成本低廉	开关元件要合理控制，以防止直通短路，可靠性低。开关元件需要隔离驱动	几百瓦到几千瓦	中大功率电源，工业应用广泛
全桥变换	变压器双向励磁，容易获得大功率电源	结构复杂，成本较高，需防止直通短路，可靠性低。开关元件需要隔离驱动	几百瓦到几百千瓦	大功率电源，应用于电焊、电解电镀等
推挽变换	变压器双向励磁，电路结构简单，损耗小	有偏磁问题	几百瓦到几千瓦	低输入电压的电源

解题示例

（1）降压斩波电路输入直流电压为 300V，负载电机反电势为 180V，回路电阻为 0.5Ω，电抗器电感值为 10mH，分析电路工作原理，计算电路工作频率为 4kHz，占空比为 0.7 时，电路输出电压、电流及电机获得的电功率，并判断电机电流的连续性。若输出端并联 4.7μF 的滤波电容，试求输出电压的纹波电压、负载电路临界连续电流。

观察电路及波形，如图 1-4-1 所示。根据电路波形、微分方程（线性化）、能量守恒定律、电感两端电压平均值为零，可以建立起电路输入/输出关系，说明电路工作原理。具体分析解题过程参见之前的内容，以下类同。

输出电压：$U_o = \frac{t_{on}}{T} E = \sigma E$=0.7×300=210V。

输出电流：$I_o = (U_o - E_M)/R$=60A。

因电感值较大（$2\pi f L = 251.3 \gg 0.5$），电流基本平直，电机获得电功率：

$$P = I_o E_M = 10.8\text{kW}$$

因 $\frac{E_M}{E} = 0.6$，$\frac{e^{\frac{t_{on}}{\tau}} - 1}{e^{\frac{T}{\tau}} - 1} = 0.136$，满足 $\frac{E_M}{E} > \frac{e^{\frac{t_{on}}{\tau}} - 1}{e^{\frac{T}{\tau}} - 1}$，电路电流连续。

输出电压纹波：$\frac{\Delta U_o}{U_o} = \frac{(1-\sigma)}{8f^2LC}$=4.99%。

负载电路临界连续电流：$I_{lin} = \frac{E\sigma(1-\sigma)}{2fL}$=0.79A。

（2）升压斩波电路输入直流电压为100V，负载电阻为50Ω，电抗器电感值为10mH，输入电阻为0.1Ω，分析电路工作原理，计算电路工作频率为4kHz，占空比为0.8时，电路输出电压、电流，判断电感电流的连续性。若输出端滤波电容为47μF，分析输出电压的纹波情况。

观察电路及其波形，如图1-4-3所示，根据电路的回路方程、微分方程线性化、能量守恒定律、电感两端的电压平均值为零等，可以建立电路的输入/输出关系，说明电路工作原理。

输出电压：$U_o = \frac{1}{1-\sigma} E$=500V。

输出电流：$I_o = U_o / R$=10A。

代入相关参数验证，满足升压斩波电路电感电流断续条件，说明电感电流连续。

斩波电路电感电流临界连续时，负载电流平均值：$I_{lin} = \frac{E\sigma(1-\sigma)}{2fL_0}$=0.2A。

斩波电路输出电压纹波：$\frac{\Delta U_o}{U_o} = \frac{\sigma T}{R_f C}$=8.5%。

（3）升降压斩波电路输入直流电压为100V，负载电阻为50Ω，电抗器电感值为10mH，分析电路工作原理，计算电路工作频率为4kHz，占空比为0.2、0.8时，电路输出电压、电流，判断电感电流的连续性。若输出端滤波电容为47μF，分析输出电压的纹波情况。

观察电路及其波形，如图1-4-5所示，根据电路微分方程（线性化）、能量守恒定律、电感两端电压平均值为零等，可以建立电路的输入/输出关系，说明电路工作原理。

输出直流电压：$U_o = -\frac{t_{on}}{t_{off}} E = -\frac{\sigma}{1-\sigma} E$。

考虑到电感电流临界连续情况下，开关导通时所存储的电感能量全部传输给负载，得到电路临界连续电流：$I_{lin} = \frac{E\sigma(1-\sigma)}{2fL}$。

输出纹波电压与升压斩波电路相同：$\frac{\Delta U_o}{U_o} = \frac{\sigma T}{R_f C}$。

电路相关参量计算见表 1-4-3。

表 1-4-3　升降压斩波电路相关参量计算

参量名称	占空比 σ=0.2	占空比 σ=0.8
输出直流电压	−25V	−400V
输出直流电流	0.5A	8A
升降压功能	降压	升压
临界连续电流	0.2A	0.2A
输出电压纹波情况	2.13%	8.5%

（4）分析 Cuk 斩波电路工作原理，当输入直流电压为 100V，负载电阻为 50Ω 时，计算电路占空比为 0.2、0.8 时，电路输出电压、电流，说明电路的结构特点。

观察图 1-4-6，根据电路微分方程（线性化）、能量守恒定律、电路结构等，可以建立电路的输入/输出关系，说明电路工作原理。

输出直流电压：$U_o = -\dfrac{\sigma}{1-\sigma}E$，电容 C 两端直流电压：$U_C = \dfrac{T}{t_{off}}E$。

相关参量计算见表 1-4-4。

表 1-4-4　Cuk 斩波电路相关参量计算

参量名称	占空比 σ=0.2	占空比 σ=0.8
输出直流电压	−25V	−400V
输出直流电流	0.5A	8A
电容 C 两端直流电压	125V	500V
升降压功能	降压	升压

观察表 1-4-4 中的参量计算及上述方程可见，该电路将电容作为负载，从电路输入端看，该电路输入部分为升压斩波电路；以电容电压作为输入电源，从电路输出端看，该电路输出部分为降压斩波电路。

同时可见，Cuk 斩波电路与升降压斩波电路的输入/输出关系一致，可以将输入直流电压进行反极性升降压变换，但因 Cuk 斩波电路输入端、输出端均有电感，其输入电流、输出电流都是连续的，对输入/输出的滤波有利。

（5）分析 Sepic 斩波电路工作原理，当输入直流电压为 100V，负载电阻为 50Ω，计算电路占空比为 0.2、0.8 时，电路输出电压、电流。

观察图 1-4-8，根据电路微分方程（线性化）、电路结构等，可以建立电路的输入/输出关系，说明电路工作原理。

输出直流电压：$U_o = \dfrac{t_{on}}{t_{off}}E = \dfrac{\sigma}{1-\sigma}E$。

相关参量计算见表 1-4-5。

表 1-4-5 Sepic 斩波电路相关参量计算

参量名称	占空比 σ=0.2	占空比 σ=0.8
输出直流电压	25V	400V
输出直流电流	0.5A	8A
升降压功能	降压	升压

（6）分析 Zeta 斩波电路工作原理，当输入直流电压为 100V，负载电阻为 50Ω，计算电路占空比为 0.2、0.8 时，电路输出电压、电流。

观察图 1-4-9，根据电路微分方程（线性化）、电路结构等，可以建立电路的输入/输出关系，说明电路工作原理。

输出直流电压：$U_o = \frac{t_{on}}{t_{off}} E = \frac{\sigma}{1-\sigma} E$。

相关参量计算见表 1-4-6。

表 1-4-6 Zeta 斩波电路相关参量计算

参量名称	占空比 σ=0.2	占空比 σ=0.8
输出直流电压	25V	400V
输出直流电流	0.5A	8A
升降压功能	降压	升压

比较 Zeta 和 Sepic 斩波电路，可见它们的输入/输出关系一致，输出电压极性一致，均可以实现输入直流电压的升降压功能。

（7）直流可逆斩波电路，其输入直流电压为 300V，负载电机反电势为 180V，回路电阻为 5Ω。计算 VT_1 管占空比为 0.4、0.7，VT_1 和 VT_2 互补工作时电路输出电压、电流及电机与电源之间传输的电功率。若想通过开关管的占空比控制，使负载电机分别处于输入电流、输出电流为 10A 的电动、发电运行状态，求开关管的占空比（V_1、V_2 处于互补导通状态）。

观察图 1-4-10，直流可逆斩波电路在占空比为 0.4 时，输出直流电压小于电机电动势，即 $U_o < E_M$，电机发电运行，输出电流 $I_o = (E_M - U_o)$。相关波形如图 1-4-12 所示。

占空比为 0.7 时，输出直流电压大于电机电动势，即 $U_o > E_M$，电机电动运行，输出电流 $I_o = (U_o - E_M)/R$。相关波形如图 1-4-11 所示。

相关参量计算见表 1-4-7。

表 1-4-7 直流可逆斩波电路相关参量计算

参量名称	占空比 σ=0.4	占空比 σ=0.7
输出直流电压	120V	210V
输出直流电流	-12A	6A
电机吸收功率	-2160W	1080W

直流可逆斩波电路能够灵活地控制电机正反方向的电流，能量流转控制灵活，电机控制

的响应速度快。

若电机处于电动运行状态，输入电流为10A，可逆斩波电路输出直流电压为

$$U_o = E_M + I_o R = 230V$$

占空比$\sigma = U_o / U_i$=0.77。

若电机处于发电运行状态，输出电流为10A，可逆斩波电路输出直流电压为

$$U_o = E_M - I_o R = 130V$$

占空比$\sigma = U_o / U_i$=0.43。

该斩波电路的输出电压总是大于或等于零，但电流可正可负，负载电机运行在正向电动、正向制动两种运行状态，斩波电路只能运行在第一、第二象限，电机无法实现四象限运行。此外，为保证直流可逆斩波电路正常工作，必须要防止VT_1和VT_2同时导通而出现的直通短路，两管工作状态互补，实际工作中采用“先断后通”的方法保证电路的工作可靠。

（8）桥式可逆斩波电路输入直流电压为300V，开关管工作频率为10kHz，电路采用双极性工作方式，分析占空比为0.3、0.7时斩波电路输出电压情况。如果电机的电动势E_M=100V，请判断电机的运行状态。负载回路参数为电感10mH，电阻1Ω。

桥式可逆斩波电路如图1-4-14所示，工作于双极性工作方式时波形如图1-4-17、图1-4-18所示。

输出直流电压：$U_o = (2\sigma - 1)E$。

当占空比为0.3时，U_o=−120V。如果此时负载电机的电动势极性如图1-4-14所示，则电机的电动势将与变换器输出直流电压顺级串联，电机实现能耗制动，变换器输出电流为

$$I_o = (U_o - E_M)/R = -220A$$

如果此时负载电机的电动势极性与图1-4-14中相反，变换器输出电流为

$$I_o = (U_o - E_M)/R = -20A$$

电机吸收电能，电机反向电动运行。

当占空比为0.7时，U_o=120V。变换器输出电流$I_o = (U_o - E_M)/R$=20A。电机吸收电能，电机正向电动运行。

可见，桥式可逆斩波电路双极性方式工作时，借助于占空比的控制，斩波电路输出直流电压可以在E和$-E$之间连续变化，负载电机可以获得快速的正反转控制，电机的控制性能可以得到显著提升。

（9）由降压斩波电路构成的三相三重斩波电路输入直流电压为300V，斩波电路工作频率为4kHz，负载电机反电势为180V，回路电阻为0.5Ω，电抗器电感值为10mH，分析电路工作原理，计算占空比为0.7时，电路输出电压、电流及电机获得的电功率，并判断电机电流的连续性。若输出端并联4.7μF的滤波电容，试求输出电压的纹波电压、负载电路临界连续电流。

三相三重斩波电路及其波形如图1-4-19所示，据此可以理解电路工作原理。

斩波电路输出直流电压：$U_o = \frac{t_{on}}{T}E = \sigma E$=0.7×300=210V。

输出电流：$I_o = (U_o - E_M)/R$=60A。

电机功率：$P = I_o E_M$=10.8kW。

根据第（1）题的分析，由于单个斩波电路工作时，负载电流已经连续，因此三个降压斩

波电路并联运行时负载电流自然连续，电路等效工作频率提升为 12kHz。

输出电压纹波：$\dfrac{\Delta U_{\text{o}}}{U_{\text{o}}}=\dfrac{(1-\sigma)}{8f^2LC}$=0.55%。

电流临界连续时负载电流：$I_{\text{lin}}=\dfrac{E\sigma(1-\sigma)}{2fL_0}$=0.26A。

显然，通过多重连接，三相三重斩波电路的输出电压稳定度得到显著提升，输出电流平稳，临界连续电流下降。同时，各斩波电路互为备用，可以提升电路工作可靠性。

（10）试分析正激、反激变换电路工作原理，计算斩波电路输入直流电压为 100V，变压器一次、二次匝比为$N_1/N_2=0.5$，占空比 0.8 时的输出电压值，并对两电路的工作进行比较（假定电流连续）。

正激变换电路及其波形如图 1-4-20 所示，反激变换电路及其波形如图 1-4-22 所示，据此可以理解电路工作原理。

正激变换电路输出电压：$U_{\text{o}}=\dfrac{N_2}{N_1}\dfrac{t_{\text{on}}}{T}U_{\text{i}}=\dfrac{N_2}{N_1}\sigma U_{\text{i}}$=160V。

反激变换电路输出电压：$U_{\text{o}}=\dfrac{N_2}{N_1}U_{\text{i}}\dfrac{t_{\text{on}}}{t_{\text{off}}}=\dfrac{N_2}{N_1}U_{\text{i}}\dfrac{\sigma}{1-\sigma}$=800V。

比较正激、反激变换电路可见，抛开变压器一次、二次匝比所实现的电压变换外（本例为提升电压），正激变换电路具有与降压斩波电路相似的变换关系，反激变换电路具有与升降压（Cuk、Zeta、Sepic）斩波电路相似的变换关系。正激、反激变换电路均通过变压器实现了输入与输出电压的隔离，但正激变换电路比反激变换电路多一条磁复位电路，以避免变换器磁饱和而短路。

（11）试分析半桥、全桥变换电路工作原理，计算斩波电路输入直流电压为 100V，变压器一次、二次匝比为$N_1/N_2=0.5$，占空比 0.8 时的输出电压值，并对两电路的工作进行比较（假定电感电流连续）。

半桥变换电路及其波形如图 1-4-23 所示，全桥变换电路及其波形如图 1-4-24 所示，据此可以理解电路工作原理。

在电感电流连续的情况下，半桥变换电路输出直流电压u_{d}平均值：

$$U_{\text{d}}=U_{\text{o}}=\frac{1}{T}\left(0.5\frac{N_2}{N_1}U_{\text{i}}t_{\text{on}}+0.5\frac{N_2}{N_1}U_{\text{i}}t_{\text{on}}\right)=\frac{N_2}{N_1}\frac{t_{\text{on}}}{T}U_{\text{i}}=160\text{V}$$

全桥变换电路输出直流电压u_d平均值：

$$U_{\text{d}}=U_{\text{o}}=\frac{1}{T}\left(\frac{N_2}{N_1}U_{\text{i}}t_{\text{on}}+\frac{N_2}{N_1}U_{\text{i}}t_{\text{on}}\right)=\frac{N_2}{N_1}\frac{2t_{\text{on}}}{T}U_{\text{i}}=320\text{V}$$

半桥变换电路的桥路电容具有隔直作用，即便两开关管导通时间不对称，也不会在回路中产生直流分量，不会出现变压器偏磁和直流磁饱和。

全桥变换电路两对开关管导通时间不对称，将会在回路中产生直流分量，造成变压器偏磁和直流磁饱和。为避免直流偏磁，控制过程中，应密切注意全桥变换电路直流分量的产生，或在一次侧绕组 W_1 回路中串联隔直电容，以阻断直流电流的通路。

（12）试分析推挽变换电路工作原理，计算斩波电路输入直流电压为 100V，变压器一次、二次匝比为$N_1/N_2=0.5$，占空比为 0.8，电感电流连续时的输出电压值。分析两管导通时间不对称对变换电路的影响。

推挽变换电路及其波形如图 1-4-25 所示，据此可以理解电路工作原理。

电感电流连续，推挽变换电路输出直流电压：$U_o=\frac{N_2}{N_1}\frac{2t_{on}}{T}U_i$=320V。

开关管 VT_1、VT_2 导通时间不对称时，将在变压器中产生直流分量，导致变压器偏磁和直流磁饱和，必须合理控制 VT_1、VT_2 的导通时间。

（13）试分析直直变换电路中，全桥整流电路和全波整流电路二极管承受的最大电压、最大电流和平均电流，并比较它们的优缺点。

假设两种电路的交流输入电压均为U_m，输出电流平均值均为I_d，两种电路中二极管承受的最大电压、电流及平均电流的情况见表 1-4-8。

表 1-4-8　全桥整流电路和全波整流电路参量情况

电路类型	最大电压	最大电流	平均电流
全桥整流	U_m	I_d	$0.5I_d$
全波整流	$2U_m$	I_d	$0.5I_d$

可见，全桥整流电路具有二极管耐压低、变压器结构简单的优点，但所使用的器件数量多，器件的通态损耗大。全波整流电路具有二极管数量少、器件通态损耗小的优点，但变压器二次侧需要中心抽头，结构复杂，二极管耐压高。因此，全桥整流电路适用于高电压输出场合，全波整流电路适用于低电压输出场合。

第五章　交交变流电路

1. 何谓交交变流电路?

将一种形式的交流电变换成另一种形式的交流电的电路称为交交变流电路，变换的参数可以是交流电的相数、频率、幅值等。

2. 交交变流电路有哪几种形式?

交交变流电路有两种形式，分别是无直流环节的直接交交变流电路和有直流环节的间接交交变流电路。

间接交交变流电路结构为“交流→直流→交流”，是“整流电路+逆变电路”的组合。

直接交交变流电路通过变换电路一次性将一种交流电直接变换成另一种交流电。

3. 直接交交变流电路有哪几种形式?

直接交交变流电路中，若仅改变电压、电流或实现电路的通断控制，并不改变交流电的频率，这种交交变流电路称为交流电力控制电路，有如下四种形式：

（1）交流电力电子开关。

（2）交流调功电路。

（3）交流调压电路。

（4）斩控式交流调压电路。

直接交交变流电路中，若既改变输出交流电压、电流，又改变交流电的频率，这种交交变流电路称为变频电路。

4. 各种交流电力控制电路有什么特点?

交流电力控制电路是由两个晶闸管反并联后串入交流电路而构成的，通过适当控制晶闸管便可控制交流电的输出，交流电的频率没有改变。

（1）**交流电力电子开关**：不考虑对象通电时间长短，仅根据需要接通或断开交流负载。

（2）**交流调功电路**：以电源多个周期为控制单位控制晶闸管的通断，改变通态周期数与控制周期的比值，从而调节输出功率大小。

（3）**交流调压电路**：在电源半个周期内对晶闸管导通相位进行调节，从而调节输出交流电压有效值，输出交流电频率不变。

（4）**斩控式交流调压电路**：在交流电源周期内，使电力电子器件以确定的工作频率、一定的占空比导通，负载上得到与开关器件同频同占空比的系列脉冲电压，该脉冲电压的幅值与同时刻交流电源电压的幅值相等。

5. 单相交流调压电路电阻性负载工作原理分析

单相交流调压电路带电阻性负载时的波形如图 1-5-1 所示。电阻性负载时，在交流电源u_i的正、负半周内，分别对承受正向电压的晶闸管触发角α进行控制，相应的晶闸管导通，输出缺角正弦波电压，实现输出电压u_o的动态调整。

晶闸管的触发角起始点为交流电压正向或负向过零点，为保证电路对称，消除偶次谐波，晶闸管 VT_1、VT_2的触发角相同，如图 1-5-1 中波形所示。

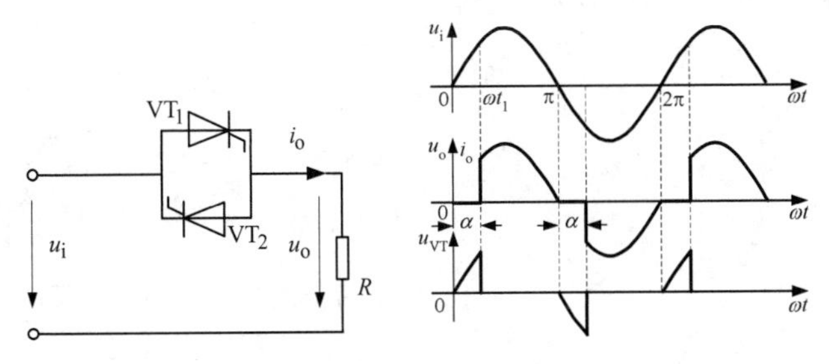

图 1-5-1　单相交流调压电路及其波形（电阻性负载）

晶闸管承受正向电压，在触发角 α 处被触发导通，因电阻性负载，输出电压波形与电压波形相同。晶闸管导通后，到交流电压过零点时，电压为零，电流为零，晶闸管自然关断。晶闸管触发角 α 与晶闸管导通角 θ 之间存在关系：$\alpha+\theta=\pi$。

单相交流调压电路带电阻性负载时触发角 α 的移相范围为 0～π，晶闸管承受的最高正反向电压均为 $\sqrt{2}U_2$。

单相交流调压电路带电阻性负载时输出电压：$U_o=U_i\sqrt{\dfrac{1}{2\pi}\sin 2\alpha+\dfrac{\pi-\alpha}{\pi}}$。

输出负载电流：$I_o=\dfrac{U_o}{R}=\dfrac{U_i}{R}\sqrt{\dfrac{1}{2\pi}\sin 2\alpha+\dfrac{\pi-\alpha}{\pi}}$。

晶闸管电流有效值：$I_{VT}=\dfrac{U_i}{R}\sqrt{\dfrac{1}{2}\left(1-\dfrac{\alpha}{\pi}+\dfrac{\sin 2\alpha}{2\pi}\right)}$。

交流调压电路输入功率因数：$pf=\dfrac{P}{S}=\dfrac{U_oI_o}{U_iI_o}=\sqrt{\dfrac{1}{2\pi}\sin 2\alpha+\dfrac{\pi-\alpha}{\pi}}$。

注意：交流调压电路即便是电阻性负载，其输入功率因数也不是 1（除 $\alpha=0°$ 外），说明在触发角调整过程中，电流的基波分量相角将逐步后移，功率因数逐步降低。其中，波形畸变所含谐波亦影响调压电路的输入功率因数。

6. 单相交流调压电路带阻感性负载工作原理分析

阻感性负载时，在交流电源 u_i 正、负半周内，分别对承受正向电压的晶闸管触发角 α 进行控制，相应晶闸管导通，输出缺角正弦波电压，实现输出电压 u_o 的动态调整。晶闸管触发角起始点仍为交流电压正向或负向过零点。带阻感性负载时的单相交流调压电路及其波形如图 1-5-2 所示。

晶闸管承受正向电压，在触发角 α 处（$\alpha>\varphi$）被触发导通，因阻感性负载，输出电压波形与电流波形不同。φ 为负载的功率因数角。

晶闸管导通后，当交流电压过零点时，电压为零，电流并不为零，晶闸管无法关断，将继续导通。电源电压反向，感性负载中电感所存储的能量将向电源回馈，同时负载电阻消耗能量，负载电流逐步减小。当负载电流降为零时，晶闸管自然关断。晶闸管触发角 α 与晶闸管导通角 θ 之间存在关系：$\alpha+\theta>\pi$。

单相交流调压电路带阻感性负载时触发角 α 的移相范围为 φ～π。晶闸管承受的最高正反向电压均为 $\sqrt{2}U_2$。晶闸管触发角 α、导通角 θ 及负载功率因数角 φ 之间存在关系：

$$\sin(\alpha+\theta-\varphi)=\sin(\alpha-\varphi)\mathrm{e}^{-\frac{\theta}{\tan\varphi}}$$

其关系用图形表示，如图 1-5-3 所示。

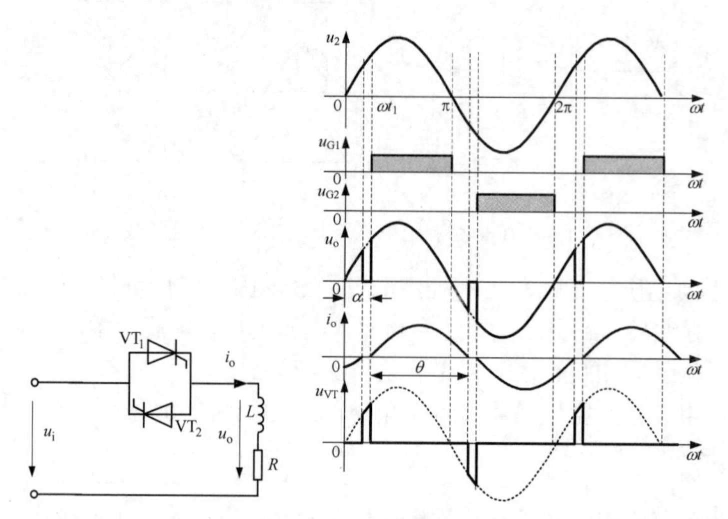

图 1-5-2　单相交流调压电路及其波形（阻感性负载）

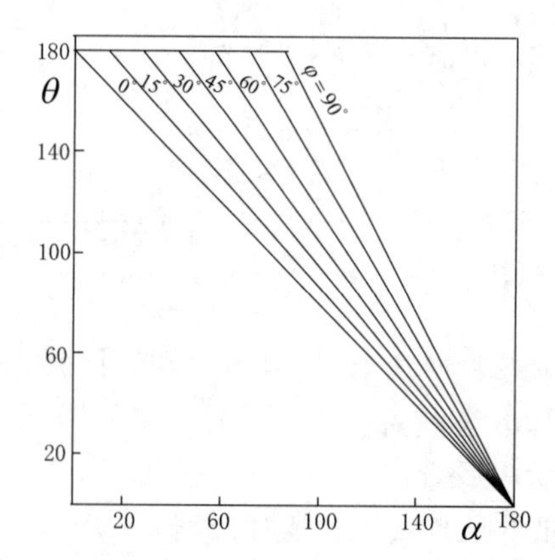

图 1-5-3　单相交流调压电路在阻抗角 φ 不同时 θ 与 α 之间的关系

输出电压 u_o 有效值：$U_o = U_i\sqrt{\dfrac{\theta}{\pi} + \dfrac{1}{2\pi}[\sin 2\alpha - \sin(2\alpha + 2\theta)]}$。

晶闸管流过电流有效值：$I_{VT} = \dfrac{U_i}{\sqrt{2\pi}Z}\sqrt{\theta - \dfrac{\sin\theta\cos(2\alpha + \varphi + \theta)}{\cos\varphi}}$。

负载电流：$I_o = \sqrt{2}I_{VT}$。

当 $\varphi < \alpha < \pi$ 时，VT_1、VT_2 导通角 θ 均小于 π，α 越小，θ 越大，当 $\alpha = \varphi$ 时，$\theta = \pi$。

7. 当 $\alpha \leqslant \varphi$ 时，单相交流调压电路阻感性负载电路将如何工作？

当 $\alpha \leqslant \varphi$ 时，每次触发晶闸管时，与其反并联的晶闸管尚未关断，仍处于导通状态，被触发晶闸管仍然承受反向电压（数值为并联晶闸管的导通压降），无法在规定的时刻被正常触发而导通。但晶闸管触发脉冲形式不同，电路会有两种运行状态。

（1）待 VT_1 中流过电流降为零后，VT_2 触发脉冲消失（窄脉冲触发），VT_2 将不会被触发导通。等到下一个电源周期时，VT_1 再次被触发导通，经过 180°后向 VT_2 传送触发脉冲，因

VT_1没有关断，VT_2承受反压仍无法开通。电路将只有VT_1给负载供电，负载持续流过单向电流，这就是单相调压电路的半波整流现象。因负载电感值较小，回路将流过较大的单相直流电流。电路波形如图 1-5-4 所示。

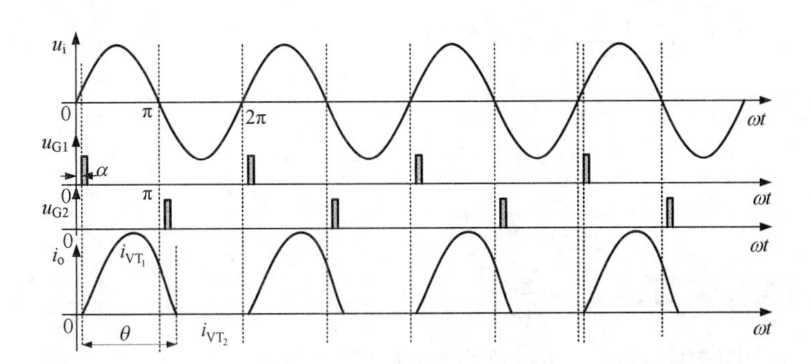

图 1-5-4　$\alpha \leqslant \varphi$时窄脉冲触发单相交流调压电路的波形（阻感性负载）

（2）待VT_1中流过电流降为零，VT_2触发脉冲仍存在（宽脉冲触发），则VT_2能够被触发导通。因为$\alpha \leqslant \varphi$，VT_1提前导通，负载电感L被过充电，其放电时间延长，VT_1导电持续时间超过$\pi+\alpha$。VT_1关断后，因脉冲一直存在，VT_2被延迟触发导通，VT_2导通角将小于π。此时，单相交流调压电路的负载响应将存在一个暂态过程，其中有稳态正弦分量及指数衰减分量（如图 1-5-5 中虚线分量），负载电流在经过几个周期后逐渐进入稳态，暂态分量消失，电路输出完整正弦波电流，电路不具备调压能力。

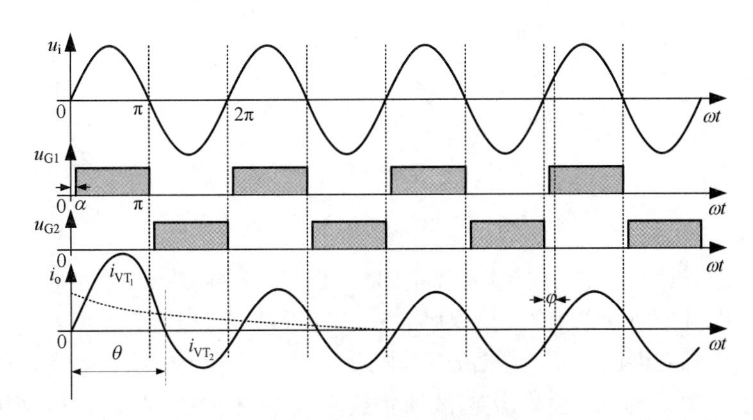

图 1-5-5　$\alpha \leqslant \varphi$时宽脉冲触发单相交流调压电路的波形（阻感性负载）

因为使用宽脉冲触发，单相交流调压电路带阻感性负载在触发角α小于负载功率因数角φ时，电路尚可正常工作，但电路并不具备调压功能，电路设置两只晶闸管控制调压已毫无意义。分析表明，带阻感性负载时，单相交流调压电路触发角α控制范围为$\varphi \sim \pi$。

8. 单相交流调压电路电阻性负载、阻感性负载时的输出电压电流谐波具有什么特性？

单相交流调压电阻性负载时的输出电压、电流波形如图 1-5-1 所示，阻感性负载时的输出电压、电流波形如图 1-5-2 所示。

根据傅里叶级数分析，电阻性负载时，负载电压u_o正负半周对称，其中不含直流分量及偶次谐波分量，u_o 表示为 $u_o(\omega t)=\sum\limits_{n=1,3,5,\cdots}^{\infty}(a_n\cos n\omega t+b_n\sin n\omega t)$。

其中：

$$a_1=\frac{\sqrt{2}U_i}{2\pi}(\cos 2\alpha-1)，\ b_1=\frac{\sqrt{2}U_i}{2\pi}(\sin 2\alpha+2\pi-2\alpha)$$

$$a_n=\frac{\sqrt{2}U_i}{\pi}\left[\frac{\cos(n+1)\alpha-1}{n+1}-\frac{\cos(n-1)\alpha-1}{n-1}\right]\ b_n=\frac{\sqrt{2}U_i}{\pi}\left[\frac{\sin(n+1)\alpha}{n+1}-\frac{\sin(n-1)\alpha}{n-1}\right]\ (n=3,5,7,\cdots)$$

输出电压各次波有效值：$U_{on}=\frac{1}{\sqrt{2}}\sqrt{a_n^2+b_n^2}$。

输出电流各次波有效值：$I_{on}=\frac{U_{on}}{R}$。

单相交流调压电路电阻性负载，各次波电流有效值相对于 $\alpha=0°$ 时基波电流有效值的比值与触发角 α 的相对关系如图 1-5-6 所示。

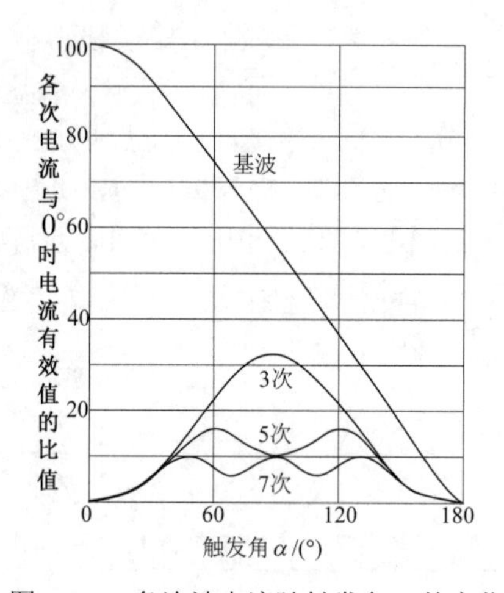

图 1-5-6　各次波电流随触发角 α 的变化

单相交流调压电路阻感性负载具有和电阻性负载相似的结果，输入电流中所含谐波情况与电阻性负载时电流中所含谐波相同，为 3、5、7 等次谐波，但因存在负载电感，其各次谐波含量比电阻性负载时的谐波含量小。各次谐波变化规律与图 1-5-6 类似，谐波幅值与各次谐波次数成反比。触发角 α 相同时，各次谐波随负载阻抗角的增大，谐波含量减小，原因是负载中电感量的增加。

9. 三相交流调压电路的形式有哪几种？

三相交流调压电路的结构形式有 4 种，如图 1-5-7 所示。这 4 种连接方式中，图（a）和（b）最为常用。图（a）为三相负载星形连接方式；图（b）为支路控制三角形连接方式；图（c）为中点控制三角形连接方式；图（d）为线路控制三角形连接方式。

10. 三相负载星形连接方式中，负载中点与电源中点连接与否，电路工作形式有何差异？

三相负载星形连接方式中，如果电源中点 n 和负载中点 n' 连接起来，便构成三相四线电路。此时，三相交流调压电路就是三个单相交流调压电路的组合，各相独立进行调压控制，三相之间彼此错开 120°。各相调压控制时，可以认为彼此之间没有影响。

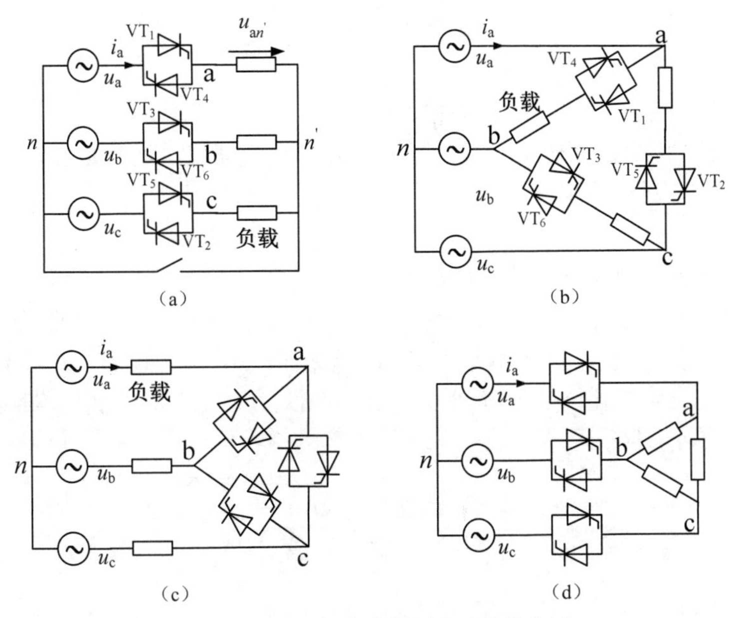

图 1-5-7 三相交流调压电路连接方式

单相交流调压电路的电压、电流中含有基波分量及谐波次数为 3、5、7、9 等次谐波分量。由对称分量法可知，各次谐波中，3 的倍数次谐波具有零序性质，即三相负载星形连接调压电路中各相所含 3 的倍数次谐波方向相同，彼此叠加共同流过电源中线。观察图 1-5-6 可知，中线中 3 次谐波电流有效值可能达到与基波电流有效值相当的程度，这在实际使用中必须要注意，其涉及中线及变压器选择。

若电源中点与负载中点不相连，便构成三相三线电路，如图 1-5-8 所示。显然，任意一相晶闸管导通必须与其他相晶闸管一起导通才能构成回路。

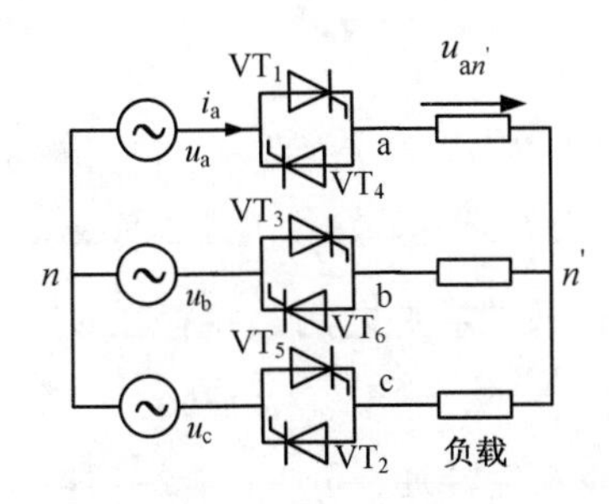

图 1-5-8 三相负载星形连接的三相三线调压电路

三相负载星形连接方式的调压电路采用类似于三相桥式全控整流电路控制方法，晶闸管触发采用双窄脉冲或者大于 60°的宽脉冲触发。按照图 1-5-8 所示的晶闸管标注方法，三相晶闸管的触发脉冲依次相差 120°，同一相反并联晶闸管触发脉冲相差 180°，该调压电路的六个晶闸管触发导通顺序为 VT_1、VT_2、VT_3、VT_4、VT_5、VT_6，和三相桥式全控整流电路完全相同，可以沿用三相桥式全控整流电路的触发电路。

以 a 相晶闸管 VT_1 为例。VT_1 导通，必须和 b 相 VT_6 或者 c 相 VT_2 构成回路，负载上获得电压是 u_{ab} 或 u_{ac} 的一部分。VT_1 从 a 相电压正向过零点开始导通（$\alpha = 0°$），若想 VT_1 能够被触发导通，u_{ab} 或 u_{ac} 必须要大于零。u_{ab} 超前于 u_a 30°，因此该交流调压电路触发角 α 移相范围为 0～150°。

在整个 α 角控制范围内，电路有三种形态：

（1）a、b、c 三相中各有一个晶闸管导通，此时负载端口电压就是各相电源电压。

（2）三相中只有两相晶闸管导通，另一相不导通，此时负载端口电压是两导通相电源线电压的一半。

（3）三相晶闸管均不导通，此时负载端口电压为零。

11. 三相负载星形连接方式的调压电路，当触发角在 0～60° 范围内时电路工作情况如何？

三相负载星形连接方式的调压电路，当触发角在 0～60° 范围内时，电路处于三相导通与两相导通的交替状态，每个晶闸管导通 $180°-\alpha$。图 1-5-9 给出了 $\alpha=30°$ 时晶闸管的导通情况及 a 相负载端口电压的波形。

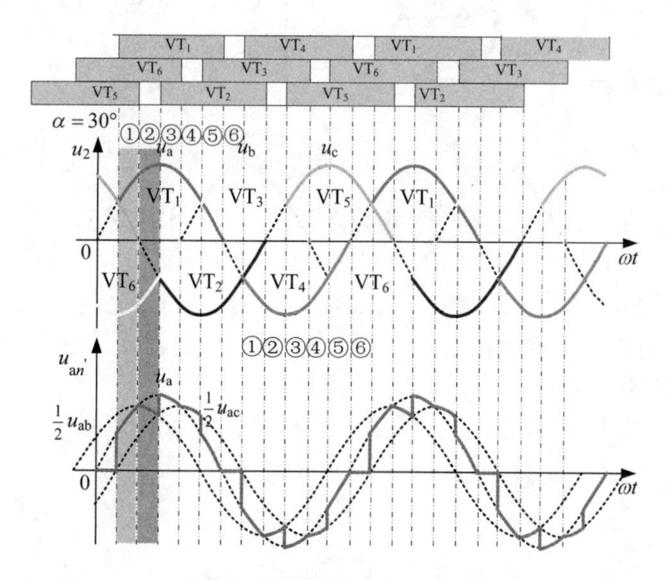

图 1-5-9　三相负载星形连接的交流调压电路 $\alpha=30°$ 时的导通情况及波形（电阻性负载）

图 1-5-9 中，在**正半周，$\mathbf{VT_1}$ 开始导通之后，将存在 6 个工作区段：**

①区段，a 相的 VT_1、b 相的 VT_6、c 相的 VT_5 导通，a 相负载端口电压为 u_a。

②区段，a 相的 VT_1、b 相的 VT_6 导通，a 相负载端口电压为线电压 u_{ab} 的一半，即 $\frac{1}{2}u_{ab}$。

③区段，a 相的 VT_1、b 相的 VT_6、c 相的 VT_2 导通，a 相负载端口电压为 u_a。

④区段，a 相的 VT_1、c 相的 VT_2 导通，a 相负载端口电压为线电压 u_{ac} 的一半，即 $\frac{1}{2}u_{ac}$。

⑤区段，a 相的 VT_1、b 相的 VT_3、c 相的 VT_2 导通，a 相负载端口电压为 u_a。

⑥区段，VT_1 关断，b 相的 VT_3、c 相的 VT_2 导通，a 相负载端口电压为 0。

在**负半周，$\mathbf{VT_4}$ 导通之后，也将存在 6 个工作区段：**

①区段，a 相的 VT_4、b 相的 VT_3、c 相的 VT_2 导通，a 相负载端口电压为 u_a。

②区段，a 相的 VT_4、b 相的 VT_3 导通，a 相负载端口电压为线电压 u_{ab} 的一半，即 $\frac{1}{2}u_{ab}$。

③区段，a 相的 VT_4、b 相的 VT_3、c 相的 VT_5 导通，a 相负载端口电压为 u_a。

④区段，a 相的 VT_4、c 相的 VT_5 导通，a 相负载端口电压为线电压 u_{ac} 的一半，即 $\frac{1}{2}u_{ac}$。

⑤区段，a 相的 VT_4、b 相的 VT_6、c 相的 VT_5 导通，a 相负载端口电压为 u_a。

⑥区段，a 相的 VT_4 关断，b 相的 VT_6、c 相的 VT_5 导通，a 相负载端口电压为 0。

分析可见，$0 \leqslant \alpha < 60°$ 范围内，三相电阻性负载星形连接的交流调压电路在一个周期内将有 12 个工作状态，每个状态有不同的器件参与导电，负载端口电压将根据各自的具体情况确定。

当 $\alpha = 0$ 时，调压电路每时每刻均有三个晶闸管导通，电路不具备调压功能。

若 $\alpha = 60°$，调压电路每时每刻只有二个晶闸管导通，电路具备调压功能，与本阶段工作情况不同。

12. 三相负载星形连接方式的调压电路，当触发角在 60°～90° 范围内时电路工作情况如何？

三相负载星形连接方式的调压电路，当触发角在 60°～90° 范围内时，电路任意时刻都有两个晶闸管处于导通状态，每个晶闸管导通 120°。图 1-5-10 给出了 $\alpha = 60°$ 时晶闸管导通情况及 a 相负载端口电压的波形。

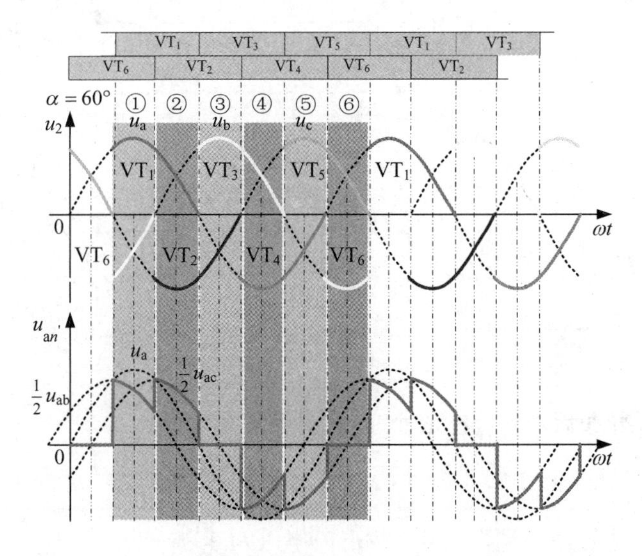

图 1-5-10　三相负载星形连接的交流调压电路 $\alpha = 60°$ 时的导通情况及波形（电阻性负载）

在正半周，VT_1 导通后，将存在 3 个工作区段：

①区段，a 相的 VT_1、b 相的 VT_6 导通，a 相负载端口电压为 $\frac{1}{2}u_{ab}$。

②区段，a 相的 VT_1、c 相的 VT_2 导通，a 相负载端口电压为 $\frac{1}{2}u_{ac}$。

③区段，b 相的 VT_3、c 相的 VT_2 导通，a 相负载端口电压为 0。

在负半周，VT_4 导通后，将存在 3 个工作区段：

④区段，a 相的 VT_4、b 相的 VT_3 导通，a 相负载端口电压为 $\frac{1}{2}u_{ab}$。

⑤区段，a 相的 VT_4、c 相的 VT_5 导通，a 相负载端口电压为 $\frac{1}{2}u_{ac}$。

⑥区段，b 相的 VT_6、c 相的 VT_5 导通，a 相负载端口电压为 0。

分析可见，$60° \leqslant \alpha < 90°$ 范围内，该交流调压电路在一个周期内有 6 个状态，每个状态有两个器件参与导电，负载端口电压将根据参与导电相的具体情况确定。

13. 三相负载星形连接方式的调压电路，当触发角在 90°～150° 范围内时电路工作情况如何？

三相负载星形连接方式的调压电路，当触发角在 90°～150° 范围内时，电路处于两个晶闸管导通与三相均不导通的交替状态，一周内每个晶闸管导通 $300° - 2\alpha$。图 1-5-11 给出了 $\alpha = 120°$ 情况下晶闸管的导通情况及 a 相负载端口电压的波形。

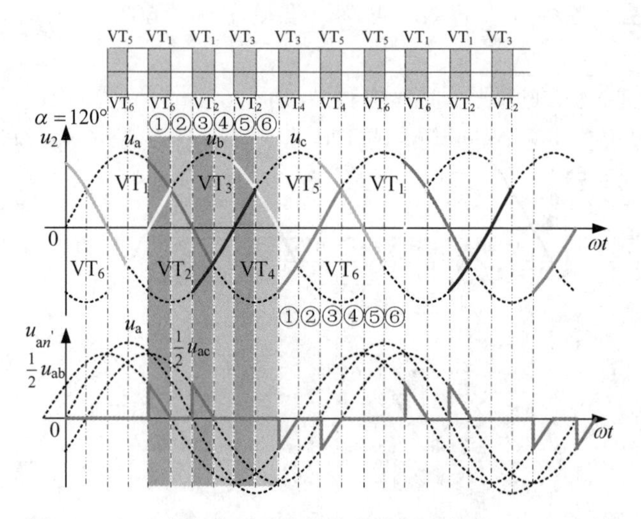

图 1-5-11 三相负载星形连接的交流调压电路 $\alpha = 120°$ 时的导通情况及波形（电阻性负载）

在正半周，VT_1 导通后，将存在 6 个工作区段：

①区段，a 相的 VT_1、b 相的 VT_6 导通，a 相负载端口电压为 $\frac{1}{2}u_{ab}$。

②区段，三相均无器件导通，a 相负载端口电压为 0。

③区段，a 相的 VT_1、c 相的 VT_2 导通，a 相负载端口电压为 $\frac{1}{2}u_{ac}$。

④、⑥区段，三相均无器件导通，a 相负载端口电压为 0。

⑤区段，b 相的 VT_3、c 相的 VT_2 导通，a 相负载端口电压为 0。

在负半周，VT_4 导通后，将存在 6 个工作区段：

①区段，a 相的 VT_4、b 相的 VT_3 导通，a 相负载端口电压为 $\frac{1}{2}u_{ab}$。

②区段，三相均无器件导通，a 相负载端口电压为 0。

③区段，a 相的 VT_4、c 相的 VT_5 导通，a 相负载端口电压为$\frac{1}{2}u_{ac}$。

④区段，三相均无器件导通，a 相负载端口电压为 0。

⑤区段，b 相的 VT_6、c 相的 VT_5 导通，a 相负载端口电压为 0。

⑥区段，三相均无器件导通，a 相负载端口电压为 0。

分析可见，三相负载星形连接的交流调压电路在带电阻性负载时，触发角α变动，电路运行状态、导通的器件在不断地变化，负载相电压将根据导通器件所接通电源情况确定，负载电流波形与电压波形相同。

14. 三相负载星形连接的交流调压电路带电阻性负载时，其输出电压、电流的谐波情况如何？

观察图 1-5-12，a 相电压u_{an}及电流含有很多谐波，利用傅里叶级数分解，该交流调压电路的输出电压、电流也可以表示成：

$$u_o(\omega t)=\sum_{n-1,3,5,\cdots}^{\infty}(a_n\cos n\omega t+b_n\sin n\omega t)$$

其中含有的谐波分量频率为 $6k\pm1$（k=1,2,3,⋯），与三相桥式全控整流电路交流输入端电流所含谐波完全相同，且谐波次数越高，其幅值越小。

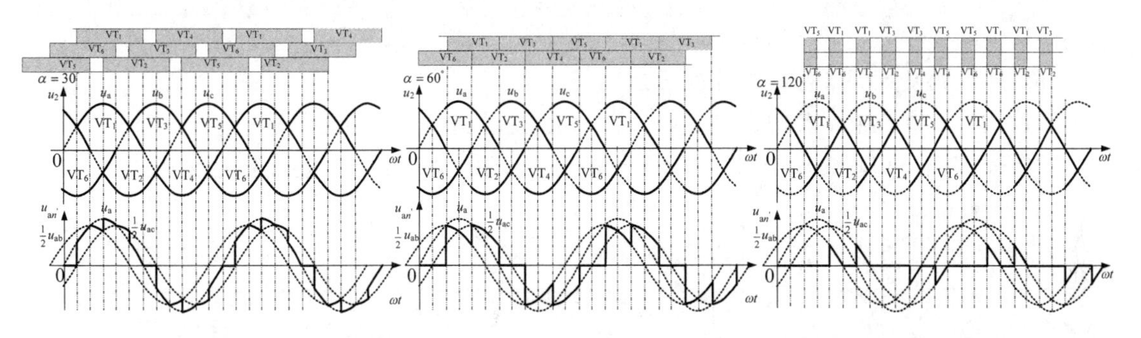

图 1-5-12　三相负载星形连接的交流调压电路触发角变化时的波形（电阻性负载）

与单相交流调压电路相比，因该电路为三相三线制电路，所以不含 3 的倍数次谐波。

三相负载星形连接的交流调压电路带阻感性负载时，其输出电压、电流波形也可以参照单相交流调压电阻性负载时的分析方法，获得傅里叶级数表达式。其谐波规律与带电阻性负载时相同，但因负载中有电感存在，谐波分量相对小些，且负载电感越大，谐波含量越小。

同样，当触发角$\alpha<\varphi$时，交流调压电路没有调压功能，电路输出的电压、电流最大。

15. 支路控制三角形三相交流调压电路的工作情况及其特点如何？

支路控制三角形三相交流调压电路及其应用如图 1-5-13 所示，该电路为三支以线电压作为输入电源的单相交流调压电路组合，电路的分析与结论与单相交流调压电路相同。在获得每一相负载电流后，电源电流为与其相连的两相负载电流之总和（向量和）。

因每一相的交流调压控制与其他相的交流调压控制可以不需要明确的关联，不像三相三线星形连接交流调压电路那样，每一只晶闸管导通都必须通过其他相导通的晶闸管才能构成回路，因此，该交流调压电路的控制相对随意自由。但实际控制中，还是要求三相间彼此相差 120°，按图 1-5-13 所示晶闸管标号，导通顺序仍为 VT_1、VT_2、VT_3、VT_4、VT_5、VT_6，控制方式与三相桥式全控整流电路相同，可以采用三相桥式全控整流电路的集成触发电路实施控制。

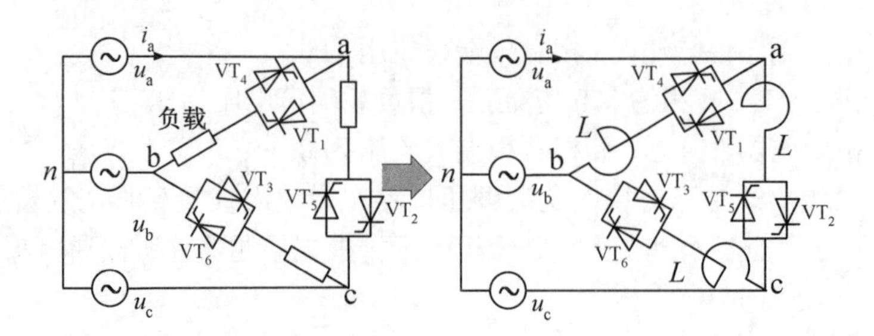

图 1-5-13　支路控制三角形三相交流调压电路及其应用

该交流调压电路中，每相负载电流均含 3、5、7、9、11、13、15 等次谐波，但在三相电源电流中，3 的倍数次谐波不存在，用对称分量表示，它们的方向相同，仅在三相负载回路内流通。因此，该交流调压电路所含谐波与三相三线星形连接的交流调压电路相同，为 $6k\pm1$（k=1,2,3,…）。

该电路常用于静止无功补偿电路，如图 1-5-13 所示。晶闸管控制电抗器电路（TCR），通过连续调整电抗器中的电流，连续调整该支路吸收的无功功率，实现电网无功功率的动态调整。触发角 α 范围为 90°～180°，α 角越大，施加于电感元件上的交流电压有效值越小，电感电流越小，从电网吸收的无功功率越小，从而可根据需要动态地调整向电网发送的无功功率。

16. 斩控式交流调压电路工作原理分析

斩控式交流调压电路及其在电阻性负载、阻感性负载时的波形如图 1-5-14 所示。图中，VT_1、VT_2、VD_1、VD_2 构成双向开关，VT_1、VD_1 构成正向开关，VT_2、VD_2 构成反向开关。

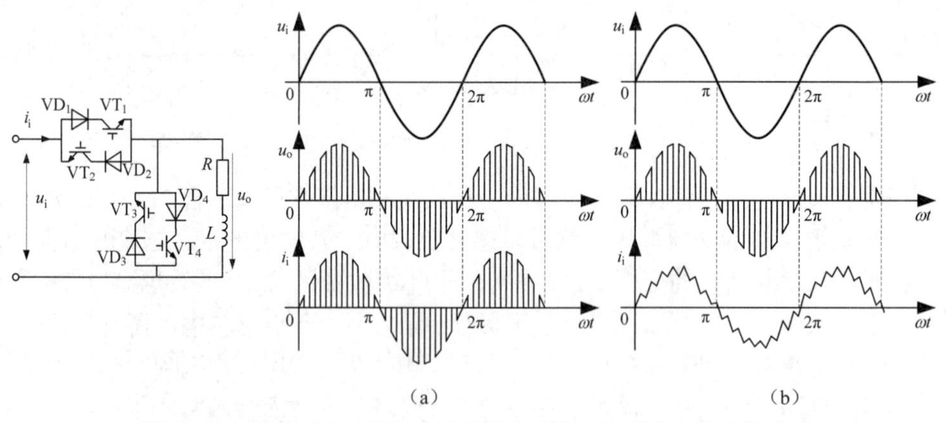

图 1-5-14　斩控式交流调压电路及其在电阻、阻感性负载时的波形

电阻性负载时，在电源正半周，正向开关 VT_1、VD_1 导通，电源向负载供电，负载端口电压为电源电压；正向开关 VT_1、VD_1 中 VT_1 关断，电源与负载之间断开，负载端口电压为零。

电阻性负载时，在电源负半周，反向开关 VT_2、VD_2 导通，电源向负载供电，负载端口电压为电源电压；反向开关 VT_2、VD_2 中 VT_2 关断，电源与负载之间断开，负载端口电压为零。

VT_1、VT_2 按照一定频率确定的占空比 σ 导通关断，电路输出电压便可以连续调节，实现交流调压，输出电压 $u_o=\sigma u_i$。在电阻性负载时，VT_3、VT_4 并不工作。图 1-5-14（a）为斩控式交流调压电路带电阻性负载时的波形。

阻感性负载时，在电源正半周，VT_1导通时，电源通过VT_1、VD_1向负载供电，$u_o = u_i$。VT_1关断时，负载电流通过导通的VT_3、VD_3进行续流，$u_o = 0$。

阻感性负载时，在电源负半周，VT_2导通时，电源通过VT_2、VD_2向负载供电，$u_o = u_i$。VT_2关断时，负载电流通过导通的VT_4、VD_4进行续流，$u_o = 0$。

与直流斩波电路类似，调节占空比σ，电路可以连续调节输出电压，实现交流调压，输出电压$u_o = \sigma u_i$。图 1-5-14（b）为斩控式交流调压电路带阻感性负载时的波形。

斩控式交流调压电路的输出电压、电流基波分量和电源电压同相，位移因数为 1。其中所含谐波和开关频率相关，因开关频率高十分容易滤波，滤波后电路功率因数接近于 1。

在感性负载时，VT_1的关断时刻与VT_3的开通时刻必须协调一致，VT_2的关断时刻与VT_4的开通时刻必须协调一致，避免因VT_1（VT_2）已经关断而VT_3（VT_4）没有开通时负载电感的感应电动势对开关器件的影响。每一个与开关管串联的二极管都在电路中用于承担反向电压。

17. 交流调功电路工作原理分析

交流调功电路的结构与交流调压电路结构相同，由两个晶闸管反向并联构成。与交流调压电路的控制方式不同的是，交流调功电路以多个电源周期为单位，在指定的整数倍电源周期内，控制调功电路晶闸管，使负载接通几个电源周期，再断开几个电源周期，通过控制负载通断电源的周期数与控制周期的比值，调节负载获得的电功率。交流调功电路波形如图 1-5-15 所示。

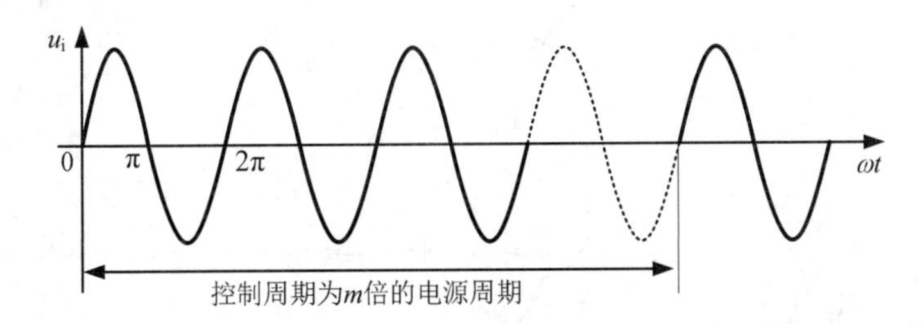

图 1-5-15　交流调功电路波形

假定交流调功电路的控制周期为 m 倍交流电源周期，其中 k 个周期晶闸管导通，负载获得完整的 k 个周期正弦交流电压，后续的 $m-k$ 个电源周期晶闸管关断，负载端口电压为零。m 个工频周期导通 k 个周期，即控制周期为$T_c = mT_s$，T_s为工频电源周期。

调功电路输出功率：$P = \dfrac{kT_s}{T_c}P_n = \dfrac{k}{m}P_n$

输出电压有效值：$U = \sqrt{\dfrac{kT_s}{T_c}}U_n = \sqrt{\dfrac{k}{m}}U_n$

式中，P_n、U_n为设定周期T_c内晶闸管全导通时交流调功电路输出功率与输出电压有效值。

因此，改变导通周期数k，就可以改变负载获得的功率或电压，实施负载的功率调整。

交流调功电路输入电流中不含交流电源整数倍频率的谐波，但含有分数次谐波，且越接近电源频率，分数次谐波的幅值越大。由于存在低于电源频率的分数次谐波，照明灯具将会闪烁，影响操作人员的工作环境。

18. 交流电力电子开关的工作原理及其应用

交流电力电子开关电路与交流调压电路相同，也是由两只晶闸管反并联构成。它不以负载获得功率或电压的大小为控制目标，也没有明确的控制周期，只是根据负载对象的需要控制反并联晶闸管的通断，以接通或断开交流负载。

电力电子开关的控制以过零触发方式实现，其控制频度比调压电路、调功电路低，用以代替机械开关通断交流电路，相对于有动作的机械开关，电力电子开关被称为静止功率开关。

交流电力电子开关除了作为普通的电气开关应用外，还应用于晶闸管投切电容器（TSC）控制，实现电力系统的无功补偿，提高电力系统功率因数，稳定电网电压，改善电网的供电质量。

使用晶闸管投切电容器时，晶闸管投入时间需要合理控制，否则会因为电源电压与电容端口电压间的差值在电源与电容之间形成合闸冲击电流，危及临近设备的稳定运行。

晶闸管投切电容电路中，晶闸管被触发导通时，电源电压与电容器端口电压相等，或者电源电压与电容器端口电压差值很小，电容电压就不会跃变，不会产生冲击电流。

考虑到电容电压滞后于电容电流90°，当电容电压处于峰值点时，电容电流等于零。如将电容器预充到电源电压峰值，在电源电压峰值时刻触发晶闸管将已经充电至电源电压峰值的电容投入，此时电容的电压变化率为零，电容电流亦为零，之后，电容电压便随着电源电压按照正弦规律变化。因此，在电源电压峰值点处投入已经充电至电源电压峰值的电容，不仅没有冲击电流，电流也不会阶跃变化，投入电容的回路没有暂态过程，一经投入便进入稳态。图 1-5-16 为晶闸管投切电容电路及其理想波形。

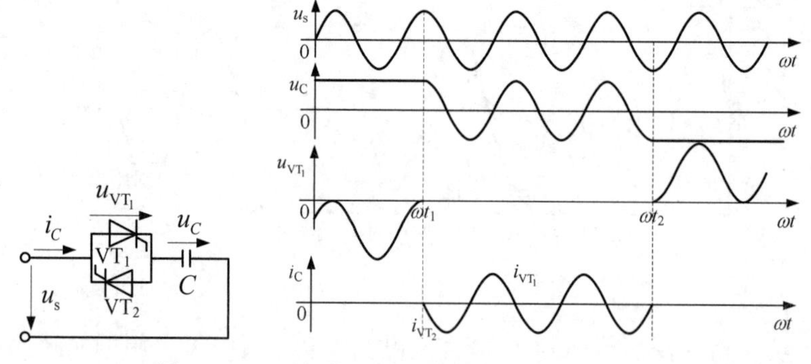

图 1-5-16　晶闸管投切电容器电路及其理想波形

图 1-5-16 中，电源电压为u_s，当电容电压被充至电源电压峰值U_{sm}时，晶闸管 VT_1 所承受的电压为$u_{VT_1}=u_s-U_{sm}$，在ωt_1时电源电压等于电容端口电压，触发晶闸管 VT_2。VT_2 导通，开始流过电容电流。后续，在电源电压的负向峰值处，触发 VT_1，正向峰值处，触发 VT_2，电路稳定工作，电容接入电源电路，实现无功补偿。

在ωt_2前，控制电路需要将电容切除，则在接收到切除电容指令开始，去除晶闸管的触发信号，到达ωt_2时刻，$i_{VT_2}=0$，VT_2 自然关断，电容电压保持在此时的负向电源电压峰值，电容从电源电路中退出。

19. 简化的晶闸管投切电容电路是如何工作的？

将晶闸管投切电容电路中的一个晶闸管换成二极管，电路将得以简化，如图 1-5-17 所示，工作情况如下。

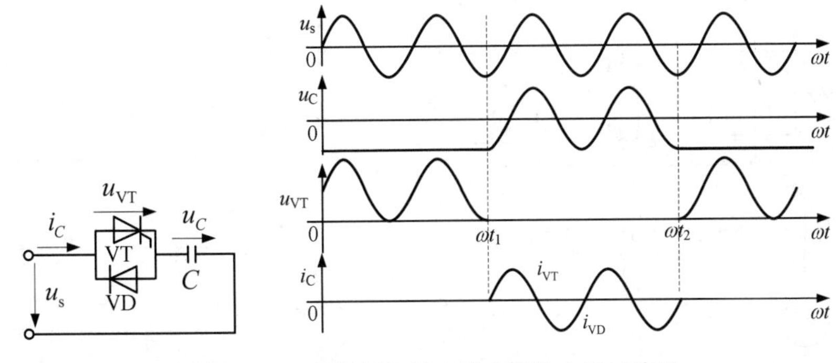

图 1-5-17　晶闸管投切电容器简化电路及波形

在晶闸管不导通的情况下，电容被二极管 VD 充电至电源电压的负向峰值。在 ωt_1 之前，控制电路接收到电容并入电网的指令，ωt_1 时，电源电压与电容电压数值相等，极性相对，此时触发晶闸管 VT。VT 导通，半个周期后，晶闸管电流为零，由二极管流过反向电流，完成一个工频周期。当二极管流过的反向电流降为零后，电源负向峰值电压处再次触发晶闸管 VT，晶闸管 VT 流过正向半波电流，如此，电容被并入电网，实施无功补偿。

在 ωt_2 前，控制电路接收到切除电容指令，则在二极管流过的反向电流降为零（电容再次被充电到电源电压的负向峰值）后，晶闸管 VT 的触发信号不再发送，晶闸管不导通，电容从电源电路中退出。

相比于两个晶闸管反并联的晶闸管投切电容电路，该简化电路的响应要慢一些，其最大延时时间为一个工频周期，两个晶闸管反并联的晶闸管投切电容电路最大延时时间为半个工频周期。

20. 单相交交变频电路的工作原理分析

两组晶闸管变流电路反并联连接便构成单相交交变频电路。正组晶闸管变流电路的触发角按照正弦规律从 90°减小到零或某个数值，再增加到 90°，从而在交流输出周期的一半时间间隔内，正组变流电路输出直流电压平均值按照正弦规律从零增加到最高，再减小到零，完成输出交流周期的一半。反组晶闸管变流电路，按照同样的控制方法，输出交流电的负半周期，从而输出完整的交流电。

两组变流电路按照一定的频率交替工作，负载上就得到该频率的交流电。改变两组变流电路切换频率，就可以调整输出交流电的频率 ω_o。改变变流电路触发角 α，就可以调整输出交流电压幅值。为获得接近正弦的交流输出电压，两组变流电路触发角按照正弦规律调制。

显然，单相交交变频电路输出的交流电压 u_o 不是平滑的正弦交流电压，是由一系列电源电压波分段拼接而成。输出交流电的半周期内，包含的电源电压段数越多，输出交流电压波就越接近正弦波，交交变频电路输出的频率越低。反之，输出交流电的半周期内，包含的电源电压段数越少，输出交流电压波就越偏移正弦波，交交变频电路输出频率越高。为保证交交变频电路输出电压接近正弦形，电源频率确定时，需要控制交交变频电路输出交流电的频率，不能过高，否则变流电路输出交流电的波形很差，将偏移正弦形。

忽略交交变频电路输出交流电的脉动分量，仅考虑其中平均分量，将交交变频电路理想化，正组（P 组）和反组（N 组）变流电路简化成输出频率的交流电源与二极管串联。简化后，电路如图 1-5-18（a）所示，图 1-5-18（b）为一个输出周期的波形。

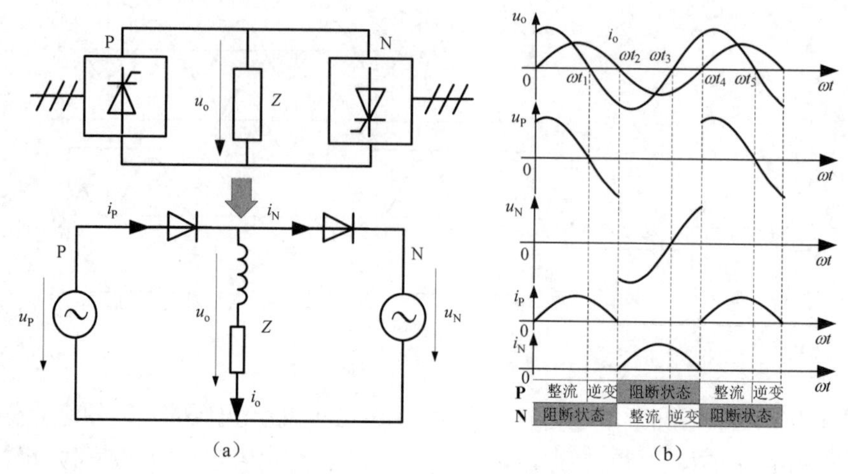

图 1-5-18 交交变频电路及波形

假定负载为阻感性，输出交流电流滞后于交流电压φ角。两组变流电路采用无环流工作方式。

（1）$0\sim\omega t_2$期间处于负载电流的正半周，P 组变流电路工作，N 组变流电路阻断，具体工作状态如下：

1）$0\sim\omega t_1$期间输出电流$i_o=i_P>0$，输出电压$u_o>0$，P 组变流电路处于整流工作状态，输出功率为正。

2）$\omega t_1\sim\omega t_2$期间，输出电流$i_o=i_P>0$，输出电压$u_o<0$，正组变流电路处于有源逆变工作状态，输出功率为负。

（2）$\omega t_2\sim\omega t_4$期间处于负载电流的负半周，正组变流电路阻断，反组变流电路工作，具体工作状态如下：

1）$\omega t_2\sim\omega t_3$期间，输出电流$i_o=i_N<0$，输出电压$u_o<0$，反组变流电路处于整流工作状态，输出功率为正。

2）$\omega t_3\sim\omega t_4$期间，输出电流$i_o=i_N<0$，输出电压$u_o>0$，反组变流电路处于有源逆变工作状态，输出功率为负。

由分析可见，交交变频电路带阻感性负载时，在输出周期内，电路有四种工作状态。

输出电流方向决定交交变频电路工作的变流电路组别，即输出电流为正，正组变流电路工作；输出电流为负，反组变流电路工作，与输出电压极性无关。

投入工作的变流电路是处于整流工作状态还是逆变工作状态，取决于输出电压与输出电流方向，电压与电流方向相同，变流电路处于整流工作状态；电压与电流方向相反，变流电路处于逆变工作状态。

为防止两组变流电路同时工作，出现流过两组变流电路之间的环流，任意一组变流电路工作时，另一组变流电路必须被阻断，采取的方法是封锁其晶闸管触发脉冲。这种工作方式也称为无换流工作方式。

21. 单相交交变频电路实际工作状态分析

图 1-5-19 为单相交交变频电路实际输出的电压、电流波形，观察波形图，单相交交变频电路在一个输出周期内将有六个工作状态，与理想电路工作过程有差别。

第 1 段，输出电流为负，输出电压为正，反组变流器进行有源逆变。

第 2 段，输出电流为零，正组、反组变流电路均不工作，电路从反组切换到正组。考虑到反组逆变电路实际电流降为零需要时间，同时考虑晶闸管的关断时间，变流电路切换存在控制死区。

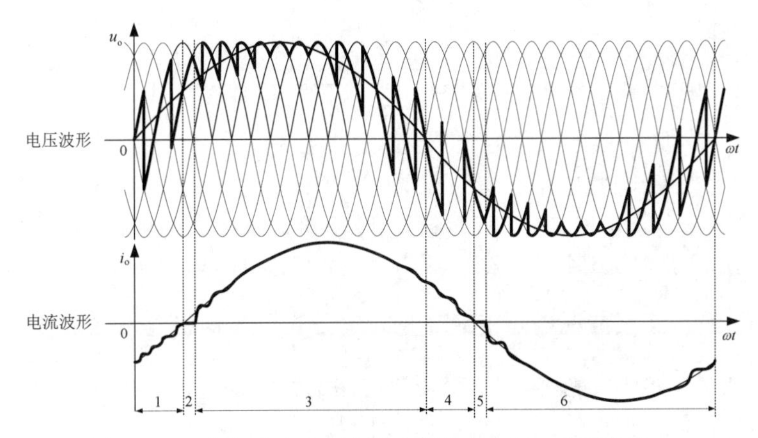

图 1-5-19　单相交交变频电路实际输出电压、电流波形

第 3 段，输出电流为正，输出电压为正，正组变流器进行整流。

第 4 段，输出电流为正，输出电压为负，正组变流器进行有源逆变。

第 5 段，输出电流为零，正组、反组变流电路均不工作，电路从正组切换到反组，同样要考虑到正组逆变电路实际电流降为零需要时间，同时考虑晶闸管的关断时间，变流电路切换存在控制死区。

第 6 段，输出电流为负，输出电压为负，反组变流器进行整流。第 6 段结束将和第 1 段相衔接，一直持续下去。

若交交变频电路所带负载为交流电机，输出电压与输出电流间相位差小于 90°，变频电路一周期内输出平均电功率为正，电机电动运行；若输出电压与输出电流间相位角大于 90°，变流电路一周期内输出平均电功率为负，电机发电运行，电机发出的电能由变频电路转换向电网传输。

22. *何谓交交变频电路的余弦交接调制法？*

在变流电路控制时，若要使交交变频电路输出电压接近于正弦交流电压，需要对变流电路晶闸管触发角进行调制。

一般情况下，交交变频电路正组或反组变流器对称、结构相同。若 $\alpha = 0°$ 时变流电路输出电压为 U_{d0}，则触发角变化时每个电源周期内变流电路输出电压平均值为 $\bar{u}_o = U_{d0}\cos\alpha$。

若要使交交变频电路得到正弦交流输出电压 $u_o = U_{om}\sin\omega_o t$，则有

$$\cos\alpha = \frac{U_{om}}{U_{d0}}\sin\omega_o t = \lambda\sin\omega_o t$$

式中，$\lambda = \dfrac{U_{om}}{U_{d0}}$ 为输出电压比，$0 \leqslant \lambda \leqslant 1$，可得交交变频电路触发角 α 的公式：

$$\alpha = \arccos(\lambda\sin\omega_o t)$$

该式确定交交变频电路晶闸管的触发角 α，是余弦交接调制控制法的理论基础。

23. *余弦交接调制控制法如何实现？*

以三相桥式全控变流电路为例说明如何实现 $\cos\alpha = \dfrac{U_{om}}{U_{d0}}\sin\omega_o t = \lambda\sin\omega_o t$。

三相桥式全控变流电路的电源线电压为u_{ab}、u_{ac}、u_{bc}、u_{ba}、u_{ca}、u_{cb}，相邻两个线电压的交点对应于触发角$\alpha=0°$。u_{ab}、u_{ac}、u_{bc}、u_{ba}、u_{ca}、u_{cb}所对应的同步余弦信号为u_{s1}、u_{s2}、u_{s3}、u_{s4}、u_{s5}、u_{s6}，它们各自超前于线电压u_{ab}、u_{ac}、u_{bc}、u_{ba}、u_{ca}、u_{cb} 30°。假定要输出的交流电压为u_o，该电压信号与同步余弦信号的下降沿的交点便是对应晶闸管的触发时刻。若以$\alpha=0°$为坐标原点，该点对应于同步余弦信号的正向峰值点，则u_{s1}～u_{s6}均为余弦信号，如图1-5-20所示。因此，该方法称为余弦交接调制控制法。

若要使输出的交流电压u_o作为指令信号，则应将其与同步余弦信号比较，各自的交点决定对应晶闸管被触发导通的时刻，即可获得余弦交接调制控制的结果。

按照余弦交接调制控制法，在一个输出控制周期内，触发角$\alpha=\arccos(\lambda\sin\omega_o t)=\frac{\pi}{2}-\arcsin(\lambda\sin\omega_o t)$，变化情况如图1-5-21所示。可见，当输出电压比λ较小时，即输出电压较低时，触发角α在90°附近变化，交交变流电路的输入功率因数很低，对电网的工作不利，需要采取措施，提高交交变流电路的输入功率因数。

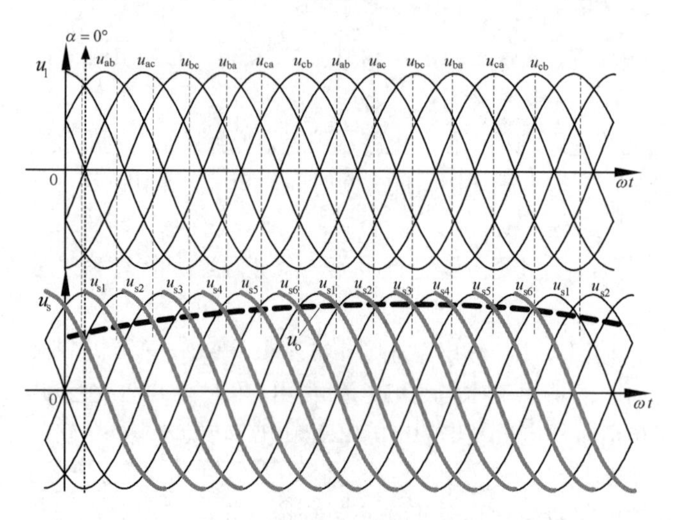

图1-5-20 余弦交接调制控制法

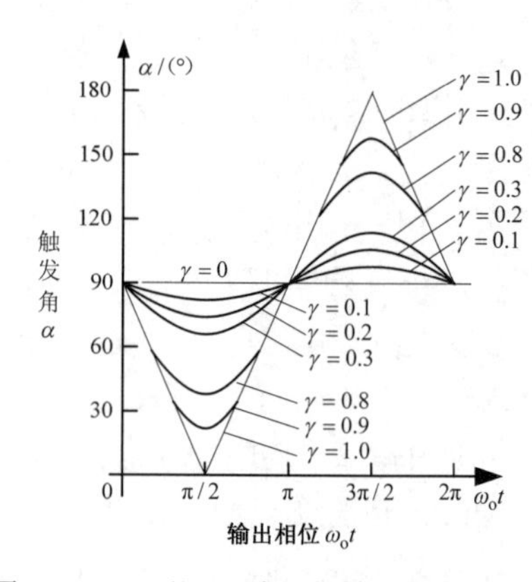

图1-5-21 不同γ时α与输出相位的关系

24. 单相交交变频电路的输入/输出特性如何？

（1）输出上限频率。单相交交变频电路输出电压由三相输入交流电源的许多段电压波拼接而成，在一个周期内输出电压拥有的电源电压段数越多，输出电压波形就越接近于正弦。

针对三相桥式全控变流电路所构成的单相交交变频电路，其输出上限频率一般不高于电网频率的50%，最高频率大约20Hz左右。

（2）输入功率因数。单相交交变频电路采取相控方式，需要从电网吸收无功，不论交交变频电路带容性负载还是感性负载，交交变频电路输入电流总是滞后于电压，功率因数小于1。

随着输出电压比λ下降，交交变频电路触发角α将在90°附近变化，因此单相交交变频电路输入功率因数很低。

（3）输出电压谐波。单相交交变频电路输出电压谐波频率既和输入电网频率f_i有关，又和交交变频电路输出频率f_o有关。

三相桥式全控变流电路构成的单相交交变频电路，其输出电压谐波频率为$6f_i \pm kf_o$，

$12f_i \pm kf_o$（k=1,3,5,7,…），同时，因为存在控制死区，输出电压波形中含 $5f_o$、$7f_o$ 等次谐波。

（4）输入电流谐波。单相交交变频电路输入电流波与其中的变流电路处于整流状态时的输入电流波相似，但其波形的幅值、相位按输出频率被调制。

针对三相桥式全控变流电路构成的单相交交变频电路，其输入电流谐波频率为

$$f_{in}=(6k\pm1)f_i\pm2mf_o，\quad f_{in}=f_i\pm2kf_o\ （k=1,2,3,\cdots，\ m=0,1,2,3,\cdots）$$

交交变频电路采用无环流运行方式时，正反组变流电路切换时存在控制死区，这将使输出电压波形畸变增大，电流死区和电流断续限制了交交变频电路输出频率的提高。

交交变频电路采用有环流运行方式时，可以避免电流断续，消除控制死区，提高输出频率上限。但设置环流电抗器会使交交变频电路成本增加，效率下降。

25. 三相交交变频电路是怎么组成的？如何控制？

将三个单相交交变频电路按照输出频率彼此相差 120°进行组合，便构成三相交交变频电路。根据所接负载连接形式的差异，三相交交变频电路有**公共交流母线接线方式**和**输出星形连接方式**。

（1）公共交流母线接线的三相交交变频电路由三组彼此独立且输出电压相位差为 120°（按输出频率确定的）的单相交交变频电路连接而成。三组单相交交变频电路输入端通过电抗器与公共交流母线相连。因它们的输入电源公用，三相交交变频电路的输出端必须彼此隔离。若所供电的负载为三相交流电机，则三相电机的绕组必须隔离，可拆分。

控制电路时，只需考虑三个单相交交变频电路彼此之间的相位关系，按照当前频率控制各单相交交变频电路即可。

（2）输出星形连接的三相交交变频电路因所接三相负载为星形连接，三相之间直接相连，为保证各单相交交变频电路正常工作，三相交交变频电路的输入电源必须彼此隔离，三个单相交交变频电路均通过隔离变压器进行供电。

在这种连接方式中，三相负载星形连接，三个单相交交变频电路也星形连接，变频器中点不与负载中点相连。

由两组三相桥组成一相构成的三相交交变频电路若要构成负载电流回路，必须要有不同输出相的两组桥中的四个晶闸管同时导电才能形成回路，流过电流。同组三相桥式变流电路要使两个晶闸管同时导电应采取双窄脉冲触发，两组三相桥式变流电路要使四个晶闸管同时导电应让触发脉冲有足够的宽度保证它们同时被触发导通。

控制电路时，既要考虑三个单相交交变频电路彼此之间的相位关系，还要考虑同时导电的两组三相桥的四个晶闸管的同时触发控制，组与组之间的契合关系需要时刻保持，控制精度的要求相对较高。

26. 三相交交变频电路的输入输出特性如何？

（1）输出上限频率、输出电压谐波。三相交交变频电路输出上限频率和输出电压谐波与单相交交变频电路相同。

（2）输入电流谐波与输入功率因数。三相交交变频电路的三个单相交交变频电路同时工作，彼此相位错开 120°，三相交交变频电路输入电流谐波、输入功率因数与单相交交变频时有差别。例如，采用三相桥式电路的三相交交变频电路输入电流谐波为

$$f_{in}=\left|(6k\pm1)f_i\pm6mf_o\right|，\quad f_{in}=\left|f_i\pm6kf_o\right|\ （k=1,2,3,\cdots，\ m=0,1,2,3,\cdots）$$

与单相交交变频电路的谐波对比，三相交交变频电路的部分谐波相互抵消，总谐波种类减小。图 1-5-22 为出三相交交变频电路输出电压、单相工作时 U 相输入电流波形、三相工作时 U 相输入电流波形。可见，输入电流中被输出频率调制的分量在单相输出时较大，在三相输出时已经得到抑制。

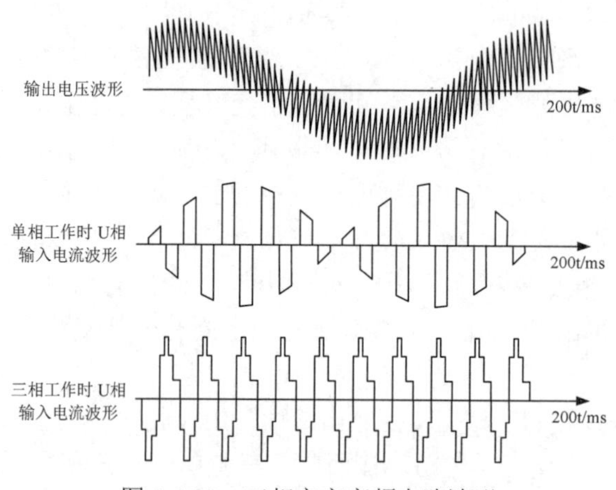

图 1-5-22　三相交交变频电路波形

（3）输出功率因数。三相交交变频电路是由三个单相交交变频电路组合而成的，组合的三相交交变频电路输出有功功率是三个单相交交变频电路的总和。但视在功率不可累加，原因是，视在功率是交流输入总电流有效值与电压有效值的乘积。三个单相交交变频电路组合运行，原来单相交交变频电路所存在的部分谐波在三相运行中抵消，使三相交交变频电路输入电流谐波比三个单相交交变频电路的谐波总和小，三相交交变频电路视在功率比三个单相交交变频电路视在功率总和小，三相交交变频电路功率因数比单相交交变频电路功率因数高，可表示为

$$pf = \frac{P_a + P_b + P_c}{S}$$

27. 如何改善三相交交变频电路功率因数，提升输出电压？

针对星形连接的三相交交变频电路，每一相交交变频电路输出负载端口相电压，负载上获得两相电压的差值为线电压。可以在各相电压中叠加相同的直流分量（直流偏置方法）或输出频率的 3 次谐波分量（交流偏置方法），这些分量在负载线电压中不会反映，也不加到负载上，对负载运行没有影响，但这种控制方案可以改善输入功率因数，提高输出电压。

（1）直流偏置方法。交交变频电路输出电压较低时，输出电压比 λ 较小，各组变流电路触发角 α 在 90°附近变动，交交变频电路输入功率因数低。给每相交交变频电路输出电压上叠加相同的直流电压分量，各组变流电路 α 角将减小。负载上的电压为线电压，各相的直流分量抵消，对负载运行无影响，但交交变频电路输入功率因数得到提升。

（2）交流偏置方法。对每相交流输出电压采用梯形波输出控制方法，因梯形波主要含有 3 次谐波，施加到负载上的线电压的 3 次谐波分量相互抵消，负载线电压仍为正弦波。通过这种控制方式，变流电路在比较长时间工作于高输出电压区域，α 较小，可以提升电路输入功率因数。

采用正弦波输出控制，交交变流电路最大输出电压为 $\alpha = 0°$ 时输出的直流电压值，也是基波分量最大值，而采用梯形波输出控制，其基波分量幅值可以提高 15%。

解题示例

（1）分析单相交流调压电路工作原理，若输入电源电压为 220V，负载电阻为 10Ω，试求晶闸管触发角分别为 30°、90°、150°时交流调压电路的输出电压、电流，晶闸管电流有效值及电路功率因数。若该调压电路带阻感性负载，电阻为 10Ω，感抗为 10Ω，分析当触发角分别为 30°、90°时电路的输出电压、电流、晶闸管电流有效值及晶闸管触发角的调整范围。

单相交流调压电路带电阻性负载及其波形如图 1-5-1 所示，据此可以理解电路的工作原理。电阻性负载时，电路相关参量计算见表 1-5-1。

表 1-5-1 单相交流调压电路（电阻性负载）相关参量计算

参量及计算公式	触发角 $\alpha=30°$	触发角 $\alpha=90°$	触发角 $\alpha=150°$
输出电压 $U_o=U_i\sqrt{\frac{1}{2\pi}\sin 2\alpha+\frac{\pi-\alpha}{\pi}}$ （V）	216.8	155.6	37.36
输出电流 $I_o=\frac{U_o}{R}=\frac{U_i}{R}\sqrt{\frac{1}{2\pi}\sin 2\alpha+\frac{\pi-\alpha}{\pi}}$ （A）	21.68	15.56	3.736
晶闸管电流有效值 $I_{VT}=\frac{U_i}{R}\sqrt{\frac{1}{2}(1-\frac{\alpha}{\pi}+\frac{\sin 2\alpha}{2\pi})}$ （A）	15.33	11	2.64
调压电路输入功率因数 $pf=\frac{P}{S}=\frac{U_oI_o}{U_iI_o}=\sqrt{\frac{1}{2\pi}\sin 2\alpha+\frac{\pi-\alpha}{\pi}}$	0.99	0.71	0.17

单相交流调压电路带电阻性负载时，晶闸管触发角调整范围为 0～180°。

单相交流调压电路带阻感性负载及其波形如图 1-5-2 所示，据此可以理解电路工作原理。单相交流调压电路带阻感性负载时，晶闸管触发角 α、导通角 θ 及负载功率因数角 φ 之间存在关系：

$$\sin(\alpha+\theta-\varphi)=\sin(\alpha-\varphi)e^{-\frac{\theta}{\tan\varphi}}$$

负载功率因数角 $\varphi=\arctan\omega L/R$=45°，当 $\alpha=30°$ 时，$\alpha<\varphi$，此时单相交流调压电路无调压功能，晶闸管全导通，$\theta=180°$。

当 $\alpha=90°$ 时，代入上式求得晶闸管导通角 θ=130.9°，相关计算见表 1-5-2。

表 1-5-2 单相交流调压电路（阻感性负载）相关参量计算

参量名称	触发角 $\alpha=30°$	触发角 $\alpha=90°$
输出电压	$U_o=U_i$=220V	$U_o=U_i\sqrt{\frac{\theta}{\pi}+\frac{1}{2\pi}[\sin 2\alpha-\sin(2\alpha+2\theta)]}$=128.75V
输出电流	$I_o=\frac{U_i}{\sqrt{R^2+(\omega L)^2}}$=15.56A	$I_o=\sqrt{2}I_{VT}$=9.69A
晶闸管电流有效值	$I_{VT}=I_o/\sqrt{2}$=11A	$I_{VT}=\frac{U_i}{\sqrt{2\pi}Z}\sqrt{\theta-\frac{\sin\theta\cos(2\alpha+\varphi+\theta)}{\cos\varphi}}$=6.85A
输入功率因数	$pf=\cos\varphi$=0.707	$pf=I_o^2R/U_iI_o$=0.44

带阻感性负载时，单相交流调压电路触发角α控制范围为45°～180°。采用不同触发脉冲时电路工作情况有异。当$\alpha \leqslant \varphi$时，采用窄脉冲触发，单相调压电路将出现半波整流现象，如图1-5-4所示；当$\alpha \leqslant \varphi$时，采用宽脉冲触发，单相调压电路将存在暂态过程，其中有稳态正弦分量及指数衰减分量，负载电流经过几个周期后逐渐进入稳态，暂态分量消失，电路输出完整正弦波电流，电路不具备调压能力，如图1-5-5所示。

（2）一单相交流调压电路输入交流电压为220V，阻感性负载，R=1Ω，L=2mH，装置由变压器输入并经晶闸管调压电路构成，负载功率在0～10kW之间变动，问：

1）负载电流最大有效值及触发角的调节范围。

2）变压器二次侧额定电压、额定容量及最大功率输出时的功率因数。

3）当触发角为$\pi/2$时晶闸管电流有效值、晶闸管导通角和电源输入功率因数。

1）输出功率为最大时，负载电流最大，为

$$I_{\text{omax}} = \sqrt{P/R} = 100\text{A}$$

为了降低变压器容量，提高电路输入功率因数，要求输出功率最大时晶闸管触发角最小，为

$$\varphi = \arctan \omega L / R = 32.14°$$

由此，触发角变化范围为$32.14° \leqslant \alpha \leqslant 180°$。

2）当$\alpha \leqslant 32.14°$时，输出电压最大，与变压器二次侧电压相等，为

$$U_2 = I_{\text{omax}} \sqrt{R^2 + (\omega L)^2} = 118\text{V}$$

变压器容量$S = I_{\text{omax}} \times U_2 = 11.8\text{kVA}$。

此时，输入功率因数$pf = \cos\varphi = 0.847$。

3）当$\alpha = 90°$时，由$\sin(\alpha + \theta - \varphi) = \sin(\alpha - \varphi)\text{e}^{-\frac{\theta}{\tan\varphi}}$，求得晶闸管导通角$\theta = 120°$。

晶闸管电流有效值$I_{\text{VT}} = \dfrac{U_{\text{i}}}{\sqrt{2\pi}Z}\sqrt{\theta - \dfrac{\sin\theta\cos(2\alpha + \varphi + \theta)}{\cos\varphi}} = 43.6\text{A}$。

输出电流$I_{\text{o}} = \sqrt{2} I_{\text{VT}} = 61.7\text{A}$。

电源输入功率因数$pf = I_{\text{o}}^2 R / U_2 I_{\text{o}} = 0.522$。

（3）请说明三相交流调压电路的接线方式及其特点。

三相交流调压电路的结构形式有4种，如图1-5-7所示。这4种连接方式中，图（a）为三相负载星形连接方式；图（b）为支路控制三角形连接方式；图（c）为中点控制三角形连接方式；图（d）为线路控制三角形连接方式。图（a）和图（b）常用，图（c）和图（d）因不常用，将予以省略。

三相负载星形连接方式中，其调压器件连接于交流输入电源的各相输出端，若负载中点与电源中点相连，该交流调压电路便蜕化为三个单相交流调压电路。电路对称且各相晶闸管触发角相同的情况下，负载中点与电源中点连线上将流过3的倍数次谐波，各相交流调压电路可以视为彼此无关联，可以独立地考察各单相交流调压电路。若负载中点与电源中线点不相连，则每一相交流调压电路的电流均要通过另外两相有关的晶闸管导通方可构成回路。按照图1-5-7（a）所示的晶闸管命名方式，晶闸管的导通规律与三相桥式全控整流电路的晶闸管导通顺序相同，也需要为晶闸管配置宽脉冲，或者双窄脉冲，以保证在电流断续情况下调压电路的正常工作。

支路控制三角形连接方式中，每相负载均连接于两相交流电源之间，施加在调压电路上的是交流电源的线电压。从电路结构可见，该交流调压电路可以认为是由线电压供电的三个独立交流调压电路。但为了保证三相电源对称，仍然按照类似于三相桥式全控交流电路晶闸管的触发方式进行控制，各相晶闸管触发角相同，电路对称。同时，该调压电路各相所形成的 3 的倍数次谐波将在负载环内流动，不会流向电源。

（4）分析三相负载星形连接交流调压电路的工作原理。

三相负载星形连接的交流调压电路电阻性负载在不同触发角时的工作情况参见之前阐述，如图 1-5-9 至图 1-5-11 所示。

触发角为 0～60°时，电路将在三相的三个晶闸管导通与两相的两个晶闸管导通之间交替，每个晶闸管导通 180°–α。

触发角为 60°～90°时，电路任意时刻都有两相的两个晶闸管导通，每个晶闸管导通 120°。

触发角为 90°～150°时，电路将在两相的两个晶闸管导通与三相均不导通之间交替，一个周期内每个晶闸管导通 300°–2α。

交流调压电路的触发角 α 变动，电路的运行状态、导通的器件在不断地变化，负载相电压将根据导通器件所接通电源情况确定，负载电流波形与电压波形相同。

（5）请说明支路控制三角形三相交流调压电路工作原理及其应用。

支路控制三角形三相交流调压电路为三支以线电压作为输入电源的单相交流调压电路组合，调压电路的分析与结论与单相交流调压电路相同。在获得每一相负载电流后，电源电流为与其相连的两相负载电流之和（相量和）。该电路常用于静止无功补偿电路，晶闸管控制电抗器电路（TCR），通过连续调整电抗器中的电流，连续调整该支路吸收的无功功率，实现电网无功功率的动态调整。触发角 α 的范围为 90°～180°，α 角越大，施加于电感元件上的交流电压有效值越小，电感电流越小，从电网吸收的无功功率越小，从而可根据需要连续调整电网无功功率。电路如图 1-5-13 所示。

（6）分析斩控式交流调压电路工作原理，并与晶闸管调压电路进行比较。

斩控式交流调压电路及其在电阻性负载、阻感性负载时波形如图 1-5-14 所示。图中，VT_1、VT_2、VD_1、VD_2 构成双向开关，VT_1、VD_1 构成正向开关，VT_2、VD_2 构成反向开关。VT_3、VD_3 作为 VT_1、VD_1 正向开关工作时的续流控制回路，VT_4、VD_4 作为 VT_2、VD_2 反向开关时的续流控制回路。

VT_1、VT_2 按照一定频率确定的占空比 σ 导通关断，电路输出电压便可以连续调节，实现交流调压，输出电压 $u_o = \sigma u_i$。

斩控式交流调压电路输出电压、电流基波分量和电源电压同相，位移因数为 1。所含谐波和开关频率相关，容易滤波，滤波后电路功率因数接近于 1。

在感性负载时，VT_1 的关断时刻与 VT_3 的开通时刻一致，VT_2 的关断时刻与 VT_4 的开通时刻一致，每一个与开关管串联的二极管在电路中承担反向电压。

斩控式交流调压电路采用全控性电力电子器件构成的双向开关，通过对电源电压的斩波控制输出电压。当开关频率远高于电源频率时，通过占空比控制，在输入端、输出端设置小滤波电感可以使输入电流、输出电压为正弦波，大大降低了谐波对电源及负载的影响。但与晶闸管调压电路相比，该电路结构复杂，制造成本相对较高。

（7）分析说明交流调功电路的工作原理，若晶闸管导通时间为 5 个电源周期，关断为 4

个电源周期，求输出电压有效值、输出功率与额定值之间的关系。

交流调功电路的结构与交流调压电路结构相同，但该电路以多个电源周期为单位，在指定的整数倍电源周期内，控制晶闸管，使负载接通几个电源周期，再断开几个电源周期，通过控制负载通断电源的周期数与控制周期的比值，调节负载电功率，如图 1-5-15 所示。

本题以 $T_c = 9T_s$=180ms，k=5，m=9 为例，相关参量计算如下。

调功电路输出功率：

$$P = \frac{kT_s}{T_c}P_n = \frac{k}{m}P_n$$

$$P / P_n = k / m = 0.56$$

由此可知输出功率为额定功率的 56%。

输出电压有效值：

$$U = \sqrt{\frac{kT_s}{T_c}}U_n = \sqrt{\frac{k}{m}}U_n$$

$$U / U_n = \sqrt{k / m} = 0.745$$

（8）分析交流电力电子开关投切电容器电路的工作原理。

晶闸管投切电容器电路及其波形如图 1-5-16 所示，其简化电路及波形如图 1-5-17 所示。晶闸管投切电容器时，为尽可能减少回路冲击电流，设置电容器预充电电路，使将投入的电容充电至电源电压峰值，并在接收到投入指令后，电源电压到达峰值点时将电容器投入（晶闸管被触发导通）。此时，电源电压与电容器端口电压的差值很小，启动冲击电流小，利于电容器投切电路的工作。为进一步减小冲击电流，还在电容器回路中串入小电感元件。当接收到切除指令时，即刻移除晶闸管的触发脉冲，投切电路将在当前晶闸管电流降为零，晶闸管自然关断后，将该电容从电网中切出。

图 1-5-17 的简化电路工作原理与图 1-5-16 相同，只是该简化电路利用投切电路的二极管为电容充电，保持电容电压为电源电压峰值。当接收到投入指令后，待电源电压等于电容端口电压时将电容器投入（晶闸管被触发导通）。接收到切出指令后，移除晶闸管触发脉冲，待晶闸管电流为零，晶闸管自然关断，电容从电源电路切出。相对而言，该简化电路响应要慢一些，最大延时时间为一个工频周期，图 1-5-16 电路最大延时为半个工频周期。

（9）分析单相交交变频电路的工作原理，说明变流器的运行状态。

两组晶闸管变流电路反并联连接便构成了单相交交变频电路。将交交变频电路理想化，正组（P 组）和反组（N 组）变流电路简化成输出频率的交流电源与二极管串联。简化后，电路及波形如图 1-5-18 所示。

1）0～ωt_2 期间，处于负载电流正半周，P 组变流电路工作，N 组变流电路阻断。

- 0～ωt_1 期间，输出电流 $i_o = i_P > 0$，输出电压 $u_o > 0$，P 组变流电路整流，输出功率为正。
- ωt_1～ωt_2 期间，输出电流 $i_o = i_P > 0$，输出电压 $u_o < 0$，P 组变流电路有源逆变，输出功率为负。

2）ωt_2～ωt_4 期间，处于负载电流的负半周，P 组变流电路阻断，N 组变流电路工作。

- ωt_2～ωt_3 期间，输出电流 $i_o = i_N < 0$，输出电压 $u_o < 0$，N 组变流电路整流，输出功率为正。

- $\omega t_3 \sim \omega t_4$期间，输出电流$i_o = i_N < 0$，输出电压$u_o > 0$，N 组变流电路有源逆变，输出功率为负。

输出电流方向决定交交变频电路工作的变流电路组别，即输出电流为正，正组变流电路工作；输出电流为负，反组变流电路工作，与输出电压极性无关。

投入工作的变流电路的工作状态取决于输出电压与输出电流方向，电压与电流方向相同，变流电路处于整流工作状态；电压与电流方向相反，变流电路处于有源逆变工作状态。

为防止两组变流电路同时工作，出现环流，任意一组变流电路工作时，另一组变流电路必须被阻断，采取的方法是封锁晶闸管触发脉冲。交交变频电路实际输出的电压、电流波形如图 1-5-19 所示。

（10）说明交交变频电路的余弦交接调制法原理。

交交变频电路输出正弦交流输出电压：$u_o = U_{om} \sin \omega_o t$。而变流电路输出电压平均值为$\bar{u}_o = U_{d0} \cos \alpha$，则有

$$\cos \alpha = \frac{U_{om}}{U_{d0}} \sin \omega_o t = \lambda \sin \omega_o t$$

交交变频电路触发角α的公式：$\alpha = \arccos(\lambda \sin \omega_o t)$。

该式确定交交变频电路晶闸管的触发角α是余弦交接调制控制法的理论基础。

将希望输出的交流电压u_o作为指令信号，将其与同步余弦信号比较，各自的交点决定对应晶闸管被触发导通的时刻，即可获得余弦交接调制控制的结果，如图 1-5-20 所示。

（11）说明三相交交变频电路的组成与特点。

三相交交变频电路有两种接线形式，分别为基于公共母线进线方式和输出星形接线方式。

1）基于公共母线进线方式的三相交交变频电路。由于其三个单相交交变频电路的电源公用，三相负载之间需要彼此隔离。各相交交变频电路独立工作，三相之间相差 120°（相对于输出频率）。控制电路时，只需考虑三个单相交交变频电路彼此之间的相位关系，按照当前频率控制各单相交交变频电路即可。

2）输出星形接线方式的三相交交变频电路。因为三相负载相连，三个单相交交变频电路的输入电源需要隔离，需配置三个隔离变压器，组内晶闸管采用双窄脉冲触发，组与组之间需要同时导通的晶闸管需要考虑触发脉冲有足够的宽度，以保证电流流通。

在输出星形接线方式中，三相负载星形连接，三个单相交交变频电路也星形连接，变频器中点不与负载中点相连。

（12）一个三相输入、单相输出的交交变频电路，输入交流电源线电压为 380V，主电路结构为两套三相桥式全控变流电路的反并联，求输出电压及频率的调节范围。

因采用两组三相桥式变流电路，为确保输出电压的畸变率，输出上限频率通常控制在电源频率的 1/3～1/2 之间，因此，该变频电路输出频率范围为 0～20Hz。三相桥式变流电路的触发角为 0°时，输出电压最大为$U_d = 1.35U_L$=513V，这就是该交交变流电路输出电压的峰值，其有效值为$U_o = 1.35U_L / \sqrt{2}$=363V。即输出电压范围为 0～363V。考虑到实际控制过程中最小逆变角的控制因素，实际输出电压低于该数值。

（13）三相交交变频电路如何改善功率因数与提升输出电压？

以星形连接三相交交变频电路为例，每一相交交变频电路输出负载端口相电压，负载上

获得两相电压的差值，即线电压。若在各相电压中叠加相同直流分量（直流偏置方法）或输出频率的3次谐波分量（交流偏置方法），这些分量在负载线电压中不会反映，也不加到负载上，对负载运行没有影响，这种控制方案可以让变流电路在大部分时间处于远离90°的触发角下运行，可以改善输入功率因数，提高输出电压。

（14）单相、三相交交变频电路输入、输出特性比较（表1-5-3）。

表1-5-3 单相、三相交交变频电路输入、输出特性比较

输入、输出特性	电路结构	
	单相交交变频电路	三相交交变频电路
输出上限频率	单相交交变频电路的输出电压由三相输入交流电源的许多段电压波拼接而成，变流电路输出的每段电网电压持续时间取决于变流电路的脉波数，当输出频率增加时（输出周期下降），输出电压波中所含的电网电压的段数将减少，波形畸变将趋于严重。构成单相交交变频电路的变流电路脉波数越多，其输出电压上限频率就越高。 针对三相桥式全控变流电路所构成的单相交交变频电路，输出上限频率一般不高于电网频率50%，工频电网下输出交流最高频率大约20Hz左右	三相交交变频电路输出的上限频率与单相交交变频电路相同
输入功率因数	单相交交变频电路采取相控方式，需要从电网吸收无功，不论所带负载是容性负载还是感性负载，其输入电流总是滞后于电压，功率因数总是小于1。在交流输出的一个周期，触发角α以90°为中心前后变化，有较长时间段靠近90°运行，且随着输出电压比λ下降，其触发角α越紧靠90°附近变化，单相交交变频电路输入功率因数很低	三相交交变频电路视在功率比三个单相交交变频电路视在功率的和要小，因此三相交交变频电路功率因数要比单相交交变频电路的功率因数高
输出电压谐波	单相交交变频电路输出电压谐波频谱复杂，谐波频率既和输入电网频率f_i有关，又和输出频率f_o有关 针对三相桥式全控变流电路所构成的单相交交变频电路其输出电压谐波频率： $6f_i \pm kf_o$，$12f_i \pm kf_o$（$k=1,3,5,7,\cdots$） 因电流方向改变，正、反组变流电路切换而存在控制死区，输出电压波形中会增加$5f_o$、$7f_o$等次谐波	输出电压谐波与单相交交变频电路相同
输入电流谐波	单相交交变频电路输入电流波形与其中变流电路处于整流工作状态时的输入电流波形相似，但波形幅值、相位按输出频率调制。 针对三相桥式全控变流电路所构成的单相交交变频电路，输入电流谐波频率为 $f_{in}=(6k\pm1)f_i \pm 2mf_o$，$f_{in}=f_i \pm 2kf_o$（$k=1,2,3,\cdots$，$m=0,1,2,3,\cdots$）	采用三相桥式电路的三相交交变频电路其输入电流谐波为 $f_{in}=\left\|(6k\pm1)f_i \pm 6mf_o\right\|$ $f_{in}=\left\|f_i \pm 6kf_o\right\|$（$k=1,2,3,\cdots$，$m=0,1,2,3,\cdots$） 与单相交交变频电路相比，部分谐波已相互抵消，总的谐波种类减小

第六章　PWM 控制技术

1. PWM 控制的基本原理

冲量（面积）相同而形状不同的脉冲波作用于相同的一阶惯性环节，其电流响应波形基本相同，其差别主要体现在响应波形前沿部分略有差异。若用傅里叶级数表达输出电流，输出电流的低频分量接近，高频分量有差异。所以针对惯性环节，所施加的激励不论波形的形状如何，只要面积相等，所产生的响应基本相同，这就是 PWM 控制技术的理论基础。

2. 交直交变频调速系统如何使用 PWM 技术实现变压和变频控制？

交直交变频调速系统中，逆变电路开关器件按照一定的规律开通关断，逆变电路输出端获得一系列等幅不等宽的矩形脉冲电压波形。通过改变输出脉冲宽度，控制逆变电路输出交流电基波电压的幅值，通过改变调制周期控制输出交流电的频率，从而实现负载的变压和变频控制。

3. 何谓正弦脉冲宽度调制？

根据 PWM 控制理论，幅值相同、宽度按照正弦规律变化的矩形脉冲序列对一个惯性环节作用和正弦波形对同一个惯性环节作用所产生的响应基本相同，该矩形脉冲序列与正弦波激励的作用等效。这种脉冲幅值相同、宽度按照正弦规律变化并和正弦波形等效的 PWM 波称为正弦脉冲宽度调制波，简称 SPWM 波（Sinusoidal PWM）。

4. 如何获取逆变电路 PWM 信号？

（1）**调制法获取模拟 PWM 信号**。让信号发生器所发出的正弦波信号（调制波）和由三角波发生器所发出的三角波信号（载波）通过比较器比较，获得“高”“低”电平信号输出，产生的 PWM 脉冲序列波作为逆变电路开关器件的驱动信号。调制法获取模拟 PWM 信号时，三角载波的频率固定，正弦波调制信号的频率、幅值可调。

（2）**数字途径获取 PWM 控制信号**。

1）**计算法**。计算法按照 PWM 控制基本原理，根据希望逆变电路输出正弦波电压幅值、频率、半周期内的脉冲个数，采用数学方法计算出每个脉冲的宽度及时间间隔。依据计算结果控制逆变电路开关管的开通、关断，可以得到系统所需要的 PWM 波，施加在惯性负载上，获得与期望正弦波电压相同的响应结果。

2）**自然采样法**。按照模拟 PWM 控制思想，计算正弦调制波与三角载波的交点，在这些交点处控制逆变电路开关管的通断，这种生成 PWM 波形的方法称为自然采样法。

3）**规则采样法**。规则采样法可看成是自然采样法的简化版本，其效果接近于自然采样法，但规则采样法的计算量要比自然采样法小很多。

如图 1-6-1 所示，将三角载波负向峰值点 t_D 指定为脉冲中点，该点对应调制波函数值为 $u_r(t_D)$，该值对应于三角载波两条边直线函数的横坐标 A、B 两点，所对应时间点为 t_A、t_B，以这两点决定开关管的开通、关断时刻，这种方法就是规则采样法。

用几何的语言表述便是：在三角载波的负向峰值点 t_D 时刻，作垂线交于调制波 u_r 的 D 点，过 D 点作水平线与三角载波分别交于 A、B 点，在 A 点时刻t_A、B 点时刻t_B控制开关管的通断，便构成规则采样。

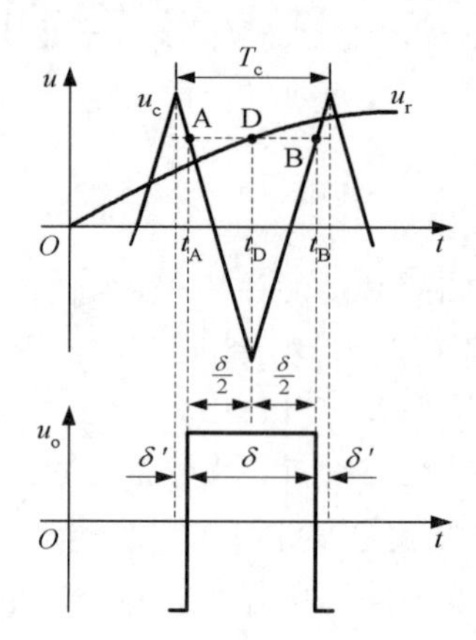

图 1-6-1 规则采样法原理图

若调制波信号为$u_r = a\sin\omega_r t$，其中a为调制度，$0 \leqslant a < 1$，ω_r为正弦波信号的角频率。用相似三角的规律得

$$\frac{1 + a\sin\omega_r t_D}{\delta/2} = \frac{2}{T_c/2}$$

脉冲宽度：$\delta = \frac{T_c}{2}(1 + a\sin\omega_r t_D)$。

脉冲距离两边的间隔宽度：$\delta' = \frac{1}{2}(T_c - \delta) = \frac{T_c}{4}(1 - a\sin\omega_r t_D)$。

在三相 PWM 调制控制中，逆变电路的三相共用一个载波信号，三相调制波彼此之间相差 120°。计算如下：

$$\delta_U + \delta_V + \delta_W = \frac{3}{2}T_c\text{，}\quad \delta'_U + \delta'_V + \delta'_W = \frac{3}{4}T_c$$

这些公式可以简化生成三相 PWM 波的计算过程。

4）**特定谐波消去 PWM 控制法**。特定谐波消去 PWM 控制法是在计算法产生 PWM 控制方法中，针对固定频率输出的逆变电路，消去特定谐波以获得 PWM 控制信号的方法。

根据希望输出的 PWM 波，在其傅里叶表达式中，希望某些谐波消失，从而得到逆变电路开关器件开关点的设置，获得消除相关谐波的效果，但这种方法需要求解超越方程。

5）**PWM 专用集成电路控制法**。PWM 专用集成电路控制法采用专门产生 PWM 控制信号的集成电路芯片（如 HEF4752、SLE4520、MB63H110、SG3524/3525 等芯片）产生 PWM 控制信号，此方法中逆变电路的控制与驱动部分电路易于搭建，变流装置的组建集成速度快，系统的整体可靠性高。

5. PWM 控制的调制方法

PWM 控制的调制在具体实现时有两种调制方法，分别是单极性控制、双极性控制。

（1）**单极性 PWM 控制方式**。针对图 1-6-2 所示的单相桥式逆变电路，可采用单极性 PWM 控制方式。在调制波u_r的半个周期内，三角载波只在正或负极性范围内变化，所得到的 PWM 波形也只在单个极性范围内变化，这种控制方式即为单极性 PWM 控制方式。单极性 PWM 控制波形如图 1-6-3 所示。控制方法、电流通路、波形情况的具体讲解及分解此处不进行展开。

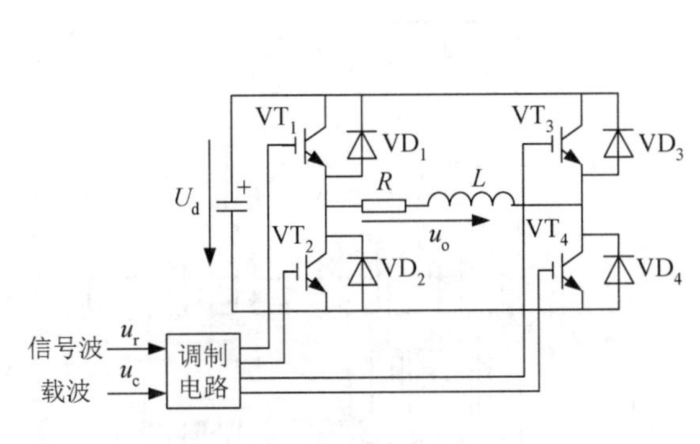

图 1-6-2　单相桥式逆变电路

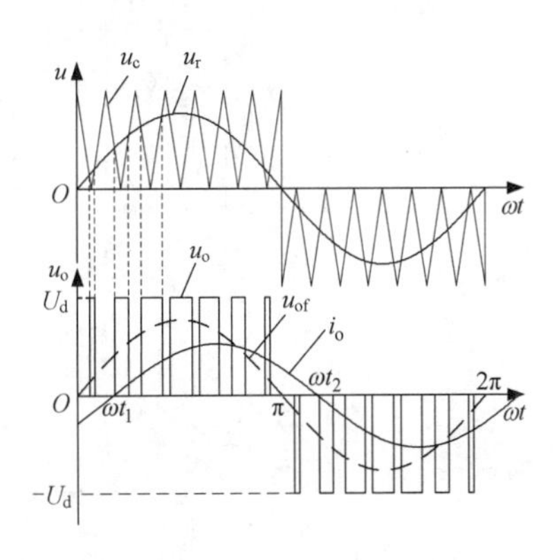

图 1-6-3　单极性 PWM 控制波形

（2）双极性 PWM 控制方式。在整个调制波 u_r 的周期内，三角载波 u_c 正负对称，所得的 PWM 波也是有正有负，且只有 $\pm U_d$ 两个电平，不存在零电平。调制信号 u_r 与载波信号 u_c 的交点处控制开关管的通断，这就是双极性 PWM 控制方式。单相桥式逆变电路及其双极性 PWM 调制控制方式波形如图 1-6-4 所示。

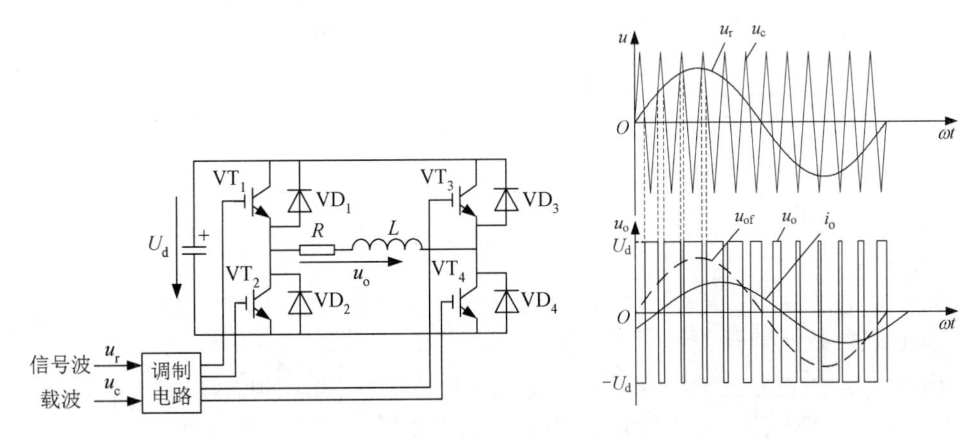

图 1-6-4　单相桥式逆变电路及其双极性 PWM 控制方式波形

6. 三相电压型逆变电路采用双极性 PWM 控制方式时的波形分析

三相桥式电压型逆变电路采用双极性 PWM 控制方式时，U、V、W 相 PWM 控制采用同一个三角载波信号 u_c，三相调制波信号 u_{rU}、u_{rV}、u_{rW} 之间依次相差 120°，U、V、W 相的开关管控制规律相同，以 U 相为例，如图 1-6-5 所示。

U 相的上下桥臂开关管 VT_1、VT_4 的驱动信号互补，以电源中点为参考，U、V、W 相端口相对于电源中点的电压 $u_{UN'}$、$u_{VN'}$、$u_{WN'}$ 只有 $\pm U_d/2$ 两个电平。线电压 u_{UV} 是 $u_{UN'}$ 和 $u_{VN'}$ 的差值，有 $\pm U_d$ 和 0 三个电平。U 相端口相对于电源中点的电压 $u_{UN'}$ 与 U 相端口相对于负载中点的电压 u_{UN} 及负载中点相对于电源中点的电压 $u_{NN'}$ 之间有关系：$u_{UN'}=u_{UN}+u_{NN'}$。

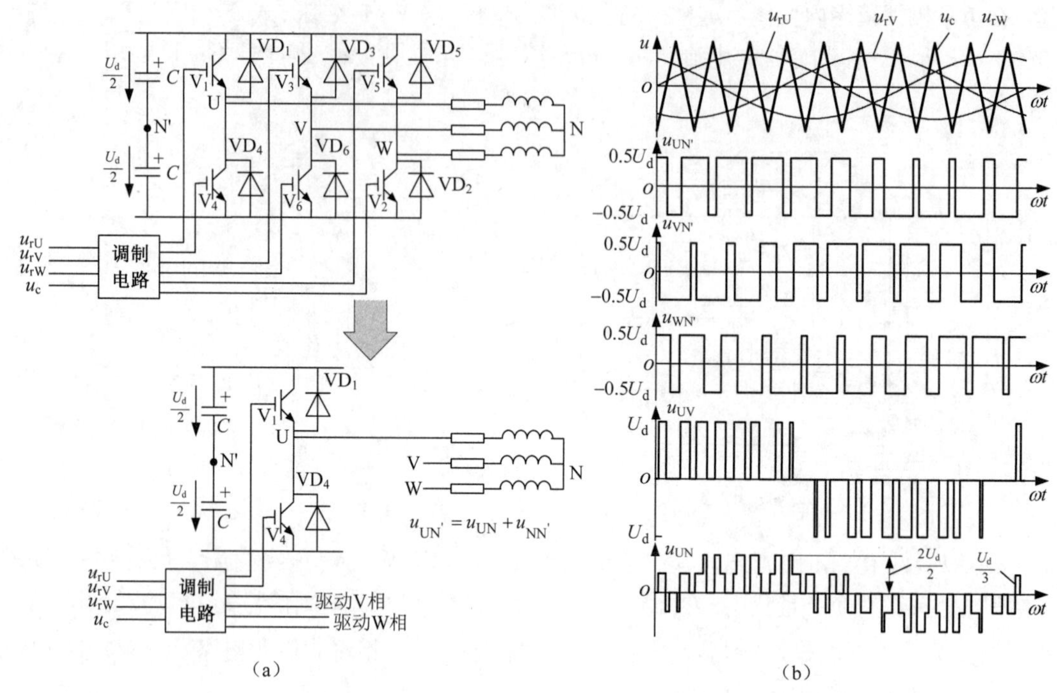

图 1-6-5　三相电压型逆变电路及其波形

相同地，对于 V 相、W 相也有$u_{VN'}=u_{VN}+u_{NN'}$， $u_{WN'}=u_{WN}+u_{NN'}$。

由此得到$u_{NN'}=(u_{UN'}+u_{VN'}+u_{WN'})/3$。

U 相端口相对于负载中点电压：$u_{UN}=u_{VN'}-(u_{UN'}+u_{VN'}+u_{WN'})/3$。

U 相端口相对于负载中点的电压u_{UN}波形如图 1-6-5（b）所示，负载相电压的 PWM 波由$(\pm 2/3)U_d$、$(\pm 1/3)U_d$和 0 五种电平组成。

7. PWM 调制的异步与同步

PWM 控制电路中，根据载波与调制波是否同步及其载波比的变化，PWM 控制分为异步调制和同步调制。载波频率f_c与调制波频率f_r的比值称为载波比N。

异步调制：载波信号与调制波信号不同步的方式称为异步调制。异步调制中，通常保持载波频率f_c固定，调制波频率f_r变化，载波比N也变化。

同步调制：载波信号与调制波信号同步，载波比N等于常数的方式称为同步调制。

8. PWM 逆变电路输出的谐波特点

PWM 逆变电路的输出电压、输出端电流十分接近期望的正弦波，但因采用三角载波对正弦波信号进行调制，逆变电路输出电压、电流也存在和载波信号频率相关的谐波。

单相电压型逆变电路输出电压中所含谐波角频率为$n\omega_c \pm k\omega_r$，其中 n=1,3,5,⋯时，k=0,2,4,⋯；n=2,4,6,⋯时，k=1,3,5,⋯。

单相电压型 PWM 逆变电路输出不含低次谐波，只含有ω_c、$2\omega_c$、$3\omega_c$等次谐波及其附近频率的谐波，其中最主要的是载波频率ω_c的谐波分量。

三相桥式 PWM 逆变电路输出线电压的谐波角频率为$n\omega_c \pm k\omega_r$，其中n=1,3,5,⋯时，k=3（2m−1）±1（m=1,2,⋯）；n=2,4,6,⋯时，k=6m+1（m=0,1,⋯）或k=6m−1（m=1,2,⋯）。

三相桥式 PWM 逆变电路的输出也不含低次谐波。与单相时的区别是载波频率 ω_c 整数倍的谐波不存在，谐波中幅值较大的是 $\omega_c \pm 2\omega_r$ 和 $2\omega_c \pm \omega_r$ 次的谐波分量。

三相桥式 PWM 逆变电路和单相桥式 PWM 逆变电路的输出电压中均不含低次谐波，主要含有 ω_c 及 $2\omega_c$ 及其附近频率的谐波。因载波频率高，谐波频率 ω_c、$2\omega_c$ 较高，谐波很容易被滤除，有时甚至不需要设置滤波器，仅利用负载自身存在的漏感就可实现滤波，如利用电机的漏感来滤波等。

9. 如何提高 PWM 逆变电路直流电压利用率与减少开关次数?

正弦波 PWM 调制控制的三相桥式逆变电路，当调制度 a 为最大值 1 时，输出相电压基波幅值为 $0.5U_d$，输出线电压基波幅值为 $0.866U_d$，即逆变电路直流电压利用率为 0.866。实际控制过程中，调制度小于 1，逆变电路实际输出直流电压利用率低于 0.866。

为提高逆变电路直流电压利用率，采用梯形波作为调制信号。若梯形调制波幅值与三角载波幅值相等，该梯形波所含的基波分量幅值将超过三角载波的幅值，逆变电路直流电压利用率得以提升。

在相电压波形中叠加适当的 3 次谐波，便构成马鞍波。以马鞍波为调制波，经 PWM 调制后逆变电路输出的相电压波形中包含 3 次谐波，各相中 3 次谐波同相，线电压为两相相电压之差，其中的 3 次谐波抵消，线电压仍为正弦波。

除在调制波中叠加 3 次谐波外，还可以叠加其他信号，如直流分量等。经过 PWM 调制后，负载相电压与调制波成比例，其中叠加了 3 次谐波或直流电压的脉冲宽度调制电压波加至负载上，其线电压为两相相电压的差值，线电压波形中将不存在所叠加的信号，线电压仍为正弦波。

若在调制波中叠加 3 次谐波与直流电压的组合，有 $u_p = -\min(u_{rU1}, u_{rV1}, u_{rW1}) - 1$。原来正弦调制信号与叠加分量组合之后，各相的调制信号有 1/3 周期其数值与三角载波负向幅值相等，数值为 −1。这 1/3 周期中，并不对调制信号为 −1 的相进行控制（调制波与三角载波无交点），该相的开关管开关状态不变，其他两相进行 PWM 控制。因为任意时刻，只有两相进行 PWM 控制，这种控制方式称为两相式控制方式。这种控制方式具有如下优点：

（1）在调制信号波 1/3 周期内，调制信号为 −1 的相的开关管不动作，逆变电路开关损耗将显著下降。

（2）逆变电路输出线电压基波分量幅值为 U_d，和正弦 PWM 控制方式时输出的线电压 $0.866U_d$ 相比，直流电压利用率提升 15%。

（3）输出线电压中，与叠加分量相关联的 3 次谐波及直流分量相互抵消，不含低次谐波。输出电压仍然为与两相调制波差值成正比（如 $u_{UV} \propto u_{rU1} - u_{rV1}$）的交流电压。

10. PWM 逆变电路的多重化及其效果

参照无源逆变电路所介绍的多重化方法，PWM 逆变电路可以借助于多个逆变电路通过变压器或电抗器连接方式进行组合，构成多重连接的 PWM 逆变电路，如图 1-6-6 所示。

两组逆变电路同一相别的调制信号相同，各组内 U、V、W 相调制信号彼此间相差 120°，两组三角载波信号反向（相对于载波周期相差 180°），两组逆变电路输出电压通过电抗器并联，电抗器中点连至负载。

通过多重连接，PWM 逆变电路等效开关频率提升一倍（为三角载波频率的两倍），输出线电压有 0、$\pm 0.5U_d$、$\pm U_d$ 五个电平，输出谐波比未多重化前减少，输出至负载端口相对于电源中点电压$u_{UN'}=(u_{U_1N'}+u_{U_2N'})/2$，已经变成单极性PWM波。施加于电抗器上的电压频率为载波频率，PWM逆变电路多重化并联时所需要电抗器的感值很小。

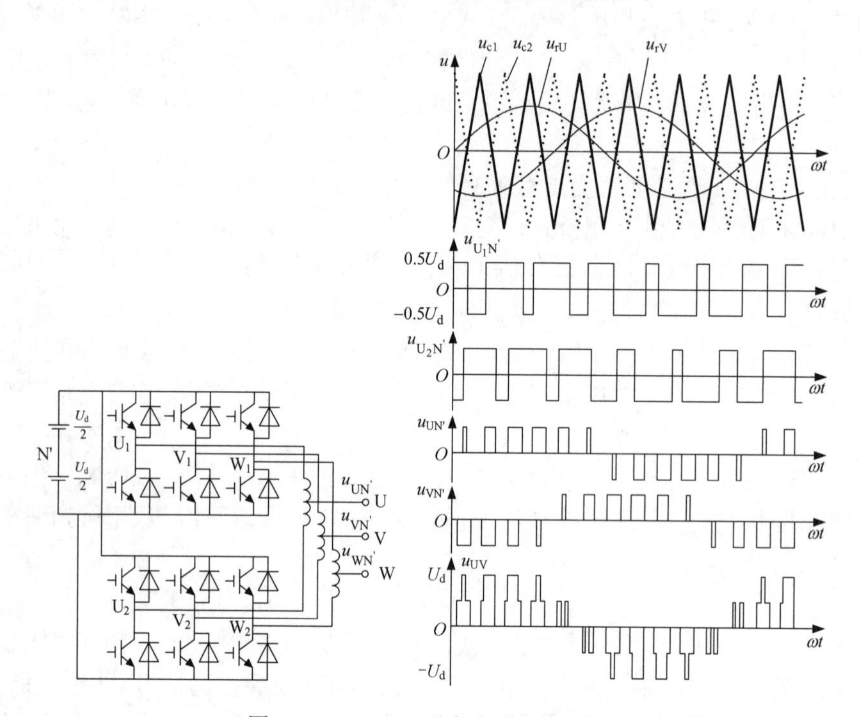

图1-6-6　PWM逆变电路的多重化

11. 空间矢量PWM控制原理

前面介绍的PWM逆变电路控制，关注点为输出相电压或线电压为正弦波形。但对交流电机，实际控制中所关注是电机磁场是否为圆形磁场，电机电磁力矩是否恒定（稳定）。

三相电压型逆变电路180°导通方式中，六个开关管有八种工作组合：100、110、010、011、001、101、111和000。八种工作状态中前六种工作状态的逆变电路有输出电压，为有效工作状态。后两种工作状态的逆变电路无输出电压，为无效工作状态。三相电压型逆变电路一个工作周期输出六个有效工作状态称为六拍逆变器。六种输出工作状态作用于电机的六个空间矢量，空间矢量间相差60°，每个工作周期内六个空间矢量各出现一次，六个空间矢量共转过360°，形成一个封闭的六边形。这六个空间矢量作用于电机，电机旋转磁场旋转360°电角度（电机旋转一圈的电角度为360°×电机极对数）。

采用空间矢量控制，电机要形成圆形磁场，除这六个空间矢量外，还需要这六个空间矢量按照需要进行线性组合，构成足够多的电压矢量，使电机磁场呈圆形，如图1-6-7所示。其中图1-6-7（a）为六个空间矢量所处的位置及其彼此之间的相位关系；图1-6-7（b）为利用u_1、u_2两个空间矢量按照各自的作用时间t_1、t_2进行线性组合，获得和矢量u_s相同的作用效果示意图，T_0表示矢量u_s的作用时间长度；图1-6-7（c）为六个空间矢量与磁链圆之间的关系示意图。

电压矢量u_s由u_1和u_2线性组合，它们的作用时间为t_1、t_2，作用时间之和小于开关周期，即$t_1+t_2<T_o$，剩余时间用零矢量补充，可是000或111。

电压空间矢量控制相比于传统SPWM控制，更适合用数字化方法来实现。优化的电压空间矢量控制时只需要一个开关管动作就能完成状态切换。因此能有效降低开关频率，减小开关损耗。

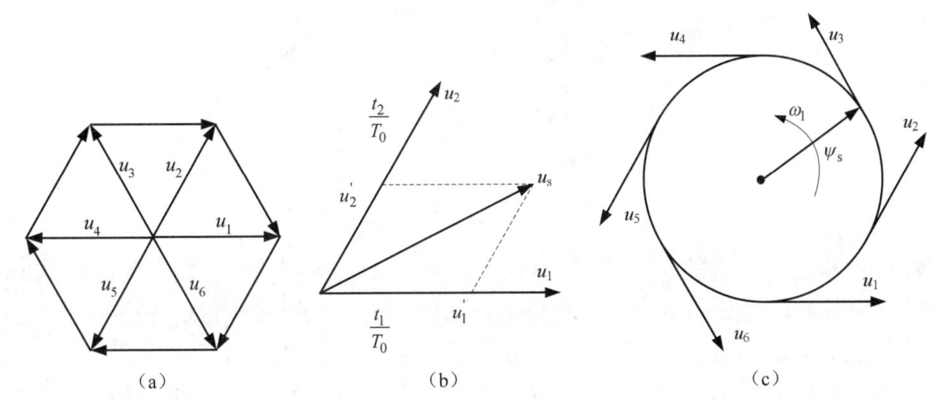

图1-6-7 电压空间矢量及其与磁链间的关系和矢量组合

12. PWM跟踪控制技术原理与实现

PWM跟踪控制方法不用调制波对载波信号进行调制，而是把希望输出的电压电流信号作为指令信号，把电路实际响应的电压电流信号作为反馈信号，通过对两者的瞬时值比较来决定逆变电路开关器件的通断，使电路的实际响应跟踪指令信号的变化。

（1）滞环比较控制方式。采用滞环比较控制方式，单相半桥PWM电流跟踪控制逆变电路及其电路响应情况如图1-6-8所示。

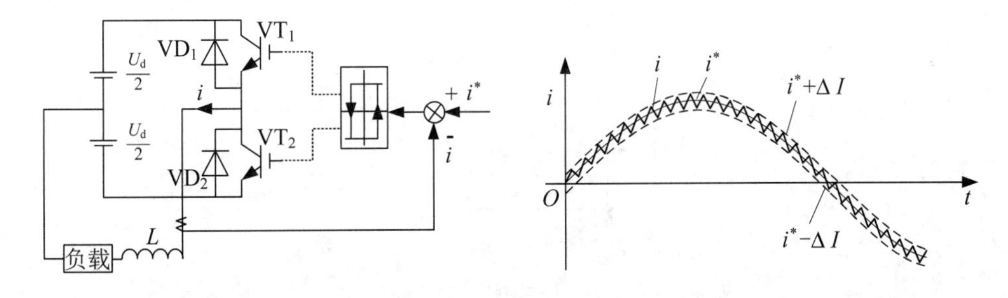

图1-6-8 单相半桥逆变电路及其采用滞环比较电流跟踪控制时指令电流与实际输出电流

控制电路不断地对指令电流i^*和实际（负载）电流i进行比较，适时调整两个开关管工作状态，将负载电流控制在围绕指令电流一个很小的区域内变化，这个区域的边界为滞环比较控制的环宽，数值为$2\Delta I$。滞环宽度对负载电流跟踪性能影响很大，环宽过大，电流跟踪误差增大，逆变电路开关管工作频率较低；环宽过小，电流跟踪误差减小，逆变电路开关管工作频率高，甚至会超过开关管极限工作频率，逆变电路开关损耗增加。

将三个单相半桥逆变电路组合，使这三个电路电流指令信号彼此移相120°，便构成三相电流跟踪型PWM逆变电路，如图1-6-9所示。三相电流给定信号i_U^*、i_V^*、i_W^*依次相差120°，逆变电路工作情况与单相半桥逆变电路类似。表面看，三相逆变电路滞环比较控制器彼此工作独立，相与相之间没有影响。但实际上，因为三相负载之间的耦合，三相滞环控制逆变电路的相与相之间存在影响。

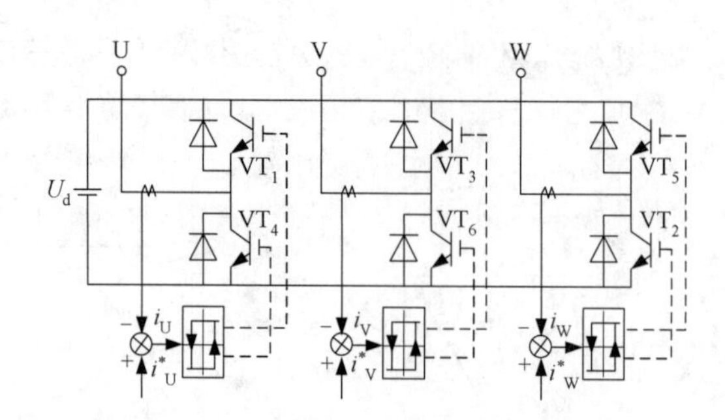

图 1-6-9　三相电流跟踪型 PWM 逆变电路

采用滞环比较控制方式的电流跟踪 PWM 逆变电路具有硬件简单，电路实时控制，电流响应快，不需要用载波，逆变电路输出不含特定频率的谐波，控制系统为闭环控制等优点。但和计算法和调制法 PWM 控制相比，同等开关频率情况下其输出电流的谐波较多。逆变电路开关管的工作频率在输出周期内是变化的，且负载参数变化，电路工作频率也会变化，需要避免电路工作频率超过开关器件的承受范围。

（2）三角波比较控制方式。三角波比较控制方式与滞环比较控制方式不同，它不是将指令电流信号 i^* 与实际（负载）电流 i 之间的差值送至滞环比较器以控制逆变电路开关管的通断，而是将其偏差值 $\Delta i = i^* - i$ 送入放大器进行放大，将放大之后的差值信号与三角载波信号进行比较，所产生的 PWM 控制信号控制逆变电路开关管的通断。其控制的目标是使指令电流与负载电流的偏差值趋近于零，即 $\Delta i = 0$，使负载电流等于指令电流，即 $i = i^*$，实现负载电流的跟踪控制。三角波比较电流跟踪控制电路结构如图 1-6-10 所示。

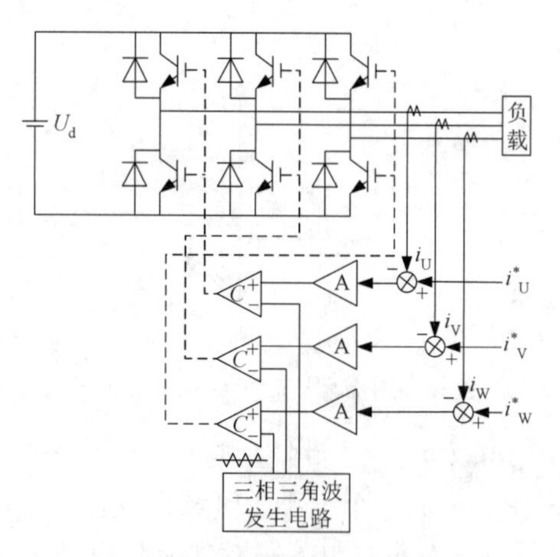

图 1-6-10　三角波比较电流跟踪控制逆变电路

三相指令电流 i^*_U、i^*_V、i^*_W 和逆变电路输出的实际电流 i_U、i_V、i_W 分别进行比较，偏差通过放大器 A 放大，再和三角载波信号比较，产生的 PWM 信号决定逆变电路开关管通断，控制负载电流朝着与指令电流偏差减小的方向变化，直至偏差趋近于零，负载电流等于指令电流。

三角波比较控制中，逆变电路工作频率取决于三角载波工作频率。三角载波确定，逆变电路开关管工作频率便确定，滤波器电路参数容易确定。与滞环比较控制方式相比，三角波比较控制时逆变电路输出谐波含量较小，控制性能比较优越。

（3）定时比较控制方式。为避免滞环比较控制时开关管工作频率变化范围宽、输出滤波电路设计不易的问题，根据滞环比较的控制思想，在实际控制过程中不采用实时比较的控制方式，而是设置一个控制时钟，以固定采样周期对指令信号、被控对象电流进行采样。根据采样结果，计算出两者间的差值，并根据差值确定逆变电路开关管的通断状态，使实际对象参量跟踪指令信号，如图 1-6-11 所示。

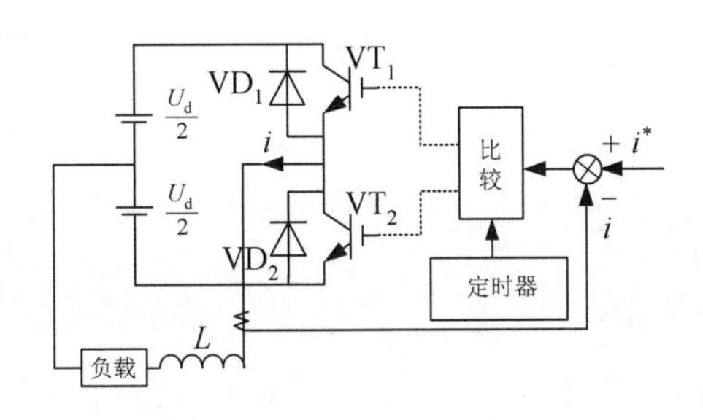

图 1-6-11　定时比较的电流跟踪控制

每次的定时采样控制均使实际电流与指令电流间的误差减小，实际电流跟踪给定电流变化，完成跟踪控制。定时比较控制时逆变电路开关管工作频率为定时时钟频率的 1/2，具有和滞环比较控制相似的响应特性，但控制精度没有滞环比较控制方式高。

13. PWM 控制技术在单相整流电路中的应用

单相 PWM 整流电路的半桥、全桥电路分别如图 1-6-12（a）和图 1-6-12（b）所示。在交流电源与 PWM 整流电路之间外接电感是该整流电路正常工作的必备元件（除非电源及负载输入端的漏感感值足够大），同时电感 L_s 还起滤波作用。

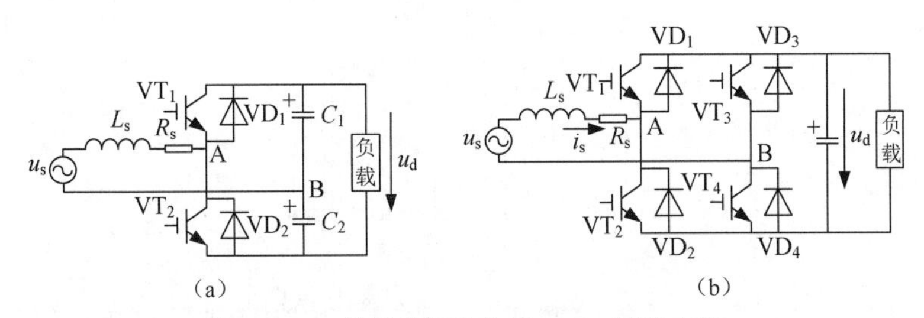

图 1-6-12　单相半桥及全桥 PWM 整流电路

全桥 PWM 整流电路中，正弦指令信号 u_r 与三角载波信号 u_c 比较产生 PWM 控制信号，驱动桥路开关管工作，在 A、B 端口产生正弦 PWM 波 u_{AB}，u_{AB} 中的基波分量 u_{AB1} 与正弦指令信号 u_r 同频且幅值成正比，谐波分量的频率与三角载波频率有关，频率较高，不含低次谐波，电流 i_s 中谐波分量基本被 L_s 滤除，可只考虑基波分量。

因正弦指令信号 u_r 与电源 u_s 同频，i_s 为与电源 u_s 同频的正弦交流电流。交流电源电压 u_s 相位确定，调整 A、B 端口电压 u_{AB} 的幅值和相位，便可以调整电流 i_s 和 u_s 之间的相位关系，获得一些有益的结果：

（1）i_s 与 u_s 同相位，实现功率因数为 1 的高功率因数整流，电能由交流电源流向负载。

（2）i_s 与 u_s 反相位，实现功率因数为 1 的高功率因数逆变，电能由负载流向交流电源。

（3）i_s 超前于 u_s 90°，PWM 整流电路为电源提供超前无功，构成静止无功功率发生器。

（4）i_s 与 u_s 成任意角度，可满足实际系统的特定需要。

在不同工作方式下 PWM 整流电路的向量图如图 1-6-13 所示。

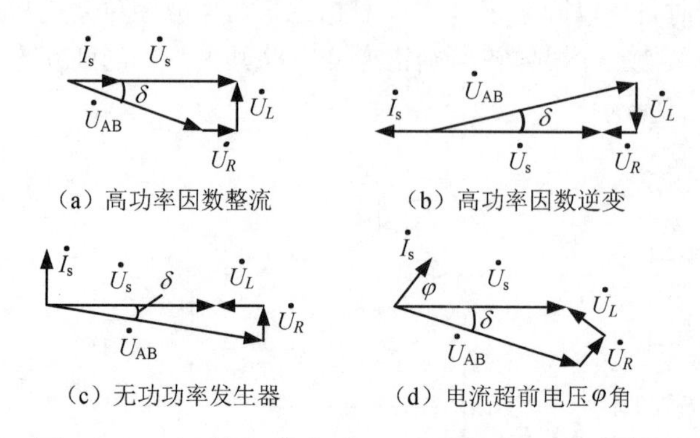

（a）高功率因数整流
（b）高功率因数逆变
（c）无功功率发生器
（d）电流超前电压φ角

图 1-6-13　在不同工作方式下 PWM 整流电路的向量图

单相 PWM 整流电路［图 1-6-12（b）］在处于图 1-6-13（a）所示高功率因数整流状态时，其波形如图 1-6-14 所示。

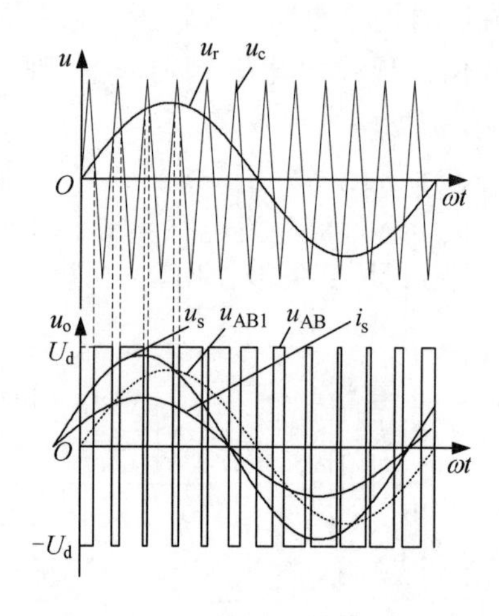

图 1-6-14　单相 PWM 整流电路功率因数为 1 时的波形

当 $u_s>0$ 时，PWM 整流电路由两个升压斩波电路组成，分别为由 VT_2、VD_1、VD_4、L_s 构成的升压斩波电路和由 VT_3、VD_1、VD_4、L_s 构成的升压斩波电路。

当 $u_s<0$ 时，PWM 整流电路也由两个升压斩波电路组成，分别为由 VT_1、VD_2、VD_3、L_s 构成的升压斩波电路和由 VT_4、VD_2、VD_3、L_s 构成的升压斩波电路。

这四个升压斩波电路在 PWM 控制下，负载端口获得 PWM 电压 u_{AB}，其基波分量为 u_{AB1}，电源电压 u_s 和 A、B 端口的电压 u_{AB1} 差 u_s-u_{AB1} 作用于电抗器 L_s 与电阻 R_s 串联支路，形成电流 i_s（电源输出电流），电源电流与电源电压呈同相关系，功率因数为 1。至于电路工作过程中的电流路径，可参阅电力电子技术教材。

PWM 整流电路按照升压斩波方式工作，输出直流电压幅值高于交流输入电压峰值，只能从交流电压的峰值向上调节。

14. PWM控制技术在三相整流电路中的应用

三相电压型桥式PWM整流电路如图1-6-15所示。参考单相PWM整流电路的控制方法，对三相电压型桥式整流电路进行PWM控制，按照图1-6-13所示的向量图控制A、B、C三相相电压，使三相电流i_a、i_b、i_c和电源电压之间满足同相、反相、超前90°或任意角度关系，获得功率因数为1的整流或逆变，或者构成无功功率发生器，实现无功补偿等。

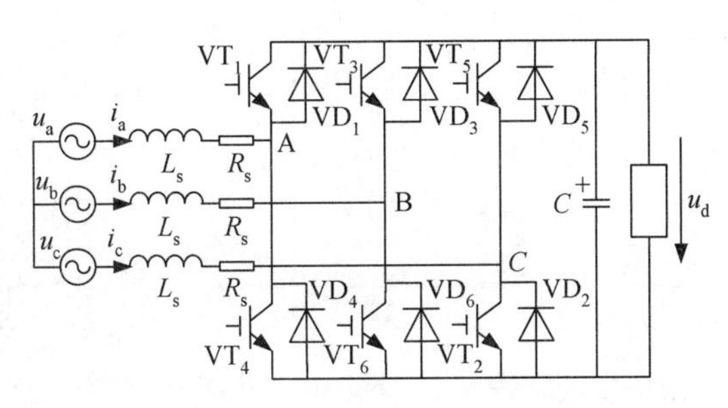

图1-6-15　三相电压型桥式PWM整流电路

与单相PWM整流电路相同，三相电压型桥式PWM整流电路的输出直流电压高于三相电源线电压峰值，且其输出直流电压只能从电源线电压峰值处向上调节。如果输出直流电压低于电源线电压峰值，三相电压型桥式PWM整流电路将不能正常工作。

15. PWM整流电路的间接电流控制方法

间接电流控制的电路结构如图1-6-16所示。图中，控制系统需要检测电源电压的相位信息：$\sin(\omega t+2k\pi/3)$、$\cos(\omega t+2k\pi/3)$，$k=0,1,2$。

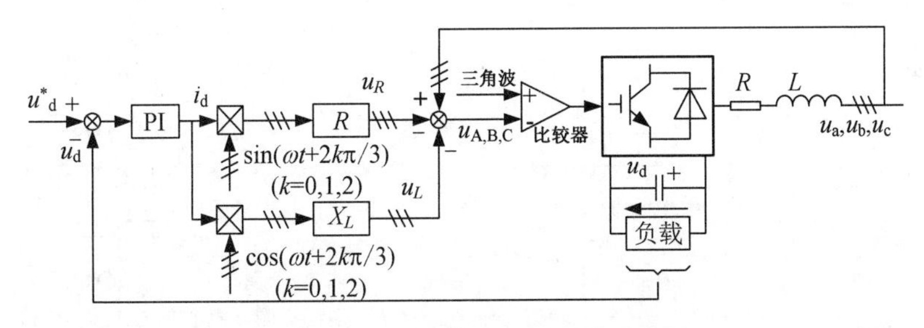

图1-6-16　间接电流控制原理图

直流电压给定信号u_d^*和PWM整流电路实际输出的直流电压u_d（采样值）比较后送入PI调节器，调节器输出直流电流指令信号i_d。该指令信号与交流电源电压相位信号相乘，得到与交流电源电压同相的电流分量及超前于交流电压90°的电流分量，它们分别与电阻、电感值相乘，得到电阻电压u_R及电感电压u_L。检测的各相交流电压减去各相电阻电压u_R、电感电压u_L便得到PWM整流电路输入端期望获得的交流输入电压u_A、u_B、u_C。用这三相电压信号作为调制信号，与三角载波信号进行比较，获得PWM控制信号，控制整流电路的开关管，就可获得所希望的输出控制结果。

图中，i_d与整流电路输入电流、整流电路输出负载电流成正比，反映整流电路负载大小，也反映整流电路输入电流大小。当系统稳定运行时，$u_d^*=u_d$，PI调节器输入信号为零，输出电流指令信号i_d与实际负载电流相适应。

当负载增加时，整流电路直流侧电容放电过多，整流电路输出直流电压u_d下降，PI 调节器输入出现正偏差，调节器输出电流指令信号i_d上升，电阻电压u_R及电感电压u_L上升，检测的各相交流电源电压减去u_R及u_L所得到的 PWM 整流电路输入端期望交流输入电压u_A、u_B、u_C下降，电源电压与u_A、u_B、u_C的差值增加，PWM 整流电路输入电流增加，负载电流增加，整流电路输出直流电压上升，最终得到$u_d^*=u_d$。当负载电流减小时，其调节过程相反。

系统进行逆变运行，直流侧负载电流反向，向直流侧电容充电，电压升高，PI 调节器输入偏差为负，电流给定信号i_d减小后变为负值，使 PWM 整流电路输入电流反向，实现逆变运行，最终达到$u_d^*=u_d$，调节器输入信号为零，输入电流给定信号i_d为负，与 PWM 整流电路输入电流（逆变电流）成正比。

16. PWM 整流电路的直接电流控制方法

系统运算获得交流电流指令信号，引入对象电路实际三相电流反馈信号，通过对交流电流的直接控制而使实际电流跟踪电流指令信号变化，这种控制方式称为直接电流控制。

直接电流控制系统是一种双闭环控制系统，其外环为直流电压环，内环是交流电流环。系统输入的直流电压给定信号u_d^*和 PWM 整流电路实际输出的直流电压u_d比较后送入 PI 调节器，经调节器输出直流电流指令信号i_d。该直流电流指令信号与交流电源电压相位信号相乘，得到与交流电源电压同相的三相交流电流信号，其幅值与反映负载电流大小的直流电流指令信号i_d成正比。以此三相电流信号作为给定，与系统所检测的三相电流进行比较，经过滞环比较器输出桥路开关管的通断信号，使得整流桥路输入电流跟随指令电流变化，获得系统所希望的输出控制结果，其跟踪误差由滞环的环宽所决定。系统结构如图 1-6-17 所示。

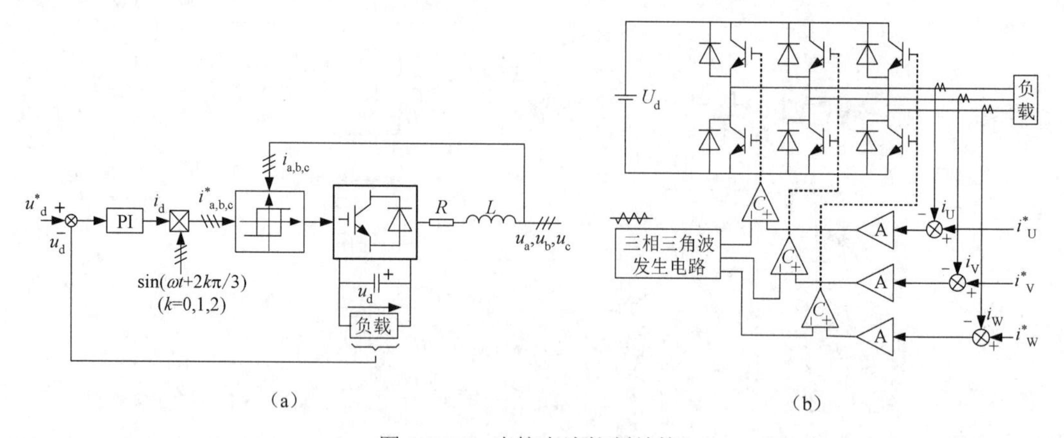

图 1-6-17　直接电流控制结构

直接电流控制方式可以采取图 1-6-17（a）所示的滞环比较控制方式，也可以采用三角波比较控制方式，如图 1-6-17（b）所示。滞环比较控制的直接电流控制系统结构简单，电流响应快，控制过程不需要获取对象电路参数，系统鲁棒性好，相对于间接电流控制方式，系统有很好的应用价值。采用三角波比较方式的直接电流控制系统结构稍复杂些，但电路响应中所含谐波频率固定，谐波含量相对滞环比较控制方式少，滤波电路设计简单，系统响应性能好。

解题示例

（解题内容与前文介绍重复的将省略）

（1）脉冲宽度调制的定义？（略）

（2）针对典型的交直交变频控制系统，如何通过 PWM 技术实现变压与变频的控制？（略）

（3）何谓正弦脉冲宽度调制（SPWM）？（略）

（4）在采用正弦波调制的单相桥式电路及三相桥式电路中，当调制度为最大值 1 时，直流电压利用率为多少？是否可以进一步提高？

采用正弦波调制的单相桥式电路，当调制度为 1 时，输出电压的基波幅值等于直流母线电压，直流电压利用率为 1。对于正弦波调制的三相 PWM 逆变电路，当调制度为 1 时，输出线电压的基波幅值为$\sqrt{3/2}U_{\mathrm{d}}$，即直流电压利用率为 0.866。

在直流母线电压不变时，为了提高输出电压上限，提升直流电压利用率，在单相桥式电路中可以采用谐波注入、梯形波调制等方法，提高输出电压的基波幅值，但同时会引入谐波分量。三相桥式电路中可以采用相同的方法以提高直流电压利用率，但由于输出线电压为两相相电压之差，因此部分谐波会抵消，降低输出电压的畸变率。

（5）PWM 控制信号获得的方法有哪些？（略）

（6）何谓单极性 PWM 控制？

在进行 PWM 调制控制的过程中，调制波的半个周期内三角载波只在正或负极性范围内变化，所得到的 PWM 波形也只在单个极性范围内变化，这种控制方式称为单极性 PWM 控制方式。

单极性 PWM 控制方式实际运用中，需要不断地根据调制波极性变换载波信号极性，控制电路中需要增设载波极性变换与选择环节，在逆变电路中实际应用不多。

（7）何谓双极性 PWM 控制？

在整个调制波 u_{r} 的周期内，三角载波 u_{c} 正负对称，所得到的 PWM 波有正有负，且只有 $\pm U_{\mathrm{d}}$ 两个电平，不存在零电平。在调制信号 u_{r} 与载波信号 u_{c} 的交点处控制开关管的通断。调制信号 u_{r} 的正负半周期内，开关管的控制规律相同。这种控制方式称为双极性 PWM 控制方式。

（8）请说明单相桥式逆变电路的单极性 PWM 控制、双极性 PWM 控制的控制过程及其差异。

单相桥式逆变电路进行单极性 PWM 控制时，其桥臂某个开关管一直处于驱动导通状态，导致单相桥式逆变电路蜕化为输出电压极性固定而输出电流可逆的单相可逆 PWM 变换电路，在调制波正（或负）半周期内，逆变电路输出与调制波相关的（正或负的）PWM 波控制信号，实施逆变电路的单极性 PWM 控制。

一直被驱动导通的开关管不一定一直流过负载电流，当流过正向电流（从集电极向发射极）时，开关管流过负载电流；流过反向电流（从发射极向集电极）时，与开关管并联的二极管导通流过负载电流。但从电路整体效果上看，该开关管（将开关管和并联二极管看成一个整体）一直处于导通状态。

单相桥式逆变电路进行双极性 PWM 控制时，桥臂开关管的通断控制信号取决于调制波、载波的比较结果，同桥臂上下两个开关管互补导通、对角线两只开关管同时导通，逆变电路输出双极性的PWM信号，从而实现单相桥式逆变电路的双极性PWM控制。

单相桥式逆变电路采用单极性PWM控制方式和双极性PWM控制方式。两种控制方式主电路开关器件的控制规律不同，输出电压波形亦有差别。处于单极性、双极性PWM控制方式时，单相桥式逆变电路的工作过程分析及电路工作状态可参阅电力电子技术课程教材。

单极性PWM控制方式在实际运用过程中，需要不断地根据调制波的极性变换载波信号极性，控制电路中需要增设载波极性变换与选择环节，在逆变电路控制中实际应用不多，调制方式使用较多的是双极性PWM控制方式。

（9）在三相桥式逆变电路中，采用双极性PWM控制方式，以假想的电源中点为参考和以逆变电路输入电源的负端为参考分析负载端口的电压波形，对电路的运行结果有什么影响？

在电力电子技术教材中，我们以电源的假想中点（两个大滤波电容的连接点）为参考，调制波和载波的大小比较决定桥臂开关管的通断，获得负载端口相对于电源中点的PWM电压波形，该电压波形有正有负，最大正、负幅值为电源电压的一半。同时以此波形为基础，分析得出负载线电压、负载端口相对于负载中点的相电压波形。

若以逆变电路输入电源的负端为参考分析负载端口的电压波形，负载端口相对于电源负端的波形为大于零的PWM脉冲信号，该信号只有正或零两种电平，其幅值为输入电源电压幅值。以此波形为基础，分析所得的负载线电压、负载端口相对于负载中点的相电压波形与上述方法所得波形相同。因此，取用不同参考点对电路的分析结果没有影响，当然对电路的运行结果也没有影响。

（10）对电压型逆变电路，如何防止直通短路？

为防止电压型逆变电路的直通短路，在桥臂控制过程中，必须确保桥臂上下两只开关管“互补”导通。施加驱动信号时，采取“先断后通”的方法实现，即让要关断的开关管在去除驱动信号、开关管关断之后再等一段时间，方可给要开通的开关管送驱动信号，使其开通。

（11）何谓PWM调制的同步和异步？（略）

（12）电压型PWM逆变电路输出谐波有什么特点？（略）

（13）如何提高PWM逆变电路的电压利用率、减少开关次数？

逆变电路直流电压利用率定义为逆变电路输出交流电压基波幅值U_{1m}与直流电压U_d之比。显然，直流电压利用率越高，同样输入直流电压的情况下PWM逆变电路输出带载能力越强。

逆变电路自身损耗与开关管工作频率间是正相关的单调函数，即开关管工作频率越高，逆变电路自身损耗越大，电路效率越低。若能在许可的情况下，降低开关管的开关频率，减少开关次数，可以显著减小逆变电路的损耗。

为提高逆变电路的直流电压利用率，可以采用梯形波、马鞍波或者叠加了特定直流分量的调制波作为调制信号，经过PWM调制后，负载端口相电压便是与这些调制波成正比的PWM调制信号，将其加至负载上，负载的线电压仍为正弦波，负载响应不会因为调制波中添加了其他波而有所影响。逆变电路输出到负载上的交流电压基波分量幅值将得到提升，一个控制周期内的开关管开关次数将得以下降。

采用梯形波调制、马鞍波调制、叠加三次谐波与直流电压组合的调制方法，其波形分析、控制原理可参见电力电子技术课程教材。

（14）PWM逆变电路多重化的有益效果有哪些？（略）

（15）何谓空间矢量PWM控制？

三相电压型逆变电路有六种工作状态，用空间矢量表示，可看成是作用于电机的六个空间矢量。六个空间矢量之间相差60°，每个工作周期内六个空间矢量各出现一次，经过六个空间矢量共转过 360°，形成一个封闭的六边形。这六个空间矢量作用于电机，电机的旋转磁场旋转了360°电角度（电机旋转一圈的电角度为360°×电机极对数）。

为让电机获得圆形磁场，采用这六个空间矢量按照需要进行组合，构成足够多的电压矢量，使电机的磁场呈圆形。在电压空间矢量控制具体实现时，一般先计算出电压矢量所在区域，再根据需要求出相邻基本电压矢量以及零矢量的作用时间，再将各个矢量按作用时间控制开关管的通断，就可以使用足够多的电压矢量控制电机，使电机获得圆形磁场。这就是空间矢量PWM控制。

（16）何谓PWM跟踪控制技术？（略）

（17）阐述滞环比较PWM控制技术原理。（略）

（18）滞环比较PWM控制技术的特点。（略）

（19）何谓三角波比较控制方式？（略）

（20）三角波比较控制方式中，放大器的参数与系统响应的误差有什么关系？

按照自动控制理论，电路的响应，或者说负载响应与指令信号之间的偏差与放大器（调节器）参数密切相关。

当放大器的输出/输入具备比例关系（放大器放大倍数为常数）时，电路稳定后，指令信号与实际负载响应之间将存在差值（偏差，或称为静差），系统稳定运行也是因为有该差值的存在。

当放大器的输出/输入具备比例积分关系时，电路稳定后，指令信号与实际负载响应之间的差值将趋于零。这是因为积分环节的存在，放大倍数将随着时间的推移逐步增大，最后趋于无穷，系统偏差趋于零。

电路控制时，电路响应与放大器参数之间存在密切关系，需要根据负载参数情况合理选择。

（21）简述定时比较控制方式的原理。（略）

（22）阐述单相PWM整流电路工作原理。

单相 PWM 整流电路有半桥和全桥两种。正弦指令信号u_r与三角载波信号u_c比较产生PWM控制信号，驱动桥路开关管工作，在 A、B 端口产生正弦 PWM 波u_{AB}， u_{AB}中的基波分量u_{AB1}与正弦指令信号u_r同频且幅值成正比，谐波分量的频率与三角载波频率有关，频率较高，不含低次谐波。

交流电源电压u_s相位确定，调整指令信号的大小、相位，使得A、B端口电压u_{AB}的幅值和相位发生变化，便可以调整电流i_s和u_s之间的相位关系。如图1-6-13所示。

PWM整流电路既可以工作在整流状态［图1-6-13（a)］，也可以工作于逆变状态［图1-6-13（b)］，可以实现能量的双向流动，且都可以保证电路工作于高功率因数状态，这是实际装置在运行过程中十分宝贵的特性。电路还可以工作于向电源发送无功［图1-6-13（c)］的工作状态，对电源呈现容性，可实现静止动态无功补偿。

单相PWM整流电路按照升压斩波方式工作，输出直流电压幅值将高于交流输入电压的峰值。电路需要适当控制，免得输出过高电压而危及开关管的安全。电压型 PWM 整流电路的输出直流电压总是高于交流输入电压的峰值，并从交流电压的峰值向上调节。

单相 PWM 整流电路工作过程中，器件的开关状态及电路电流走向分析见电力电子技术课程教材。

（23）采用桥式电路的 10kVA 单相 PWM 整流电路，电源为 220V/50Hz，电源与变流器之间连接的电感为 2mH，回路等效电阻为 0.1Ω，采用矢量图分析在变换器工作于额定容量单位功率因数整流状态、容性无功补偿状态时，变流器输出电压的基波有效值。

电路额定电流 $I_{\rm N} = S / U_{\rm N}$=10000/220=45.5A。

额定电流时电感压降 $U_L = 2\pi f L I_{\rm N}$=28.6V。

额定电流时电阻压降 $U_R = I_{\rm N} R$=4.55V。

单位功率因数整流状态时，参见矢量图 1-6-13（a），可得

$$U_{\rm AB} = \sqrt{(U_{\rm S} - U_R)^2 + U_L^2} = \sqrt{(220 - 4.55)^2 + 28.6^2} = 217.3\text{V}。$$

容性无功补偿状态时，参见矢量图 1-6-13c，可得：

$$U_{\rm AB} = \sqrt{(U_{\rm S} + U_R)^2 + U_L^2} = \sqrt{(220 + 4.55)^2 + 28.6^2} = 248.6\text{V}。$$

（24）简述 PWM 整流电路的间接电流控制方法及其优缺点。（略）

（25）简述 PWM 整流电路的直接电流控制方法及其优缺点。（略）

第七章　软开关技术

1. 电力电子高频化对装置的影响？

根据交流电磁绕组电动势方程$E = 4.44 K_N N f \Phi$，可见，电磁绕组外加电压确定时，工作频率增加，电磁绕组匝数N和磁通Φ可以减小，它们分别决定电磁绕组和铁芯的体积、重量，电路工作频率越高，变压器体积重量越小。

另外，电路工作频率提高，其电磁干扰将越甚，需要解决好电路的电磁干扰防护问题。

2. 何谓硬开关、软开关？

所谓硬开关，就是不管器件当时工作状况，直接驱动电力电子器件使其开通、关断，器件的开通、关断过程将伴随着电压、电流的剧烈变化，器件将产生较大的开关损耗和开关噪声，如图 1-7-1 所示。

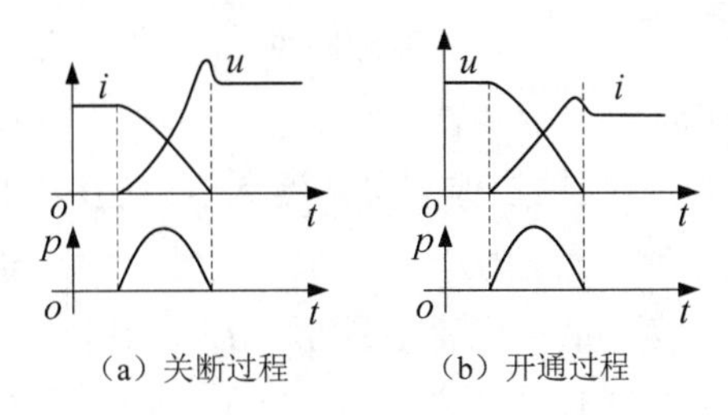

（a）关断过程　　（b）开通过程

图 1-7-1　硬开关过程的电压、电流及功率波形

软开关电路中，通过增加小电感、小电容等谐振元件，在开关管换流前后引入谐振，使开关管在开通时其两端电压为零，或者关断时电流为零。开关管的开关损耗及开关噪声将大为降低，可以提升变换电路的整体效率，同时限制开关过程中电压和电流的变化率，此时的变换电路称为软开关电路，如图 1-7-2 所示。

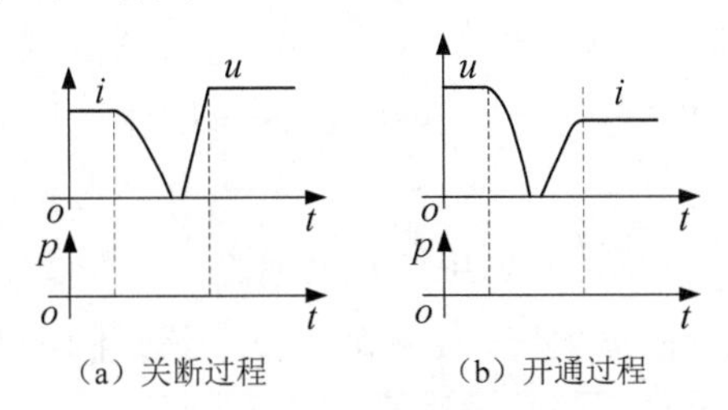

（a）关断过程　　（b）开通过程

图 1-7-2　软开关过程中的电压、电流及功率波形

因为在实现软开关的过程中伴随着谐振，所以这种软开关也称为谐振开关。

3. 降压型零电压开关准谐振电路工作过程分析

图 1-7-3（a）为以降压斩波电路为基础的零电压开关准谐振电路。与基本的降压斩波电路相比，该电路增设了谐振电感L_r、谐振电容C_r、和开关管 S 反并联的二极管 VD_s，开关管 S 导通关断过程及其电路波形如图 1-7-3（b）所示。

电路引入谐振，给开关管造就了零电压开通条件，如图 1-7-3（b）中t_4～t_6时段。在t_0时刻关断开关管时，两端并联电容C_r电压从零开始缓慢上升，给开关管创造零电压关断条件。

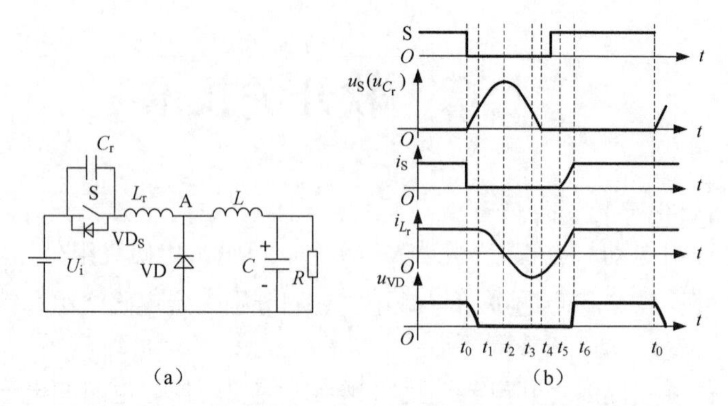

图 1-7-3 降压型零电压开关准谐振电路及其波形

开关管开通、关断过程中，电感电流可视为常量I_o，即恒流源。开关 S 初始时导通，开关管从关断到下次导通将经历六个工作状态。

（1）$t_0 \leqslant t < t_1$期间。t_0之前，开关 S 导通，$u_{C_r}=0$，$i_{L_r}=I_o$。t_0时刻，开关 S 关断，其电流迅速降为零。谐振电感电流$i_{L_r}=I_o$，该电流将对谐振电容C_r恒流充电，电压u_{C_r}从零开始按照线性规律增长，给开关管创造了一个零电压关断的条件。二极管 VD 截止，两端反向电压u_{VD}表示为$u_{VD}=U_i-u_{C_r}$，u_{VD}按线性规律下降。当到达t_1时刻，谐振电容充电至$u_{C_r}=U_i$，二极管 VD 两端反向电压下降为零，$u_{VD}=0$。

（2）$t_1 \leqslant t < t_2$期间。t_1时刻，谐振电容电压$u_{C_r}=U_i$，电源继续给谐振电容C_r充电，L_r和C_r串联谐振，电容电压u_{C_r}按正弦规律上升，u_{C_r}将大于电源电压。二极管承受的反向电压$u_{VD}=U_i-u_{C_r}$将小于零，二极管被正向偏置导通，电路电流有关系：$i_{VD}+i_{L_r}=I_o$。A 点电压为零（二极管 VD 导通压降）。随着时间的推移，i_{L_r}逐步减小，到达t_2时刻$i_{L_r}=0$，负载电流I_o全部流过二极管 VD。此时，谐振电容电压u_{C_r}达到正弦波峰值。

（3）$t_2 \leqslant t < t_3$期间。t_2时刻，$i_{L_r}=0$，二极管 VD 导通，流过电流$i_{VD}=i_{L_r}+I_o$。在由电源U_i、电容C_r、电感L_r和二极管 VD 所构成的回路中，谐振电容电压u_{C_r}高于电源电压U_i，这两个电压差值（$u_{C_r}-U_i$）作用下，谐振电容C_r对该回路谐振放电，电流i_{L_r}按之前的流通方向反向正弦规律上升。

（4）$t_3 \leqslant t < t_4$期间。t_3时刻，谐振电容C_r电压再次下降到$u_{C_r}=U_i$，谐振回路净电势等于零，谐振电感电流i_{L_r}达到反向最大值，二极管 VD 中流过的电流为$i_{VD}=i_{L_r}+I_o$，谐振电容C_r继续放电，谐振电感释放能量，回路电流i_{L_r}下降。

（5）$t_4 \leqslant t < t_5$期间。t_4时刻，谐振电容C_r放电完毕，$u_{C_r}=0$，谐振电感L_r继续通过与开关管反并联的二极管放电，电感储能向电源回馈，回路电流i_{L_r}继续下降，二极管 VD 中流过的电流为$i_{VD}=i_{L_r}+I_o$。本阶段，开关管两端电压为零（并联二极管 VD_S 导通压降的负值），给开关管创造了一个零电压开通条件。只要在本阶段给开关管施加驱动信号，开关管便导通。但因 VD_S 导通，流过反向电流，开关管并无电流流过。

（6）$t_5 \leqslant t < t_6$期间。t_5时刻，i_{L_r}降为零，电源将给负载供电，开关管 S 及电感L_r中开始流过正向电流，i_{L_r}从零开始逐步增加，因$i_{VD}+i_{L_r}=I_o$，二极管 VD 中电流下降。到达t_6时

刻，$i_{L_r}=I_o$，二极管电流降为零关断，全部负载电流由开关管 S 承担，从而给开关管创造了一个零电压开通的条件。

开关管两端电压（就是谐振电容 C_r 两端电压 u_{C_r}）：

$$u_{C_r}=\sqrt{\frac{L_r}{C_r}}I_o\sin\omega_r(t-t_1)+U_i，\quad t\in（t_1\sim t_4）$$

式中，ω_r 为谐振角频率，$\omega_r=\dfrac{1}{\sqrt{L_rC_r}}$。

u_{C_r} 的峰值电压，也是开关器件承受的最大电压：$U_{C_rP}=U_{SM}=\sqrt{\dfrac{L_r}{C_r}}I_o+U_i$。

谐振过程结束，谐振电容电压降为零，零电压开关准谐振电路实现软开关的条件为 $\sqrt{\dfrac{L_r}{C_r}}I_o\geqslant U_i$。

零电压开关准谐振电路开关管两端电压可以达到电源电压两倍以上，开关管承受的电压应力大。

4. 何谓零电压开关与零电流开关？

零电压开关：借助于电路谐振，使开关管开通前其两端电压为零，开关管开通时不会产生损耗和噪声，这种开通方式称为零电压开通，简称零电压开关。

零电流开关：借助于电路谐振，使开关管关断前其电流为零，开关管关断时不会产生损耗和噪声，这种关断方式称为零电流关断，简称零电流开关。

零电压开通、零电流关断均通过电路谐振来实现。

5. 软开关的分类

根据变流电路中开关管开通和关断时的电压、电流状态，软开关电路分成零电压电路和零电流电路两种形式，零电压电路中开关管开通时电压为零，零电流电路中开关管关断时电流为零。

软开关电路也可分为准谐振电路、零开关 PWM 电路、零转换 PWM 电路三种。

6. 准谐振电路及其特点

准谐振电路包括零电压准谐振电路、零电流准谐振电路、零电压多谐振电路及谐振直流环四种形式。

准谐振电路中，其电压或电流波形为正弦半波，完成谐振的半个周期称为准谐振。准谐振的引入，使得变换电路开关损耗及开关噪声明显降低。但因谐振电压峰值高，需要提高开关器件电压定额。谐振电流有效值大，电路无功功率交换大，电路损耗增加。

谐振周期与变换电路输入电压、负载电流密切相关，电路控制只能采用脉冲频率调制（PFM）控制方式，当变换电路开关频率变化时电路设计比较麻烦。

7. 零开关 PWM 电路及其特点

零开关 PWM 电路引入辅助开关控制电路的谐振时刻，使谐振发生在开关管开关过程前后。

零开关 PWM 电路有零电压开关 PWM 电路和零电流开关 PWM 电路两种。

零开关 PWM 电路在主开关需要开关操作时，使辅助开关动作，电路发生谐振，给开关管构建了零电压开通、零电流关断条件，实现软开关。因谐振受辅助开关控制，零开关 PWM 电路可以实现PWM控制，工作频率可以设定。与准谐振电路相比，零开关PWM电路电压和电流基本为方波，波形的前后沿变化较缓，开关管承受的电压应力较低。

8. 零转换PWM电路及其特点

零转换 PWM 电路引入辅助开关控制谐振的时刻，但与零电压开关 PWM 不同，零转换PWM电路的谐振电路与主开关管并联运行，使电源输入电压及负载电流大小对电路谐振过程影响甚微，零转换PWM电路在很宽的输入电压范围、负载电流从空载到满载状态均能工作于软开关状态。软开关过程中，电路中无功交换小，零转换PWM电路运行效率较高。

零转换PWM电路有零电压转换PWM电路和零电流转换PWM电路两种。

9. 谐振直流环电路及其特点

谐振直流环使用于交直交变频器电路中，为了给整流及后续逆变电路造就软开关条件，在直流环节中引入谐振环节，后续逆变电路开关管获得零电压开通条件，实现了主电路开关管的软开关。

谐振直流环电路的负载常为感性负载，负载电流变化相对于谐振过程较缓慢，且在谐振过程中逆变电路的开关状态不变。将包含谐振直流环的逆变电路［图 1-7-4（a)］等效为图1-7-4（b）所示，电路波形如图1-7-4（c）所示。

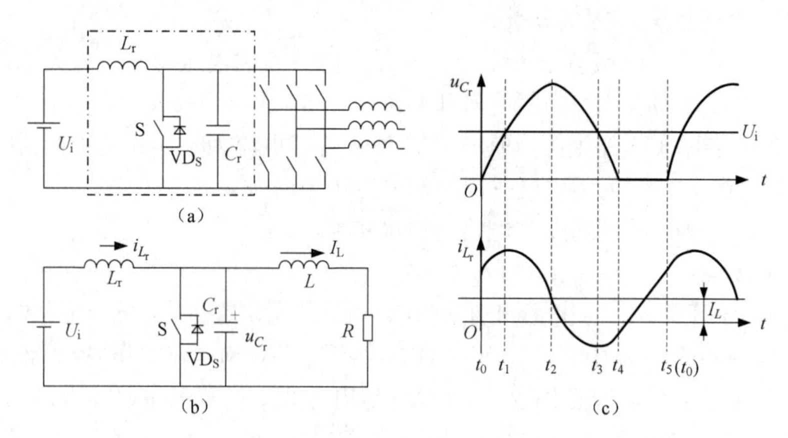

图 1-7-4　谐振直流环及其等效电路与波形

为实施谐振直流环控制，先让辅助开关 S 导通，直流环节被短路，在t_0时刻辅助开关断开，电路将发生谐振，其过程为如图1-7-4（c）中$t_0 \sim t_5$所示的五个时段。

（1）$t_0 \leqslant t < t_1$期间。t_0时刻之前，由于辅助开关 S 导通，谐振电感L_r中的电流i_{L_r}大于负载电流I_L。t_0时刻辅助开关 S 关断，电感L_r与谐振电容C_r谐振，电容C_r充电，其两端电压u_{C_r}上升。电感L_r的电流i_{L_r}为负载电流与电容充电电流之和，$i_{L_r} = I_L + i_{C_r}$。直至t_1时刻，电容电压充至电源电压U_i，$u_{C_r} = U_i$，谐振回路净电压为零，谐振电感电流i_{L_r}达到峰值。辅助开关S及其并联二极管VD$_S$无电流流过。

（2）$t_1 \leqslant t < t_2$期间。t_1的谐振峰值点过后，谐振电感L_r电流i_{L_r}继续为电容C_r充电，u_{C_r}进一步升高，此时电源电压已经小于电容C_r两端电压u_{C_r}，谐振电感L_r释放能量，电流减小，$i_{L_r} = I_L + i_{C_r}$，电容充电电流减小。到达t_2时刻，电流i_{L_r}降至与负载电流相等，$i_{L_r} = I_L$，$i_{C_r} = 0$，电容电压u_{C_r}升至谐振峰值。辅助开关S及其并联二极管VD$_S$无电流流过。

（3）$t_2 \leqslant t < t_3$ 期间。电容电压 u_{C_r} 高于电源电压 U_i，电容 C_r 向负载及 L_r 放电，i_{L_r} 继续下降，三支路电流关系为 $i_{L_r} + i_{C_r} = I_L$。i_{L_r} 下降到零后再反向，此时 $i_{C_r} = I_L + i_{L_r}$。电容 C_r 继续放电，i_{L_r} 反向增加直至 t_3 时刻，电容 C_r 电压降为 U_i，i_{L_r} 到达负向峰值。辅助开关 S 及其并联二极管 VD_S 无电流流过。

（4）$t_3 \leqslant t < t_4$ 期间。t_3 时刻过后，电感 L_r 将放电，i_{L_r} 逐步减小，电容 C_r 继续放电，电压 u_{C_r} 继续下降，电容的放电电流等于 i_{L_r} 及负载电流 I_L 之和，$i_{C_r} = I_L + i_{L_r}$。达到 t_4 时刻，u_{C_r}=0，与辅助开关管并联的二极管 VD_S 导通，$i_{VD_s} = I_L + i_{L_r}$，u_{C_r} 被钳位在零电压（二极管导通压降的负值）。辅助开关 S 无电流流过。

（5）$t_4 \leqslant t < t_5$（t_0）期间。t_4 时刻，辅助开关 S 导通，当 $i_{L_r} < I_L$（包括 i_{L_r}<0 的区段）时，辅助开关 S 中并无电流流过，只有与其并联的二极管 VD_S 导通流过电流。在 i_{L_r}<0 时，$i_{VD_s} = I_L + i_{L_r}$；在 i_{L_r}>0 时，$i_{VDs} + i_{L_r} = I_L$。当 $i_{L_r} > I_L$ 时，辅助开关 S 中才开始流过电流。t_5 时刻，辅助开关 S 再次关断。

从 t_4 时刻起，辅助开关 S 被驱动导通，到 t_5 时刻辅助开关 S 再次关断，电容 C_r 两端的电压 u_{C_r} 一直为零，后续逆变电路开关管便获得了零电压开通条件，实现了主电路开关管的软开关。但要注意，谐振直流环节电容电压 u_{C_r} 峰值高，对逆变电路主电路开关管的额定电压要求高。

10. 移相全桥型零电压开关 PWM 电路工作情况

移相全桥型零电压开关 PWM 电路除各桥臂一个开关管、一个吸收电容、一个反并联二极管的基本结构之外，增设了一个谐振电感 L_r，在工作过程中利用该电感与开关管并联的电容构成谐振，使桥路开关管在零电压条件下开通，实现软开关控制。移相全桥型零电压开关 PWM 电路如图 1-7-5 所示。

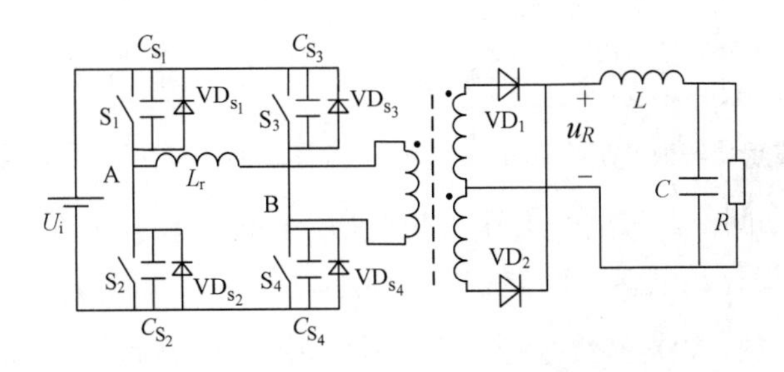

图 1-7-5 移相全桥型零电压开关 PWM 电路

在实际控制过程中，桥路上开关管占空比小于 50%；半桥上下两个开关管不同时导通，一管关断到另一管开通之间设定死区时间；两个对角开关管的驱动波形 S_1 超前于 S_4，S_2 超前于 S_3，S_1 和 S_2 桥臂称为超前桥臂，S_3 和 S_4 桥臂称为滞后桥臂。桥路在满足这些要求的驱动信号作用下，电路将经历从 $t_0 \sim t_{10}$ 的 10 个工作状态，完成一个控制周期。具体过程参见教材。

11. 零电压转换 PWM 电路工作情况

升压型零电压转换 PWM 电路如图 1-7-6 所示。忽略 I_L 及 U_o 的波动，电路工作过程中，辅助开关 S_1 超前于主开关 S 开通，一旦主开关 S 开通，辅助开关 S_1 便关断。电路工作经过五个工作区段。

（1）$t_0 \leqslant t < t_1$ 期间。t_0 时刻，S_1 开通，此时主开关 S 处于关断状态，电感储能通过二极

管 VD 向负载传输电能。S_1开通后，电感L_r两端电压为U_o，电感电流$i_{L_r}=i_{S_1}$将按线性规律上升，$I_L=i_{L_r}+i_{VD}$，二极管 VD 中电流将按线性规律下降。主开关 S 承受电压为U_o（也是其并联电容C_r两端的电压）。到t_1时刻，二极管 VD 电流降为零关断，$I_L=i_{L_r}$。

（2）$t_1 \leqslant t<t_2$期间。t_1时刻开始，C_r和L_r构成谐振回路，电容C_r电压下降，电感L_r电流i_{L_r}上升。到t_2时刻，电容C_r电压降为零，并随着后续VD_S的导通钳位于零，电感电流i_{L_r}上升至最大值。

（3）$t_2 \leqslant t<t_3$期间。t_2时刻，与主开关 S 并联的二极管VD_S导通，电感L_r续流，其电流i_{L_r}值恒定。二极管VD_S中的电流为$i_{L_r}-I_L$，如图 1-7-7 阴影部分所示，将持续到t_3之后。

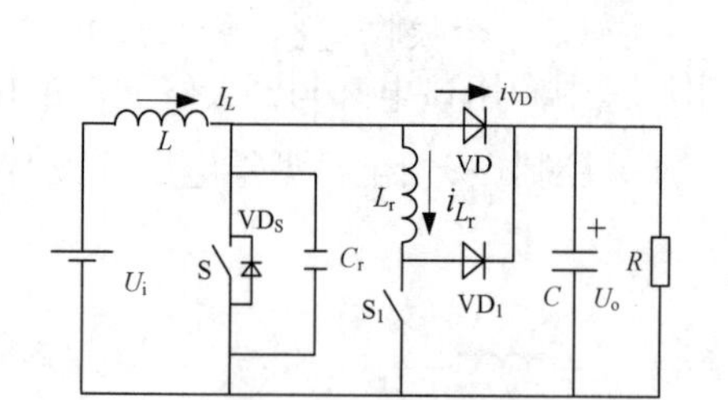

图 1-7-6　升压型零电压转换 PWM 电路

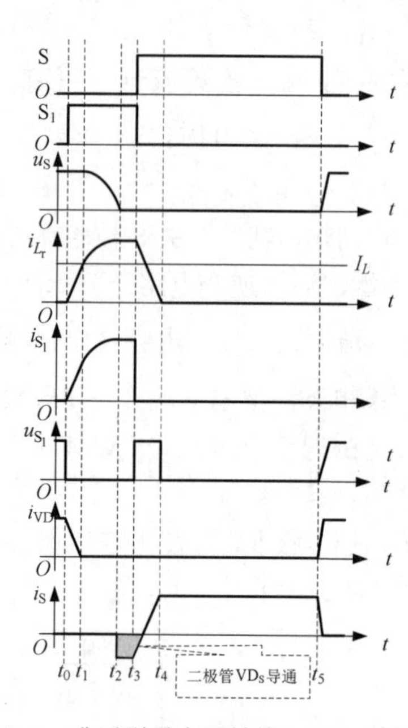

图 1-7-7　升压型零电压转换 PWM 电路波形

（4）$t_3 \leqslant t<t_4$期间。t_3时刻，主开关 S 开通，同时辅助开关S_1关断，因 S 两端电压为零，主开关没有开关损耗。电感L_r中储存的能量通过VD_1向负载传输，电流i_{L_r}下降。因二极管VD_S中电流未降为零，VD_S持续导通，主开关 S 中无电流流过。VD_S中电流降为零后，主开关 S 导通，电流上升。

（5）$t_4 \leqslant t<t_5$期间。t_4时刻，i_{L_r}降为零，VD_1关断，主开关 S 流过电流I_L，处于正常导通状态，电容C_r两端电压为零。t_5时刻，主开关 S 关断，由于C_r的存在，开关 S 两端电压缓慢上升，其关断损耗减小。当电容电压U_{C_r}上升至输出电压U_o时，二极管 VD 导通。

解题示例

（解题内容与前文介绍重复的将省略）

（1）电力电子高频化有何利弊？（略）

（2）何谓硬开关、软开关？软开关技术的目的是什么？（略）

（3）何谓零电压开关、零电流开关？（略）

（4）软开关如何分类？各有什么特点？

根据电路中开关元件开通及关断时的电压电流状态，可将软开关电路分成零电压电路和零电流电路。根据软开关发展进程，可将软开关分成准谐振电路、零开关 PWM 电路、零转换 PWM 电路。

准谐振电路：准谐振电路中电压或电流波形均为正弦波，电路结构较简单，但谐振电压或谐振电流很大，对器件要求较高，且只能采用脉冲频率调制控制方式。

零开关 PWM 电路：零开关 PWM 电路引入辅助开关控制谐振的开始时刻，使谐振仅发生于开关过程前后，电路电压和电流基本为方波，开关承受的电压明显降低，电路可以采用开关频率固定的 PWM 控制方式。

零转换 PWM 电路：零转换 PWM 电路也是采用辅助开关控制谐振的开始时刻，与零开关 PWM 电路不同的是，谐振电路与主开关并联，输入电压和负载电流对电路谐振过程影响很小，电路在很宽的输入电压范围及从零到满负载状态都能工作于软开关状态，无功功率交换被削减到最小。

（5）准谐振电路、零开关 PWM 电路、零转换 PWM 电路、谐振直流环电路及其特点。（略）

（6）试比较零开关 PWM 电路与零转换 PWM 电路的区别。

零开关 PWM 电路和零转换 PWM 电路均是在电路中引入辅助开关来控制谐振的开始时刻，使谐振仅发生于开关过程前后，实现主开关的零电压开通或零电流关断。

零开关 PWM 电路中的谐振电路在工作中要流过负载电流，软开关受负载条件影响不容易在大范围内实现。

零转换 PWM 电路与零开关 PWM 不同，其谐振电路与主开关并联，输入电压和负载电流对谐振过程的影响很小，电路可以在很宽的输入电压范围内和从零到满载状态都能工作于软开关状态。同时，电路中无功功率的交换被削减到最小，可使电路效率进一步提高。

（7）采用零电压开关准谐振电路的降压斩波电路如图 1-7-3（a）所示。电源电压为 40V，输出电压为 20V，负载电流范围为 5～15A，谐振电容 $C_r = 20\text{nF}$，输出滤波电感足够大。试计算：

1）在保证最小负载电流条件下实现软开关时，谐振电感 L_r 的数值。

2）在所求得的谐振电感条件下，计算开关管承受的峰值电压。

当开关管 S 关断、续流二极管 VD 导通后，C_r、L_r、U_i 形成谐振回路，通过求解电路微分方程可得 u_{C_r}（开关管 S 两端的电压）表达式，该方程一直有效至二极管 VD_s 导通：

$$u_{C_r} = \sqrt{\frac{L_r}{C_r}} I_o \sin \omega_r (t - t_1) + U_i, \quad \omega_r = \frac{1}{\sqrt{L_r C_r}}$$

由该式可见，若正弦项的幅值小于 U_i，u_{C_r} 就不可能谐振到零，主开关 S 就不能实现零电压开通，从而有零电压开关准谐振电路实现软开关条件：

$$\sqrt{\frac{L_r}{C_r}} I_o \geqslant U_i, \quad L_r \geqslant C_r \left(\frac{U_i}{I_{L\min}} \right)^2 = 20 \times 10^{-9} \times \left(\frac{40}{5} \right)^2 = 1.28\mu\text{H}$$

3）求 $u_{C_r}(t)$ 的最大值就可得到 u_{C_r} 谐振峰值表达式，也就是开关 S 承受的峰值电压，在负载电流最高时最大峰值电压计算如下：

$$U_{\mathrm{p}}=\sqrt{\frac{L_{\mathrm{r}}}{C_{\mathrm{r}}}}I_{L\max}+U_{\mathrm{i}}=\sqrt{\frac{1.28\times10^{-6}}{20\times10^{-9}}}\times15+40=160\mathrm{V}$$

可见，该准谐振电路开关器件承受的电压较高（输入电源电压仅 40V）。

（8）以图 1-7-7（a）所示软开关变换电路为例，分析电路工作过程。

图 1-7-7（a）为准谐振零电流开关（ZCS）DC/DC 变换电路。假定滤波电感足够大，输出电流认为是恒定电流 I_{o}，开关电流 i_{s} 和电容电压 $u_{C_{\mathrm{r}}}$ 的波形如图 1-7-7（b）所示。

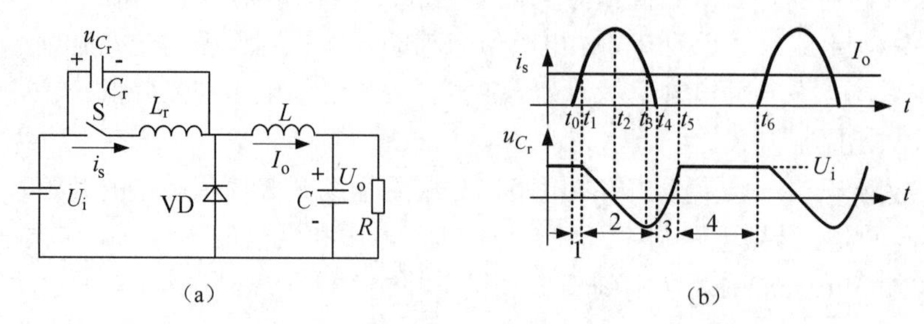

图 1-7-7　准谐振零电流开关（ZCS）变换电路及其波形

1）t_0～t_1 期间。t_0 之前，开关处于关断状态，输出电流 I_{o} 通过二极管 VD 续流，谐振电容 C_{r} 两端电压 $u_{C_{\mathrm{r}}}$ 等于输入电压 U_{i}。

t_0 时开关 S 开始导通，由于谐振电感 L_{r} 的存在，通过开关 S 的电流只能缓慢增加，从而实现开关 S 的零电流开通。

在开关 S 的导通过程中，只要 $i_{\mathrm{s}}<I_{\mathrm{o}}$，则续流二极管 VD 一直处于导通状态，谐振电容电压 $u_{C_{\mathrm{r}}}$ 保持不变（为 U_{i}）。

到达 t_1 时刻，i_{s} 上升至 I_{o}（$i_{\mathrm{s}}=I_{\mathrm{o}}$），续流二极管 VD 关断。

2）t_1～t_4 期间。t_1 时刻之后，谐振电感 L_{r}、谐振电容 C_{r} 和开关 S 构成并联谐振电路。在 t_2 处 i_s 上升至谐振电流峰值，此时谐振电容两端电压 $u_{C_{\mathrm{r}}}$ 为零。

谐振继续进行，在 t_3 处谐振电容两端电压 $u_{C_{\mathrm{r}}}$ 达到负的最大值，$i_{\mathrm{s}}=I_{\mathrm{o}}$。

当到达 t_4 时刻，i_{s} 下降至零，由于 i_{s} 不能反向，开关 S 在 t_4 处自然关断。

在 t_4 之后将关断控制信号加至开关管 S 的控制极上，就实现了开关 S 的零电流关断。

3）t_4 ～ t_5 期间。t_4 之后，负载电流 I_{o} 经谐振电容 C_{r} 流通，C_{r} 被线性充电。到达 t_5 时刻，续流二极管又开始导通。

4）t_5 ～ t_6 期间。t_5 之后，续流二极管恢复到导通状态。在 t_6 之前，加在电容 C_{r} 两端的电压 $u_{C_{\mathrm{r}}}$ 一直保持为 U_{i}（$u_{C_{\mathrm{r}}}=U_{\mathrm{i}}$），在 t_6 时刻，开关 S 再次开始导通，电路进入下一个周期工作。

由分析可以看出，通过控制关断时间，即 t_6-t_5 的差值，即控制开关的频率，即可控制输出的平均功率。

第二部分　实验指导

实验一　单相桥式半控整流电路实验

一、电路工作原理

单相桥式半控整流电路如图 2-1-1 所示，晶闸管 VT_1 和 VD_2 组成一对桥臂，VT_2 和 VD_1 组成另一对桥臂。电路带电阻性负载［图 2-1-1（a）］、阻感性负载［图 2-1-1（b）］、阻感性负载并续流二极管［图 2-1-1（c）］时波形见前文所述。

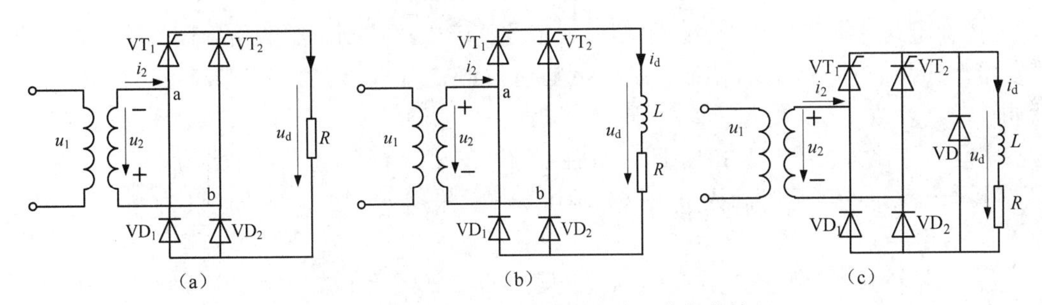

图 2-1-1　单相桥式半控整流电路及其负载情况

单相桥式半控整流电路带阻感性负载时，若无续流二极管，则当 α 突然增大至 180°或触发脉冲丢失时，会发生一个晶闸管持续导通而两个二极管轮流导通的情况，这使输出直流电压 u_d 成为正弦半波，与单相半波不可控整流电路时输出波形相同，出现失控现象。为防止失控，在电路中设置续流二极管 VD，续流过程由 VD 完成，避免了失控现象。

二、单相桥式半控整流电路 MATLAB/Simulink 仿真

仿真是借助于软件模拟具体硬件电路的运行过程，可以获得与硬件电路实验相似的结论，验证硬件电路实现的可行性，属于低成本的实验手段。

通过仿真，可以加深理解单相桥式半控整流电路的工作原理，了解续流二极管在单相桥式半控整流电路中的作用，掌握单相桥式半控整流电路 MATLAB/Simulink 的仿真建模方法，熟悉设置各模块参数的方法。本书以 MATLAB 6.5.1 仿真软件为基础进行仿真实验介绍。

（1）单相桥式半控整流电路带电阻性负载仿真。单相桥式半控整流电路的仿真模型如图 2-1-2 所示。仿真步骤如下：

1）主电路建模和参数设置。主电路有交流电源、桥式半控整流电路和电阻，交流电源的路径为 SimpowerSystems/Electrical Sources/AC voltage Source，参数设置：峰值电压为 220V，相位为 0°，频率为 50Hz，电阻参数为 10Ω。

从模块库中取两个晶闸管 Thyristor，路径为 SimPowerSystems/Power Electronics /Thyristor，两个二极管模块 Diode，路径为 SimPowerSystems/Power Electronics/Diode，两个 Terminator 模块，路

径为 Simulink/sinks/Terminator，将它们放入仿真平台中连接，得到半控桥式整流主电路仿真模型。

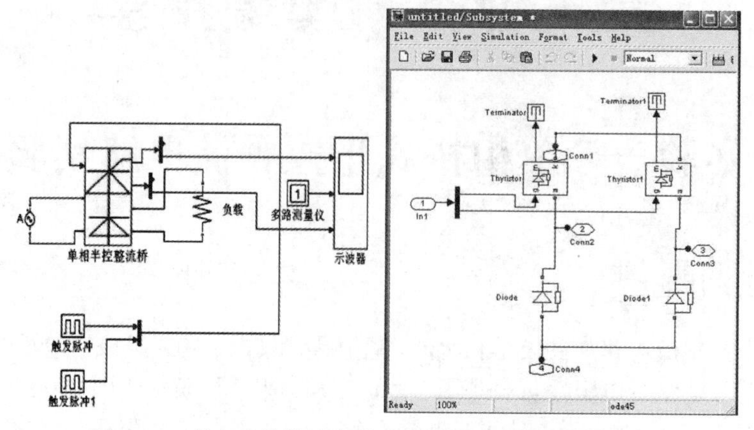

图 2-1-2 单相半控整流电路仿真模型、主电路仿真模型

2）控制电路建模和参数设置。单相桥式半控整流电路控制电路的仿真模型主要有两个脉冲触发器，其路径为 Simulink/Sources/Pulse Generator，分别通向 VT_1 和 VT_2 两个晶闸管，一个脉冲触发器参数设置：峰值为 1，周期为 0.02s（和电源频率对应），脉冲宽度为 10%（此类为脉冲宽度占空比），α 取为 30°，即一个触发脉冲送至 VT_1 的延迟时间为 0.00167s。另一个触发脉冲送至 VT_2 的延迟时间为 0.01167s。仿真算法采用 ode15s，仿真时间为 1s。仿真结果如图 2-1-3 所示。

（2）单相桥式半控整流电路带阻感性负载仿真。把图 2-1-2 中电阻性负载改为阻感性负载，电阻为 10Ω，电感为 1H，测量晶闸管 VT_1、二极管 VD_2 和阻感性负载两端电压和电流波形。α 取为 30°，仿真算法采用 ode15s，仿真时间为 1s，得到仿真结果如图 2-1-4 所示。

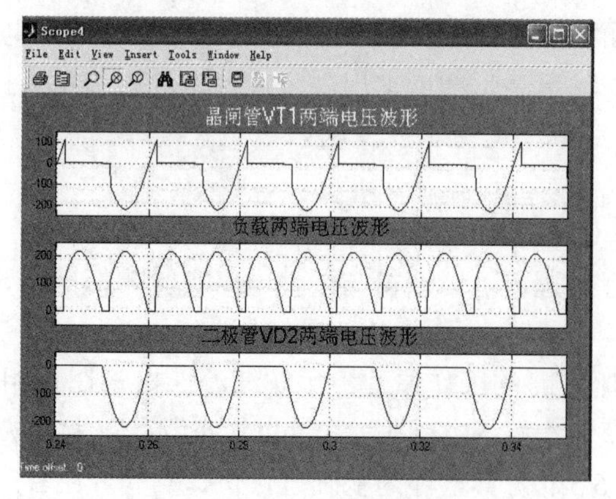

图 2-1-3 单相桥式半控整流电路仿真结果（电阻性负载）

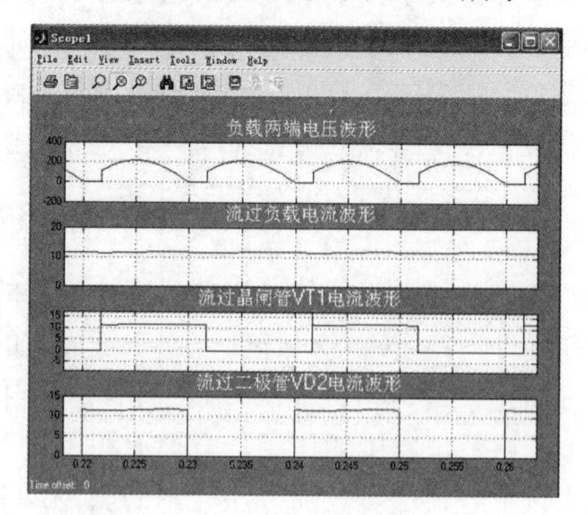

图 2-1-4 单相桥式半控整流电路仿真结果（阻感性负载）

（3）单相桥式半控整流电路带阻感性负载接续流二极管仿真。在图 2-1-2 电路输出端接阻感性负载并且并联续流二极管，仿真模型如图 2-1-5 所示。

负载并联二极管模型 Diode 的路径为 SimpowerSystems/Power Electronics/Diode，参数为默认值。设置电阻为 10Ω，电感为 1H，$\alpha = 30°$，仿真算法采用 ode15s，仿真时间为 1s。可以按照以上过程进行仿真实验。

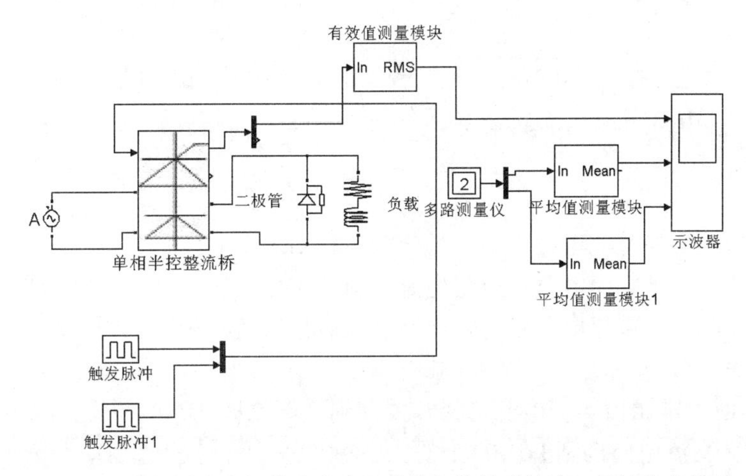

图 2-1-5　单相桥式半控整流电路阻感性负载并联续流二极管仿真模型

三、单相桥式半控整流电路实验

1. 实验目的

（1）加深对单相桥式半控整流电路带电阻性、电阻电感性负载时工作情况的理解。

（2）了解续流二极管在单相桥式半控整流电路中的作用，分析、解决实验中出现问题。

2. 实验原理

实验线路原理图如图2-1-6所示，DJK03-1挂件上设有两组锯齿波同步触发电路，它们由同一个同步变压器供电以保持与输入电压同步，触发信号加到共阴极两个晶闸管，图中负载电阻R用D42三相可调电阻，将两个900Ω的负载电阻接成并联形式，二极管VD_1、VD_2、VD_3及开关S_1均在DJK06挂件上，电感L_d在DJK02面板上，有100mH、200mH、700mH三挡可供选择，本实验用700mH挡。直流电压表、电流表从电源控制屏DJK01选取。

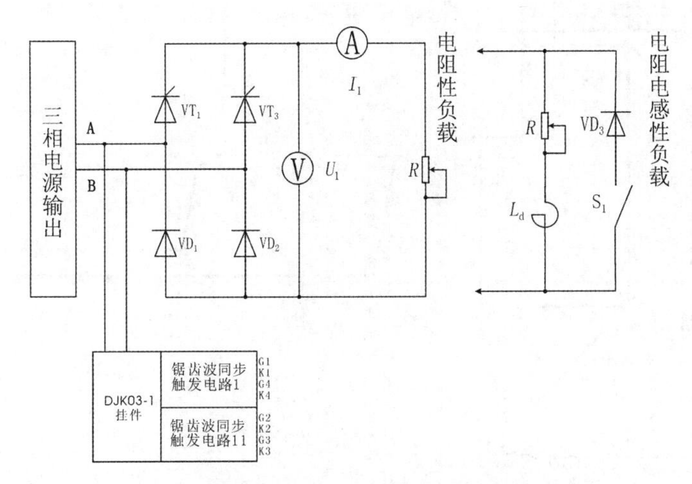

图 2-1-6　单相桥式半控整流电路实验线路原理图

注意：VT_1的触发脉冲可以选择锯齿同步波触发电路II的任一组；VT_3的触发脉冲可以选择锯齿波同步触发电路I的任一组。

3. 实验设备

DJDK-1 型电力电子技术及电机控制实验台的电源控制屏（DJK01）、晶闸管主电路（DJK02）、晶闸管触发电路（DJK03-1）、给定及实验器件（DJK06）、三相可调电阻（D42），双踪示波器，万用表。

4. 实验内容

（1）单相桥式半控整流电路带电阻性负载工作情况。

（2）单相桥式半控整流电路带电阻电感性负载工作情况。

（3）单相桥式半控整流电路带电阻电感性负载接续流二极管工作情况。

5. 实验方法

（1）将 DJK01 电源控制屏电源选择开关打到“直流调速”侧使输出线电压为 200V，用两根导线将 200V 交流电压接到 DJK03-1 的“外接 220V”端，按下“启动”按钮，打开 DJK03-1 电源开关，用双踪示波器观察“锯齿波同步触发电路”各观察孔的波形。

（2）锯齿波同步触发电路调试，主要是调整锯齿波斜率、触发脉冲调整范围。

（3）单相桥式半控整流电路带电阻性负载实验。

按图 2-1-7 接线，主电路接可调电阻 R，将电阻器调到最大阻值位置（逆时针旋到底），按下“启动”按钮，用示波器观察并记录负载电压 U_{d}、晶闸管两端电压 U_{VT} 和整流二极管两端电压 $U_{\mathrm{VD_1}}$ 的波形，调节锯齿波同步移相触发电路上的移相控制电位器 R_{P2}，观察并记录在 α 为 30°、60°、90°、120°、150°时 U_{d}、U_{VT}、$U_{\mathrm{VD_1}}$ 的波形，测量相应电源电压 U_2 和负载电压 U_{d} 的数值，记录于表 2-1-1 中。

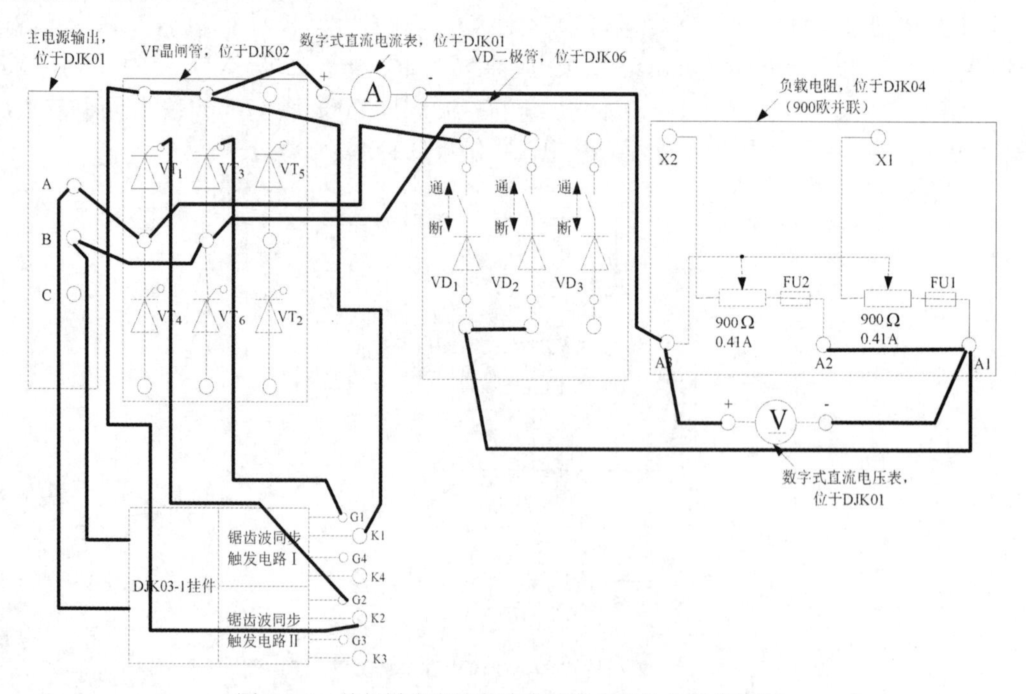

图 2-1-7　单相桥式半控整流电路带电阻性负载接线图

注意：（1）正常实验前，应先接通 $\mathrm{VD_1}$、$\mathrm{VD_2}$ 两个二极管，即将钮子开关合上。

（2）实际实验时，DJK03-1 挂件供电不需要再行接线，内部已经连接好。

表 2-1-1　电阻性负载实验数据记录样表

参量	α=30°	α=60°	α=90°	α=120°	α=150°
U_2					
U_d（记录值）					
U_d/U_2					
U_d（计算值）					

计算公式：$U_d=0.9U_2(1+\cos\alpha)/2$

（4）单相桥式半控整流电路带电阻电感性负载。

1）断开主电路后，将负载换成平波电抗器 L_d（700mH）与电阻 R 串联，即按图 2-1-8 接线。

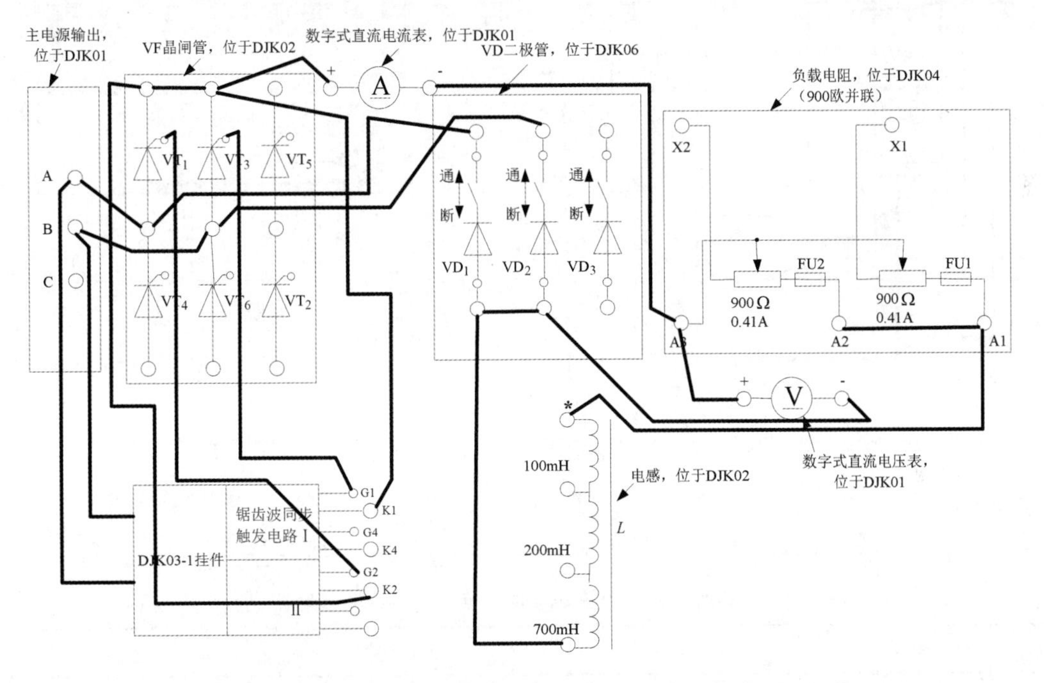

图 2-1-8　单相桥式半控整流电路带阻感性负载接线图（不接续流二极管 VD3）

注意：（1）正常实验前，应先接通 VD_1、VD_2 两个二极管，即将钮子开关合上。

（2）实际实验时，DJK03-1 挂件供电不需要再行接线，内部已经连接好。

2）不接续流二极管 VD_3，接通主电路，用示波器观察并记录 α 为 30°、60°、90°时 U_d、U_{VT}、U_{VD_1}、I_d 的波形，并测定相应的 U_2、U_d 数值，记录于表 2-1-2 中。

表 2-1-2　阻感性负载实验数据记录样表（不接续流二极管 VD_3）

参量	α=30°	α=60°	α=90°
U_2			
U_d（记录值）			
U_d/U_2			
U_d（计算值）			

3）在 α 为 30°、60°、90°时，移去触发脉冲（将锯齿波同步触发电路上的 G3 或 K3 拔掉），观察并记录移去脉冲前后 U_d、U_{VT_1}、U_{VT_3}、U_{VD_1}、U_{VD_2}、I_d 的波形。

4）按图 2-1-9 接线，接上续流二极管 VD_3，接通主电路，观察并记录 α 为 30°、60°、90°时 U_d、U_{VD_3}、I_d 的波形，并测定相应的 U_2、U_d 数值，记录于表 2-1-3 中。

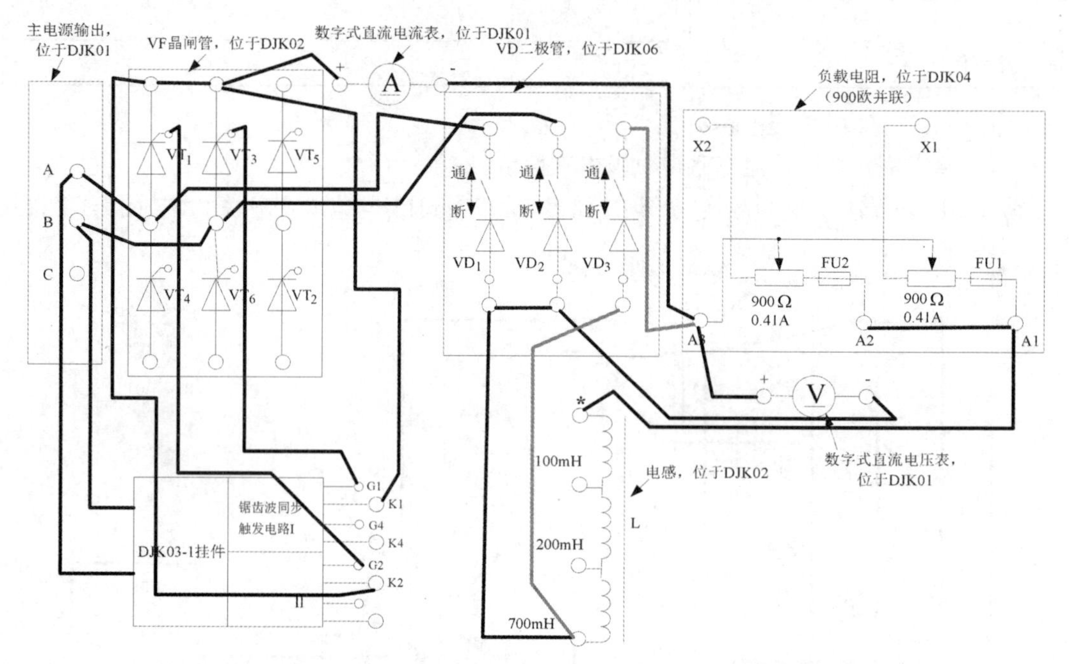

图 2-1-9 单相桥式半控整流电路带阻感性负载接线图（接续流二极管 VD3）

注意：（1）正常实验前，应先接通 VD_1、VD_2、VD_3 三个二极管，即将钮子开关合。

（2）实际实验时，DJK03-1 挂件供电不需要再行接线，内部已经连接好。

表 2-1-3 阻感性负载实验数据记录样表（接续流二极管 VD_3）

参量	α=30°	α=60°	α=90°
U_2			
U_d（记录值）			
U_d/U_2			
U_d（计算值）			

5）在接有续流二极管 VD_3 及 α 为 30°、60°、90°时，移去触发脉冲（将锯齿波同步触发电路上的 G3 或 K3 拔掉），观察并记录移去脉冲前后 U_d、U_{VT_1}、U_{VT_3}、U_{VD_2}、U_{VD_1} 和 I_d 的波形。

四、预习报告

（1）单相桥式半控整流电路组成及其工作原理。

（2）单相桥式半控整流电路带电阻性负载、阻感性负载及续流二极管时的主要特点。

（3）单相桥式半控整流电路的主要参数计算关系。

五、实验报告

（1）绘出单相桥式半控整流电路电阻性负载、阻感性负载时 $U_d/U_2=f(\alpha)$的曲线。

（2）绘出单相桥式半控整流电路电阻性负载、阻感性负载，α 角分别为 60°、90°时的 U_d、U_{VT} 的波形并加以分析。

（3）分析说明续流二极管的作用以及电感量大小对负载电流的影响。

六、注意事项

（1）双踪示波器有两个探头，可同时观测两路信号，但这两个探头的地线都与示波器外壳相连，所以两个探头的地线不能同时接在同一电路不同电位的两个点上，否则这两点会通过示波器外壳发生电气短路。当需要同时观察两个信号时，必须在被测电路上找到这两个信号的公共点，将探头的地线接于此处，探头各接至被测信号，只有这样才能在示波器上同时观察到两个信号，而不发生意外。

（2）实验中，触发脉冲是从外部接入 DJK02 面板上晶闸管的门极和阴极，此时应将所用晶闸管对应的正桥触发脉冲或反桥触发脉冲的开关拨向“断”的位置，并将 U_{lf} 及 U_{lr} 悬空，避免误触发。

七、思考题

（1）单相桥式半控整流电路在什么情况下会发生失控现象？

（2）用双踪示波器同时观察整流电路和触发电路的波形是否可行？

实验二　单相桥式全控整流及有源逆变电路实验

一、电路工作原理

单相桥式全控变流电路及其带电阻性负载、阻感性负载分别如图 2-2-1（a）和图 2-2-1（b）所示。晶闸管 VT_1 和 VT_4 组成一对桥臂，VT_2 和 VT_3 组成另一对桥臂。不同负载情况下，整流电路的输出电压、电流波形将有所差异，工作波形如前文所述。

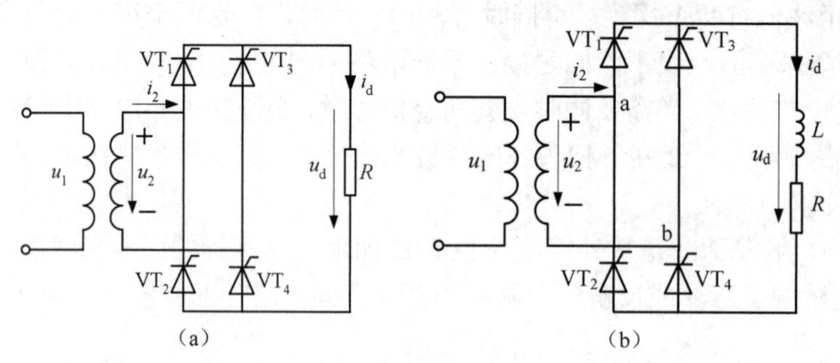

图 2-2-1　单相桥式全控变流电路带电阻性负载、阻感性负载时的电路

二、单相桥式全控整流及有源逆变电路仿真

通过仿真加深理解单相桥式全控整流带电阻性负载和阻感性负载时的电路工作原理，掌握单相桥式全控整流电路 MATLAB/Simulink 的仿真建模方法，学会设置各模块的参数。因与单相桥式全控整流电路相比，单相桥式有源逆变电路只需要将触发角调整到 90°，其他过程相同，此处不再赘述。

（1）单相桥式全控整流电路带电阻性负载仿真。单相桥式全控整流电路的仿真模型如图 2-2-2 所示。仿真步骤如下：

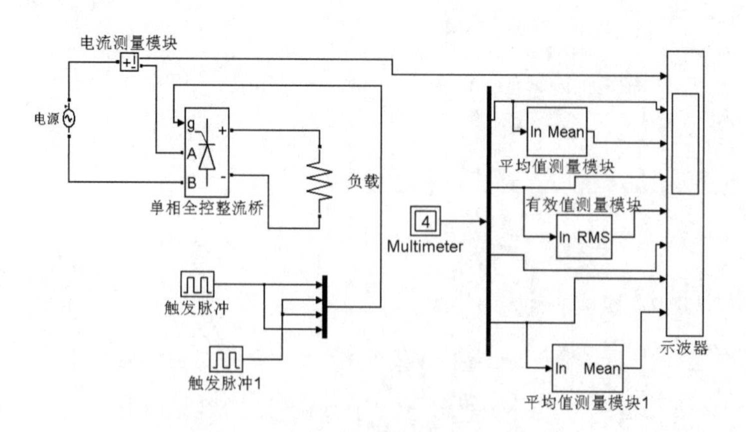

图 2-2-2　单相桥式整流电路的仿真模型

1）主电路建模和参数设置。单相桥式全控整流电路的主电路由交流电源、桥式整流电路和

电阻组成，交流电源的路径为 SimpowerSystems/Electrical Sources/AC voltage Source，参数设置：峰值电压为 220V，相位为 0°，频率为 50Hz。整流桥模块的路径为 SimpowerSystems/Power Electronics/Universal Bridge，参数设置：桥臂为 2，器件为晶闸管，其他参数为默认值。为测量晶闸管电压和电流，在测量文本框中选取 All voltage and currents，或者在多路测量仪（Multimeter）里，选择相应的测量物理量。电阻模块路径为 SimpowerSystems/Elements/Series RLC Branch，参数设置：电阻为 100Ω，电感为 0H，电容为 inf。为测量交流电源电流有效值，采用了 Discrete RMS Value 模块。

2）控制电路建模和参数设置。单相桥式整流电路控制电路仿真模型主要有两个脉冲触发器（其路径为 Simulink/Sources/Pulse Generator），分别通向 VT_1、VT_4 和 VT_2、VT_3 两组晶闸管。一个脉冲触发器参数设置：峰值为 1，周期为 0.02s（对应电源频率），脉冲宽度为 10%，相位延迟时间 0.00167s，对应延迟角 30°。由于脉冲触发器对话框中延迟单位是时间（s），因此要通过 $t = T \times \alpha / 360$ 进行转换。另一个触发脉冲延迟角和前一个触发脉冲相差 180°，即为 0.01167s，其他参数设置和前者相同。由于两个脉冲通向四个晶闸管，因此采用 Mux 模块（路径为 Simulink/Signal/Routing/Mux）合成四个触发脉冲信号，Mux 模块参数设置为 4，表明输入端有 4 路信号。需要注意的是，在仿真模型 MATLAB 模块库中的 Universal Bridge 模块中，电力电子元件为晶闸管，其顺序是，上臂桥从左到右是 VT_1、VT_2，下桥臂从左到右依次是 VT_3、VT_4，触发脉冲必须正确连接。

3）测量模块的选择。为测量物理量的平均值，采用 Discrete Mean Value 模块。交流电源频率为 50Hz，仿真在参数设置时把 Fundamental Frequency 设为 50，Initial input 为 0。对于物理量有效值的测量，采用 Discrete RMS Value 模块，在参数设置时把 Fundamental Frequency 设为 50，和电源频率一致，Initial magnitude of input 为 0。

利用仿真模型对交流电源电流有效值、负载电压平均值、有效值以及流过晶闸管电流有效值进行测量。其他物理量的测量采用多路测量仪 Multimeter 模块，平均值测量模块及多路测量仪的参数设定如图 2-2-3 所示。

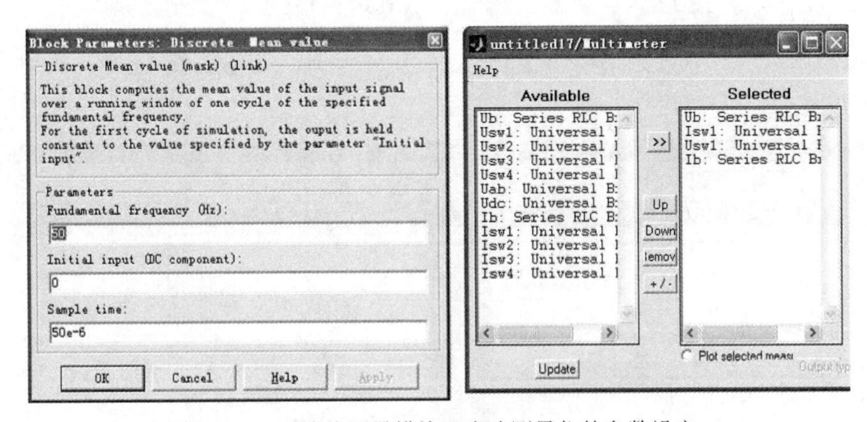

图 2-2-3　平均值测量模块及多路测量仪的参数设定

单相桥式全控整流电路带电阻性负载时的仿真结果如图 2-2-4 所示。

（2）单相桥式全控整流电路带阻感性负载仿真。把电阻性负载改为阻感性负载，$\alpha = 30°$，在 Series RLC Branch 参数设置中，把电阻设为 100Ω，电感设为 1H，仿真算法采用 ode15s，仿真时间为 1s。仿真结果如图 2-2-5 所示。

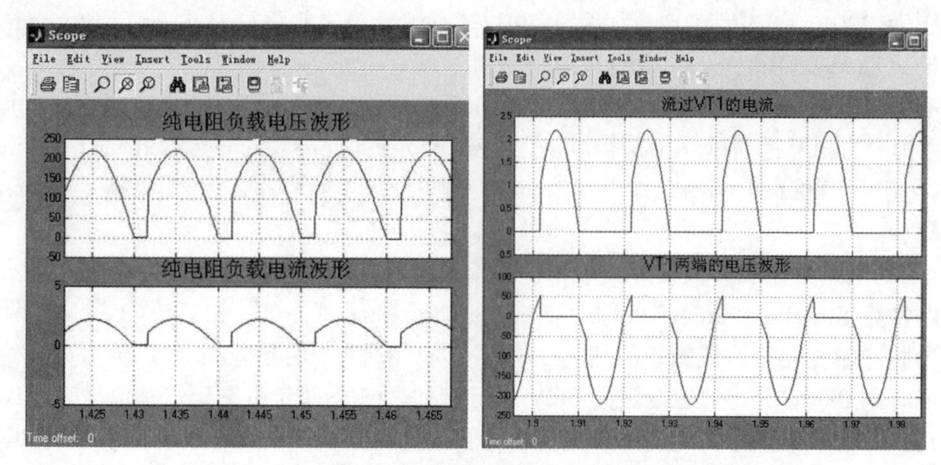

图 2-2-4　单相桥式整流电路仿真结果（电阻性负载）

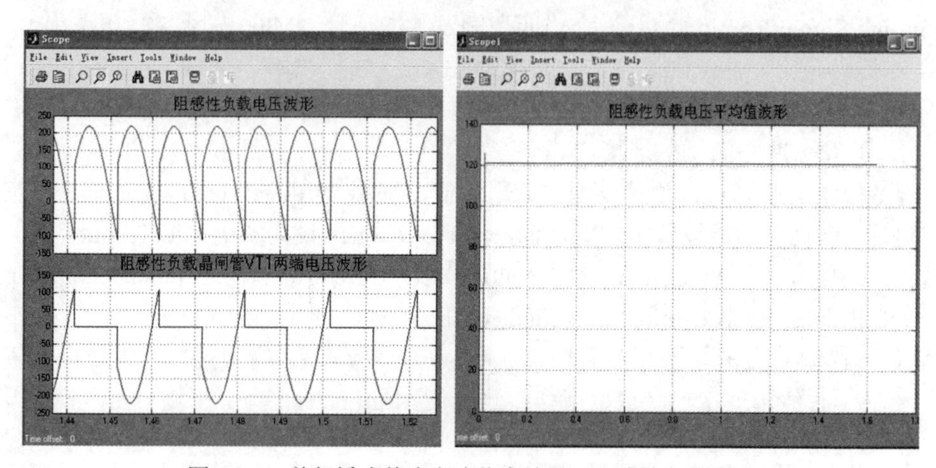

图 2-2-5　单相桥式整流电路仿真结果（阻感性负载）-1

现把阻感性负载参数设置为电阻 100Ω，电感为 0.1H，延迟角改为 90°，得到仿真结果如图 2-2-6 所示。

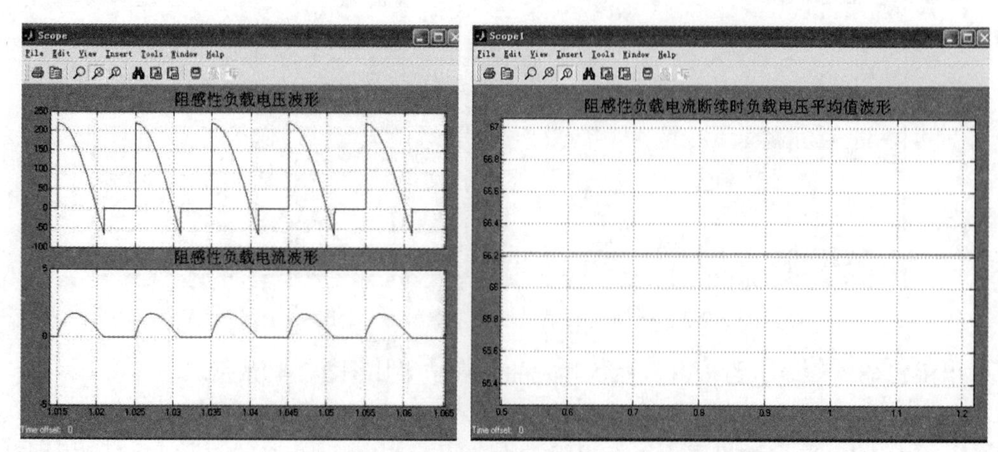

图 2-2-6　单相桥式整流电路仿真结果（阻感性负载）-2

从仿真结果可见，当负载电感 L 较小，触发延迟角 α 较大时，由于电感中储存的能量较少，当 VT_1、VT_4 导通后，在 VT_2、VT_3 导通前，负载电流 i_d 就已经下降为零，VT_1、VT_4 随之关断，出现晶闸管元件导通角 $\theta < \pi$、电流断续的情况。

三、单相桥式全控整流及有源逆变电路实验

1. 实验目的

（1）加深理解单相桥式全控整流及逆变电路的工作原理。

（2）研究单相桥式变流电路整流及逆变的全过程。

（3）研究单相桥式变流电路的逆变，掌握实现有源逆变的条件。

（4）掌握产生逆变颠覆的原因及预防方法。

2. 实验原理

图 2-2-7 为单相桥式全控整流带电阻（电感性）负载电路，其输出负载 R 用 D42 三相可调电阻器，将两个 900Ω 的负载电阻接成并联形式，电感 L_d 用 DJK02 面板上的 700mH 电感，直流电压、电流表均在 DJK02 面板上。触发电路采用 DJK03-1 组件挂箱上的锯齿波同步触发电路Ⅰ和Ⅱ。

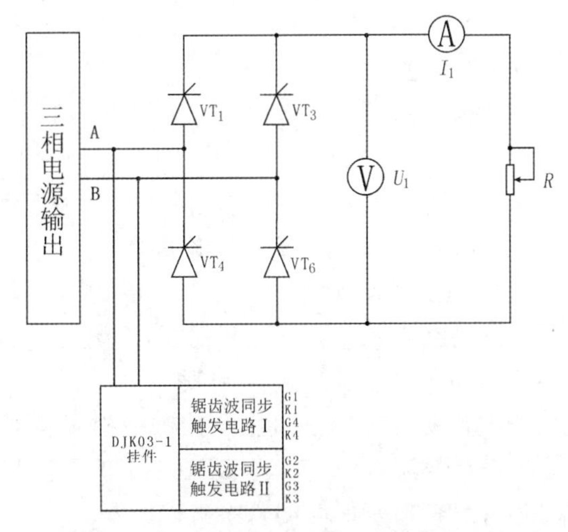

图 2-2-7　单相桥式全控整流电路实验原理图

图 2-2-8 为单相桥式有源逆变电路实验原理图，三相电源经不控整流，得到一个上负下正的直流电源，供逆变桥路使用，逆变桥路逆变出的交流电压经升压变压器反馈回电网。三相不控整流是 DJK10 上的一个模块，心式变压器在此作为升压变压器，从晶闸管逆变出的电压接心式变压器的中压端 A1、B1，返回电网的电压从其高压端 A、B 输出，为了避免输出的逆变电压过高而损坏心式变压器，将变压器接成 Y/Y 接法。图中电阻 R、电感 L_d 和触发电路与整流所用的部件相同。

实现有源逆变的条件如下：

（1）要有直流电动势，其极性须和晶闸管的导通方向一致，其数值应大于变流电路直流侧的平均电压。

（2）要求晶闸管的控制角 $\alpha > \pi/2$，使 U_d 为负值。

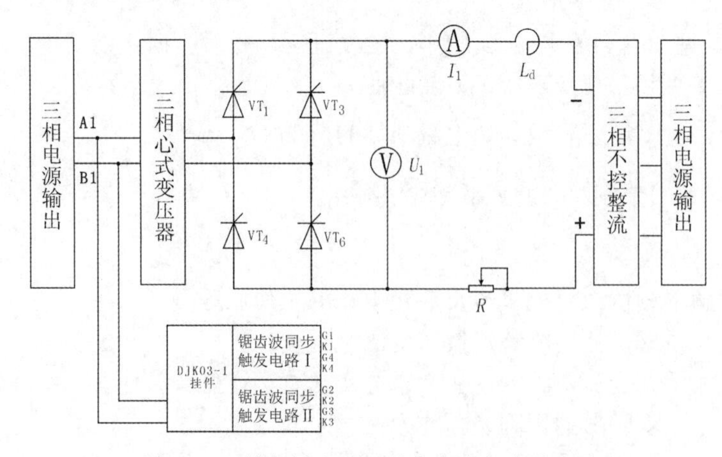

图 2-2-8 单相桥式有源逆变电路实验原理图

3. 实验设备

DJDK-1 型电力电子技术及电机控制实验台的电源控制屏（DJK01）、晶闸管主电路（DJK02）、晶闸管触发电路（DJK03-1）、变压器实验（DJK10）、三相可调电阻（D42），双踪示波器，万用表。

4. 实验内容

（1）单相桥式全控整流电路实验。

（2）单相桥式有源逆变电路实验。

5. 实验方法

（1）触发电路的调试。将 DJK01 电源控制屏的电源选择开关打到“直流调速”侧使输出线电压为 200V，用两根导线将 200V 交流电压接到 DJK03-1 的“外接 220V”端，按下“启动”按钮，打开 DJK03-1 电源开关，用示波器观察锯齿波同步触发电路各观察孔的电压波形。

将控制电压 U_{ct} 调至零（将电位器 R_{P2} 逆时针旋到底），观察同步电压信号和“6”点 U_6 的波形，调节偏移电压 U_b（即调 R_{P3} 电位器），使 α=170°。

将锯齿波同步触发电路的输出脉冲端分别接至全控桥中相应晶闸管的门极和阴极，注意不要把相序接反了，否则无法进行整流和逆变。将 DJK02 上的正桥和反桥触发脉冲开关都打到“断”的位置，并使 U_{lf} 和 U_{lr} 悬空，确保晶闸管不被误触发。

（2）单相桥式全控整流电路实验。按图2-2-9接线，将电阻器放在最大阻值处，按下“启动”按钮，保持U_b偏移电压不变（即R_{P3}固定），逐渐增加U_{ct}（调节R_{P2}），在α为30°、60°、90°、120°时，用示波器观察、记录整流电压U_d和晶闸管两端电压U_{VT}的波形，并记录电源电压U_2和负载电压U_d的数值于表2-2-1中。

表 2-2-1 电阻性负载实验数据记录样表

参量	α=30°	α=60°	α=90°	α=120°
U_2				
U_d（记录值）				
U_d（计算值）				

计算公式：U_d=0.9U_2(1+cosα)/2。

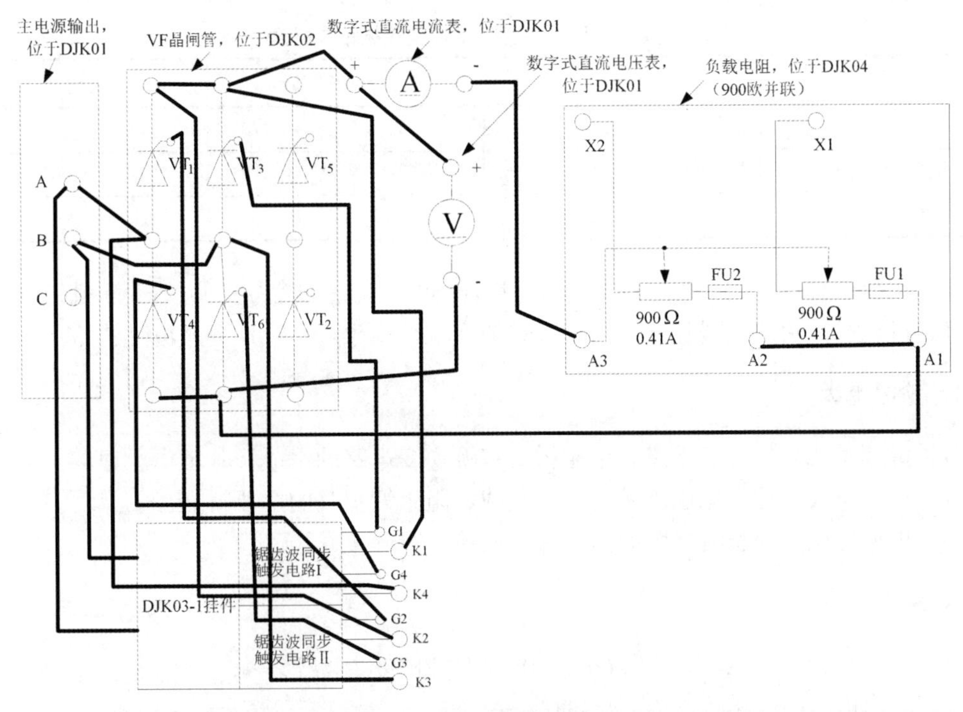

图 2-2-9　单相桥式全控整流电路带电阻性负载接线图

（3）单相桥式有源逆变电路实验。按图 2-2-10 接线，将电阻器放在最大阻值处，按下“启动”按钮，保持 U_b 偏移电压不变（即 R_{P3} 固定），逐渐增加 U_{ct}（调节 R_{P2}），在 β 为 30°、60°、90°时，观察、记录逆变电压 U_d、电流 I_d 和晶闸管两端电压 U_{vt} 的波形，并记录电源电压 U_2 和负载电压 U_d 的数值于表 2-2-2 中。计算公式：$U_d=-0.9U_2\cos\beta$。

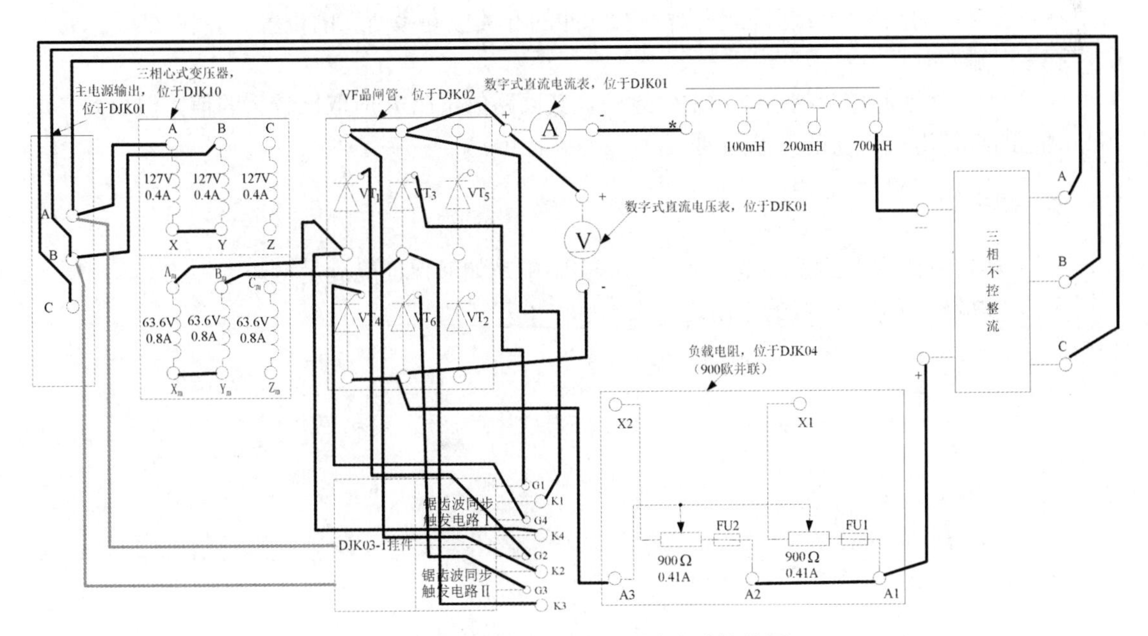

图 2-2-10　单相桥式有源逆变电路接线图

表 2-2-2　有源逆变电路实验数据记录样表

参量	β=30°	β=60°	β=90°
U_2			
U_d（记录值）			
U_d（计算值）			

（4）逆变颠覆现象的观察。调节 U_{ct}，使 α=150°，观察 U_d 波形。突然关断触发脉冲（可将触发信号拆去），用双踪慢扫描示波器观察逆变颠覆现象，记录逆变颠覆时的 U_d 波形。

四、预习报告

（1）单相桥式全控整流电路、单相桥式有源逆变电路的组成及其工作原理。

（2）单相桥式全控整流电路带电阻性负载、阻感性负载的主要特点。

（3）单相桥式全控整流电路的基本计算关系。

五、实验报告

（1）画出 α 为 60°、90°，β 为 60°、90°时 U_d 和 U_{VT} 的波形。

（2）画出电路的移相特性 $U_d=f(\alpha)$曲线。

（3）分析逆变颠覆的原因及逆变颠覆后会产生的后果。

六、注意事项

（1）参照实验一的注意事项（1）。

（2）在本实验中，触发脉冲是从外部接入 DJK02 面板上晶闸管的门极和阴极，此时应将所用晶闸管对应的正桥触发脉冲或反桥触发脉冲的开关拨向“断”的位置，并将 U_{lf} 及 U_{lr} 悬空，避免误触发。

（3）为了保证从逆变到整流不发生过流，其回路的电阻 R 应取比较大的值，但也要考虑到晶闸管的维持电流，保证可靠导通。

七、思考题

（1）实现有源逆变的条件是什么？在本实验中是如何保证能满足这些条件的？

（2）实验线路中变压器的作用是什么？

实验三　三相半波可控整流电路实验

一、电路工作原理

三相半波整流电路带电阻性负载、阻感性负载电路分别如图 2-3-1（a）和图 2-3-1（b）所示。带电阻性负载时其输出电压、电流等波形，带阻感性负载时其输出电压、电流等波形如前所述。

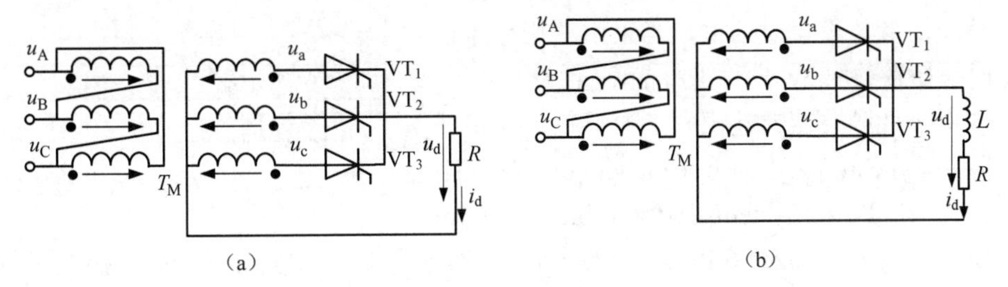

图 2-3-1　三相半波整流电路带电阻性负载、阻感性负载电路

电阻性负载时，$\alpha \leqslant 30°$时负载电流连续，$\alpha > 30°$时，负载电流断续，α 角的移相范围为 0～150°。

阻感性负载时，L 值足够大，整流电流 i_d 的波形基本是平直的，流过晶闸管的电流接近矩形波，α 角的移相范围为 0～90°。

二、三相半波可控整流电路 MATLAB/Simulink 仿真

通过仿真，加深理解三相半波可控整流电路的工作原理，研究不同负载时的工作情况，掌握三相半波可控整流电路 MATLAB/Simulink 的仿真建模方法，学会设置各模块的参数。

（1）三相半波可控整流接电阻性负载仿真。三相半波可控整流电路的仿真模型如图 2-3-2 所示。仿真步骤如下：

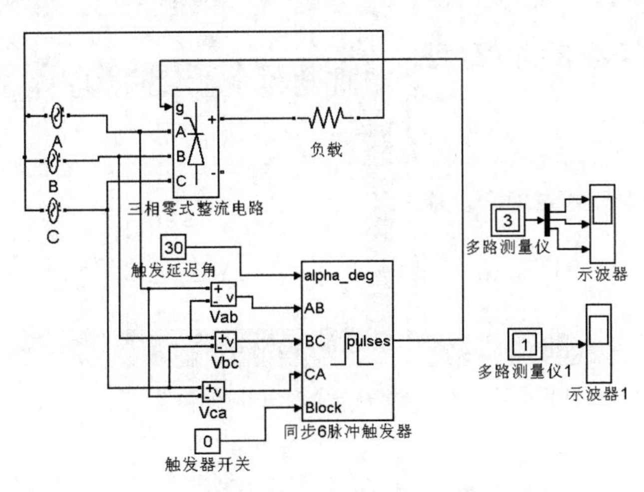

图 2-3-2　三相半波可控整流电路仿真模型

1）主电路仿真模型的建立。

- 三相对称电压源建模和参数设置。提取交流电压源模块 AC Voltage Source，路径为 SimPowerSystems/Electrical Sources/AC Voltage Source，再复制得到三相电源的另两个电压源模块，把模块标签分别改为 A、B、C，从路径 SimPowerSystems/Elements/Ground 取接地元件 Ground，按图 2-3-2 主电路图进行连接。
- 晶闸管整流桥的建模和主要参数设置。取晶闸管整流桥 Universal Bridge，双击模块图标打开整流桥参数设置对话框，当采用三相整流桥时，桥臂数取 3，器件选择晶闸管。
- 同步脉冲触发器的建模和参数设置。同步 6 脉冲 Synchronized 6-Pluse Generator，提取路径为 SimPowerSystems/Extra Library/Control Blocks/Synchronized 6-Pluse Generator。它有 5 个端口，与 alpha-deg 连接的端口为触发延迟角；与 Block 连接的端口是触发器开关信号，当开关信号为“0”时，开放触发器；当开关信号为“1”时，封锁触发器，故取模块 Constant（提取路径为 Simulink/Sources/Constant）与 Block 端口连接，把参数改为“0”，开放触发器，同步 6 脉冲触发器参数设置如图 2-3-3 所示，把同步频率改为 50Hz。同步 6 脉冲触发器需要三相线电压，取电压测量模块 Voltage Measurement，提取路径为 SimPowerSystems/Measurements/Voltage Measurement，进行如图 2-3-2 所示的连接即可。

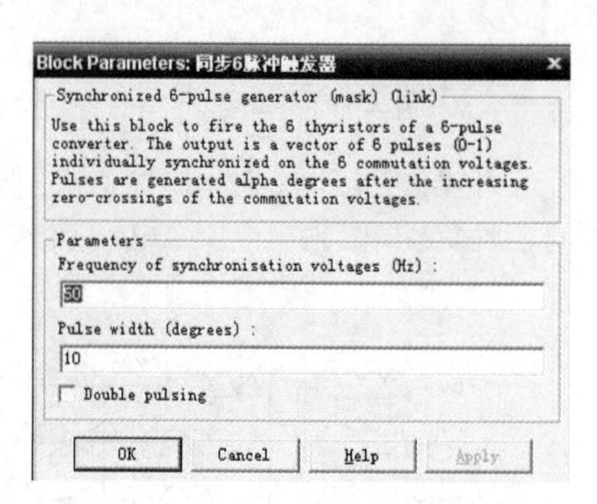
Block Parameters: 同步6脉冲触发器

Synchronized 6-pulse generator (mask) (link)

Use this block to fire the 6 thyristors of a 6-pulse converter. The output is a vector of 6 pulses (0-1) individually synchronized on the 6 commutation voltages. Pulses are generated alpha degrees after the increasing zero-crossings of the commutation voltages.

Parameters

Frequency of synchronisation voltages (Hz) :

50

Pulse width (degrees) :

10

Double pulsing

OK Cancel Help Apply

图 2-3-3　同步 6 脉冲触发器参数设置

2）控制电路的建模与仿真。取模块 Constant，双击此模块图标打开参数设置对话框，对参数进行设置，确定触发延迟角。仿真算法采用 ode15s，仿真时间为 1s。$\alpha=30°$ 时，纯电阻性负载，阻值为 10Ω 时的仿真结果如图 2-3-4 所示。$\alpha=60°$ 时，纯电阻性负载，阻值为 10Ω 时的仿真结果如图 2-3-5 所示。

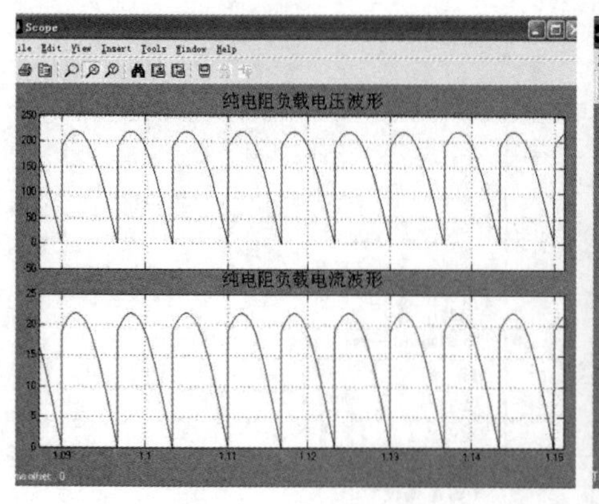

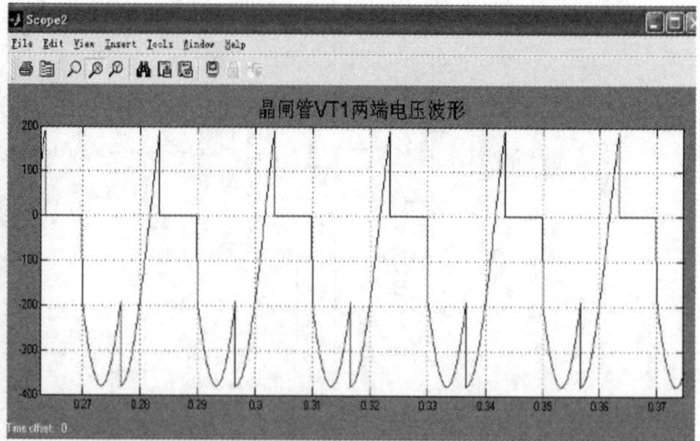

图 2-3-4　三相半波可控整流电路触发角为 30°时的仿真结果（电阻性负载）

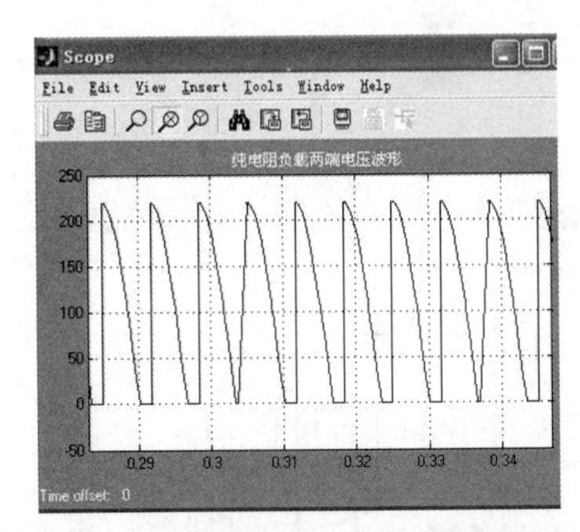

图 2-3-5　三相半波可控整流电路触发角为 60°时的仿真结果（电阻性负载）

（2）三相半波可控整流接阻感性负载仿真。把电阻改为电阻和电感串联，参数设置为电阻 10Ω，电感为 1H。仿真算法采用 ode15s，仿真时间为 1s。$\alpha=30°$、$\alpha=60°$ 时的仿真结果分别如图 2-3-6（a）和图 2-3-6（b）所示。

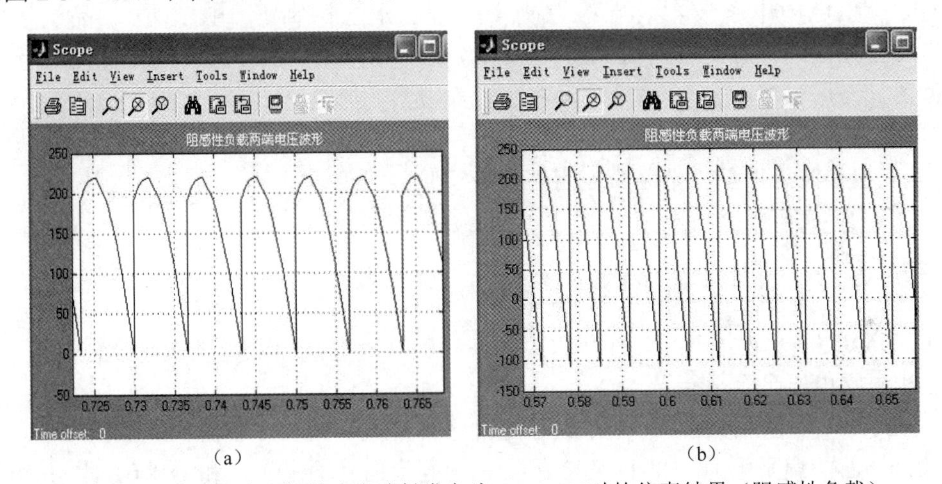

（a）　　　　　　　　（b）

图 2-3-6　三相半波可控整流电路触发角为 30°、60°时的仿真结果（阻感性负载）

三、三相半波可控整流电路实验

1. 实验目的

了解三相半波可控整流电路的工作原理，研究可控整流电路在电阻性负载和电阻电感性负载时的工作情况。

2. 实验原理

实验线路如图 2-3-7 所示。三相半波可控整流电路用三只晶闸管，与单相电路比较，其输出电压脉动小，输出功率大，不足之处是晶闸管电流即变压器副边电流在一个周期内只有 1/3 时间有电流流过，变压器利用率较低。晶闸管用 DJK02 中的三个共阴极组，电阻 R 用 D42 三相可调电阻，将两个 900Ω 接成并联形式，L_d 电感用 DJK02 面板上的 700mH 电感，其三相触发信号由 DJK02-1 内部提供，只需在其外加一个给定电压接到 U_{ct} 端即可。直流电压表、电流表由 DJK02 获得。

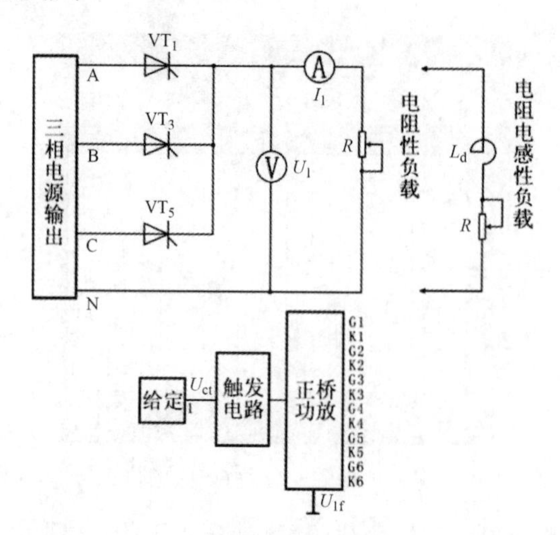

图 2-3-7 三相半波可控整流电路实验原理图

3. 实验设备

DJDK-1 型电力电子技术及电机控制实验台的电源控制屏（DJK01）、晶闸管主电路（DJK02）、三相晶闸管触发电路（DJK02-1）、给定及实验器件（DJK06）、三相可调电阻（D42），双踪示波器，万用表。

4. 实验内容

（1）三相半波可控整流电路带电阻性负载实验。

（2）三相半波可控整流电路带电阻电感性负载实验。

5. 实验方法

（1）DJK02 和 DJK02-1 上的“触发电路”调试。

1）打开 DJK01 总电源开关，操作“电源控制屏”上的“三相电网电压指示”开关，观察输入的三相电网电压是否平衡。

2）将 DJK01“电源控制屏”上“调速电源选择开关”拨至“直流调速”侧。

3）用 10 芯的扁平电缆，将 DJK02 的“三相同步信号输出”端和 DJK02-1“三相同步信号输入”端相连，打开 DJK02-1 电源开关，拨动 “触发脉冲指示”钮子开关，使“窄”的发光管亮起。

4）观察 A、B、C 三相的锯齿波，并调节 A、B、C 三相锯齿波斜率调节电位器（在各观测孔左侧），使三相锯齿波斜率尽可能一致。

5）将 DJK06 上的给定输出 U_g 直接与 DJK02-1 上的移相控制电压 U_{ct} 相接，将给定开关 S2 合上（即 $U_{ct}=0$），调节 DJK02-1 上偏移电压电位器，用双踪示波器观察 A 相同步电压信号和“双脉冲观察孔”VT_1 的输出波形，使 $\alpha=150°$。

6）适当增加给定 U_g 的正电压输出，观测 DJK02-1 上“脉冲观察孔”的波形，此时应观测到单窄脉冲和双窄脉冲。

7）将 DJK02-1 面板上的 U_{lf} 端接地，用 20 芯的扁平电缆，将 DJK02-1 的“正桥触发脉冲输出”端和 DJK02“正桥触发脉冲输入”端相连，并将 DJK02“正桥触发脉冲”的六个开关拨至“通”，观察正桥 VT_1～VT_6 晶闸管门极和阴极之间的触发脉冲是否正常。

（2）三相半波可控整流电路带电阻性负载实验。按图 2-3-8 接线。将电阻器放在最大阻值处，按下“启动”按钮，DJK06 上的“给定”从零开始，慢慢增加移相电压，使 α 能在 30°到 150°范围内调节，用示波器观察并记录 α 为 30°、60°、90°、120°、150°时整流输出电压 U_d 和晶闸管两端电压 U_{VT} 的波形，并记录相应的电源电压 U_2 及负载电压 U_d 的数值于表 2-3-1 中。

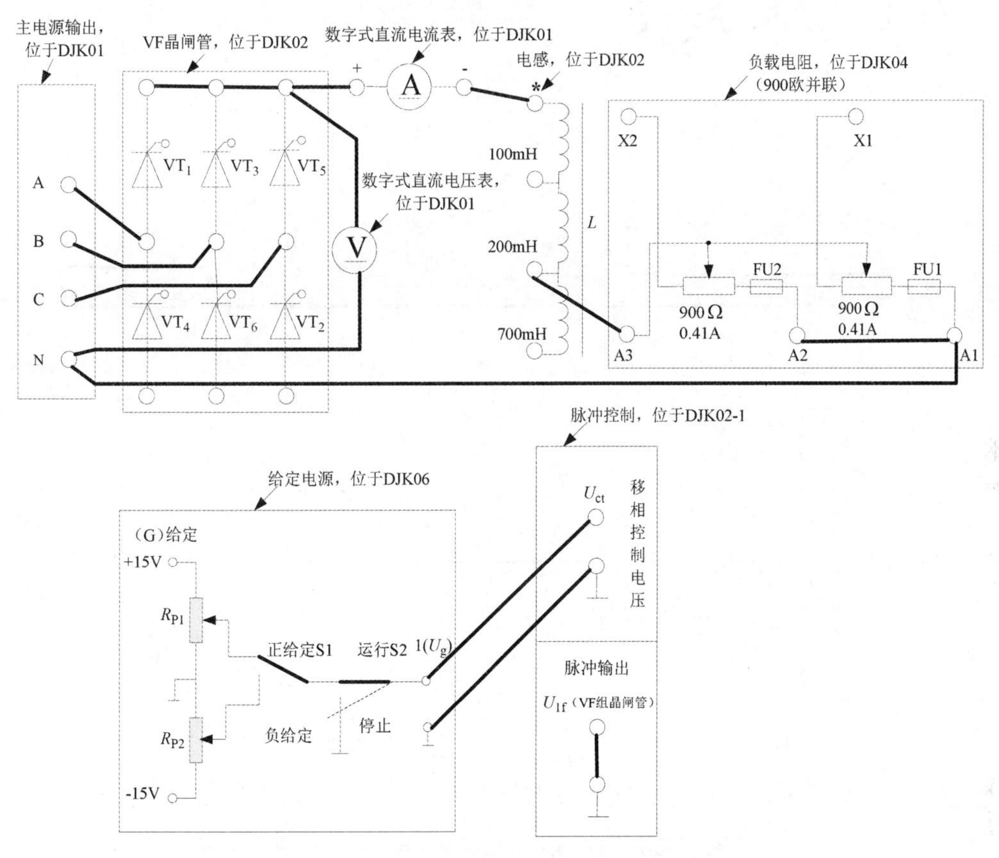

图 2-3-8　三相半波可控整流电路带电阻性负载接线图

注意：实验开始前，首先将 DJK02 面板上 VT_1、VT_3、VT_5 触发脉冲的开关合上。

表 2-3-1　电阻性负载实验数据记录样表

参量	α=30°	α=60°	α=90°	α=120°	α=150°
U_2					
U_d（记录值）					
U_d/U_2					
U_d（计算值）					

计算公式如下：

$$U_d=1.17U_2\cos\alpha \qquad (0\sim30°)$$

$$U_d=0.675U_2[1+\cos(\alpha+\pi/6)] \qquad (30°\sim150°)$$

（3）三相半波可控整流电路带电阻电感性负载实验。按图 2-3-9 接线，将 DJK02 上 700mH 的电感与负载电阻 R 串联后接入主电路，观察并记录不同移相角 α 时 U_d、I_d 的输出波形，并记录相应的电源电压 U_2 及负载电压 U_d 值于表 2-3-2 中，画出 α 为 30°、60°、90°时的 U_d 及 I_d 波形图。

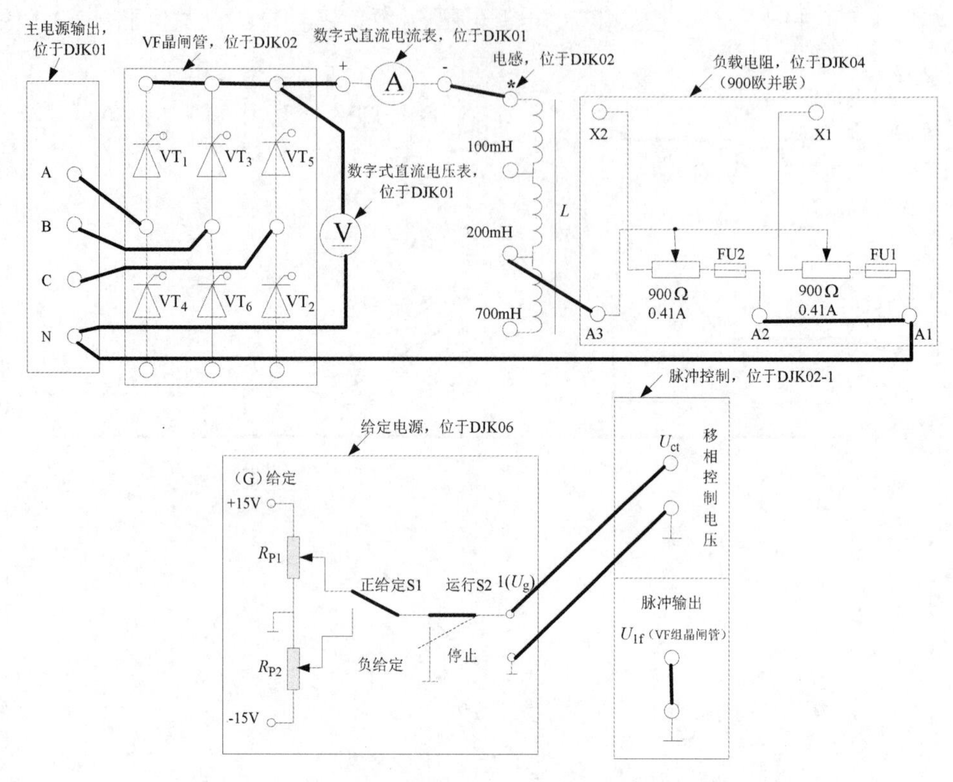

图 2-3-9　三相半波可控整流电路带电阻电感性负载接线图

注意：实验开始前，首先将 DJK02 面板上 VT_1、VT_3、VT_5 的触发脉冲的开关合上。

表 2-3-2　电阻电感性负载实验数据记录样表

参量	α=30°	α=60°	α=90°
U_2			
U_d（记录值）			
U_d/U_2			
U_d（计算值）			

四、预习报告

（1）三相半波可控整流电路的组成及其工作原理。

（2）三相半波可控整流电路带电阻性负载、阻感性负载的主要特点。

（3）三相半波可控整流电路的基本计算关系。

五、实验报告

绘出当 α=90°时，整流电路供电给电阻性负载、电阻电感性负载时的 U_d 及 I_d 的波形，并进行分析讨论。

六、注意事项

（1）整流电路与三相电源连接时，一定要注意相序。

（2）正确使用示波器，避免示波器的两根地线接在非等电位的端点上，造成短路事故。

七、思考题

（1）如何确定三相触发脉冲的相序？主电路输出的三相相序能任意改变吗？

（2）根据所用晶闸管的定额，如何确定整流电路的最大输出电流？

实验四　三相桥式半控整流电路实验

一、电路工作原理

三相桥式半控整流电路主电路结构图如图 2-4-1 所示，它由一个三相半波不控整流电路与一个三相半波可控整流电路串联组成。共阳极组整流二极管总是在自然换相点换流，使电流换到阴极电位更低的一相；共阴极组三个晶闸管则要被触发后才能换到阳极电位更高的一相。输出整流电压 u_d 波形是二组整流电路输出直流电压之和，改变控制角可得到 0～2.34U_2 的可调平均电压 U_d，电阻性负载［图 2-4-1（a）］、阻感性负载［图 2-4-1（b）］时的相关波形如前文所述。

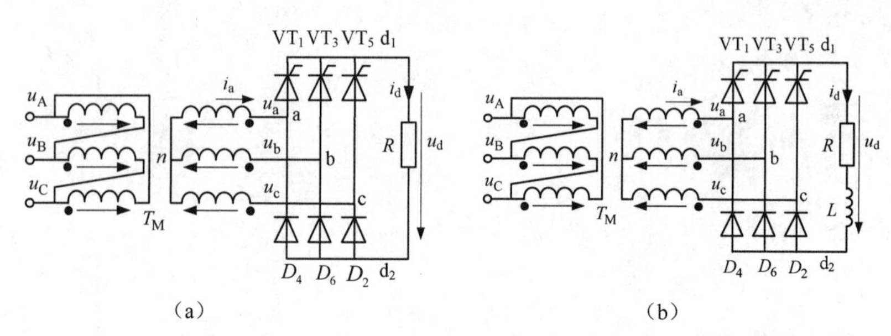

图 2-4-1　三相桥式半控整流电路

二、三相桥式半控整流电路 MATLAB/Simulink 仿真

通过仿真，加深理解三相桥式半控整流电路的工作原理，研究不同负载时的工作情况，掌握三相桥式半控整流电路 MATLAB/Simulink 的仿真建模方法，熟悉设置各模块的参数。

三相桥式半控整流电路接电阻性负载时的仿真实验。在仿真模型中整流桥是同一电力电子元件，搭建三相半控桥式整流电路时用分立元件，取三个晶闸管模型 Thyristor（在 VT_2、VT_3 晶闸管参数设置时把 show measurement port 左边方框中的“√”去掉，以隐藏测量端口）、三个二极管模型 Diode 和模块，进行如图 2-4-2 所示的连接后进行封装。

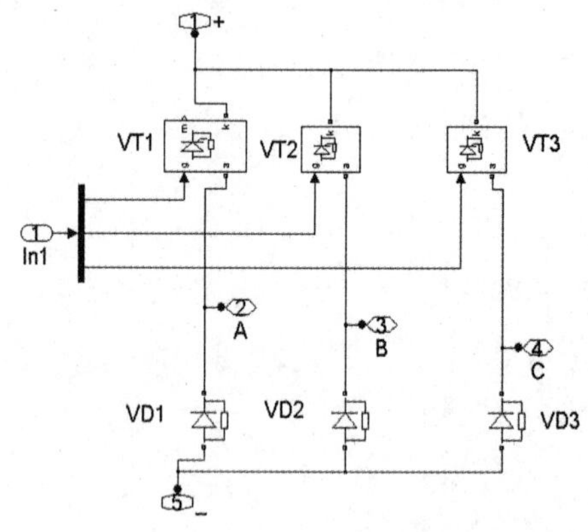

图 2-4-2　三相桥式半控整流电路搭建

取三相电源、三个触发脉冲器，参数设置和三相半波可控整流电路相同，负载取 100Ω，搭建仿真模型，如图 2-4-3 所示。

仿真算法采用 ode15s，仿真时间为 1s。触发角 α 为 30°、60°、150°时的仿真结果分别如图 2-4-4（a）、图 2-4-4（b）和图 2-4-4（c）所示。从仿真结果可见，三相桥式半控整流电路带电阻性负载有如下特点：

（1）三只晶闸管触发脉冲相位各差 120°。

（2）当 $\alpha = 60°$ 时输出电压连续、断续分界，当 $\alpha \geqslant 60°$ 时整流电压一周内脉动只有 3 次。

（3）当 $\alpha = 180°$ 时，输出电压 $U_d = 0$，因此，触发角移相范围为 0～180°。

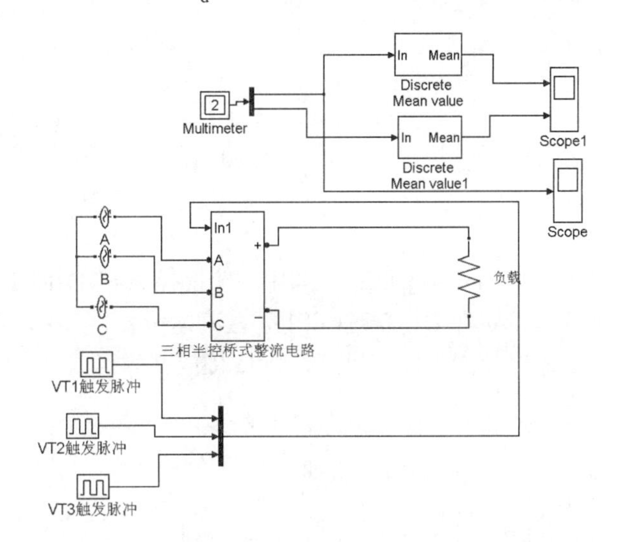

图 2-4-3　三相桥式半控整流电路带电阻性负载仿真模型

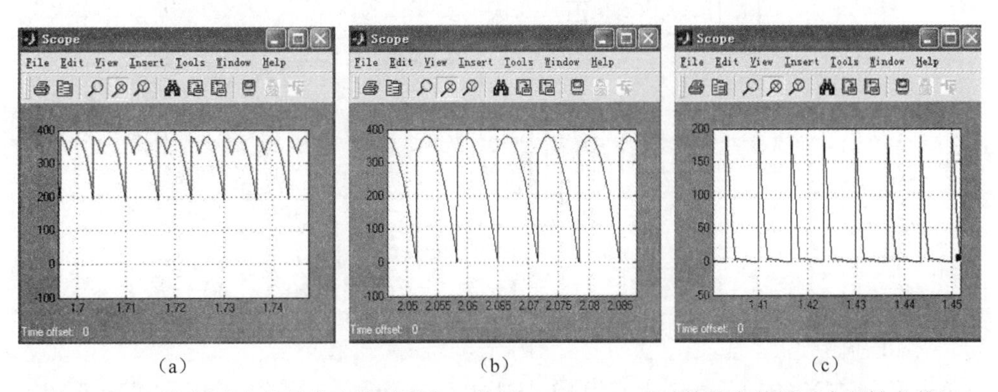

（a）　（b）　（c）

图 2-4-4　三相桥式半控整流电路触发角 α 为 30°、60°、150°时的仿真结果（电阻性负载）

把负载改为阻感性负载，电阻 R=100Ω，电感为 1H，触发角 α 为 30°、60°、150°时得到的仿真结果分别如图 2-4-5（a）、图 2-4-5（b）和图 2-4-5（c）所示。

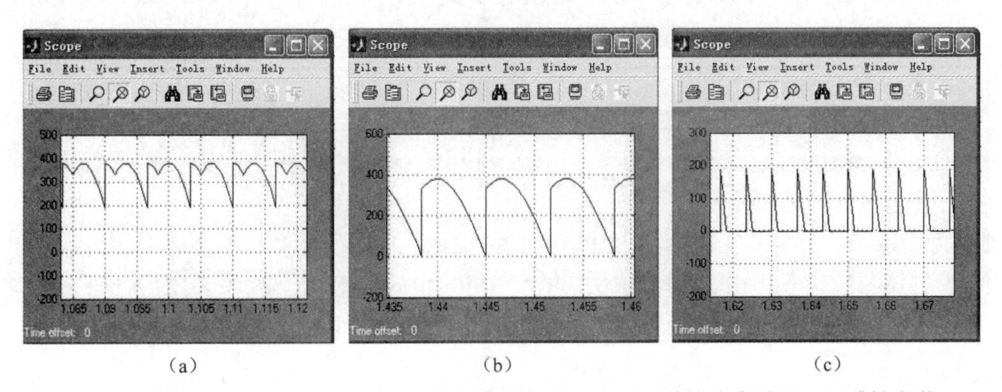

（a）　（b）　（c）

图 2-4-5　三相桥式半控整流电路触发角 α 为 30°、60°、150°时的仿真结果（阻感性负载）

从仿真结果可见，当接有阻感性负载时，整流电路输出直流电压波形和电阻性负载时相同。

三、三相桥式半控整流电路实验

1. 实验目的

（1）了解三相桥式半控整流电路的工作原理及输出电压、电流波形。

（2）了解三相桥式半控整流电路带电阻性及电阻电感性负载时，在不同控制角 α 下的工作情况。

2. 实验原理

三相桥式半控整流电路如图 2-4-6 所示。其中三个晶闸管在 DJK02 面板上，三相触发电路在 DJK02-1 上，二极管和给定在 DJK06 挂箱上，直流电压表、电流表以及电感 L_d 从 DJK02 上获得，电阻 R 用 D42 三相可调电阻，将两个 900Ω 接成并联形式。

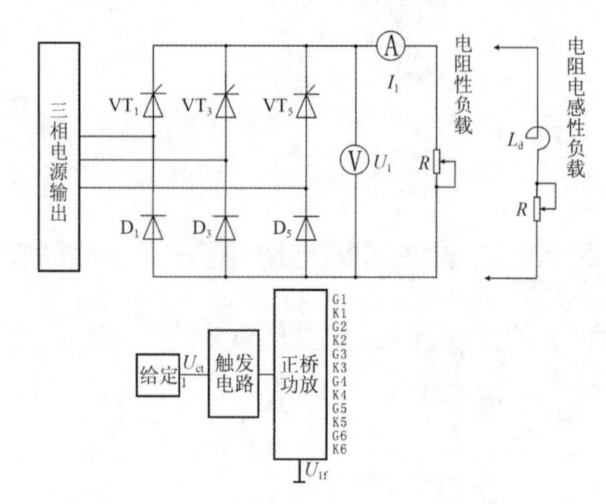

图 2-4-6　三相桥式半控整流电路实验原理图

3. 实验设备

电源控制屏（DJK01）、晶闸管主电路（DJK02）、三相晶闸管触发电路（DJK02-1）、给定及实验器件（DJK06）、三相可调电阻（D42）、双踪示波器、万用表。

4. 实验内容

（1）三相桥式半控整流电路带电阻性负载实验。

（2）三相桥式半控整流电路带电阻电感性负载实验。

5. 实验方法

（1）DJK02 和 DJK02-1 上的“触发电路”调试。

1）打开 DJK01 总电源开关，操作“电源控制屏”上的“三相电网电压指示”开关，观察输入的三相电网电压是否平衡。

2）将 DJK01“电源控制屏”上“调速电源选择开关”拨至“直流调速”侧。

3）用 10 芯的扁平电缆，将 DJK02 的“三相同步信号输出”端和 DJK02-1“三相同步信号输入”端相连，打开 DJK02-1 电源开关，拨动“触发脉冲指示”钮子开关，使“窄”的发光管亮起。

4）观察 A、B、C 三相的锯齿波，并调节 A、B、C 三相锯齿波斜率调节电位器（在各观测孔左侧)，使三相锯齿波斜率尽可能一致。

5）将 DJK06 上的给定输出 U_g 直接与 DJK02-1 上的移相控制电压 U_{ct} 相接，将给定开关 S2 拨到接地位置（即 U_{ct}=0)，调节 DJK02-1 上的偏移电压电位器，用双踪示波器观察 A 相同步电压信号和“双脉冲观察孔”VT_1 的输出波形，使 α=120°。

6）适当增加给定 U_g 的正电压输出，观测 DJK02-1 上“脉冲观察孔”的波形，此时应观测到单窄脉冲和双窄脉冲。

7）用 8 芯的扁平电缆，将 DJK02-1 面板上“触发脉冲输出”和“触发脉冲输入”相连，使得触发脉冲加到正反桥功放的输入端。

8）将 DJK02-1 面板上的 U_{lf} 端接地，用 20 芯的扁平电缆，将 DJK02-1 的“正桥触发脉冲输出”端和 DJK02“正桥触发脉冲输入”端相连，并将 DJK02“正桥触发脉冲”的六个开关拨至“通”，观察正桥 VT_1～VT_6 晶闸管门极和阴极之间的触发脉冲是否正常。

（2）三相半控桥式整流电路带电阻性负载时的特性测试。按图 2-4-7 接线，将给定输出调到零，负载电阻放在最大阻值位置，按下“启动”按钮，缓慢调节“给定”，观察 α 在 30°、60°、90°、120°等不同触发角时，整流电路输出电压 U_d、输出电流 I_d 以及晶闸管端电压 U_{VT} 的波形，并加以记录。

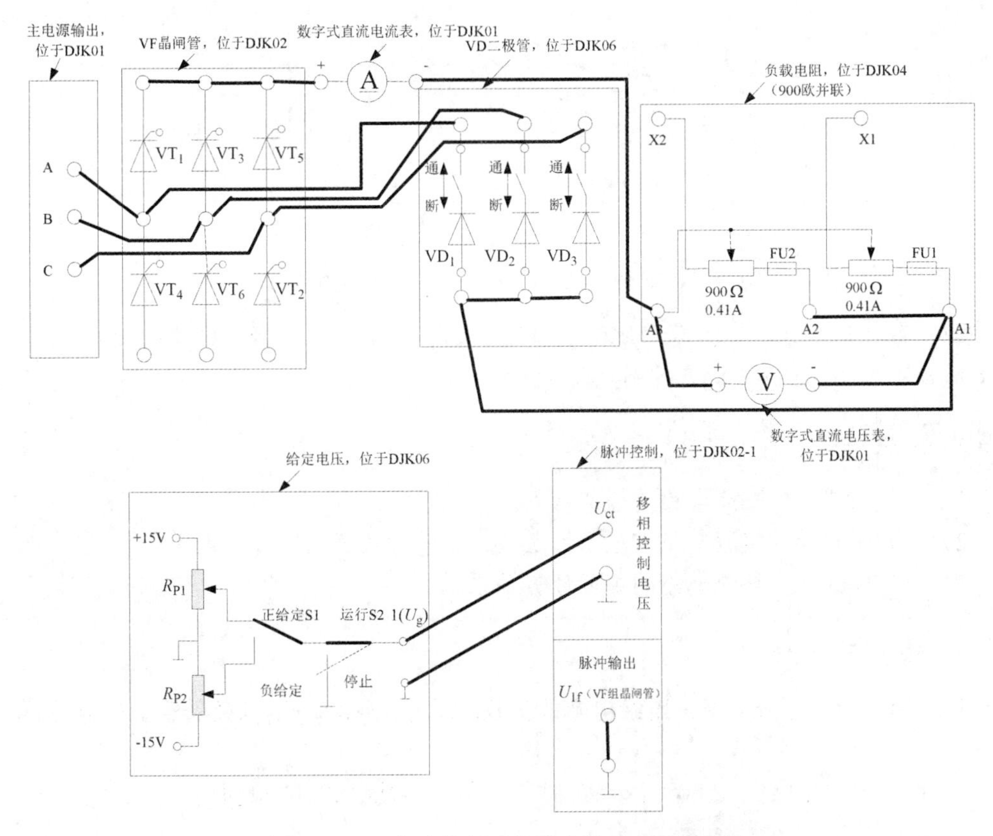

图 2-4-7　三相半控桥式整流电路带电阻接线图

注意：实验开始前，应先将 DJK02 面板上 VT_1、VT_3、VT_5 触发脉冲的开关合上，并将 DJK06 面板上 VD_1、VD_2、VD_3 控制开关合上。

三相半控桥式整流电路带电阻电感负载时的特性测试，按图 2-4-8 接线，将电感 700mH 的 L_d 接入重复上述步骤。

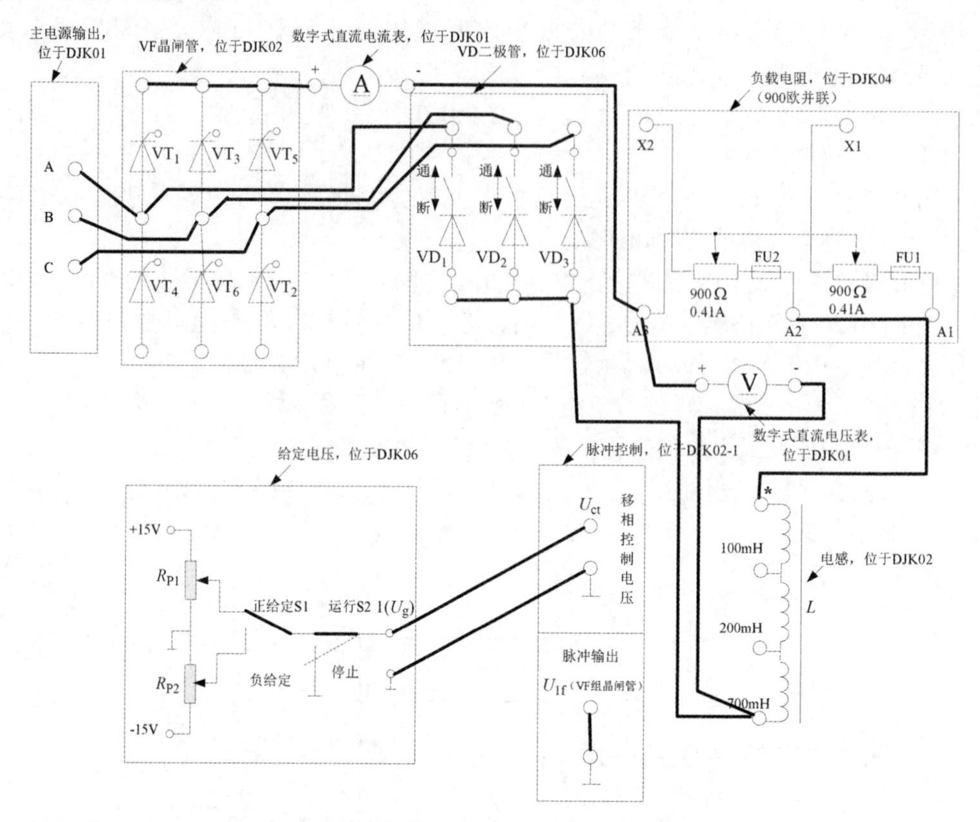

图 2-4-8　三相半控桥式整流电路带电阻电感接线图

注意：实验开始前，应先将 DJK02 面板上 VT_1、VT_3、VT_5 触发脉冲的开关合上，并将 DJK06 面板上 VD_1、VD_2、VD_3 控制开关合上。

四、预习报告

（1）三相桥式半控整流电路的组成及其工作原理。
（2）三相桥式半控整流电路带电阻性负载、阻感性负载的主要特点。
（3）三相桥式半控整流电路的主要计算关系。

五、实验报告

（1）绘出实验的整流电路供电给电阻性负载时的 $U_d=f(t)$，$I_d=f(t)$ 以及晶闸管端电压 $U_{VT}=f(t)$ 的波形。

（2）绘出整流电路在 $\alpha=60°$ 与 $\alpha=90°$ 时带电阻电感性负载时的波形。

六、思考题

（1）为什么说可控整流电路供电给电动机负载与供电给电阻性负载在工作上有很大差别？
（2）实验电路在电阻性负载工作时能否突加一阶跃控制电压？在电动机负载工作时呢？

实验五　三相桥式全控整流及有源逆变电路实验

一、电路工作原理

三相桥式全控变流电路如图 2-5-1 所示，若电流 i_d 是从 E_D 正极流进，从 U_d 正极流出，电机吸收能量，电机电动运行，变流器整流输出电能。若电流 i_d 是从 E_D 正极流出，从 U_d 正极流入，电机向外输出能量，电机发电运行，变流器逆变吸收能量，以交流形式回馈到交流电网，电路进入有源逆变工作状态。

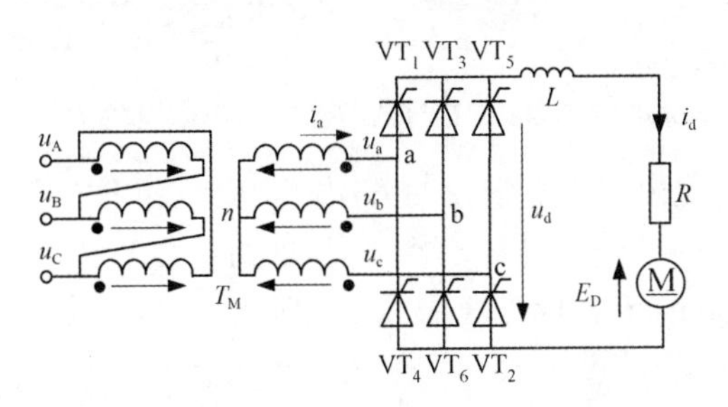

图 2-5-1　三相桥式全控变流电路

三相桥式变流电路中，一个周期中输出电压由 6 个形状相同的波头组成，其形状随触发角而变。变流电路要求 6 个脉冲，两脉冲之间间隔为 π/3，晶闸管按照 1、2、3、4、5、6 的顺序依次被触发，其脉冲宽度应大于 π/3 或者采用“双窄脉冲”输出。

三相桥式变流电路整流运行，在电阻性负载和阻感性负载时，随着触发角的变化，其输出电压、电流、晶闸管两端电压、电流及变压器二次侧电流波形如前文所述。

二、三相桥式全控整流及有源逆变电路 MATLAB/Simulink 仿真

通过仿真，加深理解三相桥式全控整流及有源逆变电路的工作原理，掌握三相桥式全控整流及有源逆变电路的 MATLAB/Simulink 的仿真建模方法，熟悉设置各模块的参数。

（1）三相桥式全控整流电路接电阻性负载仿真实验。三相桥式全控整流电路仿真模型如图 2-5-2 所示。

1）三相对称电压源建模和参数设置，提取交流电压源模块 AC Voltage Source，用复制的方法得到三相电源的另两个电压源模块，并把模块标签分别改为 A、B、C，从路径 SimPowerSystems/Elements/Ground 取接地元件 Ground，按图 2-5-2 主电路图进行连接。三相对称电压源参数设置和三相半波可控整流电路的设置相同。

2）晶闸管整流桥的建模和主要参数设置。取晶闸管整流桥 Universal Bridge，并将模块标签改为“三相整流桥”。当采用三相整流桥时，桥臂数取 3 ，器件选择晶闸管，其他参数设置为默认值。

3）负载建模和参数设置。提取电感元件 RLC Branch，通过参数设置成为纯电阻，阻值为 100Ω 并将模块标签改为“电阻性负载”。

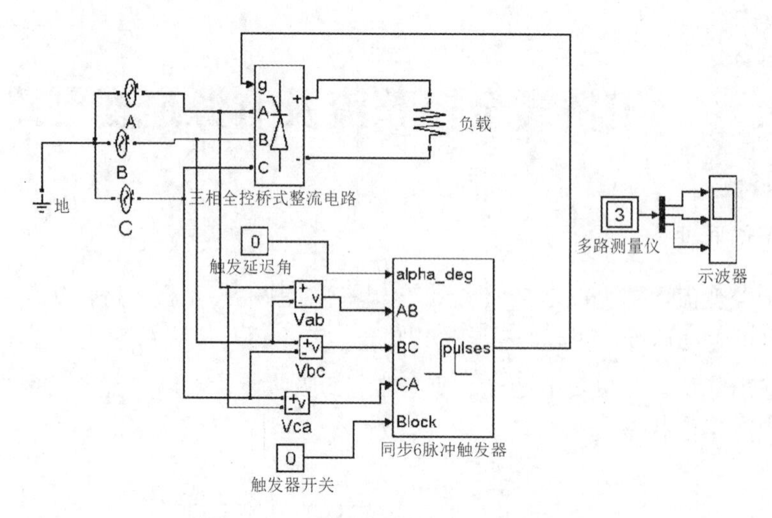

图 2-5-2 三相桥式整流电路仿真模型

4）同步脉冲触发器的建模和参数设置的方法同实验三相同。注意同步脉冲触发器采用的是双脉冲。在 Double pulsing 前面的方框中打"√"即可。

5）控制电路取模块 Constant，标签改为"触发延迟角"。双击此模块，打开参数设置对话框，将参数设置为某个值，若设置为 60，即触发延迟角为 60°。

触发角 $\alpha = 60°$、$\alpha = 90°$ 时的仿真结果分别如图 2-5-3（a）和图 2-5-3（b）所示。

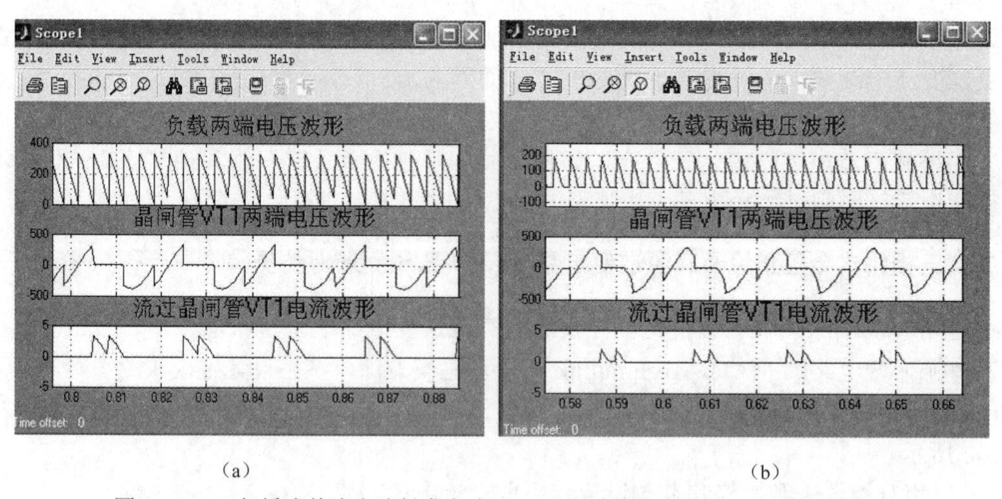

图 2-5-3 三相桥式整流电路触发角为 60°、90°时的仿真结果（电阻性负载）

（2）三相桥式全控整流电路接阻感性负载仿真实验。把负载参数改为阻感性负载，电阻为 100Ω，电感为 10H，$\alpha = 30°$、$\alpha = 90°$ 时的仿真结果分别如图 2-5-4（a）和图 2-5-4（b）所示。

从仿真结果可见，当 $\alpha \leqslant 60°$ 时，u_d 波形连续，电路工作情况与带纯电阻性负载十分相似，区别在于负载不同时，同样整流输出电压得到的负载电流波形不同，纯电阻性负载时，i_d 波形和 u_d 波形一样。而阻感性负载时，由于电感的作用，负载电流 i_d 波形变得平直，当电感足够大时，负载电流波形可以近似为一条水平线。

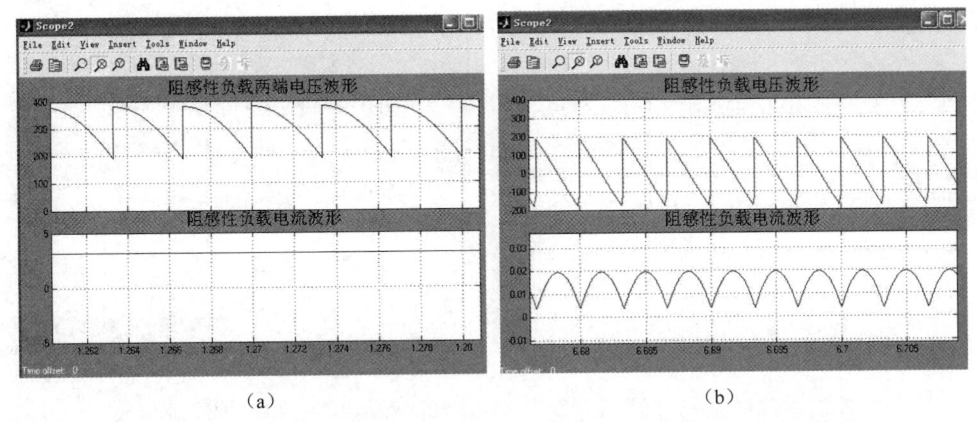

（a）　　　　　　　　　　　　（b）

图 2-5-4　三相桥式整流电路触发角为 30°、90°时的仿真结果（阻感性负载）

当 $\alpha > 60°$ 时，阻感性负载的工作情况与纯电阻性负载时不同，电阻性负载时波形不会出现负的部分，而阻感性负载时，电感中感应电动势存在，当线电压进入负半波后，电感中的能量维持电流流通，晶闸管继续导通，直至下一个晶闸管导通才使前一个晶闸管关断，这样，当 $\alpha > 60°$ 时，电流仍将连续。当 $\alpha = 90°$ 时，整流电压正负半波相同，输出电压基本为零，因此电感性负载移相范围是 0～90°。

（3）三相桥式全控整流电路有源逆变工作状态仿真实验。对于阻感性负载，当触发角 $\alpha > 90°$ 时，如果外接有感应电动势，整流电路就处于逆变状态，图 2-5-5 为三相全控桥式电路逆变工作状态的仿真模型。

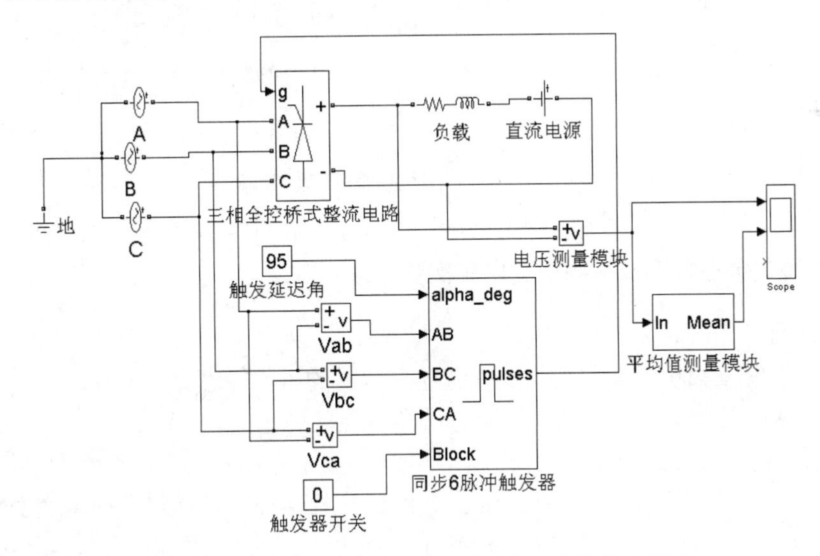

图 2-5-5　三相全控桥式电路逆变工作状态的仿真模型

阻感性负载参数为 R=10Ω、L=1H、电动势为 100V，注意电动势电源极性。同步 6 脉冲触发器采用双脉冲，合成频率为 50Hz，触发角 α=95°、α=105°时的仿真结果分别如图 2-5-6（a）和图 2-5-6（b）所示。

把图 2-5-5 的 B 相脉冲去掉，取 $\alpha = 150°$，负载参数保持不变。直流电源取 220V，仿真结果如图 2-5-7 所示。

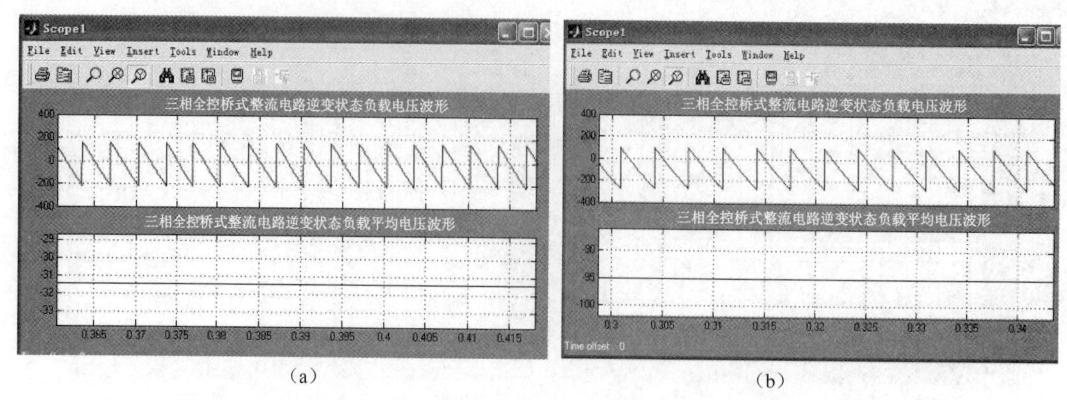

（a）　　　　　　　　　　　　　　　　（b）

图 2-5-6　三相全控桥式电路逆变工作状态触发角为 95°、105°时的仿真结果

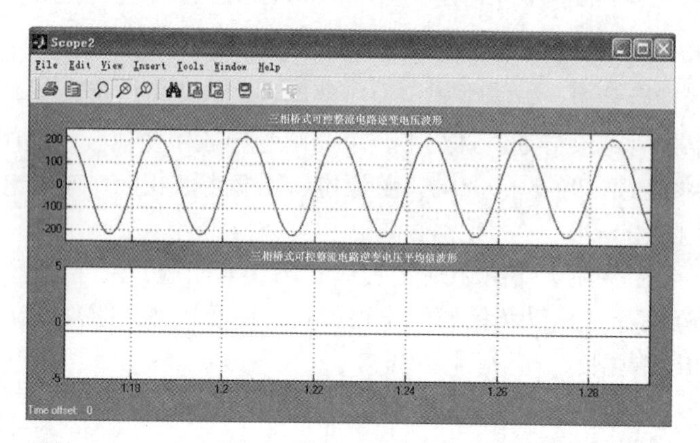

图 2-5-7　三相全控桥式电路逆变运行时逆变颠覆电压波形

从仿真结果可以看出，当丢失一相脉冲后，负载两端电压出现正值，负载平均电压为零。相当于两个电源短路。这是有源逆变状态一种很危险故障状态，实际运行过程中，一般以电路器件烧毁、电路停止运行为结果。

三、三相桥式全控整流及有源逆变电路实验

1. 实验目的

（1）加深理解三相桥式全控整流及有源逆变电路的工作原理。

（2）了解 KC 系列集成触发器的调整方法和各点的波形。

2. 实验原理

实验线路如图 2-5-8 及图 2-5-9 所示。主电路由三相全控整流电路及作为逆变直流电源的三相不控整流电路组成，触发电路为 DJKO2-1 中的集成触发电路，由 KCO4、KC4l、KC42 等集成芯片组成，可输出经高频调制后的双窄脉冲列。

在三相桥式有源逆变电路中，电阻、电感与整流的一致，而三相不控整流及心式变压器均在 DJK10 挂件上，其中心式变压器用作升压变压器，逆变输出的电压接心式变压器的中压端 A_m、B_m、C_m，返回电网的电压从高压端 A、B、C 输出，变压器接成 Y/Y 接法。

图中的 R 均使用 D42 三相可调电阻，将两个 900Ω 接成并联形式，电感 L_d 在 DJK02 面板上，选用 700mH 挡电感，直流电压表、电流表由 DJK02 获得。

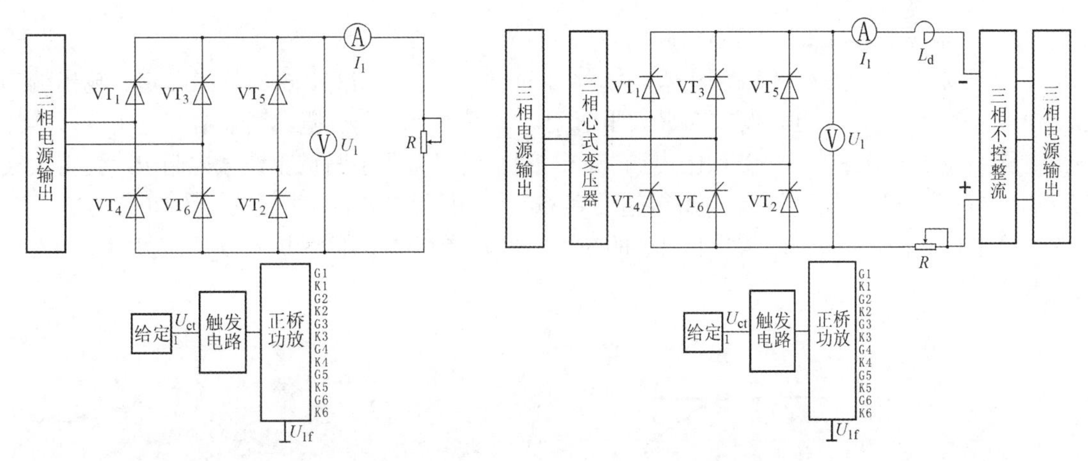

图 2-5-8　三相桥式全控整流电路实验原理图　　　　图 2-5-9　三相桥式有源逆变电路实验原理图

3. 实验设备

电源控制屏（DJK01）、晶闸管主电路（DJK02）、三相晶闸管触发电路（DJK02-1）、给定及实验器件（DJK06）、变压器实验电路（DJK10）、三相可调电阻（D42）、双踪示波器、万用表。

4. 实验内容

（1）三相桥式全控整流电路实验。

（2）三相桥式有源逆变电路实验。

（3）在整流或有源逆变状态下，当触发电路出现故障（人为模拟）时观测主电路各电压波形。

5. 实验方法

（1）DJK02 和 DJK02-1 上的“触发电路”调试。

1）打开 DJK01 总电源开关，操作“电源控制屏”上的“三相电网电压指示”开关，观察输入的三相电网电压是否平衡。

2）将 DJK01“电源控制屏”上“调速电源选择开关”拨至“直流调速”侧。

3）用 10 芯的扁平电缆，将 DJK02 的“三相同步信号输出”端和 DJK02-1 的“三相同步信号输入”端相连，打开 DJK02-1 电源开关，拨动 “触发脉冲指示”钮子开关，使“窄”的发光管亮起。

4）观察 A、B、C 三相的锯齿波，并调节 A、B、C 三相锯齿波斜率调节电位器（在各观测孔左侧），使三相锯齿波斜率尽可能一致。

5）将 DJK06 上的给定输出 U_g 直接与 DJK02-1 上的移相控制电压 U_{ct} 相接，将给定开关 S2 拨到接地位置（即 $U_{ct}=0$），调节 DJK02-1 上的偏移电压电位器，用双踪示波器观察 A 相同步电压信号和“双脉冲观察孔”VT_1 的输出波形，使 $\alpha=150°$。

6）适当增加给定 U_g 的正电压输出，观测 DJK02-1 上“脉冲观察孔”的波形，此时应观测到单窄脉冲和双窄脉冲。

7）用 8 芯的扁平电缆，将 DJK02-1 面板上“触发脉冲输出”和“触发脉冲输入”相连，使得触发脉冲加到正反桥功放的输入端。

8）将 DJK02-1 面板上的 U_{lf} 端接地，用 20 芯的扁平电缆，将 DJK02-1 的“正桥触发脉冲输出”端和 DJK02“正桥触发脉冲输入”端相连，并将 DJK02“正桥触发脉冲”的六个开关拨至“通”，观察正桥 VT_1～VT_6 晶闸管门极和阴极之间的触发脉冲是否正常。

（2）三相桥式全控整流电路实验。按图 2-5-10 接线，将 DJK06 上的“给定”输出调到零（逆时针旋到底），使电阻器放在最大阻值处，按下“启动”按钮，调节给定电位器，增加移相电压，使 α 角在 30°～150°范围内调节，同时，根据需要不断调整负载电阻 R，使得负载电流 I_d 保持在 0.6A 左右（注意 I_d 不得超过 0.65A）。用示波器观察并记录 α 为 30°、60°、90°时的整流电压 U_d 和晶闸管两端电压 U_{vt} 的波形，并记录相应的电源电压 U_2 和负载电压 U_d 数值于表 2-5-1 中。

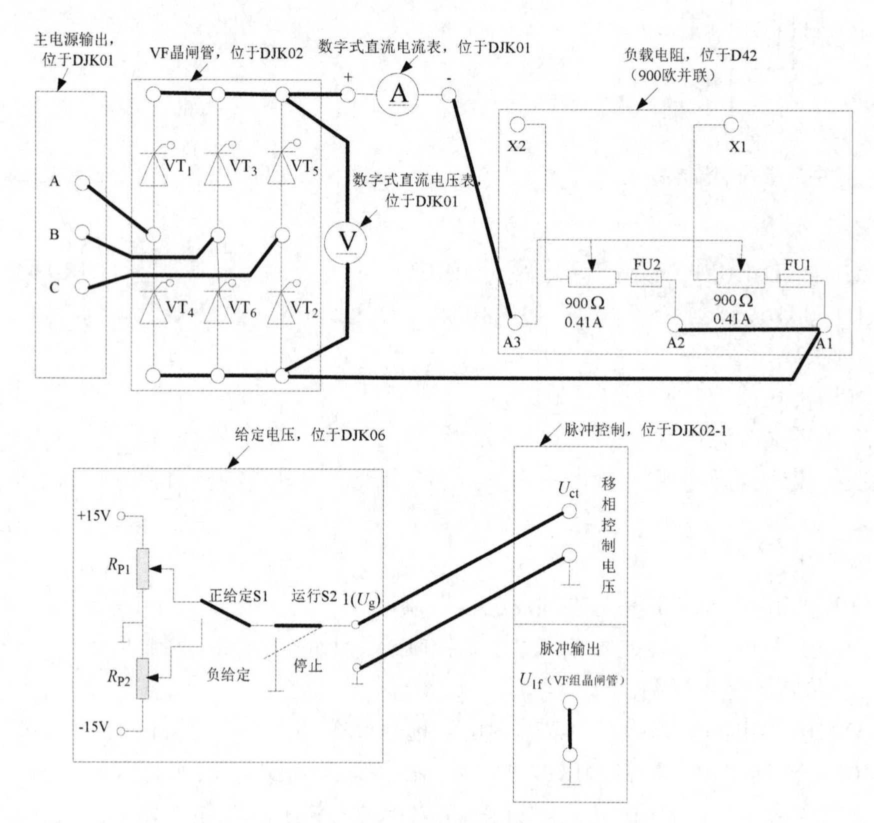

图 2-5-10　三相桥式全控整流电路接线图

注意：实验开始前，应先将 DJK02 面板上触发脉冲的开关合上。

表 2-5-1　整流实验数据记录样表

参量	α=30°	α=60°	α=90°
U_2			
U_d（记录值）			
U_d/U_2			
U_d（计算值）			

计算公式如下：

$$U_d=2.34U_2\cos\alpha \qquad （0～60°）$$

$$U_d=2.34U_2[1+\cos(\alpha+\frac{\pi}{3})] \qquad (60°\sim120°)$$

（3）三相桥式有源逆变电路实验。按图 2-5-11 接线，将 DJK06 上的“给定”输出调到零（逆时针旋到底），将电阻器放在最大阻值处，按下“启动”按钮，调节给定电位器，增加移相电压，使β角在 30°～90°范围内调节，同时，根据需要不断调整负载电阻 R，使得电流 I_d 保持在 0.6A 左右（注意 I_d 不得超过 0.65A）。用示波器观察并记录β为 30°、60°、90°时的电压 U_d 和晶闸管两端电压 U_{VT} 的波形，并记录相应的电源电压 U_2 和负载电压 U_d 数值于表 2-5-2 中。

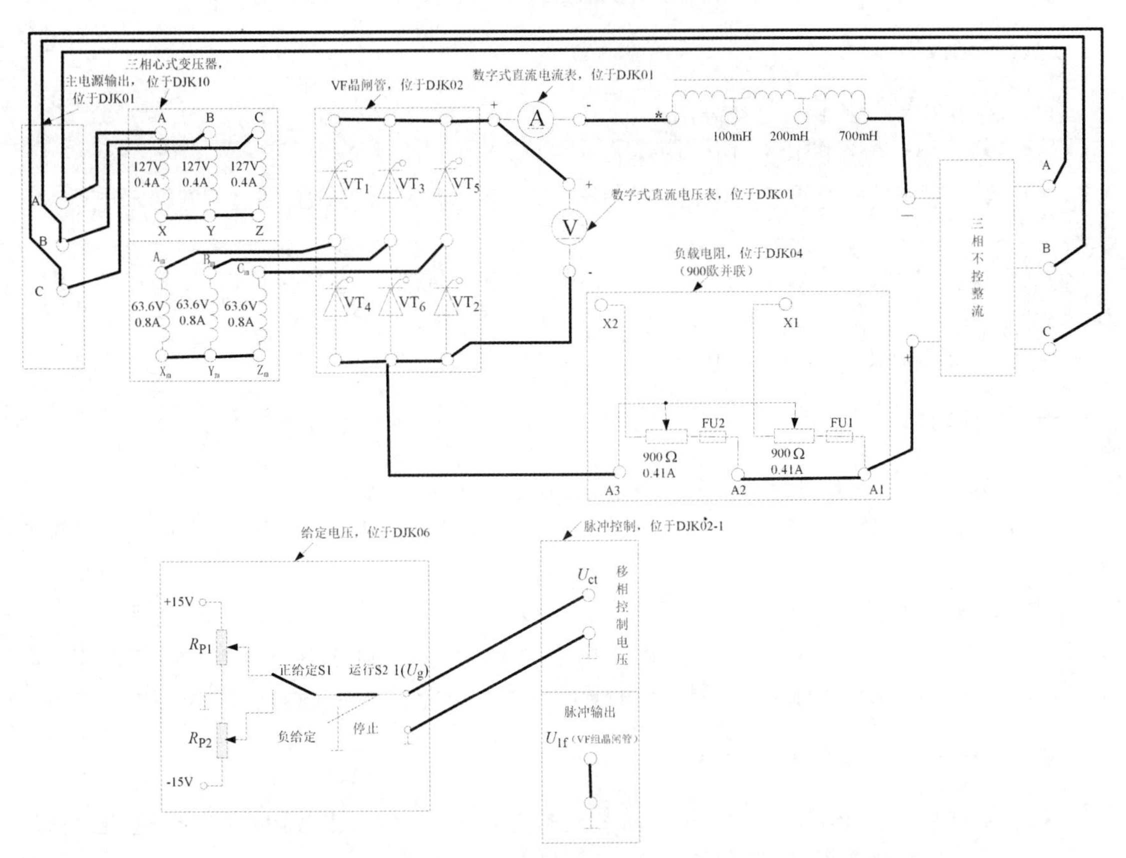

图 2-5-11　三相桥式有源逆变电路接线图

注意：实验开始前，应先将 DJK02 面板上所有触发脉冲的开关合上。

表 2-5-2　有源逆变实验数据记录样表

参量	β=30°	β=60°	β=90°
U_2			
U_d（记录值）			
U_d/U_2			
U_d（计算值）			

计算公式：$U_d=2.34U_2\cos(180°-\beta)$。

（4）故障现象的模拟。当 β=60°时，将触发脉冲钮子开关拨向“断开”位置，模拟晶闸管失去触发脉冲时的故障，观察并记录这时的 U_d、U_{VT} 波形的变化情况。

四、预习报告

（1）三相桥式全控整流电路的组成及其工作原理。
（2）三相桥式全控整流及有源逆变电路在不同负载及触发角时的波形。
（3）三相桥式全控整流及有源逆变电路的主要计算关系。

五、实验报告

（1）绘出电路的移相特性 $U_d=f(\alpha)$。
（2）绘出整流电路的输入-输出特性 $U_d/U_2=f(\alpha)$。
（3）绘出三相桥式全控整流电路 α 为 30°、60°、90°时整流电压 U_d 和晶闸管两端电压 U_{VT} 波形。
（4）绘出三相桥式全控整流电路 α 为 150°、120°、90°时逆变电压 U_d 和晶闸管两端电压 U_{VT} 波形。
（5）简单分析模拟的故障现象。

六、注意事项

（1）为了防止过流，启动时将负载电阻 R 调至最大阻值位置。
（2）三相桥式不控整流电路的输入端可加接三相自耦调压器，以降低逆变用直流电源的电压值。
（3）有时会发现脉冲的相位只能移动 120°左右就消失了，这是因为 A、C 两相的相位接反了，这对整流状态无影响，但在逆变时，由于调节范围只能到 120°，使实验效果不明显，用户可自行将四芯插头内的 A、C 相两相的导线对调，就能保证有足够的移相范围。

七、思考题

（1）如何解决主电路和触发电路的同步？在本实验中主电路三相电源的相序可任意设定吗？
（2）在本实验的整流及逆变状态时，对 α 角有什么要求？为什么？

实验六　反激式电流控制开关稳压电源实验

一、电路工作原理

单端反激式直流变换电路如图 2-6-1 所示，开关管导通时，直流输入电源加在隔离变压器的一次侧线圈上，线圈流过电流储存能量。观察变压器同名端，二次侧二极管反偏，负载由滤波电容供电。开关管关断，线圈中电流急剧减小，二次侧线圈感应电势极性反向，二极管 VD 导通，变压器线圈储能释放，向电容 C 充电，并向负载传递电能。所谓单端是指变压器只有单一方向的磁通，仅工作在其磁滞回线的第一象限。所谓反激，是指开关管导通时，变压器的一次侧线圈仅作为电感储存能量，没有能量传递到负载。

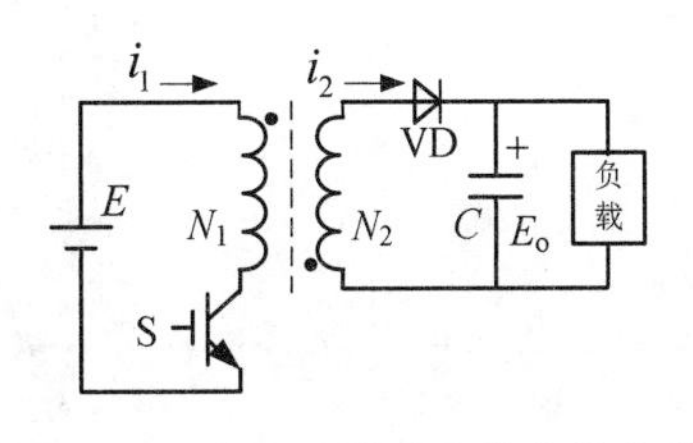

图 2-6-1　单端反激式直流变换电路

二、反激式电流控制开关稳压电源 MATLAB/Simulink 仿真

通过仿真，加深理解单端反激式电路的工作原理，掌握单端反激式电路的 MATLAB/Simulink 的仿真建模方法，熟悉设置各模块的参数。

单端反激式电路仿真模型如图 2-6-2 所示。仿真步骤如下：

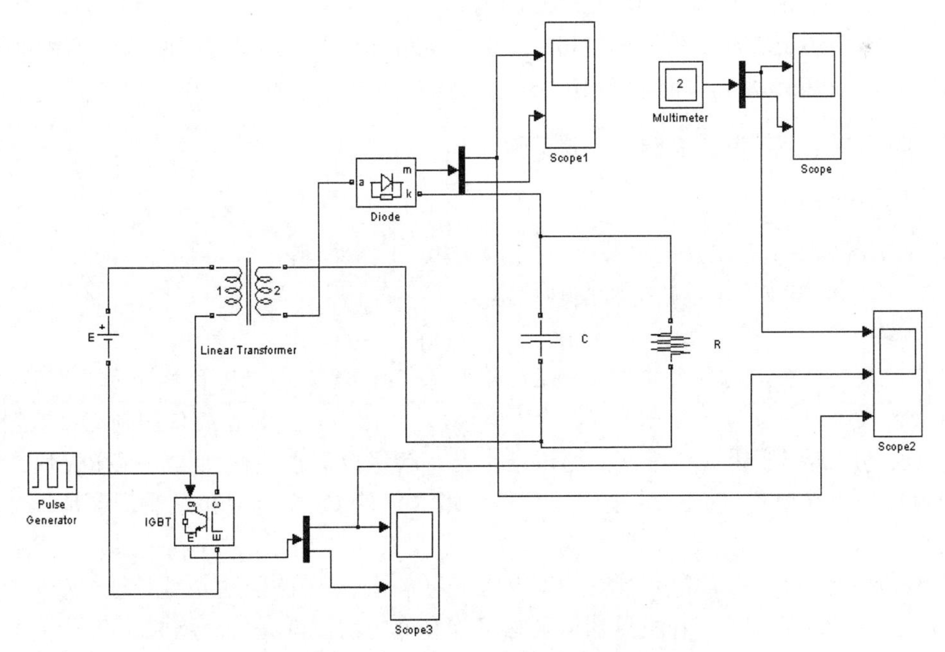

图 2-6-2　单端反激式电路仿真模型

（1）主电路建模和参数设置。主电路主要由直流电源、一个 IGBT 管、二极管、电容和

变压器以及负载组成，直流电源电压参数设置为100V。负载为纯电阻10Ω，电容参数为1e-6F，二极管和IGBT管参数为默认值。变压器参数设置如图2-6-3所示。

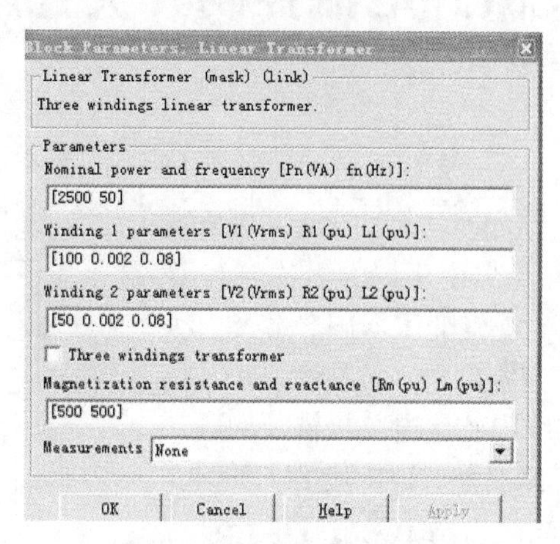

图2-6-3 变压器参数设置

变压器一次侧电压和二次侧电压比就是变压器一次侧匝数和二次侧匝数的比，在一次侧和二次侧电压确定的基础上，变压器功率大小决定了变压器一、二次侧电流大小。因直流电源电压为100V，把变压器一次侧电压设定为100V，把二次侧电压设为50V，表明此变压器匝数比为2:1。注意变压器频率设定与触发脉冲周期设定要一致。因单端反激式电路涉及变压器同名端，在搭建仿真模型时，必须按图2-6-2正确连接。

（2）控制电路的仿真模型。控制电路的仿真模型有一个脉冲触发器连至IGBT，参数设置：峰值为1，周期为0.02s，相位延迟时间为0。

（3）测量模块选择。从仿真模型可以看出，电路仿真主要测量负载两端电压和负载电流。仿真算法采用ode23tb，仿真时间为10s。

三、反激式电流控制开关稳压电源实验

1. 实验目的

（1）了解单管反激式开关电源的主电路结构、工作原理。

（2）测试工作波形，了解电流控制原理。

2. 实验原理

单管反激式开关电源原理电路如图2-6-4所示。交流输入经二极管整流后的直流电压U_{dc}经变压器初级绕组加至功率三极管Q_1的集电极，同时经电阻$R9$、$R10$加到Q_1的基极使Q_1开通。U_{dc}电压加到变压器初级使磁通逐渐上升，初级电流也线性增大，变压器反馈绕组上的感应电势的极性使Q_1的b－e之间正向偏置增大，使Q_1完全饱和导通，这是一个正反馈自激过程。

Q_1饱和导通之后变压器初级承受U_{dc}电压，变压器磁路中的磁通Φ正比于$U_{dc}*t$中的伏秒积分，t是Q_1开通的时间。在变压器磁通达到饱和值之前，Φ是线性增长，Q_1中的电流线性增长。为了保证Q_1中电流不超过其元件允许的最大值，必须将此电流在适当的时候切断，这个电流峰值的控制由三极管Q_2实现。当$R7$中的电流大到一定数值使Q_2导通，强迫将Q_1的基极变为零电平，使Q_1关断，而Q_2的通断受三极管Q_4的通断控制。Q_4的通断由三极管Q_3

和 4N35 中的三极管的导通情况来决定。Q_3 的通断由来自电流反馈采样电阻 $R7$ 上的电压控制，$R7$ 上的电流大到一定值时，使 Q_3 的基极-发射极正偏加大，使 Q_3 导通。

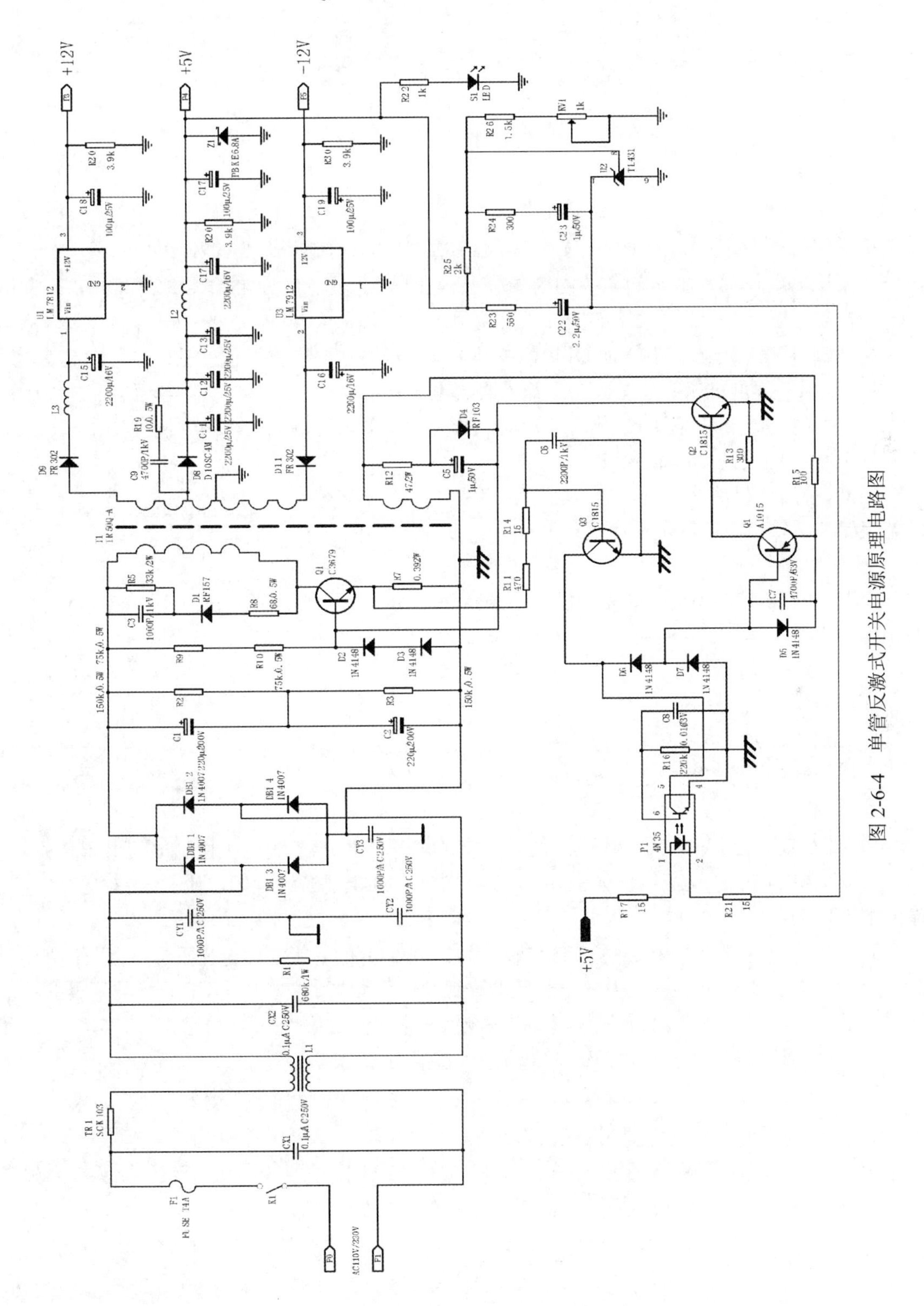

图 2-6-4　单管反激式开关电源原理电路图

TL431 的原理图如图 2-6-5 所示。

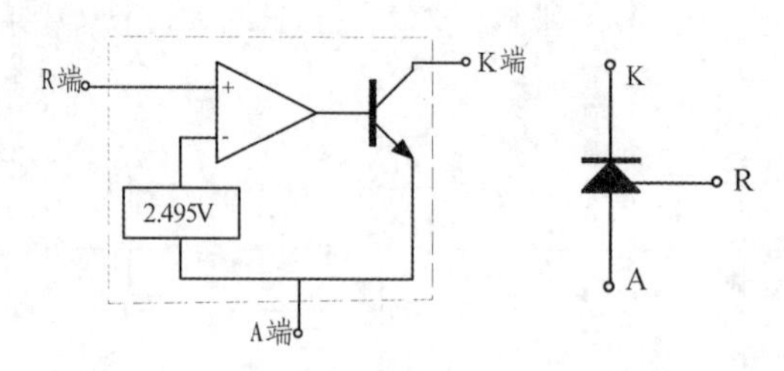

图 2-6-5 TL431 的原理图

该线路对 5V 直流输出电压有自动稳压调节功能，当负载减小，5V 输出电压增大时，输出电压采样电阻分压后加到 TL431 的 R 端使其电压增大。由 TL431 的作用原理可知，其 K 端电压会自动下降，结果造成 4N35 的二极管中电流增大，从而使 4N35 的三极管的等效内阻减小，结果使 Q_4 提前导通，最终使 Q_1 提前关断，即负载减小时 Q_1 的开通/关断占空比减小，这从 Q_1 发射极的波形可以明显看到。当输入交流电压减小，U_{dc} 下降时，Q_1 导通后变压器中磁通上升速率减小，结果 Q_1 的开断周期延长，开关频率下降。例如从 180V_{AC} 输入时的 62kHz 下降到 100V_{AC} 输入时的 44.8kHz。

当 Q_1 中的电流被切断后，变压器电感储能释放，磁通下降，变压器副边绕组的感应电势经整流滤波后输出。这就是反激式（Fly back）开关电源的原理。

3. 实验设备

电源控制屏（DJK01）、单相调压与可调负载（DJK09）、单端反激式开关电源（DJK23）、三相可调电阻（D42）、双踪示波器、万用表。

4. 实验内容与步骤

（1）系统接线。

1）将 DJK09 的交流调压输出接至 DJK23 的交流输入端。

2）将 DJK09 上的两个电阻并接成可调负载电阻。

（2）波形观察。

1）接入 DJK09 单相自耦调压器的 220V 交流电源，并开启 DJK01 控制屏的电源开关。

2）调节 DJK09 的交流输出为 180V，并调节 DJK09 上的负载电阻，使 DJK23 上 5V 直流输出电流为 2A。

3）用示波器观测电路相应各点的波形。主要包括 Q_1 的 e 极（即电流采样电阻 $R7$ 两端）的波形、三极管 Q_1 的 b 极波形、变压器反馈绕组的电压波形、三极管 Q_2 的 b 极波形、三极管 Q_3 的 b 极波形、三极管 Q_3 的 c 极波形、开关频率与占空比的测定并记录数据。

4）改变交流输入电压为 100V，负载不变，重复步骤 3）。

5）令 5V 直流输出负载电流为 0.3A，交流输入为 180V，重复步骤 3）。

（3）开关电源稳压特性的测试。

1）保持负载不变（5V、2A；±12V，0.5A），改变 DJK23 的交流输入电压，范围为 70～250V，测定 5V 和 12V 直流输出电压的变化及纹波系数。

2）保持 DJK23 交流输入电压不变，改变负载（5V，0.15～2.6A；±12V，0.15～0.5A），测定 5V 和 12V 直流输出电压的变化及纹波系数。

四、实验报告

（1）记录并分析开关电源稳压特性测试数据。
（2）整理实验过程中记录的波形。

五、注意事项

（1）交流输入电压必须大于 60V，小于 250V。
（2）用示波器观察电路波形时，必须要注意共地问题。
（3）+5V 的最大负载电流为 5A，±12V 的最大负载电流为 1A。

六、思考题

（1）什么是反激式开关电源？它与正激式有何区别？
（2）什么是自激式与他激式开关电源？
（3）变压器的磁路在制作时为什么必须留有气隙？
（4）开关管的选择原则是什么？

实验七　半桥式开关稳压电源的性能研究

一、电路工作原理

半桥式直流变换电路中，两个开关器件串联并接在直流电源上，两个大电容串联并接在直流电源上，两开关管的连接点和两只电容的连接点作为输出端，通过变压器输出，电路如图2-7-1 所示，两开关器件以推挽方式工作，当 S_1 开通、S_2 关断时，变压器同名端“·”电压极性为正，二次侧输出电压 u_2 为正，$u_{2+} = E/2n$，此时，C_1 放电，C_2 充电。当 S_2 开通、S_1 关断时，变压器“·”电压极性为负，变压器输出负电压 $u_{2-} = E/2n$，此时 C_1 充电，C_2 放电。交替通断 S_1、S_2，变压器二次侧就得到交流方波输出电压 $u_2 = E/2n$。

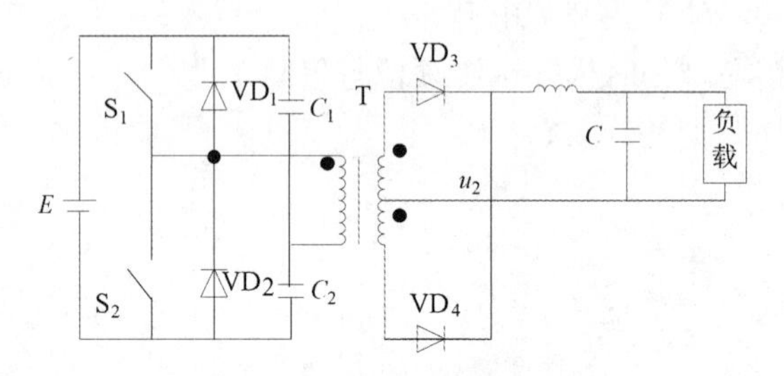

图 2-7-1　半桥式直流变换电路

二、半桥式开关稳压电源 MATLAB/Simulink 仿真

通过仿真，加深理解半桥式直流变换电路的工作原理，掌握半桥式直流变换电路的MATLAB/Simulink 的仿真建模方法，熟悉设置各模块的参数。

半桥式直流变换电路的仿真模型如图 2-7-2 所示。仿真步骤如下：

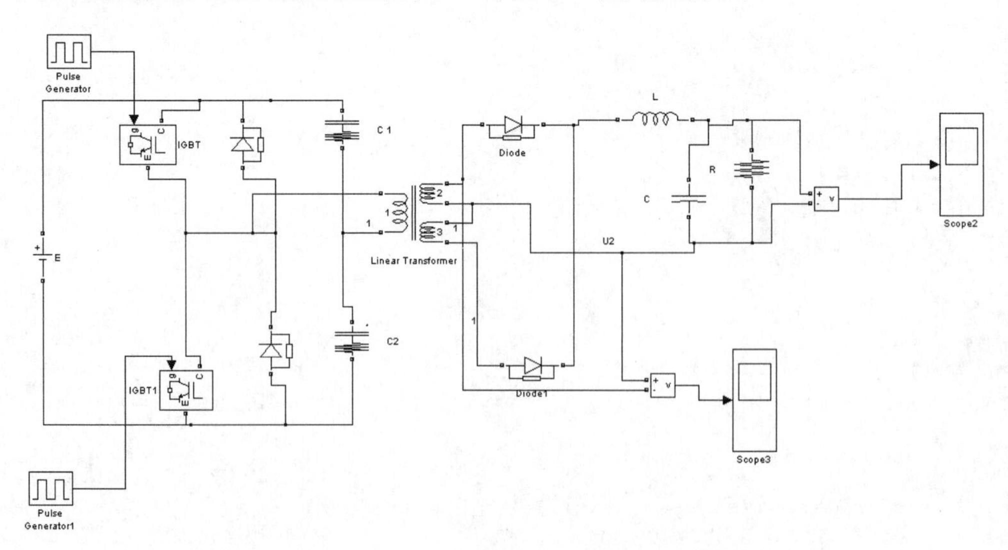

图 2-7-2　半桥式直流变换电路的仿真模型

（1）主电路建模和参数设置。主电路主要由直流电源、IGBT 管、二极管、电容和变压器以及负载组成，直流电参数设置为 100V。负载为纯电阻 10Ω，电容参数为 1e-5F，电感参数为 0.01H，二极管和 IGBT 管参数为默认值。由于电容 C_1、C_2 不能直接接电源，因此把电容 C_1 和电容 C_2 的参数设置为 R=0.000001Ω，C=1e-1F。变压器参数设置如图 2-7-3 所示。

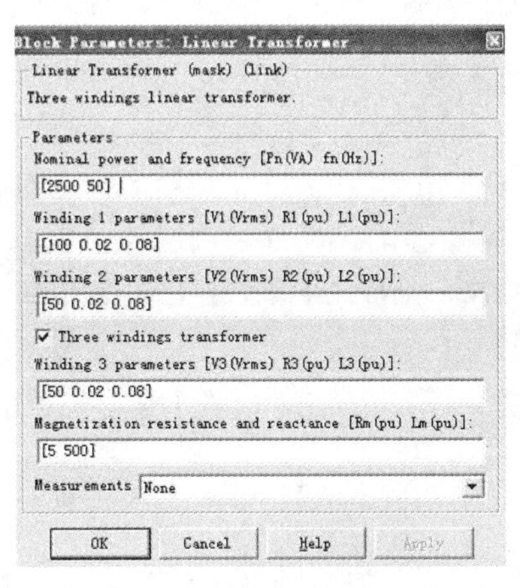

图 2-7-3　变压器参数设置

（2）控制电路的仿真模型。其中一个脉冲触发器连至 IGBT，参数设置：峰值为 1，周期为 0.02s，相位延迟时间为 0。另一个触发脉冲相位延迟为 0.01，其他相同。

（3）测量模块的选择。从仿真模型可以看出，本次仿真主要测量端电压。仿真算法采用 ode23tb，仿真时间为 10s，仿真结果如图 2-7-4 所示。从仿真结果可以看出，电压为 25V，和理论分析一致。

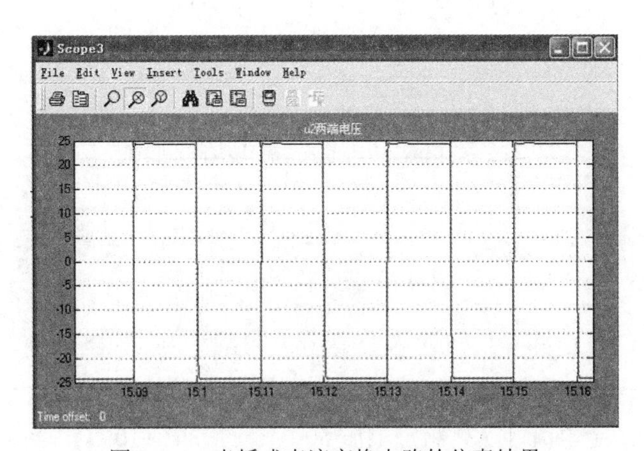

图 2-7-4　半桥式直流变换电路的仿真结果

三、半桥型开关稳压电源实验

1. 实验目的

（1）熟悉典型开关电源主电路的结构、元器件和工作原理。

（2）了解 PWM 控制与驱动电路的原理和常用的集成电路。

（3）了解反馈控制对电源稳压性能的影响。

2. 实验原理

（1）半桥式开关直流稳压电源的电路结构原理和各元器件均已在 DJK19 挂箱的面板上，并有相应的输入与输出接口和必要的测试点。

主电路的结构如图 2-7-5 所示，线路原理图如图 2-7-6 所示。

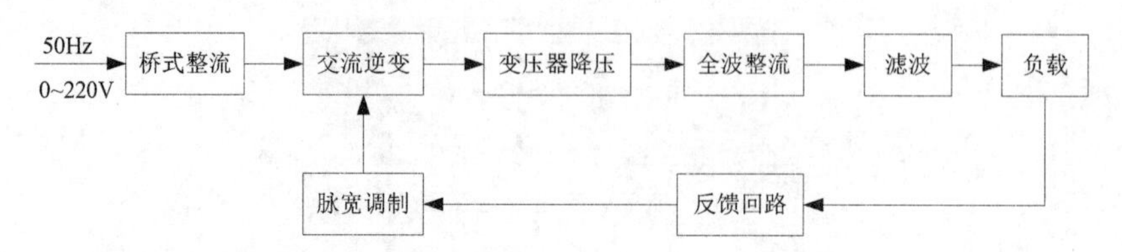

图 2-7-5　半桥式开关直流稳压电源线路结构

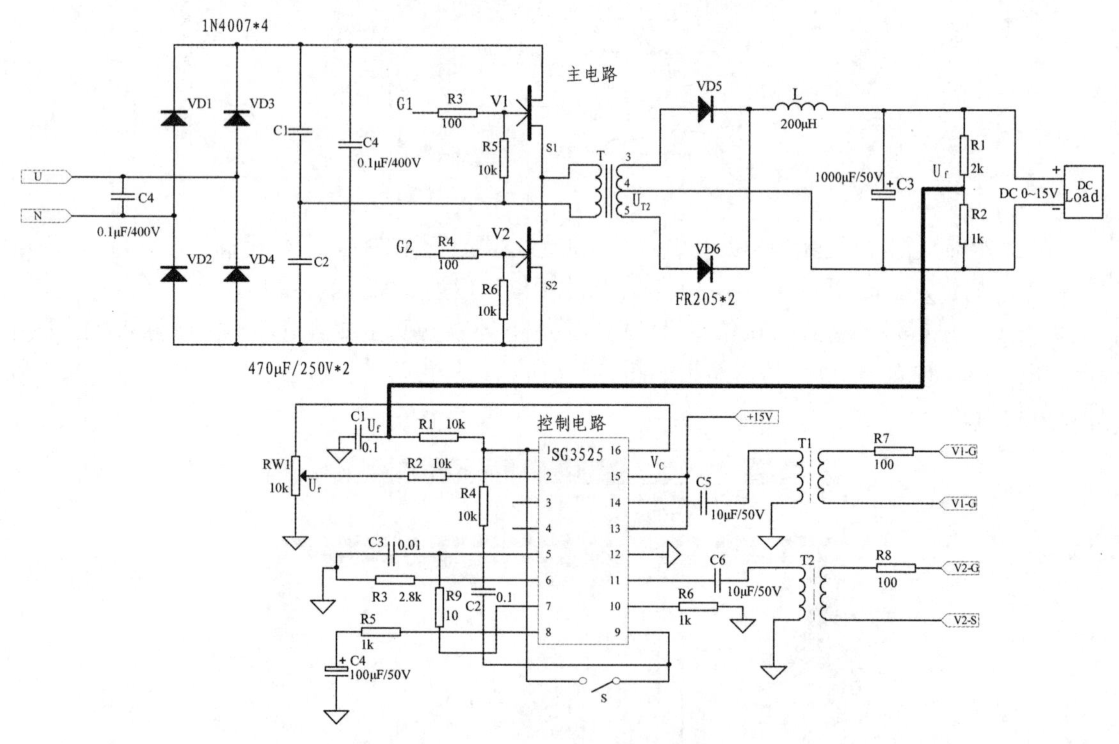

图 2-7-6　半桥式开关直流稳压电源线路原理图

（2）逆变电路采用的电力电子器件为美国 IR 公司的全控型 Power MOSFET 管，其型号为 IRFP450，参数为额定电流 16A、额定电压 500V、通态电阻 0.4Ω。两只 Power MOSFET 管与两只电容 C_1、C_2 组成一个逆变桥，在两路 PWM 信号控制下实现逆变，将直流电压变换为脉宽可调的交流电压，并在桥臂两端输出开关频率约为 26kHz、占空比可调的矩形脉冲电压。通过降压、整流、滤波后获得可调的直流电压输出。该电源开环时，它的负载特性较差，加入负反馈构成闭环控制后，外加电源电压或负载变化时，均能自动控制 PWM 输出信号的占空比，维持电源输出直流电压在一定范围内保持不变，达到稳压的效果。

（3）控制与驱动电路。控制电路以 SG3525 为核心构成。SG3525 为美国 Silicon General 公司生产的专用 PWM 控制集成电路，其内部电路结构与所需外部元件如图 2-7-7 所示，它采用恒频脉宽调制控制方案，其内部包含精密基准源、锯齿波振荡器、误差放大器、比较器、分频器和保护电路等。通过调节 U_r 的大小，在 A、B 两端可输出两个幅度相等、频率相等、相位相互错开 180 度、占空比可调的矩形波（即 PWM 信号）。它适用于对各种开关电源、斩波器进行控制。

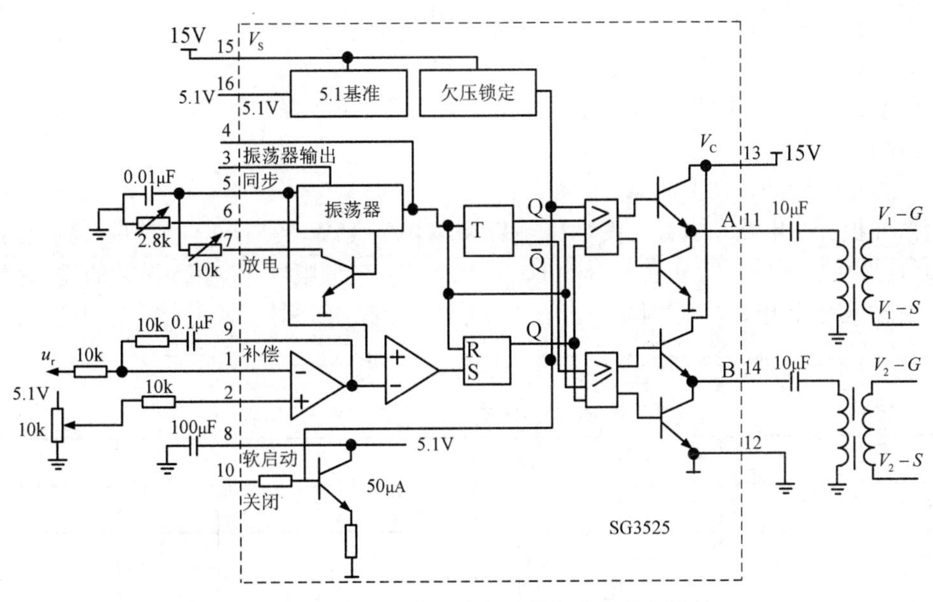

图 2-7-7　SG3525 芯片内部结构与所需外部元件

3. 实验设备

电源控制屏（DJK01）、单相调压与可调负载（DJK09）、半桥型开关电源（DJK19）、双踪示波器、万用表。

4. 实验内容与步骤

（1）控制与驱动电路测试。

1）开启 DJK19 控制电路电源开关。

2）将 SG3525 1 脚与 9 脚短接（接通开关 K）使系统处于开环状态，并将 10 脚接地（将 10 脚与 12 脚相接）。

3）SG3525 各引出脚信号的观测：调节 PWM 脉宽调节电位器，用示波器观测主要测试点信号的变化规律，然后调定在一个较典型的位置上，记录测试点波形参数（包括波形类型、幅度 A、频率 f 和脉宽 t），并填入表 2-7-1。

表 2-7-1　主要测试点数据记录样表

SG3525 引脚	11(A)	14(B)
波形类型		
幅值 A/V		
频率 f/Hz		
占空比/%		
脉宽 t/ms		

4）用双踪示波器两个探头同时观测 11 脚和 14 脚输出波形，调节 PWM 脉宽调节电位器，观测两路输出的 PWM 信号，找出占空比随 U_r 的变化规律，并测量两路 PWM 信号之间的“死区”时间 t_{dead}。

5）用双踪示波器观测加到两 Power MOSFET 管栅源之间的波形并记录，并与 A、B 两端的波形作比较；同时判断加到两 Power MOSFET 管栅源之间的控制信号极性（即变压器同名端的接法）是否正确。

6）先断开 10 脚与 12 脚连线，然后用导线连接 16 脚与 10 脚，观测 A、B 两端输出信号的变化，该有何结论。

（2）主电路开环特性的测试。

1）按面板上主电路要求在逆变输出端装入 220V、15W 的白炽灯，在直流输出两端接入负载电阻，并将主电路接至实验装置 50Hz 某一相交流可调电压（0～250V）的输出端。

2）将输入交流电压 U_i 调到 200V，用示波器一个探头分别观测逆变桥输出变压器副边和直流输出的波形，记录波形参数及直流输出电压 U_o 中的纹波，并填入表 2-7-2。

表 2-7-2　直流输出电压及纹波数据记录样表

u_r/V									
占空比/%									
U_{T2}/V									
U_o/V									
纹波/V									

3）在直流电压输出侧接入直流电压表和电流表。在 U_i=200V 时，在一定脉宽下，做电源的负载特性测试，调节可变电阻 R，测定直流电源输出端伏安特性：$U_o = f(I)$，并填入表 2-7-3。

表 2-7-3　负载变化测试数据记录样表

R/Ω									
占空比/%									
U_o/V									
I/A									

4）在一定的脉宽下，保持负载不变，使输入电压 U_i 在 200V 左右调节，测量直流输出电压 U_o，测定电源电压变化对输出的影响，并填入表 2-7-4。

表 2-7-4　电源电压变化测试数据记录样表

U_i/V	100	120	140	160	180	200	220	240	250
占空比/%									
U_o/V									
I/A									

5）上述各实验步骤完毕后，将输入电压 U_i 调回零位。

（3）主电路闭环特性测试。

1）准备工作如下：

- 断开控制与驱动电路中的开关 K；
- 将主电路的反馈信号 U_f 接至控制电路的 U_f 端，使系统处于闭环控制状态。

2）重复主电路开环特性测试各实验步骤。

四、实验报告

（1）整理实验数据和记录的波形。

（2）分析开环与闭环时负载变化对直流电源输出电压的影响。

（3）分析开环与闭环时电源电压变化对直流电源输出电压的影响。

（4）对半桥式开关稳压电源性能研究的总结与体会。

五、注意事项

双踪示波器有两个探头，可同时测量两路信号，但要注意：这两个探头地线都与示波器外壳相连，双踪示波器两个探头地线不能同时接在同一电路不同电位的两个点上，否则将会发生电气短路。当需要同时观察两个信号时，必须在被测电路上找到这两个信号的公共点，将示波器两个探头的地线接于此处，两个探头信号端接两个被测信号。

六、思考题

（1）开关稳压电源的工作原理是什么？有哪些电路结构形式及主要元器件？

（2）利用闭环控制达到稳压的原理是什么？

（3）半桥式开关稳压电源与常用的由三端稳压块构成的稳压电源相比，有哪些特点？

（4）全桥式开关稳压电源的电路结构又该如何？与半桥式相比将有哪些特点？

（5）为什么在电路工作时，不能用示波器两个探头同时对两只管子栅源之间的波形进行观测？

实验八　直流斩波电路的性能研究

一、电路工作原理

（1）降压斩波电路（Buck Chopper）。降压斩波电路的电路及波形如图 2-8-1 所示。输出电压平均值为

$$U_o = \frac{t_{on}}{T} E = \sigma E$$

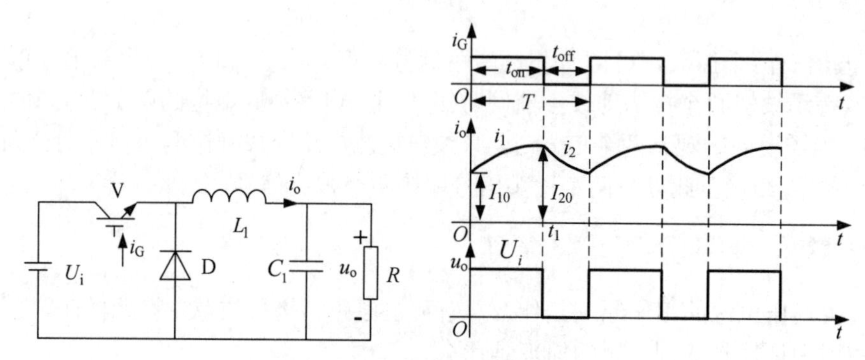

图 2-8-1　降压斩波电路及波形

（2）升压斩波电路（Boost Chopper）。升压斩波电路的电路及波形如图 2-8-2 所示。输出电压平均值为

$$U_o = \frac{T}{t_{off}} U_i = \frac{1}{1-\sigma} U_i$$

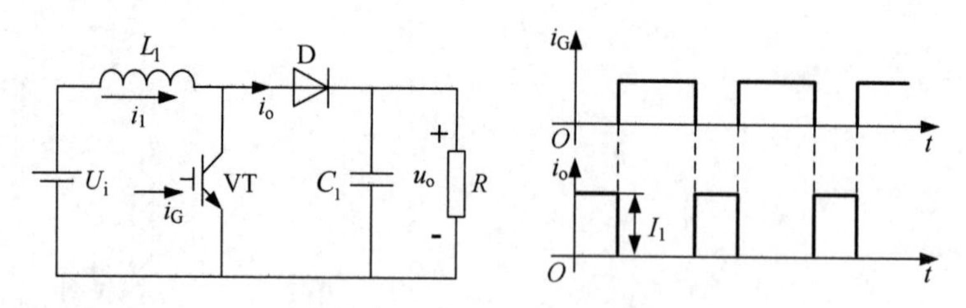

图 2-8-2　升压斩波电路及波形

（3）升降压斩波电路（Boost-Buck Chopper）。升降压斩波电路的电路及波形如图 2-8-3 所示。输出电压平均值为

$$U_o = -\frac{t_{on}}{t_{off}} E = -\frac{\sigma}{1-\sigma} E$$

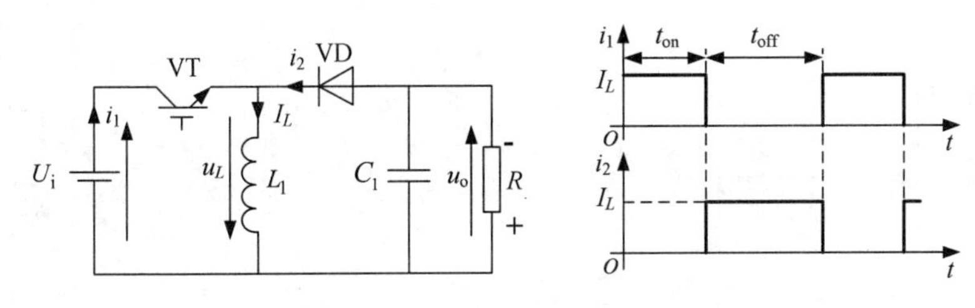

图 2-8-3　升降压斩波电路及波形

二、直流斩波电路 MATLAB/Simulink 仿真

通过仿真，加深理解直流斩波电路的工作原理，掌握直流斩波电路 MATLAB/Simulink 的仿真建模方法，熟悉设置各模块的参数。

（1）降压式斩波器仿真。降压式斩波器仿真模型如图 2-8-4 所示。仿真步骤如下：

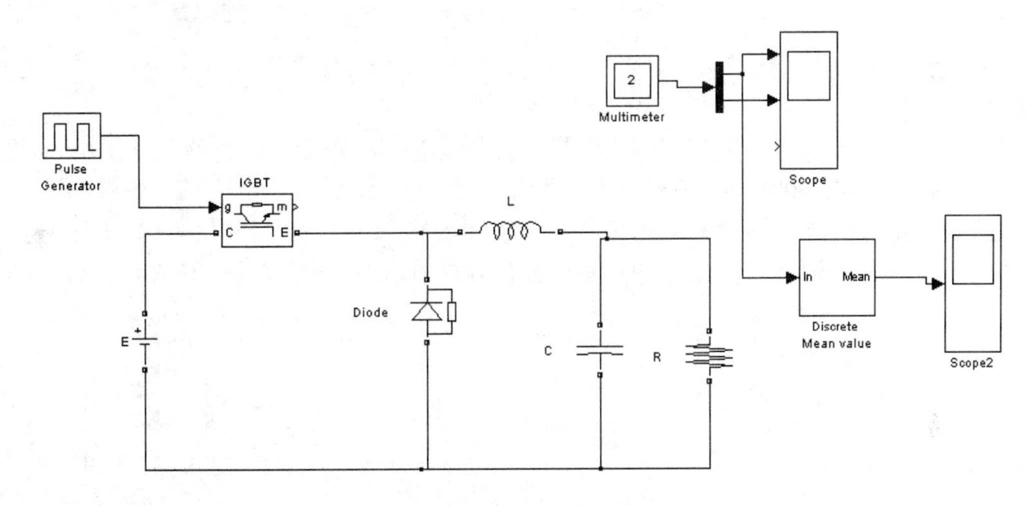

图 2-8-4　降压式斩波器仿真模型

1）主电路建模和参数设置。主电路主要由直流电源、一个 IGBT 管、二极管、滤波电容和滤波电感以及负载组成，直流电源参数设置为 100V。负载为纯电阻 10Ω，滤波电容参数为 1e-6F，滤波电感的参数为 0.001H，二极管和 IGBT 管参数为默认值。

2）控制电路的仿真模型。控制电路的仿真模型主要由一个脉冲触发器连至 IGBT，参数设置：峰值为 1，周期为 0.02s。注意这个脉冲宽度不同，输出的电压平均值也不同，相位延迟时间为 0s。

3）测量模块的选择。电路仿真时要测量负载电压平均值以及负载两端电压和负载电流。仿真算法采用 ode23tb，仿真时间为 1s。可以观察脉冲宽度分别为 50%、20%、80%时的仿真结果。

（2）升压式斩波器仿真。升压式斩波器的仿真模型如图 2-8-5 所示。仿真步骤如下：

1）主电路建模和参数设置。主电路主要由直流电源、一个 IGBT 管、二极管、电容和电感以及负载组成，直流电参数设置为 100V。负载为纯电阻 10Ω，电容参数为 1e-6F，电感的参数为 10mH，二极管和 IGBT 管参数为默认值。

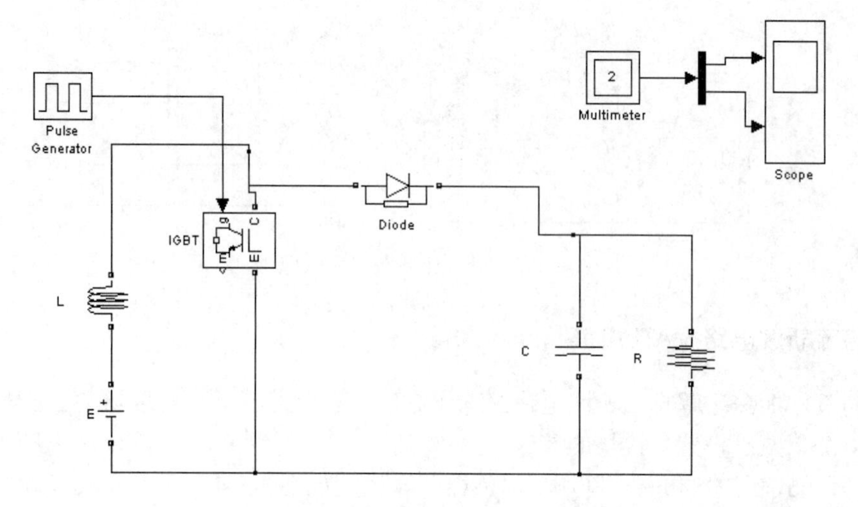

图 2-8-5　升压式斩波器的仿真模型

2）控制电路的仿真模型。控制电路仿真模型由一个脉冲触发器连至 IGBT，参数设置：峰值为 1，周期为 0.02s，脉冲宽度为 50%，相位延迟时间为 0s。

3)测量模块的选择。电路仿真时，要测量负载两端电压和负载电流。仿真算法采用 ode23tb，仿真时间为 10s。可以观测到仿真结果。

注意：电路稳态后，负载两端电压要高于电源电压。

（3）升/降压斩波器仿真。升/降压斩波器仿真模型如图 2-8-6 所示。仿真步骤如下：

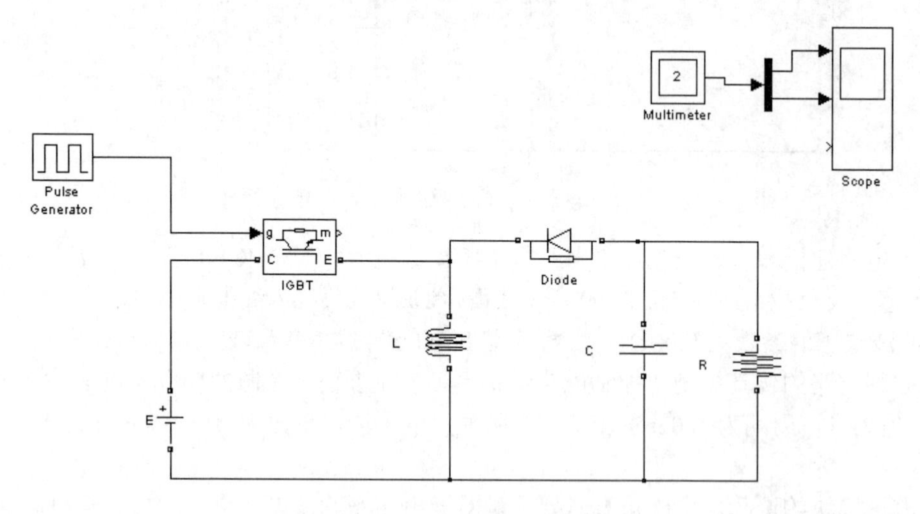

图 2-8-6　升/降压斩波器仿真模型

1）主电路建模和参数设置。主电路由直流电源、一个 IGBT 管、二极管、电容和电感以及负载组成，直流电参数设置为 100V。负载为纯电阻 10Ω，电容参数为 1e-5F，电感参数为 10mH，二极管和 IGBT 管参数为默认值。

2）控制电路仿真模型。控制电路的仿真模型由一个脉冲触发器连至 IGBT，参数设置：峰值为 1，周期为 0.02s，相位延迟时间为 0s。

3）测量模块的选择。电路仿真时，要测量负载两端电压和负载电流。仿真算法采用ode23tb，仿真时间为10s。可以观测脉冲宽度为20%、50%、60%时的仿真结果。

三、直流斩波电路实验

1. 实验目的

（1）熟悉直流斩波电路的工作原理。

（2）熟悉各种直流斩波电路的组成及其工作特点。

（3）了解 PWM 控制与驱动电路的原理及其常用的集成芯片。

2. 实验原理

（1）主电路。主电路及波形如图2-8-1至图2-8-3所示。

（2）控制与驱动电路。控制电路以SG3525为核心，SG3525具体介绍参见实验七。

3. 实验设备

电源控制屏（DJK01）、单相调压与可调负载（DJK09）、直流斩波电路（DJK20）、三相可调电阻（D42）、双踪示波器、万用表。

4. 实验内容与步骤

（1）控制与驱动电路的测试。

1）启动实验装置电源，开启DJK20控制电路电源开关。

2）调节PWM脉宽调节电位器改变 U_r，用双踪示波器分别观测SG3525第11脚（A）与第14脚（B）的波形，观测输出PWM信号变化情况，并填入表2-8-1。

表2-8-1　占空比测试数据记录样表

U_r/V	1.6	1.8	2.0	2.2	2.4	2.5
11(A)占空比/%						
14(B)占空比/%						
PWM 占空比/%						

3）用示波器分别观测A、B和PWM信号波形，记录其波形、频率和幅值，并填入表2-8-2。

表2-8-2　PWM波形测试数据记录样表

观测点	A(11 脚)	B(14 脚)	PWM
波形类型			
幅值 A/V			
频率 f/kHz			

4）用双踪示波器的两个探头同时观测11脚和14脚的输出波形，调节PWM脉宽调节电位器，观测两路输出PWM信号，测出两路信号相位差，并测出两路PWM信号之间最小“死区”时间。

（2）直流斩波器测试（使用一个探头观测波形）。斩波电路的输入直流电压 U_i 由三相调压器输出的单相交流电经DJK20挂箱上单相桥式整流及电容滤波后得到。接通交流电源，观

测 U_i 波形，记录其平均值（本装置限定直流输出最大值为 50V，输入交流电压大小由调压器调节输出）。

按下列实验步骤依次对三种典型直流斩波电路进行测试，测试数据记录于表 2-8-3 至表 2-8-5 中。

1）切断电源，根据 DJK20 上的主电路图，利用面板上元器件连接好相应的斩波电路，接上电阻性负载，负载电流最大值限制在 200mA 以内。将控制与驱动电路的输出“V-G”“V-E”分别接至 V 的 G 和 E 端。

2）检查接线是否正确，尤其是电解电容极性是否接反，然后接通主电路和控制电路的电源。

3）用示波器观测 PWM 信号的波形、U_{GE} 的电压波形、U_{CE} 的电压波形及输出电压 U_o 和二极管两端电压 U_D 的波形，注意各波形间的相位关系。

4）调节 PWM 脉宽调节电位器改变 U_r，在不同占空比（σ）时，记录 U_i、U_o 和 σ 的数值于表 2-8-3 至表 2-8-5 中，从而画出 $U_o=f(\sigma)$的关系曲线。

表 2-8-3　降压斩波电路数据记录样表

U_r/V	1.4	1.6	1.8	2.0	2.2	2.4	2.5
占空比 σ /%							
U_i/V							
U_o/V							
U_i/U_o							

表 2-8-4　升压斩波电路数据记录样表

U_r/V	1.4	1.6	1.8	2.0	2.2	2.4	2.5
占空比 σ /%							
U_i/V							
U_o/V							
U_i/U_o							

表 2-8-5　升降压斩波电路数据记录样表

U_r/V	1.4	1.6	1.8	2.0	2.2	2.4	2.5
占空比 σ /%							
U_i/V							
U_o/V							
U_i/U_o							

四、实验报告

（1）分析图 2-7-7 中产生 PWM 信号的工作原理。

（2）整理各组实验数据，绘制各直流斩波电路的 U_i/U_o-σ 曲线，并进行比较与分析。

（3）讨论、分析实验中出现的各种现象。

五、注意事项

（1）在主电路通电后，不能用示波器的两个探头同时观测主电路元器件之间的波形，否则会因探头接地线的共地而造成短路。

（2）若用示波器两探头同时观测两处波形时，两探头接地线必须接于同一点。在观测高压时应衰减10倍，在做直流斩波器测试实验时，最好使用一个探头。

六、思考题

（1）直流斩波电路的工作原理是什么？有哪些结构形式和主要元器件？

（2）能否使用示波器的双踪探头同时对两处波形进行观测？

参考文献

[1] 王兆安，刘进军．电力电子技术[M]．5 版．北京：机械工业出版社，2009.
[2] 陈荣．电力电子技术[M]．北京：机械工业出版社，2021.
[3] 石新春，王毅，孙丽玲．电力电子技术[M]．2 版．北京：中国电力版社，2013.
[4] 陈坚，康勇．电力电子学[M]．3 版．北京：高等教育出版社，2011.
[5] 李自成，许丽．电力电子技术及应用[M]．西安：西北工业大学出版社，2016.
[6] 周渊深．电力电子技术与 Matlab 仿真[M]．北京：中国电力出版社，2005.
[7] 张一工，肖湘宁．现代电力电子技术原理与应用[M]．北京：科学出版社，1999.
[8] 浣喜明，姚为正．电力电子技术[M]．2 版．北京：高等教育出版社，2004.
[9] 钟炎平．电力电子电路设计[M]．武汉：华中科技大学出版社，2010.

附录 A　实验台简要说明

DJDK-1 型电力电子技术及电机控制实验教学装置（图 A-1），是由浙江天煌科教设备有限公司开发的一种大型综合性实验装置，可以用来完成电力电子技术、电力拖动控制系统、运动控制系统等系列课程的全部教学实验，并可以开设运动控制系统的专题实验。

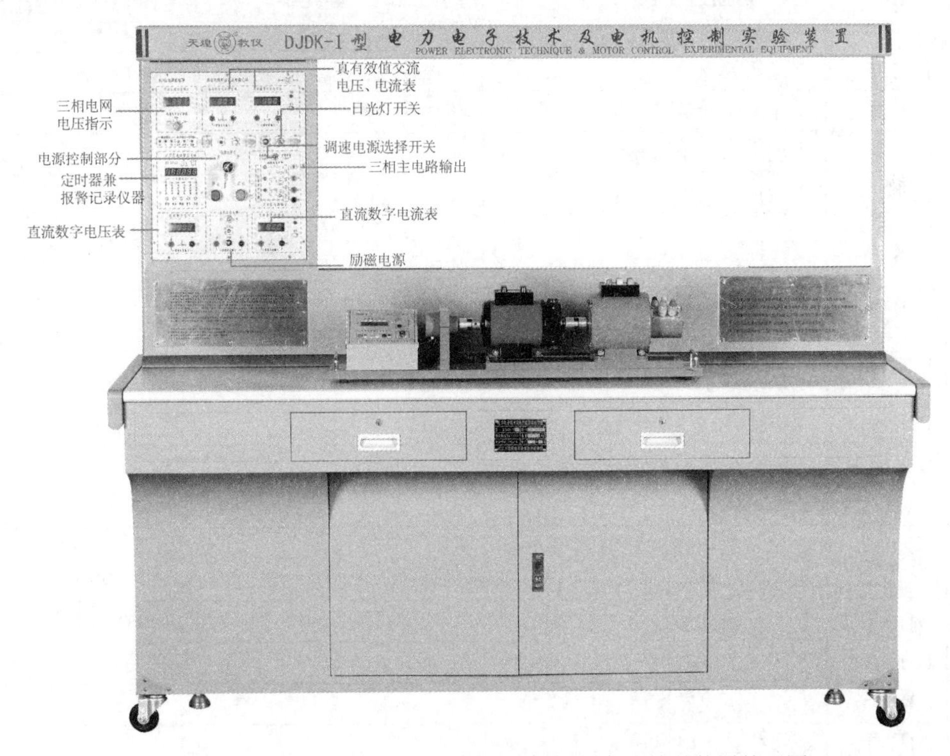

图 A-1　DJDK-1 电力电子技术及电机控制实验教学装置外观图

A.1　实验装置及技术参数

（1）输入电压：三相四线制，380V±10%，50±1Hz。

（2）工作环境：环境温度范围为–5～40℃，相对湿度≤75%，海拔≤1000m。

（3）装置容量：≤1.5kVA。

（4）电机输出功率：≤200W。

（5）外形尺寸：长×宽×高=1870mm×730mm×1600mm。

A.2　实验装置的挂件配置

实验装置的挂件配置见表 A-1。

表 A-1 实验装置的挂件配置一览表

序号	型号	挂件名称	备注
1	DJK01	电源控制屏	该控制屏包含“三相电源输出”等几个模块
2	DJK02	晶闸管主电路	该挂件包含“晶闸管”，以及“电感”等几个模块
3	DJK02-1	三相晶闸管触发电路	该挂件包含“触发电路”“正反桥功放”等几个模块
4	DJK03-1	晶闸管触发电路	
5	DJK04	电机调速控制实验 I	该挂件包含“给定”“电流调节器”“速度变换”“电流反馈与过流保护”等几个模块
6	DJK04-1	电机调速控制实验 II	该挂件包含“转矩极性鉴别”“零电平鉴别”“逻辑变换控制”等几个模块，完成选做实验项目时需要采用此挂件
7	DJK05	直流斩波电路	该挂件包含触发电路及主电路两个部分
8	DJK06	给定及实验器件	该挂件包含“二极管”等几个模块
9	DJK08	可调电阻、电容箱	
10	DJK09	单相调压与可调负载	
11	DJK10	变压器实验	该挂件包含“逆变变压器”以及“三相不控整流”等模块
12	DJK13	三相异步电动机变频调速控制	
13	DJK17	双闭环H桥DC/DC变换直流调速系统	
14	DJK19	半桥式开关稳压电源	
15	DJK23	单端反激式隔离开关电源	
16	D42	三相可调电阻	
17	DD03-3	电机导轨、光码盘测速系统及数显转速表	
18	DJ13-1	直流发电机	
19	DJ15	直流并励电动机	
20	DJ17	三相线绕式异步电动机	
21	DJ17-2	线绕式异步电机转子专用箱	

A.3 主要实验挂件的介绍

A.3.1 电源控制屏（DJK01）

电源控制屏主要为实验提供各种电源，如三相交流电源、直流励磁电源等；同时为实验提供所需的仪表，如直流电压、电流表，交流电压、电流表。屏上还设有定时器兼报警记录仪；在控制屏两边设有单相三极 220V 电源插座及三相四极 380V 电源插座，此外还设有供实验台照明用的 40W 日光灯。主控制屏面板如图 A-2 所示。

（1）三相电网电压指示。三相电网电压指示主要用于检测输入的电网电压是否有缺相的情况，操作交流电压表下面的切换开关，观测三相电网各线间电压是否平衡。

（2）定时器兼报警记录仪。定时器兼报警记录仪平时作为时钟使用，具有设定实验时间、定时报警和切断电源等功能，它还可以自动记录由于接线操作错误所导致的告警次数。

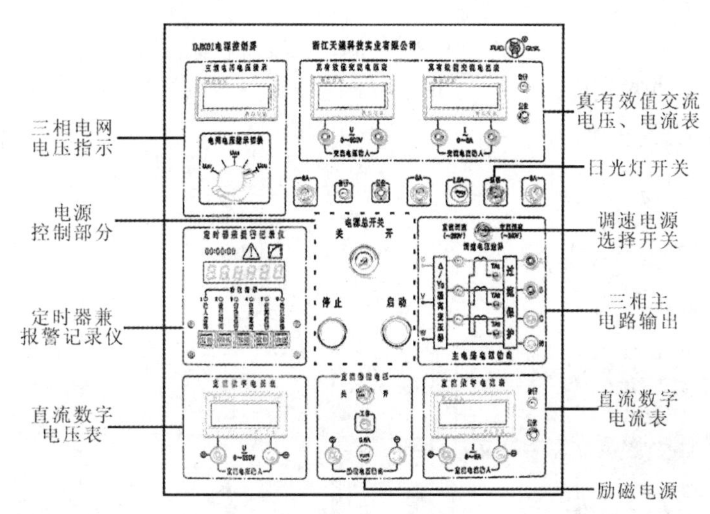

图 A-2　主控制屏面板

（3）电源控制部分。它的主要功能是控制电源控制屏的各项功能，它由电源总开关、“启动”按钮及“停止”按钮组成。当打开电源总开关时，红灯亮；当按下“启动”按钮后，红灯灭，绿灯亮，此时控制屏的三相主电路及励磁电源都有电压输出。

（4）三相主电路输出。三相主电路输出可提供三相交流 200V/3A 或 240V/3A 电源。输出的电压大小由“调速电源选择开关”控制，当开关置于“直流调速”侧时，A、B、C 输出线电压为 200V，可完成电力电子实验以及直流调速实验；当开关置于“交流调速”侧时，A、B、C 输出线电压为 240V，可完成交流电机调压调速及串级调速等实验。在 A、B、C 三相电源输出附近装有黄、绿、红发光二极管，用以指示输出电压。同时在主电源输出回路中还装有电流互感器，电流互感器可测定主电源输出电流的大小，供电流反馈和过流保护使用，面板上的 TA1、TA2、TA3 三处观测点用于观测三路电流互感器输出电压信号。

（5）励磁电源。在按下“启动”按钮后将励磁电源开关拨向“开”侧，则励磁电源输出为 220V 的直流电压，并有发光二极管指示输出是否正常，励磁电源由 0.5A 熔丝做短路保护，由于励磁电源的容量有限，仅为直流电机提供励磁电流，不能作为大容量的直流电源使用。

（6）面板仪表。面板下部设置有±300V 直流数字电压表和±5A 直流数字电流表，精度为 0.5 级，能为可逆调速系统提供电压及电流指示；面板上部设置有 500V 真有效值交流电压表和 5A 真有效值交流电流表，精度为 0.5 级，供交流调速系统实验时使用。

A.3.2　三相变流电路（DJK02）

该挂件装有 12 只晶闸管、直流电压和电流表等，其面板如图 A-3 所示。

（1）三相同步信号输出端。同步信号从电源控制屏内获得，屏内装有Δ/Y 接法的三相同步变压器，和主电源输出保持同相，其输出相电压幅度为 15V 左右，供三相晶闸管触发电路（如 DJK02-1 等挂件）使用，从而产生移相触发脉冲；只要将本挂件的 12 芯插头与屏相连接，则输出与相位一一对应的三相同步电压信号。

（2）正、反桥脉冲输入端。从三相晶闸管触发电路（如 DJK02-1 等挂件）来的正、反桥触发脉冲分别通过输入接口，加到相应的晶闸管电路上。

（3）正、反桥钮子开关。从正、反桥脉冲输入端来的触发脉冲信号通过正、反桥钮子开关接至相应晶闸管的门极和阴极；面板上共设有十二个钮子开关，分为正、反桥两组，分别控制对应的晶闸管的触发脉冲；开关打到“通”侧，触发脉冲接到晶闸管的门极和阴极；开关打到“断”侧，触发脉冲被切断；通过关闭某几个钮子开关可以模拟晶闸管主电路失去触发脉冲的故障情况。

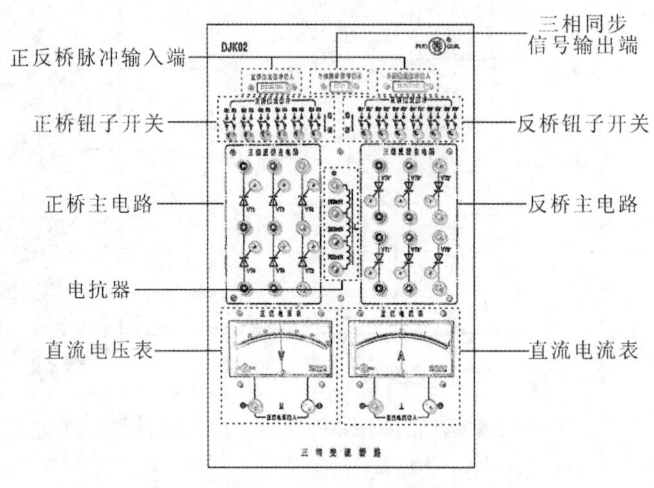

图 A-3　DJK02 面板

（4）正、反桥主电路。正桥主电路和反桥主电路分别由六只 5A/1000V 晶闸管组成；其中 VT_1～VT_6 组成三相正桥元件；VT_1'～VT_6'组成三相反桥元件；这些晶闸管元件均配置有阻容吸收及快速熔断丝保护，此外正桥主电路还设有压敏电阻，其内部为三角形接法，起过压吸收作用。

（5）电抗器。实验主回路中所使用的平波电抗器装在电源控制屏内，其各引出端通过 12 芯的插座连接到 DJK02 面板的中间位置，有 3 挡电感量可供选择，分别为 100mH、200mH、700mH（各挡在 1A 电流下能保持线性），可根据实验需要选择合适的电感值。电抗器回路中串有 3A 熔丝保护，熔丝座装在控制屏内的电抗器旁。

（6）直流电压表及直流电流表。面板上装有±300V 的带镜面直流电压表、±2A 的带镜面直流电流表，均为中零式，精度为 1.0 级，为可逆调速系统提供电压及电流指示。

A.3.3　三相晶闸管触发电路（DJK02-1）

该挂件装有三相晶闸管触发电路和正反桥功放电路等，面板如图 A-4 所示。其主要部件介绍如下：

（1）移相控制电压 U_{ct} 输入和偏移电压 U_b 观测及调节。U_{ct} 及 U_b 用于控制触发电路的移相角；在一般的情况下，首先将 U_{ct} 接地，调节 U_b，从而确定触发脉冲的初始位置；当初始触发角固定后，在以后的调节中只调节 U_{ct} 的电压，这样能确保移相角始终不会大于初始位置，防止实验失败；如在逆变实验中初始移相角 α=150°定下后，无论如何调节 U_{ct}，都能保证 β>30°，防止在实验过程中出现逆变颠覆的情况。

（2）触发脉冲指示。在触发脉冲指示处设有钮子开关用以控制触发电路，当开关拨到左边时，绿色发光管亮，在触发脉冲观察孔处可观测到后沿固定、前沿可调的宽脉冲；当开关拨到右边时，红色发光管亮，触发电路产生双窄脉冲。

（3）三相同步信号输入端。通过专用的 10 芯扁平线将 DJK02 上的“三相同步信号输出端”与 DJK02-1 上的“三相同步信号输入端”连接，为其内部的触发电路提供同步信号；同步信号也可以从其他地方提供，但要注意同步信号的幅度和相序问题。

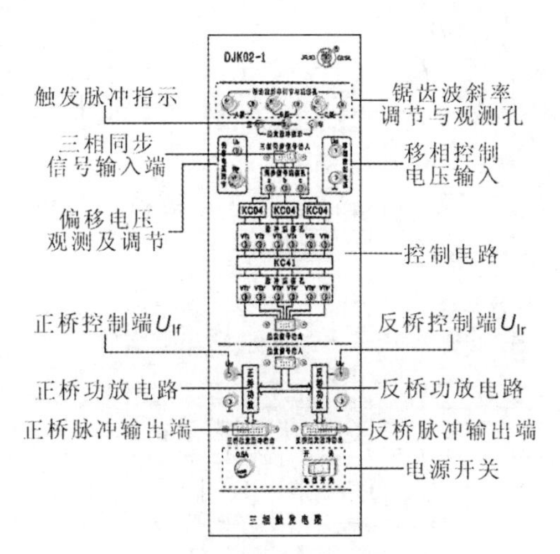

图 A-4　DJK02-1 面板

（4）锯齿波斜率调节与观测孔。由外接的三相同步信号经 KC04 集成触发电路，产生三路锯齿波信号，调节相应的斜率调节电位器，可改变相应的锯齿波斜率，三路锯齿波斜率在调节后应保证基本相同，使六路脉冲间隔基本保持一致，才能使主电路输出的整流波形整齐划一。

A.3.4　晶闸管触发电路（DJK03-1）

DJK03-1 挂件是晶闸管触发电路专用实验挂箱，面板如图 A-5 所示。其中有单结晶体管触发电路、正弦波同步移相触发电路、锯齿波同步触发电路 I 和 II，单相交流调压触发电路以及西门子 TCA785 集成触发电路。

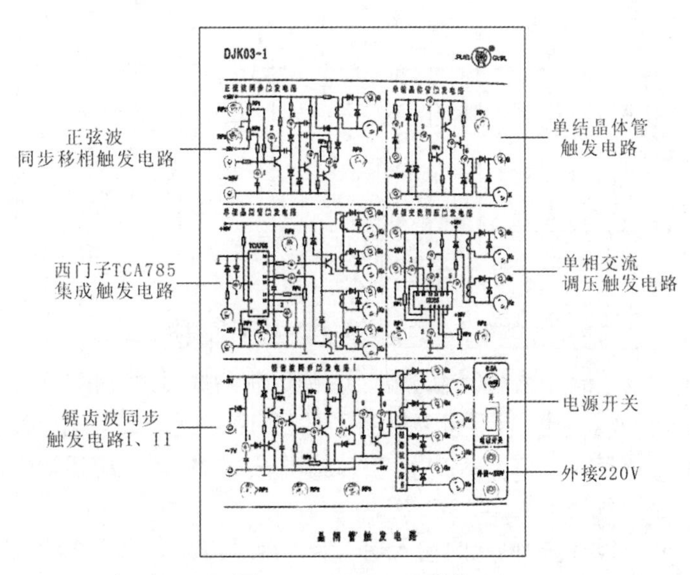

图 A-5　DJK03-1 面板

A.3.5　电机调速控制实验 I（DJK04）

该挂件主要用于完成电机调速实验，如单闭环直流调速实验、双闭环直流调速实验。同时和其他挂件配合可增加实验项目，如与 DJK04-1 配合使用可完成逻辑无环流可逆直流调速实验。DJK04 的面板如图 A-6 所示。

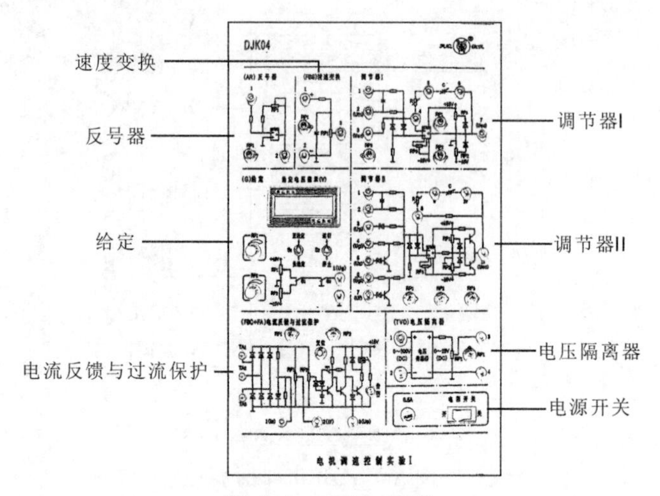

图 A-6　DJK04 面板

A.3.5.1　电流反馈与过流保护（FBC+FA）

本单元主要功能是检测主电源输出的电流反馈信号，并且当主电源输出电流超过某一设定值时发出过流信号切断控制屏输出主电源。其原理图如图 A-7 所示。

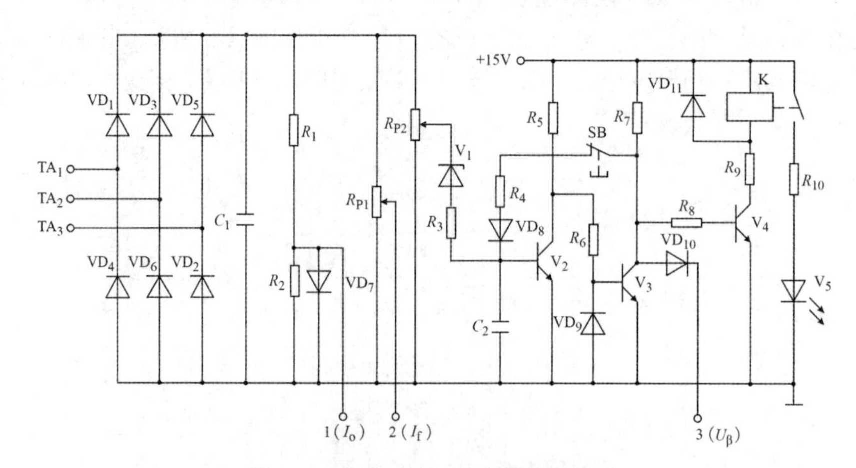

图 A-7　电流反馈与过流保护原理图

TA_1、TA_2、TA_3 为电流互感器的输出端，它的电压高低反映三相主电路输出的电流大小，面板上的三个圆孔均为观测孔，只要将 DJK04 挂件的 10 芯电源线与电源控制屏的相应插座连接（不需再于外部进行接线），TA_1、TA_2、TA_3 就与屏内的电流互感器输出端相连，打开挂件电源开关后，过流保护就处于工作状态。

（1）电流反馈与过流保护单元的输入端 TA_1、TA_2、TA_3，来自电流互感器的输出端，反映负载电流大小的电压信号经三相桥式整流电路整流后加至 R_{P1}、R_{P2} 及 R_1、R_2、VD_7 组成的 3 条支路上，其中：

1）R_2 与 VD_7 并联后再与 R_1 串联，在 VD_7 的阳极取零电流检测信号从“1”端输出，供零电平检测用。当电流反馈的电压比较低的时候，“1”端的输出由 R_1、R_2 分压所得，VD7 处于截止状态。当电流反馈的电压升高的时候，“1”端的输出也随着升高，当输出电压接近 0.6V 左右时，VD_7 导通，使“1”端输出始终钳位在 0.6V 左右。

2）将 R_{P1} 的滑动抽头端输出作为电流反馈信号，从“2”端输出，电流反馈系数由 R_{P1} 进行调节。

3）R_{P2} 的滑动触头与过流保护电路相连，调节 R_{P2} 可调节过流动作电流的大小。

（2）当电路开始工作时，由于 V_2 的基极有电容 C_2 的存在，V_3 必定比 V_2 要先导通，V_3 的集电极低电位，V_4 截止，同时通过 R_4、VD_8 将 V_2 基极电位拉低，保证 V_2 一直处于截止状态。

（3）当主电路电流超过某一数值后，R_{P2} 上取得的过流电压信号超过稳压管 V_1 的稳压值，击穿稳压管，使三极管 V_2 导通，从而 V_3 截止，V_4 导通使继电器 K 动作，控制屏内的主继电器掉电，切断主电源，挂件面板上的声光报警器发出告警信号，提醒操作者实验装置已过流跳闸。调节 R_{P2} 的抽头的位置，可得到不同的电流报警值。

（4）过流的同时，V_3 由导通变为截止，在集电极产生一个高电平信号从“3”端输出，作为推 β 信号（高电平）供电流调节器（调节器 II）使用。

（5）当过流动作后，电源通过 SB、R_4、VD_8 及 C_2 维持 V_2 导通，V_3 截止、V_4 导通、继电器保持吸合，持续告警。SB 为解除过流记忆的复位按钮，当过流故障排除后，则须按下 SB 以解除记忆，告警电路才能恢复。当按下 SB 按钮后，V_2 基极失电进入截止状态，V_3 导通、V_4 截止，电路恢复正常。

元件 R_{P1}、R_{P2}、SB 均安装在该挂箱的面板上，方便操作。

A.3.5.2　给定（G）

电压给定原理图如图 A-8 所示。电压给定由两个电位器 R_{P1}、R_{P2} 及两个钮子开关 S_1、S_2 组成。S_1 为正、负极性切换开关，输出的正、负电压的大小分别由 R_{P1}、R_{P2} 来调节，其输出电压范围为 0～±15V，S_2 为输出控制开关，打到“运行”侧，允许电压输出，打到“停止”侧，则输出恒为零。

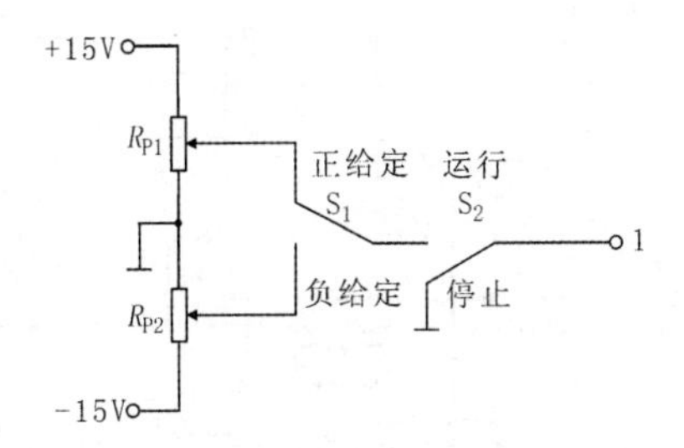

图 A-8　电压给定原理图

按以下步骤拨动 S_1、S_2，可获得以下信号：

（1）将 S_2 打到“运行”侧，S_1 打到“正给定”侧，调节 R_{P1} 使给定输出一定的正电压，拨动 S_2 到“停止”侧，此时可获得从正电压突跳到 0V 的阶跃信号，再拨动 S_2 到“运行”侧，此时可获得从 0V 突跳到正电压的阶跃信号。

（2）将 S_2 打到“运行”侧，S_1 打到“负给定”侧，调节 R_{P2} 使给定输出一定的负电压，拨动 S_2 到“停止”侧，此时可获得从负电压突跳到 0V 的阶跃信号，再拨动 S_2 到“运行”侧，此时可获得从0V突跳到负电压的阶跃信号。

（3）将S_2打到"运行"侧，拨动S_1，分别调节R_{P1}和R_{P2}使输出一定的正负电压，当S_1从"正给定"侧打到"负给定"侧，得到从正电压到负电压的跳变。当S_1从"负给定"侧打到"正给定"侧，得到从负电压到正电压的跳变。

元件R_{P1}、R_{P2}、S_1及S_2均安装在挂件的面板上，方便操作。此外由直流数字电压表指示输出电压值。

注意：不允许长时间将输出端接地，特别是输出电压比较高的时候，可能会将R_{P1}、R_{P2}损坏。

A.3.5.3 转速变换（FBS）

转速变换用于有转速反馈的调速系统中，反映转速变化并把与转速成正比的电压信号变换成适用于控制单元的电压信号。转速变换原理图如图A-9所示。

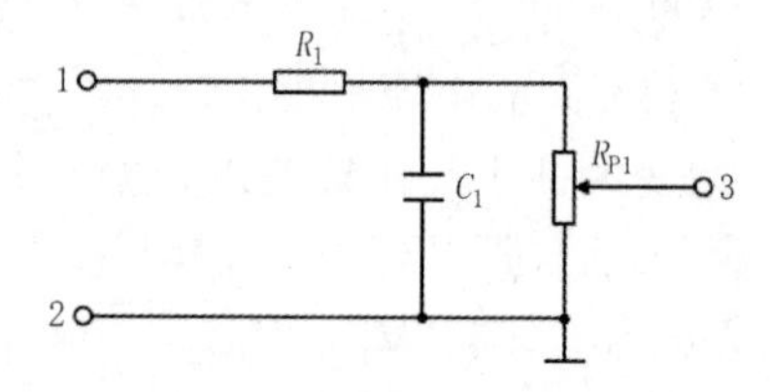

图A-9 转速变换原理图

使用时，将DD03-3（或DD03-2等）导轨上的电压输出端接至转速变换的输入端"1"和"2"。输入电压经R_1、C_1低通滤波后再经R_{P1}分压，调节电位器R_{P1}可改变转速反馈系数。

A.3.5.4 调节器I

调节器I的功能是对给定和反馈两个输入量进行加法、减法、比例、积分和微分等运算，使其输出按某一规律变化。调节器I由运算放大器、输入与反馈环节及二极管限幅环节组成。其原理图如图A-10所示。

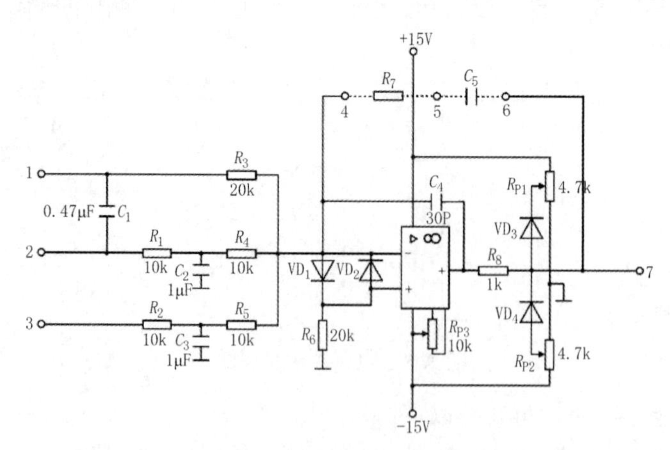

图A-10 调节器I原理图

在图A-10中，"1、2、3"端为信号输入端，二极管VD_1和VD_2起运放输入限幅、保护运放的作用。二极管VD_3、VD_4和电位器R_{P1}、R_{P2}组成正负限幅可调的限幅电路。由C_1、R_3组成微分反馈校正环节，有助于抑制振荡，减少超调。R_7、C_5组成速度环串联校正环节，其电阻、电容均从 DJK08 挂件上获得。改变 R_7 的阻值改变了系统的放大倍数，改变 C_5 的电容值改变了系统的响应时间。R_{P3} 为调零电位器。

电位器 R_{P1}、R_{P2}、R_{P3} 均安装在面板上。电阻 R_7、电容 C_1 和电容 C_5 两端在面板上装有接线柱，可根据需要外接电阻及电容，一般在自动控制系统实验中作为速度调节器使用。

A.3.5.5 反号器（AR）

反号器由运算放大器及相关电阻组成，用于调速系统中信号需要倒相的场合，如图 A-11 所示。

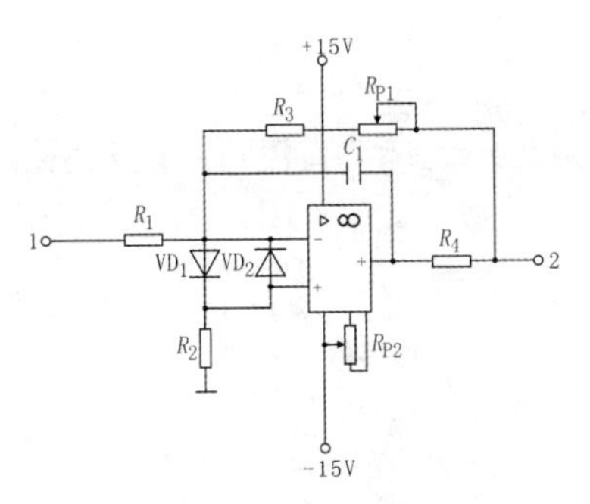

图 A-11 反号器原理图

反号器的输入信号 U_1 由运算放大器的反相输入端输入，故输出电压 U_2 为

$$U_2 = -(R_{P1}+R_3)/R_1 \times U_1$$

调节电位器 R_{P1} 的滑动触点，改变 R_{P1} 的阻值，使 $R_{P1}+R_3=R_1$，则

$$U_2 = -U_1$$

输入与输出成倒相关系。电位器 R_{P1} 装在面板上，调零电位器 R_{P2} 装在内部线路板上。

A.3.5.6 调节器 II

调节器 II 由运算放大器、限幅电路、互补输出、输入阻抗网络及反馈阻抗网络等环节组成，工作原理基本上与调节器 I 相同，其原理图如图 A-12 所示。调节器 II 也可当作调节器 I 使用。元件 R_{P1}、R_{P2}、R_{P3} 均装在面板上，电容 C_1、电容 C_7 和电阻 R_{13} 的数值可根据需要，由外接电阻、电容来改变，一般在自动控制系统实验中作为电流调节器使用。

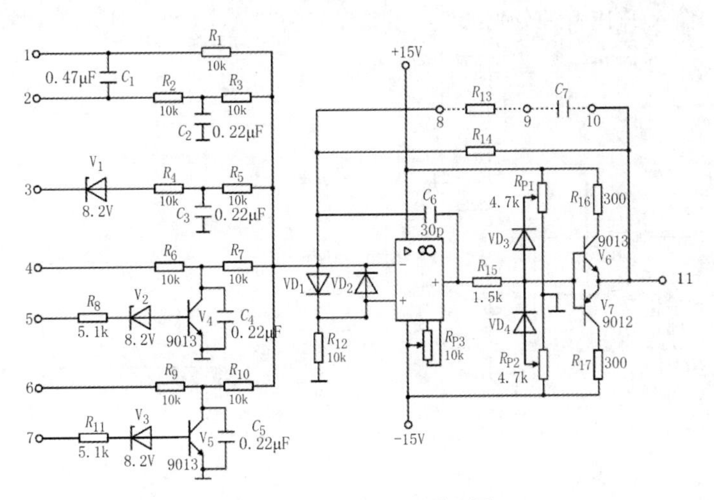

图 A-12 调节器 II 原理图

调节器 II 与调节器 I 相比，增加了几个输入端，其中“3”端接推 β 信号（高电平），当主电路输出过流时，电流反馈与过流保护的“3”端输出一个推 β 信号，击穿稳压管，正电压信号输入运放的反向输入端，使调节器的输出电压下降，使 α 角向 180 度方向移动，使晶闸管从整流区移至逆变区，降低输出电压，保护主电路。“5、7”端接逻辑控制器的相应输出端，当有高电平输入时，击穿稳压管，三极管 V_4、V_5 导通，将相应的输入信号对地短接。在逻辑无环流实验中“4、6”端同为输入端，其输入的值正好相反，如果两路输入都有效的话，两个值正好抵消为零，这时就需要通过“5、7”端的电压输入来控制。在同一时刻，只有一路信号输入起作用，另一路信号接地不起作用。

A.3.6 电机调速控制实验 II（DJK04-1）

该挂件和 DJK04 配合可完成逻辑无环流直流可逆调速系统实验，DJK04-1 面板如图 A-13 所示。

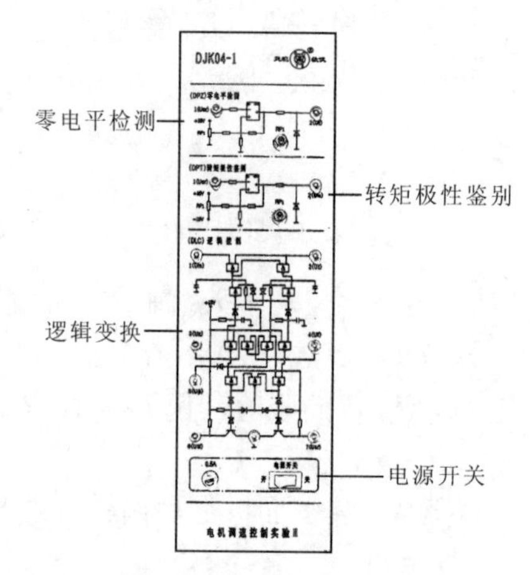

图 A-13 DJK04-1 面板

A.3.6.1 转矩极性鉴别器（DPT）

转矩极性鉴别器为一个电平检测器，用于检测控制系统中转矩极性的变化。它是一个由比较器组成的模数转换器，可将控制系统中连续变化的电平信号转换成逻辑运算所需的“0”“1”电平信号。其原理图和输入/输出特性分别如图 A-14（a）和图 A-14（b）所示，具有继电特性。

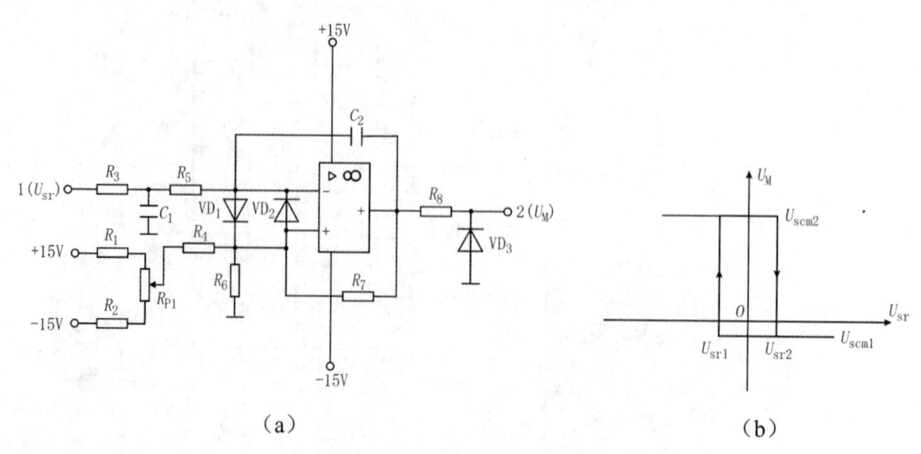

图 A-14 转矩极性鉴别器

调节运放同相输入端电位器 R_{P1} 可以改变继电特性相对于零点的位置。继电特性的回环宽度为

$$U_k = U_{sr2} - U_{sr1} = K_1(U_{scm2} - U_{scm1})$$

式中，K_1 为正反馈系数，K_1 越大，则正反馈越强，回环宽度就越小；U_{sr2} 和 U_{sr1} 分别为输出由正翻转到负及由负翻转到正所需的最小输入电压；U_{scm1} 和 U_{scm2} 分别为反向和正向输出电压。逻辑控制系统中的电平检测环宽一般取 0.2～0.6V，环宽大时能提高系统抗干扰能力，但环太宽时会使系统动作迟钝。

A.3.6.2 零电平检测（DPZ）

零电平检测器也是一个电平检测器，其工作原理与转矩极性鉴别器相同，在控制系统中进行零电流检测，当输出主电路的电流接近零时，电平检测器检测到电流反馈的电压值也接近零，输出高电平。其原理图和输入/输出特性分别如图 A-15（a）和图 A-15（b）所示。

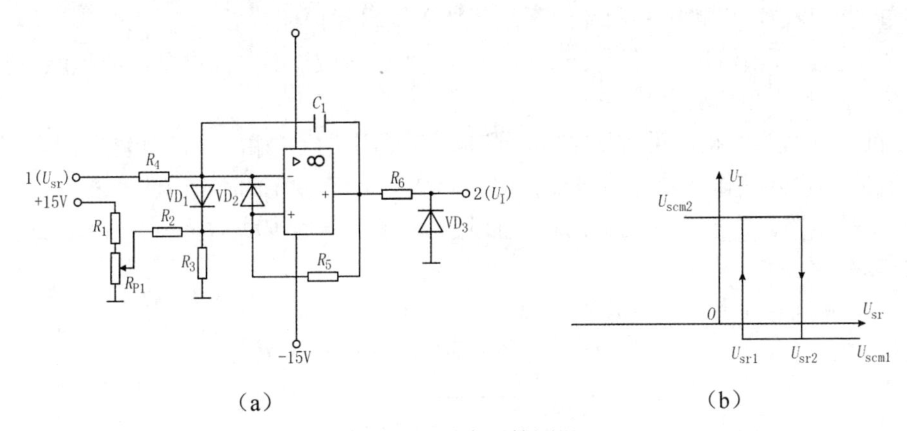

（a）（b）

图 A-15 零电平检测器

A.3.6.3 逻辑控制（DLC）

逻辑控制用于逻辑无环流可逆直流调速系统，其作用是对转矩极性和主回路零电平信号进行逻辑运算，切换加于正桥或反桥晶闸管整流装置上的触发脉冲，以实现系统的无环流运行。其原理图如图 A-16 所示。其主要由逻辑判断电路、延时电路、逻辑保护电路、推β电路和功放电路等环节组成。

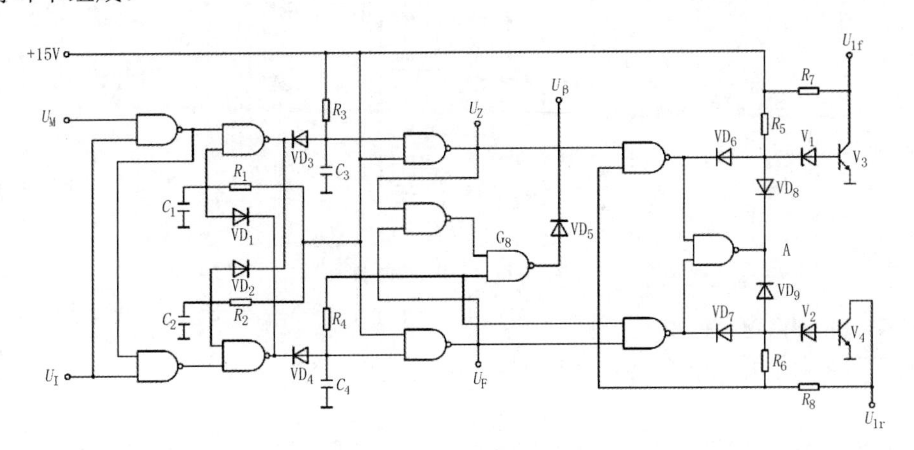

图 A-16 逻辑控制器原理图

（1）逻辑判断环节。逻辑判断环节的任务是根据转矩极性鉴别和零电平检测的输出 U_M 和 U_I 状态，正确地判断晶闸管的触发脉冲是否需要进行切换（由 U_M 是否变换状态决定）及切换条件是否具备（由 U_I 是否从“0”变“1”决定）。即当 U_M 变号后，零电平检测到主电路电流过零（U_I = “1”）时，逻辑判断电路立即翻转，同时应保证在任何时刻逻辑判断电路的输出 U_Z 和 U_F 状态必须相反。

（2）延时环节。要使正、反两组整流装置安全、可靠地切换工作，必须在逻辑无环流系统中的逻辑判断电路发出切换指令 U_Z 或 U_F 后，经关断等待时间 t_1（约 3ms）和触发等待时间 t_2（约 10ms）之后才能执行切换指令，故设置相应的延时电路，延时电路中的 VD_1、VD_2、C_1、C_2 起 t_1 的延时作用，VD_3、VD_4、C_3、C_4 起 t_2 的延时作用。

（3）逻辑保护环节。逻辑保护环节也称为“多一”保护环节。当逻辑电路发生故障时，U_Z、U_F 的输出同时为“1”状态，逻辑控制器的两个输出端 U_{lf} 和 U_{lr} 全为“0”状态，造成两组整流装置同时开放，引起短路和环流事故。加入逻辑保护环节后，当 U_Z、U_F 全为“1”状态时，使逻辑保护环节输出 A 点电位变为“0”，使 U_{lf} 和 U_{lr} 都为高电平，两组触发脉冲同时封锁，避免产生短路和环流事故。

（4）推 β 环节。在正、反桥切换时，逻辑控制器中的 G_8 输出“1”状态信号，将此信号送入调节器 II 的输入端作为脉冲后移推 β 信号，从而可避免切换时电流的冲击。

（5）功放电路。由于与非门输出功率有限，为了可靠地推动 U_{lf}、U_{lr}，故增加了 V_3、V_4 组成的功率放大级。

A.3.7 给定及实验器件（DJK06）

该挂件由给定、负载及+24V 直流电源等组成。面板如图 A-17 所示。

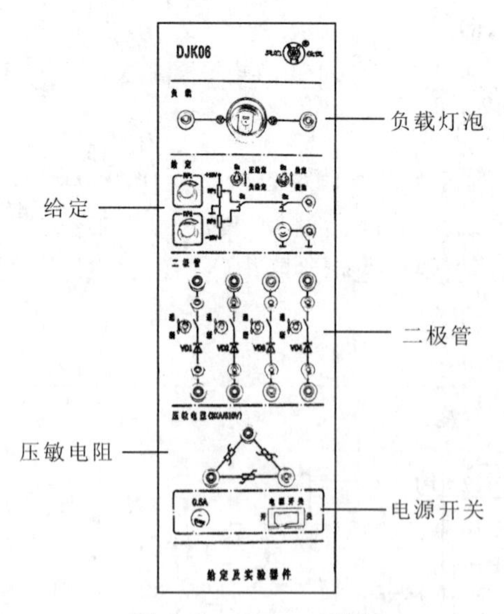

图 A-17 DJK06 面板

A.3.7.1 负载灯泡

负载灯泡作为电力电子实验中的电阻性负载。

A.3.7.2 给定

给定作为新器件特性实验中的给定电平触发信号，或提供 DJK02-1 等挂件的移相控制电压。输出电压范围为–15V～0V～+15V。

A.3.7.3　二极管

四个二极管可作为普通的整流二极管，也可用作晶闸管实验带电感性负载时所需的续流二极管。在回路中有一个钮子开关对其进行通断控制。

注意由于该二极管工作频率不高，故不能将此二极管当快速恢复二极管使用，二极管规格为耐压 800V，最大电流 3A。

A.3.7.4　压敏电阻

三个压敏电阻（规格为 3kA/510V）用于三相反桥主电路（逻辑无环流直流调速系统）的电源输入端，作为过电压保护，内部已连成三角形接法。

A.3.8　单相调压与可调负载（DJK09）

该挂件由可调电阻、整流与滤波、单相自耦调压器组成，面板如图 A-18 所示。

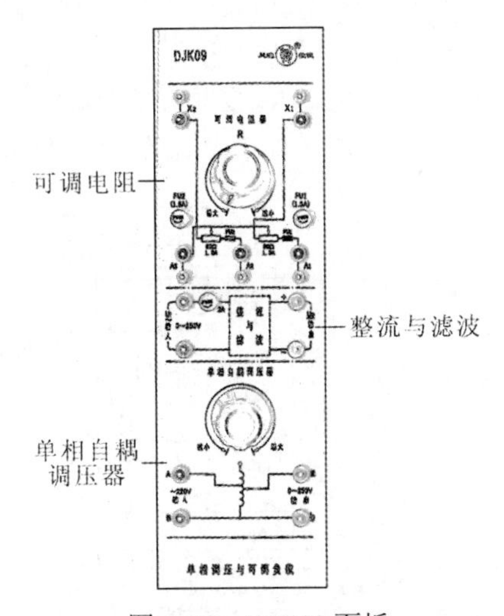

图 A-18　DJK09 面板

可调电阻由两个同轴 90Ω/1.3A 瓷盘电阻构成，通过旋转手柄调节电阻值的大小，单个电阻回路中有 1.5A 熔丝保护。

整流与滤波的作用是将交流电源通过二极管整流输出直流电源，供实验中直流负载使用，交流输入侧输入最大电压为 250V，有 2A 熔丝保护。

单相自耦调压器额定输入交流电压 220V，输出 0～250V 可调电压。

A.3.9　变压器实验件（DJK10）

该挂件由三相心式变压器以及三相不控整流桥组成，面板如图 A-19 所示。

A.3.9.1　三相心式变压器

三相心式变压器在绕线式异步电机串级调速系统中作为逆变变压器使用，在三相桥式、单相桥式有源逆变电路实验中也要使用该挂箱。该变压器有 2 套副边绕组，原、副边绕组的相电压为 127V/63.5V/31.8V（如果是 Y/Y/Y 接法，则线电压为 220V/110V/55V）。

A.3.9.2　三相不控整流桥

三相不控整流桥由 6 只二极管组成桥式整流，其最大电流为 3A，可用于三相桥式、单相桥式有源逆变电路及直流斩波原理等实验中的直流电源。

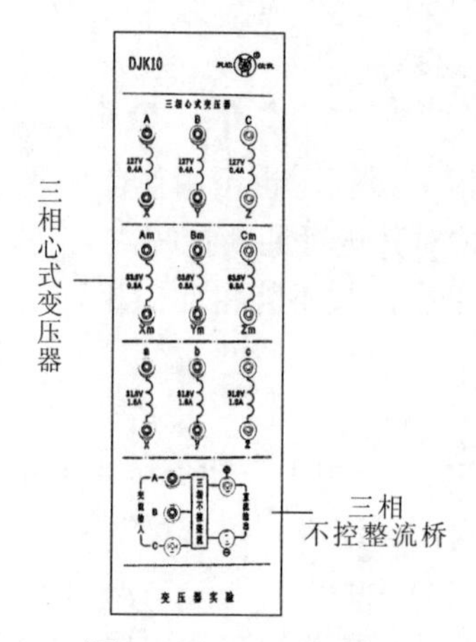

图 A-19　DJK10 面板

A.3.10　三相异步电机变频调速控制（DJK13）

DJK13 可完成三相正弦波脉宽调制 SPWM 变频原理实验、三相马鞍波（三次谐波注入）脉宽调制变频原理实验、三相空间电压矢量 SVPWM 变频原理实验等，面板如图 A-20 所示。

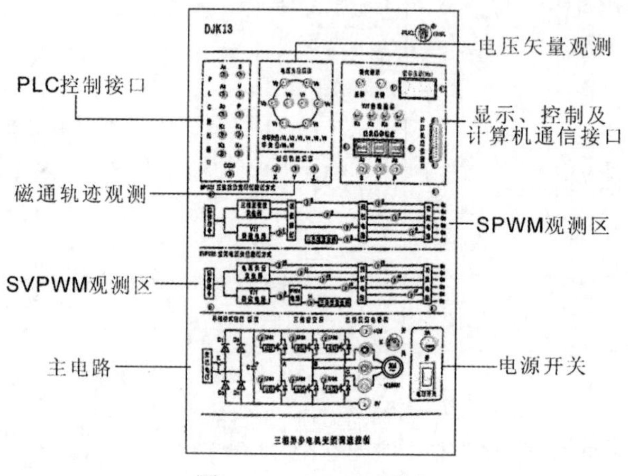

图 A-20　DJK13 面板

（1）显示、控制及计算机通信接口。控制部分由“转向”“增速”“减速”三个按键及四个钮子开关等组成。

每次点动“转向”键，电机的转向改变一次，点动“增速”及“减速”键，电机的转速升高或降低，频率的范围为 0.5～60Hz，步进频率为 0.5Hz。在 0.5～50Hz 范围内是恒转矩变频，50Hz～60Hz 为恒功率变频。

K_1、K_2、K_3、K_4 四个钮子开关为 V/F 函数曲线选择开关，每个开关代表一个二进制，将钮子开关拨到上面，表示“1”，将其拨到下面，表示“0”，从“0000”到“1111”共十六条 V/F 函数曲线。

在按键的下面有“S、V、P”三个插孔，它的作用是切换变频模式。当三个插孔全部都悬空时，电路工作在 SPWM 模式下；当短接“V”“P”时，电路工作在马鞍波模式下；当短接“S”“V”时，电路工作在 SVPWM 模式下。

注意：不允许将“S”“P”插孔短接，否则会造成不可预料的后果。

（2）电压矢量观察。使用“旋转灯光法”来形象表示 SVPWM 的工作方式。通过对“V_0～V_7”8 个电压矢量的观察，更加形象直观地了解 SVPWM 的工作过程。

（3）磁通轨迹观测。在不同的变频模式下，其电机内部磁通轨迹是不一样的。面板上特别设有 X、Y 观测孔，分别接至示波器的 X、Y 通道，可观测到不同模式下的磁通轨迹。

（4）PLC 控制接口。面板上所有控制部分（包括 V/F 函数选择，“转向”“增速”“减速”按键，“S、V、P”的切换）的控制接点都与 PLC 部分的接点一一对应，经与 PLC 主机的输出端相连，通过对 PLC 的编程、操作可达到希望的控制效果。

（5）SPWM 观测区。SPWM 观测区可进行 SPWM 及马鞍波的变频原理的波形观测（分别在对应的模式下才能观测到正确的波形）。可观测到的波形如下：

测试点 1：在这两种模式下的 V/F 函数的电压输出。

测试点 2、3、4：在 SPWM 模式下为三相正弦波信号，马鞍波模式下为三相马鞍波信号。

测试点 5：高频三角波调制信号。

测试点 6、7、8：调制后的三相波形。

（6）SVPWM 观测区。SVPWM 观测区可进行 SVPWM 的波形观测（在 SVPWM 模式下才能观测到正确的波形）。可观测到的波形如下：

测试点 9：在 SVPWM 模式下的 V/F 函数的电压输出。

测试点 10、11、12：空间矢量三相的波形。

测试点 14：高频三角波调制信号。

测试点 13：三角波与 V/F 函数的电压信号合成后的 PWM 波形。

测试点 15、16、17：三相调制波形。

（7）三相主电路。主电路由单相桥式整流、滤波及三相逆变电路组成，逆变输出接三相鼠笼电机。主电路交流输入由 1 个开关控制。逆变电路由 6 个 IGBT 管组成，其触发脉冲由相应的观测孔引出。

A.3.11　双闭环 H 桥 DC/DC 变换直流调速（DJK17）

该挂件主要用于完成双闭环 H 桥 PWM 直流调速系统及 DC/DC 变换电路实验，主要包括电流调节器、速度调节器、给定、电流反馈调节、转速反馈调节等。其基本的工作原理与 DJK04 的基本一致，面板如图 A-21 所示。

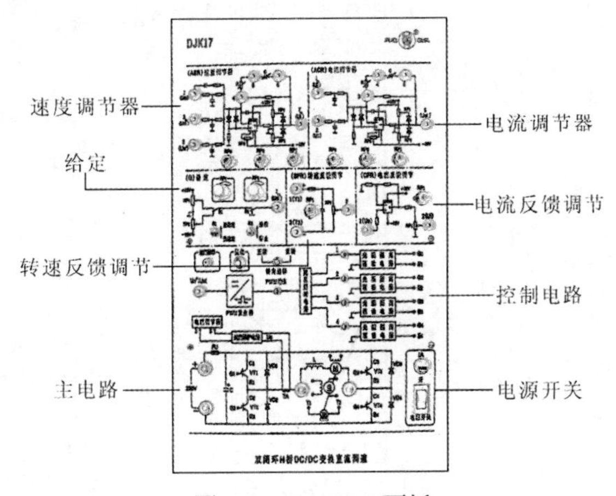

图 A-21　DJK17 面板

A.3.12 半桥式开关稳压电源（DJK19）

该挂件主要用于完成半桥式开关稳压电源的性能研究，具体说明详见半桥式开关稳压电源实验内容，面板如图 A-22 所示。

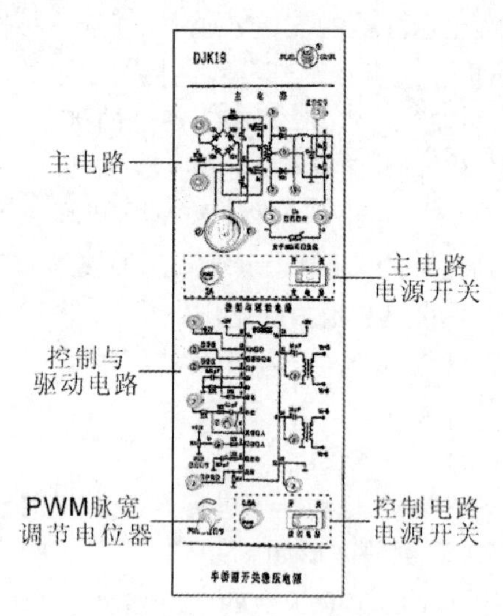

图 A-22 DJK19 面板

A.3.13 直流斩波实验（DJK20）

该挂件主要包括斩波电路的 6 种典型的电路实验。通过利用主电路元器件的自由组合，可构成降压斩波电路（Buck Chopper）、升压斩波电路（Boost Chopper）、升降压斩波电路（Boost Buck Chopper）、Cuk 斩波电路、Sepic 斩波电路、Zeta 斩波电路 6 种电路实验。面板如图 A-23 所示。在实验过程中，根据 6 种电路实验详细接线图，按元器件标号进行接线，实验中所用的器件包括电容、电感、IGBT 等。输入交流电源得到直流电源，要注意输出的直流电源不能超过 50V。直流侧有 2A 熔丝保护。PWM 发生器由 SG3525 构成，调节“PWM 脉宽调节电位器”可改变输出的触发信号脉宽。

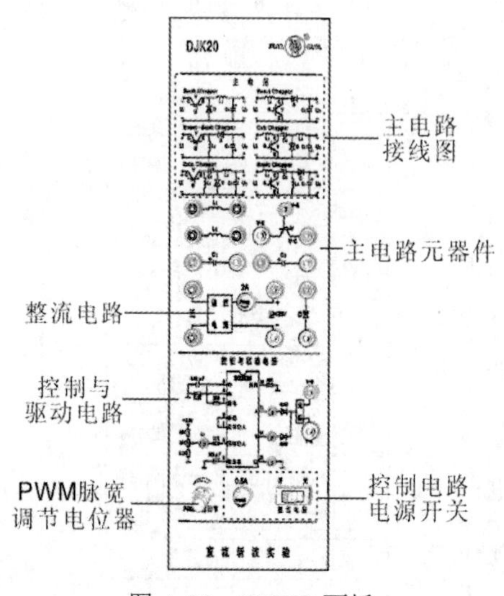

图 A-23 DJK20 面板

A.3.14 单端反激式隔离开关电源（DJK23）

该挂件用于完成单端反激式隔离开关电源实验，面板如图A-24所示。

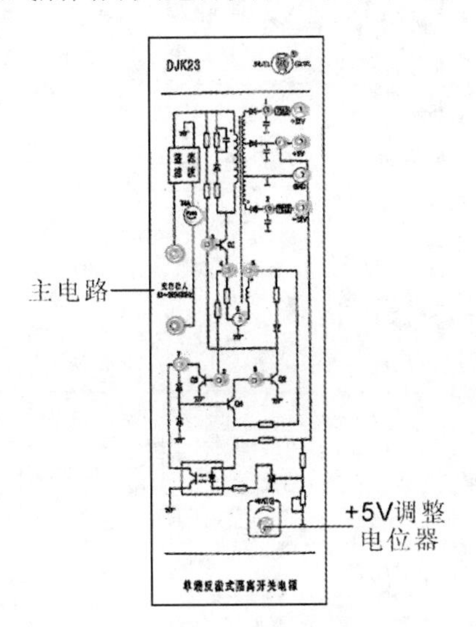

图A-24 DJK23面板

主电路由4个三极管组成，输入为50～250V的交流电压，输出为+5V/5A及±12V/1A的直流电源。在面板的下方有+5V调整电位器，通过调节该电位器可以对+5V电压值进行微调。